高等学校土建类专业应用型本科“十四五”规划教材
高等学校土建类专业“互联网＋”创新型教材

高层建筑施工

（第4版）

主　编　胡铁明　闫春岭
副主编　梁忠强　陈　丽

武汉理工大学出版社
·武　汉·

内 容 提 要

本书为高等学校土建类专业应用型本科施工技术教学用书。书中主要涉及了高层建筑施工测量、基坑工程、桩基础工程、大体积混凝土基础结构施工、高层建筑施工用垂直运输机械、高层建筑施工用脚手架、现浇混凝土结构高层建筑施工、钢结构高层建筑施工、高层建筑装饰工程施工等内容。此外，书中配有较多工程实例和50余个教学动画及微视频，便于读者学习及应用。

本书适合作为高等学校土木工程专业和相关专业学生的教学用书，也可供从事高层建筑施工的工程技术人员作为参考用书。

图书在版编目(CIP)数据

高层建筑施工/胡铁明，闫春岭主编. —4版. —武汉：武汉理工大学出版社，2024.1
ISBN 978-7-5629-6926-6

Ⅰ.①高… Ⅱ.①胡… ②闫… Ⅲ.①高层建筑-工程施工 Ⅳ.①TU974

中国国家版本馆CIP数据核字(2023)第231755号

项目负责人：王利永(027-87290908)　　**责任编辑**：王利永
责 任 校 对：张明华　　**版面设计**：正风图文
出 版 发 行：武汉理工大学出版社
社　　址：武汉市洪山区珞狮路122号
邮　　编：430070
网　　址：http://www.wutp.com.cn
经　　销：各地新华书店
印　　刷：武汉乐生印刷有限公司
开　　本：787×1092　1/16
印　　张：18.25
字　　数：456千字
版　　次：2011年8月第1版　2015年9月第2版　2020年6月第3版　2024年1月第4版
印　　次：2024年1月第1次印刷　总第9次印刷
印　　数：23001～26000册
定　　价：43.00元
凡购本书，如有缺页、倒页、脱页等印装质量问题，请向出版社发行部调换。
本社购书热线电话：027-87391631　027-87523148　87165708(传真)

高等学校土建类专业应用型本科“十四五”规划教材

编审委员会

前　言

（第 4 版）

本书为高等学校土建类专业应用型本科系列教材之一，是深入贯彻党的教育方针，响应国家大力推进一批普通本科院校转型为应用技术型高校的发展战略，主动适应新时代国家和区域经济社会发展对高等教育人才培养的需求，全面深化教育教学改革，根据应用型高校土木工程专业本科教育的培养目标编写而成的。此次改版，着眼高等教育改革发展使命任务，适应土木工程行业新工科人才培养需求，结合《高等学校土木工程本科专业指南》，努力以课程改革小切口带动解决人才培养模式大问题，实现高等教育改革创新高质量发展。针对应用型人才培养目标，坚持以学生为本，力求为学生夯实专业技术知识，做到内容精练、删繁就简，文字力求通俗、流畅，注重实际应用。

为便于学生对工程应用的认识与理解，基于“互联网＋教育”教学理念，在工程技术相关内容部分，植入了 50 余个教学动画及微视频，学生可通过扫描书中二维码，获取相关知识点的教学视频，有利于帮助学生对相关知识点的理解和掌握。

鉴于“土木工程施工”和“高层建筑施工”课程实践性强、综合性大、社会性广，工程施工中许多技术问题的解决和管理系统的建立，均要涉及有关学科的综合运用，因此，本书力求拓宽专业面，扩大知识面，以适应建筑施工现场的需要，满足土木工程专业的教学要求；力求符合新规范、新标准和相关技术规程。基于《土木工程施工》教材所包含的内容，本书着眼于解决高层建筑施工中的关键问题，着重方案性问题的探讨和技术经济比较，重点剖析影响工程质量的因素和对策，综合阐述施工工艺及工序操作要点，并借鉴较多工程案例辅助教学。

本书由沈阳大学胡铁明、安阳工学院闫春岭担任主编，齐齐哈尔工程学院梁忠强、广州理工学院陈丽担任副主编，具体编写分工如下：绪论和第 2、4 章由胡铁明编写，第 1、7 章由闫春岭编写，第 3、5、6 章由梁忠强编写，第 8、9 章由陈丽编写。全书由胡铁明负责统稿工作。

限于编者的水平，书中难免存在许多不足之处，在此诚挚地希望读者提出宝贵意见，以便我们做进一步的修改和补充。

编　者

2023 年 8 月

目　　录

0 绪　论

现代高层建筑是随着城市发展和人们生活的需要而逐渐发展起来的，是商业化、现代化和城市化的产物，也是反映这个城市经济繁荣和社会进步的重要标志。现代城市为解决用地有限和人口密集的矛盾，建设了大量的民用高层建筑，与此同时，随着国家经济建设的迅速发展，各项事业的兴旺发达，国际交往的日益频繁，世界各国旅游事业的发展，大量一线城市涌现出了较多具有地标意义的超高层建筑。

目前处于世界第一高度的超高层建筑为阿拉伯联合酋长国迪拜的哈利法塔，高度为828 m(图 0.1)。此外国外已建成的超高层建筑还有：沙特阿拉伯麦加的皇家钟塔饭店，高度601 m；韩国首尔的乐天世界大厦，高度 555 m；美国纽约的世界贸易中心一号楼，高度 541.3m(图 0.2)；马来西亚吉隆坡的 106 交易塔，高度 492 m；马来西亚吉隆坡双峰塔，高度 452 m；美国芝加哥的韦莱集团大厦(旧称希尔斯大厦)，高度 443 m 等。

图 0.1　哈利法塔

图 0.2　世界贸易中心一号楼

当前处于国内第一高度的超高层建筑是被誉为上海浦东“三剑客”之一的上海中心大厦，高度 632 m(图 0.3，竣工时间 2014 年)。已建成的超高层建筑还有深圳平安金融中心，高度599.1 m(图 0.4，竣工时间 2017 年)；广州周大福金融中心，高度 530m(竣工时间 2016 年)；天津周大福滨海中心，高度 530 m(竣工时间 2019 年)；北京中信大厦，高度 528 m(竣工时间2018 年)；台北 101 大楼，高度 508 m (竣工时间 2004 年)；上海环球金融中心，高度 492 m(竣工时间 2008 年)；香港环球贸易广场，高度 484 m(竣工时间 2010 年)；长沙 IFS 大厦 T1，高度452 m(竣工时间 2018 年)；南京紫峰大厦，高度 450 m(竣工时间 2010 年)等。此外结构已封顶的超高层建筑还有：天津 117 大厦，高度 596.5 m(2015 年结构封顶)；武汉绿地中心，475 m(2019 年结构封顶)。

图 0.3 上海浦东"三剑客"

图 0.4 深圳平安金融中心

高层建筑在全球范围内快速地建设，从科学技术方面来看，得益于力学分析方法的发展、结构设计和施工技术的进步以及现代机械和电子技术的贡献。在建筑领域内不断涌现出来的新结构、新材料和新工艺为现代高层建筑的发展提供了重要的物质和技术条件。

0.1 高层建筑的定义

【视频演示】

对于高层建筑的定义，不同国家或地区有不同的理解和规定。在美国，24.6 m或 7 层及 7 层以上的建筑视为高层建筑；在日本，31 m 或 8 层及 8 层以上的建筑视为高层建筑；在英国，大于或等于24.3 m的建筑视为高层建筑。1972 年，国际高层建筑会议将高层建筑分为 4 类，即：第一类为 9～16 层（最高到 50 m）；第二类为 17～25 层（最高到 75 m）；第三类为 26～40 层（最高到 100 m）；第四类为 40 层以上的超高层建筑（高度在 100 m 以上）。

在我国，《民用建筑设计统一标准》(GB 50352—2019)规定：建筑高度不大于 27.0 m 的住宅建筑、建筑高度不大于 24.0 m 的公共建筑及建筑高度大于 24.0 m 的单层公共建筑为低层或多层民用建筑；建筑高度大于 27.0 m 的住宅建筑和建筑高度大于 24.0 m 的非单层公共建筑，且高度不大于 100.0 m 的，为高层民用建筑；建筑高度大于 100.0 m 为超高层建筑。《建筑设计防火规范》(GB 50016—2014)(2018 年版)中第 2.1.1 条定义的高层建筑：建筑高度大于 27 m 的住宅建筑和建筑高度大于 24 m 的非单层厂房、仓库和其他民用建筑；第 5.1.1 条规定，高层民用建筑根据其建筑高度、使用功能和楼层的建筑面积可分为一类和二类，其中对于住宅建筑（包括设置商业服务网点的住宅建筑），建筑高度大于 54 m 的为一类住宅建筑，高度大于 27 m 但不大于 54 m的为二类住宅建筑。对于公共建筑，建筑高度大于 50 m 的为一类公共建筑。

0.2 高层建筑的发展

高层建筑自古早已有之，我国古代建造的塔就属于高层建筑。如公元 523 年建于河南登封的嵩岳寺塔，10 层，高 40 m，砖砌单筒体结构；公元 704 年改建的西安大雁塔，7 层，高 64 m；

公元 1055 年建于河北定县的料敌塔，11 层，高 84 m，砖砌双筒体结构；公元 1056 年建于山西应县的木塔，9 层，高 67 m 等。这些现存的古代砖砌或木制的筒体高层建筑，经受了几百年甚至上千年的风雨侵蚀和地震等不利条件的考验，至今仍基本保存完好，足见其结构合理、工艺精良，充分显示了我国劳动人民的高超智慧和才干，也表明我国在古代对高层建筑的设计和施工就有了较高的水平。在国外也有较多古代高层建筑，如古罗马帝国的一些城市采用砖石结构建造 10 层左右的高层建筑，意大利博洛尼亚（Bologna）城的 41 座砖石结构高层塔楼，以及始建于 1173 年，高为 54.5 m 的举世闻名的意大利比萨斜塔等。

在近现代的高层建筑中，由于钢铁及混凝土等材料在建筑工程中的应用，国内外建造了较多知名的高层建筑。近代高层建筑的开端始于 1883 年在美国芝加哥建成的 11 层钢结构框架家庭保险大楼（Home Insurance Building）；1903 年法国巴黎的 Franklin 公寓采用了钢筋混凝土结构建造；1931 年纽约建成了著名的帝国大厦（Empire State Building），102 层，高381 m，它享有“世界最高建筑”之美誉长达 40 年之久。20 世纪 50 年代以后，随着轻质高强材料的应用，新的抗风抗震结构体系的发展，电子计算机的推广使用，以及新的施工机械的涌现，使得高层建筑得到了大规模的迅速发展。1972 年，纽约建造了 110 层、高 411 m 的世界贸易中心双塔楼（World Trade Center Twin Towers，毁于 2001 年“9・11”恐怖袭击）；1973 年在芝加哥建造了 110 层、高 443 m 的当时世界最高建筑——希尔斯大厦（Sears Tower）。这两幢建筑均为钢结构。目前世界最高的钢筋混凝土结构建筑是朝鲜平壤市的柳京饭店，101 层，高 305.4 m；芝加哥的水塔广场大厦（Water Plaza Tower）居其次，76 层，高 262 m。

【视频演示】

在我国，近代高层建筑起源于上海。抗日战争前，上海已建成 10 层以上高层建筑约 35 栋，其中 1934 年建成的国际饭店，24 层，高 82.5 m，是当时国内最高的建筑。

中华人民共和国成立后，从 20 世纪 50 年代开始，在北京、广州、沈阳、兰州、太原等地也相继建造了一批 8～13 层的大型公共建筑；到 20 世纪 60 年代，在广州首次建成了 27 层、高87.6 m的广州宾馆。20 世纪 70 年代，由于外事、旅游业的发展以及为解决大中型城市住房的急需，在北京、上海、天津、广州、沈阳、南京、武汉、青岛等地陆续兴建了一批高层建筑，其中 1977 年在广州建成的 33 层、高 115 m 的白云宾馆，是 20 世纪 70 年代国内最高的建筑。进入 20 世纪 80 年代以后，随着改革开放的深入发展，全国各大中型城市建造了大量的高层建筑。尤其是近 20 年来，超高层建筑如雨后春笋般在全国各大城市拔地而起，争相作为城市地标性建筑。如图 0.3 所示，被誉为上海浦东“三剑客”的地标建筑，从左至右分别是上海环球金融中心（492 m）、金茂大厦（420.5 m）和上海中心大厦（632 m）。

高层建筑之所以能够得到迅速发展，其主要原因在于：

（1）有利于节约建设用地

社会的进步和城市的发展，促使大量人口向大城市集中，造成房屋需求量猛增，短时期内出现建设用地荒。为解决城市发展与用地矛盾，在有限的建设用地上建造更多的房屋，除了逐渐扩大城市范围外，建筑物只有向高层空间发展。目前国内很多大中型城市已采用了高层建筑群的形式建设住宅小区，以增加城区内房屋建筑面积。在城市的繁华地段，更多地建造了商业性高层建筑，这比建造多层建筑可以成倍地增加建筑面积。如作为办公、酒店、娱乐、观光、零售和文化场所的上海中心大厦，总高度为 632 m，总楼层 127 层，可使用楼层 121 层，结构高度 580 m，建

【视频演示】

筑面积约 576000 m^2(地上 410000 m^2,地下 166000 m^2)。

(2) 有利于节约城市市政设施的投入

建筑物向高空发展,比建设多层建筑节省更多的城市各项市政设施投入,如交通道路、给排水管道、供暖供气管网、电力设施、通信信号设施等,对于资源整合、节省资源和经费投入也具有极为重要的社会效益和经济效益。

(3) 有利于人们的使用和管理

高层建筑把人们的工作和生活空间化,缩短了彼此间的交通距离和空间,提高了效率,节约了时间。如具有酒店、商场和办公等综合使用功能的楼宇,采用竖向分区布置,要比设置若干栋单体建筑减少较多建设用地,并解决分散使用与需要集中管理的矛盾。类似这样具有综合使用功能的智能化楼宇的出现,既减少了各种市政设施的投入,又提高了工作效率,符合都市人的工作和生活节奏。

【视频演示】

(4) 有利于美化城市环境,提升城市形象

高层建筑可以根据不同地区城市的特点,塑造出代表本地区的独特建筑风格,为城市的建筑造型与风貌增添异彩,尤其是具有地标意义的高层建筑,往往能够使人过目不忘。如中央广播电视总台总部大楼(图 0.5),总建筑面积约 55 万 m^2,高度为 234 m,主楼两座塔楼双向内倾斜 6°,在 163 m 高度以上由 75 m 长的“L”形悬臂结构连为一体,形成一个三维空间模式。中央广播电视总台总部大楼建筑造型独特、结构新颖、高新技术含量大,在国内外均属“高、难、精、尖”的特大型项目。中央广播电视总台总部大楼被美国《时代》周刊评选为 2007 年世界十大建筑奇迹。2013 年,中央广播电视总台总部大楼被世界高层建筑学会授予学会最高奖——“全球最佳高层建筑奖”。

(5) 新结构、新材料和新工艺的发展促进了高层建筑的发展

我国有“秦砖汉瓦”的说法,几千年来人们建造房屋所依赖的材料主要是土、木、砖、石,技术主要是砌筑技巧。自 19 世纪后期,随着钢铁、水泥的出现和工业化大规模生产,为发展高层建筑奠定了物质基础。近几十年来,随着科学技术的不断进步,以及新结构、新材料和新工艺的不断发展,为高层建筑的发展奠定了科学技术基础。如今,在国际化大都市,超高层建筑比比皆是,蔚为壮观。

图 0.5 建设中和竣工后的中央广播电视总台总部大楼

0.3 高层建筑的结构体系

结构体系是指结构抵抗外部作用的构件组成方式。在高层建筑中，抵抗水平风荷载和地震作用较抵抗竖向荷载作用的问题突出，故结构体系的抗侧力作用的刚度和强度成了设计的关键问题。高层建筑中基本的抗侧力单元是框架、剪力墙、实腹筒（又称井筒）、框筒及支撑等。以下简要介绍由上述几种基本单元组成的高层建筑结构体系。

（1）框架结构体系

由梁、柱构件组成的结构称为框架。整幢结构都由梁、柱组成，就称为框架结构体系，也可称为纯框架结构。框架结构的优点是建筑平面布置灵活，可以做成有较大空间的会议室、餐厅、教室、阅览室等，也可分隔成若干小房间。

根据结构材料不同，框架结构还可分为混凝土框架结构、钢框架结构、组合材料（钢-混凝土组合柱、组合梁）框架结构等。框架结构侧向刚度小，抗侧向变形能力弱，在水平风荷载和水平地震作用下，层间和结构顶点的侧向变形较大，这是框架结构的主要缺点，也因此而限制了框架结构的建设高度。

（2）剪力墙结构体系

利用混凝土墙体作为承受竖向荷载、抵抗水平风荷载和地震作用的结构，称为剪力墙结构体系，也可称为抗震墙结构体系。因竖向荷载是由楼面直接传递到墙上，致使墙体间距取决于房间跨度，故一般适用于使用功能为较小开间的建筑。在施工过程中，当采用大模板或滑升模板等先进施工方法进行施工时，施工速度非常快，可节省砌筑工程工作量，因此广泛应用在住宅和酒店建筑中。

现浇混凝土剪力墙结构的整体性好、刚度大，在水平荷载和地震作用下侧向变形小，且容易满足竖向承载力要求，因此是较为合适的高层建筑结构体系。

（3）框架-剪力墙结构（框架-筒体结构）体系

在框架结构中设置部分剪力墙，使框架和剪力墙两者结合，取长补短，共同抵抗水平荷载，这种结构体系称为框架-剪力墙结构体系。如果把纵横向剪力墙连接成筒体，则可称为框架-筒体结构体系。筒体的承载能力、侧向刚度和抗扭能力都较单片剪力墙大大提高。在结构上，这是提高材料利用率的一种途径；在建筑布置上，则往往利用筒体作电梯间、楼梯间和竖向管道的通道，这也是十分合理的。

框架-剪力墙结构（框架-筒体结构）中，由于剪力墙刚度大，剪力墙将承担大部分水平荷载作用（可达80%～90%），是抗侧力的主体，整个结构的侧向刚度大大提高。框架以承担竖向荷载为主，仅承担少部分水平荷载，但其可提供较大的使用空间，为建筑物提供较广泛的使用功能。

框架-筒体结构还有一个优点，即它适合于采用混凝土内筒和钢框架组成的组合结构。内筒可采用滑模施工，外围的钢柱组成的框架截面小、开间大、跨度大，架设安装方便，如上海静安希尔顿饭店就采用了框架-筒体体系的组合结构。

（4）筒中筒结构体系

筒体主要有实腹筒、框筒和桁架筒三种基本形式。由剪力墙围成的筒体称为实腹筒。在实腹筒的墙体上开出许多规则排列的窗洞所形成的开孔筒体称为框筒，它实际上是由密排柱和刚度很大的窗裙梁形成的密柱-深梁框架围成的筒体。如果筒体的四壁是由竖杆和斜杆形成的桁架组成，则称为桁架筒。

筒中筒结构是上述筒体单元的组合，通常由实腹筒做内部核心筒，框筒或桁架筒做外筒，两个筒共同抵抗水平力作用。该结构最主要的特点是它的空间受力性能合理，无论哪一种筒体，在水平力作用下都可看成是固定于基础上的箱形悬臂构件，相比单片平面结构具有更大的抗侧刚度和承载力，并具有很好的抗扭刚度。

(5) 多筒体结构(成束筒结构和巨型框架结构)体系

当采用多个筒体共同抵抗侧向力时，就成为多筒体结构，多筒体结构可以分成成束筒结构和巨型框架结构两种。

两个以上筒体排列在一起构成“束状”，称为成束筒。如美国芝加哥的韦莱集团大厦(旧称希尔斯大厦)就是由 9 个框筒排列构成的正方形平面，框筒每条边都是由钢柱和钢桁架梁组成。成束筒结构的刚度和承载能力比筒中筒结构有所提高，沿高度方向还可逐渐减少筒的个数，这样可以分段减小建筑平面尺寸，结构刚度逐渐变化，而又不打乱每个框筒中梁、柱和楼板的布置。

巨型框架是利用筒体作为柱子，在各筒体之间每隔数层用巨型梁相连，筒体和巨型梁即形成巨型框架。由于巨型框架的梁、柱截面很大，抗弯刚度和承载能力也很大，因而巨型框架的抗侧刚度比一般框架大很多。这些巨型梁、柱的断面、尺寸和数量又可根据建筑物的高度和刚度需要而设置。当建造很高的建筑时，甚至可采用一个结构作为巨型框架的柱，而用几层楼高的结构作为梁。这种体系在使用上的优点：在上、下两层横梁之间有较大的灵活空间，可以布置小框架形成多层房间，也可以形成具有很大空间的中庭，以满足建筑使用功能的需要。

综上所述，不同的结构体系所具有的承载力和刚度是不一样的，因此它们适合应用的高度及层数也就有所不同。一般来说，框架结构适用于高度低、层数少、设防烈度低的情况；框架-剪力墙(筒体)结构和剪力墙结构可以满足大多数建筑物的高度要求；在层数很多或设防烈度要求很高时，筒体及筒中筒结构可作为优先选择对象；成束筒结构和巨型结构可作为超高层建筑的首选结构体系。建筑结构体系与高度(层数)的适应性关系比较情况如图 0.6 所示。

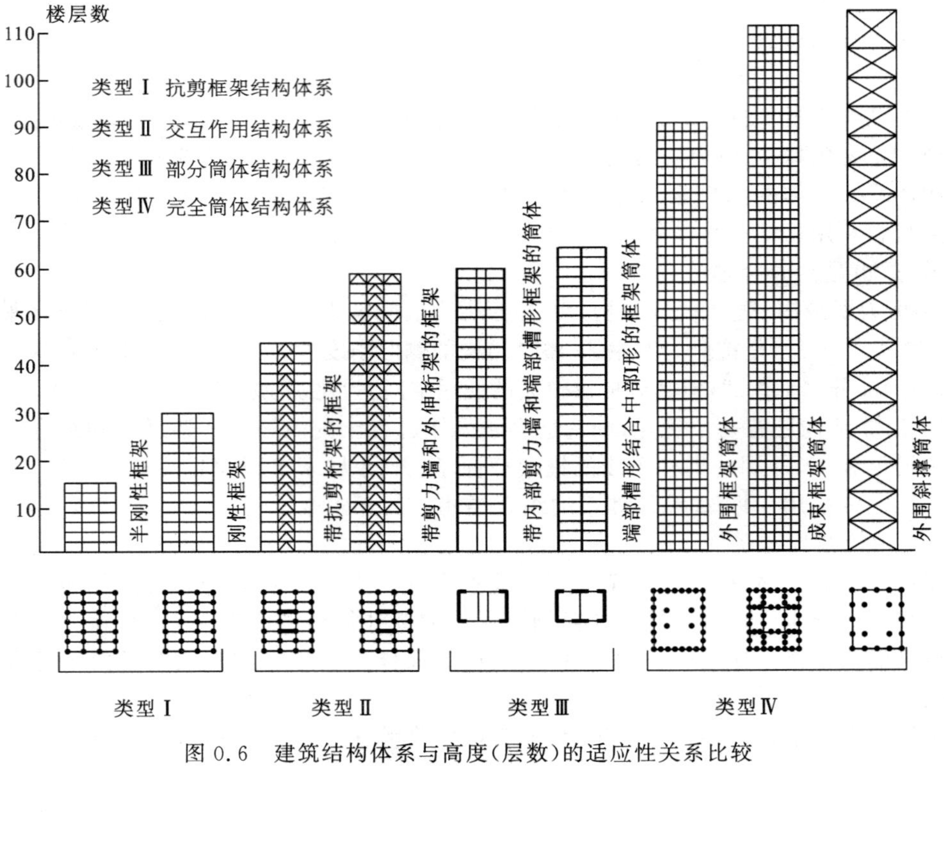

图 0.6 建筑结构体系与高度(层数)的适应性关系比较

根据《高层建筑混凝土结构技术规程》(JGJ 3—2010)中第 3.3 条规定，A 级和 B 级高度钢筋混凝土乙类和丙类高层建筑的最大适用高度如表 0.1 和表 0.2 所示；根据《高层民用建筑钢结构技术规程》(JGJ 99—2015)中第 3.2.2 条规定，非抗震设计和抗震设防烈度为 6 度至 9 度的乙类和丙类高层民用建筑钢结构适用的最大高度如表 0.3 所示。

表 0.1　A 级高度钢筋混凝土高层建筑的最大适用高度(m)

结构体系		非抗震设计	抗震设防烈度				
			6 度	7 度	8 度		9 度
					0.20 *g*	0.30 *g*	
框架		70	60	50	45	35	—
框架-剪力墙		150	130	120	100	80	50
剪力墙	全部落地剪力墙	150	140	120	100	80	60
	部分框支剪力墙	130	120	100	80	50	不应采用
筒　体	框架-核心筒	160	150	130	100	90	70
	筒中筒	200	180	150	120	100	80
板柱-剪力墙		110	80	70	55	40	不应采用

注:①表中框架不含异形柱框架；
②部分框支剪力墙结构指地面以上有部分框支剪力墙的剪力墙结构；
③甲类建筑，6、7、8 度时宜按本地区抗震设防烈度提高一度后符合本表的要求，9 度时应专门研究；
④框架结构、板柱-剪力墙结构以及 9 度抗震设防的表列其他结构，当房屋高度超过本表数值时，结构设计应有可靠数据，并采取有效的加强措施。
⑤*g*—重力加速度。

表 0.2　B 级高度钢筋混凝土高层建筑的最大适用高度(m)

结构体系		非抗震设计	抗震设防烈度			
			6 度	7 度	8 度	
					0.20 *g*	0.30 *g*
框架-剪力墙		170	160	140	120	100
剪力墙	全部落地剪力墙	180	170	150	130	110
	部分框支剪力墙	150	140	120	100	80
筒体	框架-核心筒	220	210	180	140	120
	筒中筒	300	280	230	170	150

注:①部分框支剪力墙结构指地面以上有部分框支剪力墙的剪力墙结构；
②甲类建筑，6、7 度时宜按本地区设防烈度提高一度后符合本表的要求，8 度时应专门研究；
③当房屋高度超过本表中数值时，结构设计应有可靠依据，并采取有效的加强措施。

表 0.3　高层民用建筑钢结构适用的最大高度(m)

结构体系	6 度、7 度(0.10 *g*)	7 度(0.15 *g*)	8 度		9 度(0.40 *g*)	非抗震设计
			(0.20 *g*)	(0.30 *g*)		
框架	110	90	90	70	50	110
框架-中心支撑	220	200	180	150	120	240

续表 0.3

结构体系	6 度、7 度(0.10 g)	7 度(0.15 g)	8 度		9 度(0.40 g)	非抗震设计
			(0.20 g)	(0.30 g)		
框架-偏心支撑 框架-屈曲约束支撑 框架-延性墙板	240	220	200	180	160	260
筒体(框筒、筒中筒、桁架筒、束筒) 巨型框架	300	280	260	240	180	360

0.4 高层建筑施工技术的发展

高层建筑的发展为施工技术的进步提供了广阔的天地,而施工技术的进步又是确保高层建筑能够顺利发展的重要条件。回顾 20 世纪 70 年代以前,建造高层建筑一般都离不开放坡挖深基坑、散支散拆木模板等重体力劳动。从 20 世纪 70 年代中期开始,由于科学技术的不断发展,新材料、新工艺、新结构和新机械的不断进步,施工技术也出现了日新月异的飞跃发展。随着建筑工业化的发展,以及机械化、工厂化施工水平的不断提高,已经逐步改革了传统的旧工艺,改善了劳动条件,提高了劳动效率,加快了建设速度。

(1) 基础工程施工技术的发展

为了确保建筑物的稳定性,高层建筑的基础工程都有地下埋深嵌固的要求。高度越高,基础埋深越大,这就给施工带来了很大困难。为了更有效地将荷载传递给地基,一般要采用桩基础、箱型基础、筏板基础以及桩-筏板、桩-箱基等复合基础。在打入预制桩方面,除个别工程采用钢管桩外,一般采用预制混凝土桩,其打入设备、打桩技术已有了较高的水平。但是,由于其施工振动大、噪声大,地质起伏,断桩、接桩方面施工难度大,近十几年来已广泛被钻孔灌注混凝土桩所代替。钻孔灌注混凝土桩的优点是施工方便、噪声小、造价低。为了提高单桩承载能力,已逐步由小直径(400 mm以下)向大直径(1 m 以上)发展,其深度在有些地区已达 60 m 以上,并开发了桩端压力注浆方法,对孔底虚土起到渗透、填充、压实、固结和加强附近土层的作用。

在深基坑开挖工程中,尤其是在闹市区施工,因场地十分狭窄,不宜放坡。即使在较宽阔的场地上,放坡也要增加大量的土方挖填量。为了能够做到垂直开挖,近些年来,挡土支护技术有了很大的发展,有各式各样的施工方法,一般根据土质、深度和周围环境选用。常用的有挡土灌注桩、钢板桩和地下连续墙等,有的还可以配合土层锚杆工艺进行加固,以提高其挡土支护能力。

【视频演示】

在降低地下水位施工技术方面,开发了轻型井点、喷射井点、电渗井点、深井泵等施工技术措施,同时也研究采用了防止因降水而引起附近地面严重沉降的措施。在大体积混凝土基础施工方面,除满足其强度、整体性和耐久性要求外,在温度控制、变形、裂缝等方面也取得了很大的进展。

（2）主体工程施工技术的发展

自20世纪70年代中期以来，剪力墙结构的施工已形成了全装配式大板、现浇大模板、滑升模板、爬模等成套施工工艺。大模板工艺不仅已形成了“内浇外预”和“全现浇”成套施工技术，而且由小开间向大开间发展，楼板也由预制、现浇向现场预应力、薄板叠合楼板发展。框架和框架-剪力墙结构，已经形成全预制、全现浇和现浇与预制相结合（即现浇承重墙、柱和预制梁、楼板）三种施工方法。

为克服后做外饰面存在工作量大、湿作业多、易空鼓脱落的问题，高层建筑预制装配和现浇混凝土外墙施工已向结构-装饰二合一的方向发展。北方地区的设计和施工单位也已研制开发了外墙-保温-装饰三合一的预制外墙板。

（3）模板施工技术的发展

随着现浇混凝土用量的迅速增长，模板用量大大增加。据统计，模板工程的费用占混凝土工程费用的20%以上，其中人工费占25%～30%。因此，对高层建筑中应用的各种模板的研制和选择越来越引起人们的高度重视。20世纪70年代中期研制出的钢质大模板，因其具有整体刚度好、不易损坏、拆模后结构表面平整等优点，一直沿用至今。但是，由于它的自重和用钢量大，使用不灵活，不能实现“一模多用”，所以，针对一些非标准设计的大模板施工工程，进一步研制采用了装配式钢-木混合大模板，其面板为多层胶合板，用螺栓与钢骨架固定。在解决大模板的“一模多用”问题中，近十几年来出现的钢-木（竹）组合大模板，其突出的优点是适应性强，可以实现“一模多用”，避免了模板的积压浪费。此外，大模板的应用减少了墙面板缝的出现，一般经简单处理后，混凝土结构表面不必再进行抹灰找平的施工工序，可取得良好的施工效果。

目前，大模板和滑升模板已成为用于现浇剪力墙结构施工的两大工业化模板体系。将墙体的大模板与楼板的大模板结合在一起，组合成整间一组的全隧道模和对拼成整间的半隧道模，也逐渐在一些工程中得到应用。

此外，针对不同现浇混凝土结构体系的施工要求，还开发了较多不同类型的模板及支撑系统技术。如用于现浇平板结构施工的各种台模（飞模），包括胶合板面的钢管立柱式台模、胶合板面铝合金桁架式台模、组合小钢模板面钢管组装式台模、无支腿悬架式台模、胶合板面跨越式台模、伸缩式台模等。为了适应大跨度密肋楼盖的施工，研制并采用了塑料和玻璃钢制成的模壳等。

（4）钢筋连接工艺技术的发展

在混凝土结构的高层建筑中，大直径钢筋用量较大，钢筋的连接方法直接影响着工程施工进度、结构质量和成本。传统的绑扎连接、搭接焊已远远不能满足高层建筑的发展需要。20世纪80年代初期，随着电渣压力焊、气压焊等新工艺的出现，钢筋连接工艺不断进步，后来出现了径向挤压连接、轴向挤压连接、锥螺纹接头、直螺纹接头等机械接头。虽然机械接头的成本比电渣压力焊、气压焊要高一些，但是因其施工效率高、节约能源、无明火作业、易于操作等优点而被广泛使用。

（5）商品混凝土和混凝土施工机械化水平的发展

自20世纪80年代末以来，随着现浇钢筋混凝土高层建筑的发展，施工现场混凝土用量大幅度增加，加上高层建筑施工现场狭小、自拌混凝土量供给不足等不利因素的存在，使得国内一些大中型城市开始大力发展商品混凝土的生产。如今，随着商品混凝土的生产、运输、泵送等现代化生产规模的发展，商品混凝土已成为城市建设以及高层混凝土结构不可或缺的材料。商品混凝土泵送机械的发展，实现了混凝土一次泵送到位，大大简化了其垂直运输流程，提高了施工效率。在上海中心大厦的施工现场，采用超高压拖泵输送混凝土，实现了将 C100 超高压混凝土送上 620 m 高度的纪录，打破了阿联酋迪拜哈利法塔保持 7 年之久的 606 m 混凝土泵送纪录。

（6）装饰工程技术的发展

高层公共建筑多为高级的商业公共建筑，其内外装饰均要有较高的标准。对于外装饰，要求表面不易积灰，能长久保持光泽；对于内装饰，要求美观、典雅、高贵而舒适。因此，花岗岩、大理石、内外釉面墙砖和地砖，以及诸多新型华丽的装饰材料已被广泛应用到了高层建筑当中。在装饰工程中，与多层建筑的主要差别在于外墙的装饰上，因其常年承受较大风荷载的压力和吸力等外力作用，对装饰材料的要求不仅仅要考虑其装饰效果，更重要的是其强度、刚度和耐久性等问题。目前采用的外墙装饰仍以玻璃幕墙、大块石材或铝塑复合材料等为主。

（7）施工机械的发展

【视频演示】

高层建筑的发展离不开施工机械的支持，故施工机械化水平的提高是高层建筑发展的先决条件。在高层建筑施工中，垂直运输工具离不开大吨位的起重设备，目前常用的还是塔式起重机，只是规格和型号已升级换代。从塔吊的形式区分，一般可分为“内爬塔吊”和“外立塔吊”两种。“外立塔吊”高度较低，但可设置成在轨道上行走的形式。“内爬塔吊”的高度基本不变，其高度是随着建筑物的升高而升高的，因其具有适用性广、造价低廉、高度不限等优点，故是超高层建筑施工中普遍采用的垂直运输工具。

在基础工程施工中，由于高层建筑基础较深，使得各种土方机械、打桩机、静压桩机、钻孔机、土层锚杆钻眼机等大型施工机械得到推广使用，大大提高了施工效率，降低了工程施工成本。

1　高层建筑施工测量

近些年来，我国高层建筑大量兴起，高层建筑中的施工测量越来越引起高度重视。在高层建筑施工过程中有大量的施工测量问题，施工测量应紧密配合施工，起到指导施工的作用。

1.1　建筑物的放线定位

建筑物的定位就是在地面上确定建筑物的位置，即根据设计条件，将建筑物外廓的各轴线交点测设到地面上，称为定位桩（又称角桩），作为基础和细部放样的依据。放线定位的方法很多，主要有根据与原有建筑物的关系定位、根据建筑方格网定位、根据控制点的坐标定位、根据与原有道路的关系定位和根据规划道路红线定位等方法。最常见的是根据与周围原有建筑物的关系定位和根据规划道路红线进行建筑物定位两种方法。

当以原有建（构）筑物为定位依据时，要会同建设单位和设计单位到施工现场，对作为定位依据的建（构）筑物的边、角、中线、标高等具体位置进行明确的指定和确认，必要时进行拍照，以便查证和存档。

当定位依据是规划红线、道路中心线或测量控制点时，在同建设单位和设计单位在现场当面交桩后，要根据各点的坐标值、标高值校算其间距、夹角和高差，并实地校测各桩位是否正确，若有不符，应请建设单位及时妥善处理。

高层建筑在根据场地平面控制网定位之前，应校测所用控制桩点的点位，以防误用有碰动和沉降变形的桩位。

1.1.1　根据原有建（构）筑物定位

如图 1.1 所示，$MNQP$ 为原有建筑物，$ABDC$ 为新建高层建筑，$A'B'D'C'$ 为该高层建筑的矩形控制网（在基槽外，作为基坑开挖后在各施工层上恢复中线或轴线的依据，距离大小根据实地情况而定，一般为 1～4 m）。根据原有建（构）筑物定位，常用的方法有三种，即平行线法、延长线法、直角坐标法。而由于定位条件的不同，各种方法又可分别分成两种情况：一种情况是如图 1.1(a)至图 1.1(c)中(1)图所示，它是仅以一栋原有建筑物的位置和方向为准，用各(1)图中所示的 X、Y 值确定新建高层建筑物的位置；另一种情况则是以一栋原有建筑物的位置和方向为主，再加上另外的定位条件，如各(2)图中 K 为现场中的一个固定点，K 至原有高层建筑物的距离 X_K、Y_K 是定位的另一个条件。

1.1.1.1　延长线法

如图 1.1(a)所示，先根据 MN 边定出其平行线 $M'N'$；安置经纬仪在 N'，后视 M'，用正倒镜法延长 $M'N'$ 直线至 A'；若为图 1.1(a)中(1)所示情况，则再延长至 B'，移经纬仪在 A' 和 B' 上，定出 C' 和 D'，最后校测各对边长和对角线长；若为图 1.1(a)中(2)所示情况，则应先测出 K 点至 NQ 边的垂距 X_K，才可以确定 A' 和 B' 的位置。一般可将经纬仪安置在 QN

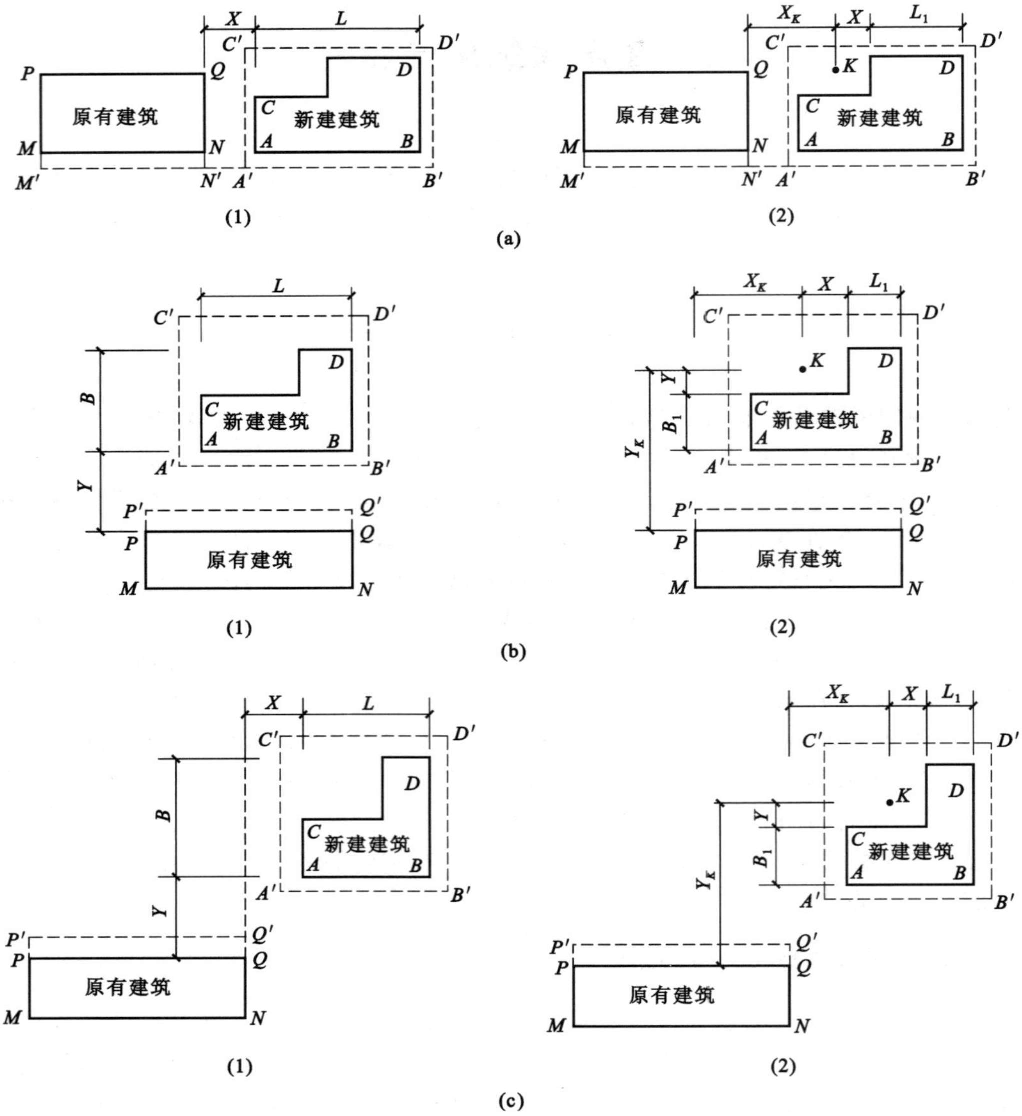

图 1.1　根据原有建筑物定位

(a) 延长线法；(b) 平行线法；(c) 直角坐标法

边的延长点 N'，以 M' 为后视，测出 $\angle M'N'K$，用钢尺量出 $N'K$ 的距离，则 $X_K = N'K \times \sin(\angle M'N'K - 90°)$。

1.1.1.2　平行线法

如图 1.1(b)所示，先根据 PQ 边定出其平行线 $P'Q'$。若为图 1.1(b)中(1)所示情况，新建高层建筑物的定位条件是其东侧与原有建筑物东侧在同一直线上，两建筑物南北净间距为 Y。则由 $P'Q'$ 可直接测出 $A'B'D'C'$ 矩形控制网；若为图 1.1(b)中(2)所示情况，则应先由 PQ 测出 K 点至 PQ 边的垂距 Y_K 和 K 点至 MP 延长线的垂距 X_K，才可以确定 A' 和 B' 的位置，具体测法基本同前。

1.1.1.3 直角坐标法

如图 1.1(c)所示，先根据 PQ 边定出其平行线 $P'Q'$。若为图 1.1(c)中(1)所示情况，则可按图示定位条件，由 $P'Q'$ 直接测出 $A'B'D'C'$ 矩形控制网；若为图 1.1(c)中(2)所示情况，则应先测出 K 点至 NQ 延长线和 PQ 延长线的垂距 X_K 和 Y_K，即可确定 A' 和 B' 的位置。

1.1.2 根据条件定位

常用的定位方法有以下四种。

1.1.2.1 直角坐标法

图 1.2 所示为某高层建筑的定位情况。它是由城市规划部门给定的广场中心正点起，沿道路中心线向西量 $x=100.000$ m 定出 S 点，然后由 S 点转 90°(逆时针为正)定出建筑物的纵向主轴线——X 轴，再由 S 点起向北沿 X 轴量 $x=70.000$ m，定出建筑群的纵轴(Y)与横轴(X)的交点 O。

1.1.2.2 极坐标法

图 1.3 所示为五幢 18 层住宅楼，1—5 号楼的西南角正布置在半径 $R=186.000$ m 的圆弧形地下车库的外缘。定位时可将经纬仪安置在圆心 O 点上，用 0°00′00″后视 A 点后，按 1—5 号点的设计极坐标数据(极角、极距)，由 A 点起依次定出各幢塔楼的西南角点 1、2、3、4、5，并实量各点间距作为校核。

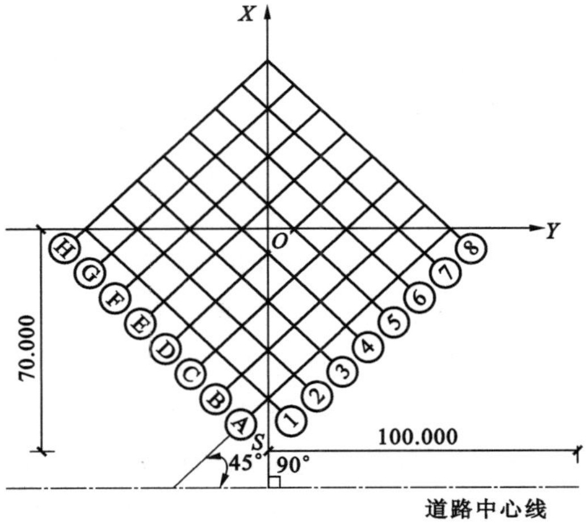

图 1.2 某建筑直角坐标法定位图(单位：m)

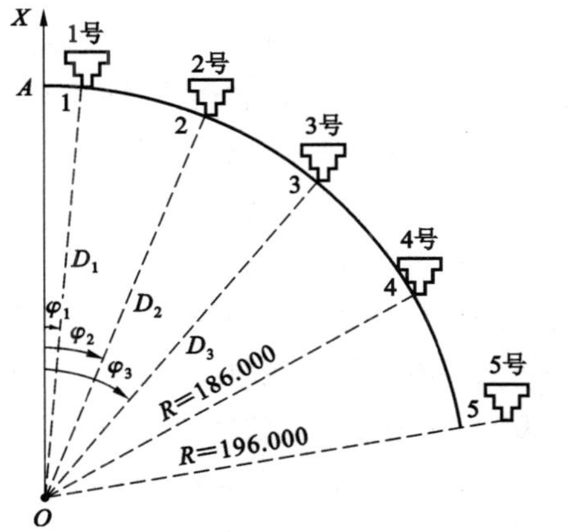

图 1.3 建筑物极坐标法定位图(半径单位：m)

1.1.2.3 交会法

图 1.4 所示为某重要路口北侧折线形高层建筑 $MNQP$，其两侧均为平行道路中心线，间距为 d 定位时，先在规划部门给出的道路中心线上定出 1、2、3、4 点，并根据 d 值定出各垂线上的 1′、2′、3′、4′点，然后由 1′2′与 4′3′两方向线交会定出 S' 点，最后由 S' 点和建筑物四廓尺寸定出矩形控制网 $M'S'N'Q'R'P'$。

1.1.2.4 综合法

以图 1.5 所示某小区高层 $ABDC$ 为例，其定位条件：A 点正落在 EF 规划红线上，AB 平

行 FG 规划红线，且距 K 为 10.000 m。为了定位，首先要确定 AB 相对于 FG 边的位置。因此，先在 F 点上安置经纬仪，测出 $\angle EFG$ 和 $\angle KFG$，并量出 FK 的间距；算出 AB 至 FG 的垂直距离 $AA_1 = 10.000\ \text{m} + FK\sin\angle KFG$ 和 $A_1F = AA_1\cot(180°00'00'' - \angle EFG)$。当求出 AA_1 和 A_1F 后，以 FG 边为准，用直角坐标法、极坐标法或交会法等测定矩形控制网 $A'B'D'C'$，并用所给定位条件进行检测。

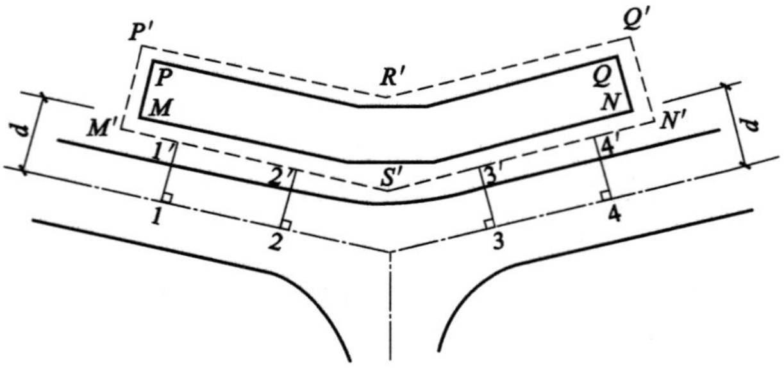

图 1.4　建筑物交会法定位图

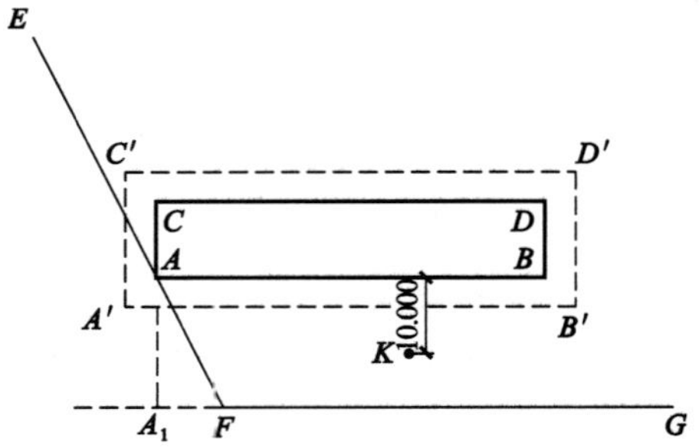

图 1.5　建筑物综合法定位图(单位：m)

在建筑物矩形控制网的四边上，测定建筑物各大角的中线或轴线控制桩(也叫引桩，引桩一般钉设在基础开挖范围以外 2～4 m、不受施工干扰、便于引测和保存桩位的地方，也可以将轴线投测到周围建筑物上，做好标志，代替引桩)。测设时要以各边的两端控制桩为准，拉通尺测定该边上各轴线控制桩后，再校核各桩间距。若高层竖向使用外控法施测时，还要将主要轴线准确地延长到距建筑物高度以外、能稳固保留桩位的地方，或附近现有建筑物的墙面上。

高层建筑物基础开挖均较深，基槽四周多设护坡桩，桩顶砌矮墙以防雨水。这样，又可在此矮墙顶面上测设出各中线、轴线的位置，用以作为基槽内测设定位的依据。根据建筑物各轴线桩或控制桩，按基础施工图撒好基槽灰线。此工序精度要求不高，但很容易出差错，因此，在经自检合格后，要提请相关部门和建设单位验线。

验线时首先要检查定位依据的正确性和定位条件的几何尺寸，再检查建筑物矩形控制网、建筑外廓尺寸和轴线间距，这是保证建筑物定位条件和本身尺寸正确的重要措施。验线时绝不可只检查建筑物的自身四廓尺寸，而不检查建筑物的定位情况，这样可能会造成建筑物位置的漏检，致使整个建筑物定位不正确。此外，验线时不仅要检查建筑物矩形网和各大角桩位、槽线情况，还要检查各轴线，尤其是主要轴线的控制桩(引桩)桩位是否准确和稳定，因为它是挖槽后各施工层放线和高层竖向控制的基本依据。另外，沿规划红线兴建的高层建筑，在放线后，还要由城市规划部门验线，经验线合格后方可破土开工，以防新建高层建筑压、超红线。

根据《高层建筑混凝土结构技术规程》(JGJ 3—2010)中之规定，基础验线时的允许偏差如下：

长度 $L(B) \leqslant 30$ m，允许偏差 ±5 mm；

30 m $< L(B) \leqslant 60$ m，允许偏差 ±10 mm；

60 m $< L(B) \leqslant 90$ m，允许偏差 ±15 mm；

90 m $< L(B)$，允许偏差 ±20 mm。

轴线的对角线尺寸的允许偏差应为边长偏差的 $\sqrt{2}$ 倍；外廓轴线夹角的允许偏差应为 $\pm 1'$。

《工程测量标准》(GB 50026—2020)中第8.3.11条专门对建筑物施工放样的测量允许偏差做出了规定，如表1.1所示。

表1.1 建筑物施工放样测量允许偏差

<table>
<tr><th>项 目</th><th colspan="2">内 容</th><th>测量允许偏差(mm)</th></tr>
<tr><td rowspan="2">基础桩位放样</td><td colspan="2">单排桩或群桩中的边桩</td><td>±10</td></tr>
<tr><td colspan="2">群桩</td><td>±20</td></tr>
<tr><td rowspan="12">各施工层上放线</td><td colspan="2">轴线点</td><td>±4</td></tr>
<tr><td rowspan="7">外廓主轴线长度 L(m)</td><td>L≤30</td><td>±5</td></tr>
<tr><td>30<L≤60</td><td>±10</td></tr>
<tr><td>60<L≤90</td><td>±15</td></tr>
<tr><td>90<L≤120</td><td>±20</td></tr>
<tr><td>120<L≤150</td><td>±25</td></tr>
<tr><td>150<L≤200</td><td>±30</td></tr>
<tr><td>L>200</td><td>按40%的施工限差取值</td></tr>
<tr><td colspan="2">细部轴线</td><td>±2</td></tr>
<tr><td colspan="2">承重墙、梁、柱边线</td><td>±3</td></tr>
<tr><td colspan="2">非承重墙边线</td><td>±3</td></tr>
<tr><td colspan="2">门窗洞口线</td><td>±3</td></tr>
</table>

建筑物轴线放样宜采用2″级全站仪，应先有控制点放样出建筑物外廓主要轴线点，偏差不应大于4 mm；内部轴线点可由主要轴线点采用内分法放样；校核相邻轴线点间距，偏差应小于5 mm。

通常，测量允许误差等于两倍测量中误差，这样放线过程中就可以随时对测设项目(距离、角度)的每一次观测值进行误差检查，看其误差是否满足上述允许误差要求。当然也可以选择测设过程中的薄弱项目(如最后的边长或角度，为误差积累较大者)。

1.2 高层建筑标高测量

1.2.1 高层建筑标高测量的允许误差

标高的竖向传递，应从首层起始标高线竖直量取。《工程测量标准》(GB 50026—2020)中规定，施工层标高的传递宜采用悬挂钢尺代替水准尺的水准测量方法进行，并应对钢尺读数进行温度、尺长和拉力改正；传递点的数目，应根据建筑物的大小和高度确定。一般的工业建筑或多层民用建筑，宜从两个位置处分别向上传递，重要的工业建筑或高层民用建筑，宜从三个位置处分别向上传递。传递的标高差小于3 mm时，可取平均值作为施工层的标高基准；大于3 mm时，应重新传递。标高传递的测量允许偏差见表1.2。

表 1.2 建筑物施工标高传递的测量允许偏差

项目	内容		测量允许偏差(mm)
标高竖向传递	每层		±3
	总高 H(m)	$H \leqslant 30$	±5
		$30 < H \leqslant 60$	±10
		$60 < H \leqslant 90$	±15
		$90 < H \leqslant 120$	±20
		$120 < H \leqslant 150$	±25
		$150 < H \leqslant 200$	±30
		$H > 200$	按 40%的施工限差取值

建筑物标高误差由测量误差、施工误差组成,而建筑物标高误差的允许值,可查相关结构施工规范。

1.2.2 ±0.000 以下标高测法

为控制基础和±0.000 以下各层的标高,在基础开挖过程中,应在基坑四周的护坡钢板桩或混凝土桩(选其侧面竖直且规正者)上各涂一条宽 10 cm 的竖向白漆带。用水准仪根据附近栋号的水准点或±0.000 水平线,测出各白漆带上顶的标高;然后用钢尺在白漆带上量出±0.000以下各负(−)整米数的水平线;最后,将水准仪安置在基坑内,校测四周护坡桩上各白漆带底部同一标高的水平线,当误差在±5 mm 以内时,则认为合格。在施测基础标高时,应后视两条白漆带上的水平线以作校核。

1.2.3 ±0.000 以上标高测法

±0.000 以上标高测法,主要是用钢尺沿结构外墙、边柱或楼梯间等向上竖直测量。一般高层建筑至少要由三处向上引测,以便于相互校核和适应分段施工的需要。

引测步骤如下:

① 先用水准仪根据两个栋号水准点或±0.000 水平线,在各向上引测处准确地测出相同的起始标高线(一般多测+1.000 m 标高线)。

② 用钢尺沿铅直方向向上量至施工层,并画出正(+)整米数的水平线,各层的标高线均应由各处的起始标高线向上直接量取。高差超过一整钢尺长时,应在该层精确测定第二条起始标高线,作为再向上引测的依据。《高层建筑混凝土结构技术规程》(JGJ 3—2010)规定:标高的竖向传递,应从首层起始标高线竖直量取,且每栋建筑应由三处分别向上传递;当三个点的标高差值小于 3 mm 时,应取其平均值,否则应重新引测。

③ 将水准仪安置到施工层,校测由下面传递上来的各水平线,误差应在±3 mm 以内。在各层抄平时,应后视两条水平线以作校核。

为了提高竖向传递标高的精度,近些年来使用全站仪加弯管目镜,直接测得较长竖向高差,取得了良好的效果。如图 1.6 所示,将全站仪安置在首层,以水平视线后视已知点高程(H_A),求出视线高(H_A+a),然后用铅直视线测出施工层上水平放置的棱镜的铅直距离(即高

差 h)，最后在施工层上用水准仪测出棱镜至欲求点的高程(H_B)。

1.2.4 标高测量施工要点

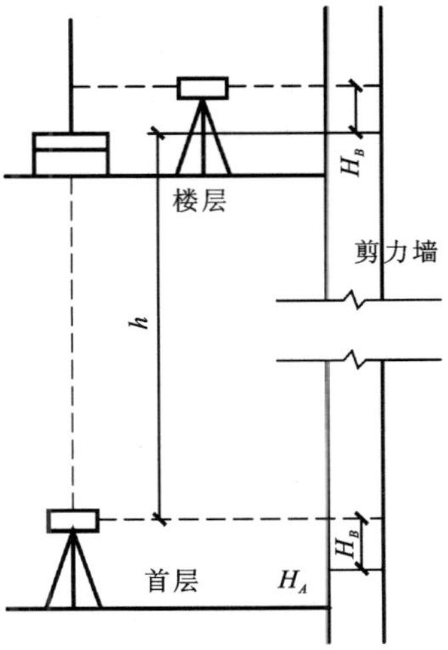

图 1.6 全站仪传递标高原理示意图

① 观测时尽量做到前后视线等长。测设水平线时，最好直接调整水准仪的仪器高度，使后视时的视线正对准水平线，前视时则可直接用铅笔标出视线标高点，然后用铝合金直尺以硬铅笔画水平线。这种测法比一般在木板上标记出视线再量反数的测法能提高精度 1～2 mm，但只能测出各层在＋1.300 m 或＋1.400 m 处的标高线。

② 由±0.000 水平线向下或向上量高差时，所用钢尺应经过检定，量高差时尺身应铅直并用标准拉力，同时要进行尺长和温度修正(钢结构不加温度修正)。

③ 采用预制构件的高层结构施工时，要注意每层的高差不要超限，同时更要注意控制各层的标高，防止偏差积累使建筑物总高度偏差超限。为此，在各施工层标高测出后，应根据偏差情况，在下一层施工时对层高进行适当的调整。

④ 为保证竣工时±0.000 和各层标高的正确性，应请建设单位和设计单位明确：在测定±0.000 水平线和基础施工时，如何对待地基开挖后的回弹与整个建筑在施工期间的下沉影响；在钢结构工程中，钢柱负荷后对层高的影响。不少高层建筑在基础施工中将总下沉量在基础垫层的设计标高中预留出来，取得了较好的效果。

1.3 高层建筑竖向控制

当高层建筑施工到±0.000 后，随着结构的升高，要将首层轴线逐层向上投测，用以作为各层放线和结构竖向控制的依据。其中，建筑物外廓轴线和控制电梯井轴线的投测更为重要。《高层建筑混凝土结构技术规程》(JGJ 3—2010)规定，以下轴线应向上投测：建筑物外廓轴线；伸缩缝、沉降缝两侧轴线；电梯间、楼梯间两侧轴线；单元、施工流水段分界轴线。

高层建筑物轴线的竖向投测，常采用外控法和内控法两种；另外，还可用内外控综合法。无论使用哪类方法向上投测轴线，都必须在基础工程完成后，根据建筑场地平面控制网，校测建筑物轴线控制桩后，将建筑轮廓和各细部轴线精确地投测到±0.000 首层平面上，作为向上投测轴线的依据。

1.3.1 高层建筑竖向投测允许偏差

施工层的轴线投测宜使用 2″级激光经纬仪或激光铅直仪进行。控制轴线投测至施工层后，应在结构平面上按闭合图形对投测轴线进行校核。层间竖向测量偏差不应超过±3 mm，建筑全高(H)竖向测量允许偏差见表 1.3。

表 1.3　建筑物施工轴线投测的测量允许偏差

项　　目	内　　容		允许偏差(mm)
轴线竖向投测	每层		3
	总高 H(m)	$H \leqslant 30$	5
		$30 < H \leqslant 60$	10
		$60 < H \leqslant 90$	15
		$90 < H \leqslant 120$	20
		$120 < H \leqslant 150$	25
		$150 < H \leqslant 200$	30
		$H > 200$	按 40%的施工限差取值

1.3.2　外控法

外控法是在建筑物外部利用经纬仪，根据建筑物轴线控制桩进行轴线的竖向投测，亦称作“经纬仪引桩投测法”。当施工场地比较宽阔时多使用此法。施测时主要是将经纬仪安置在高层建筑附近进行竖向投测，故此法也叫“经纬仪竖向投测法”。具体操作方法如下：

1.3.2.1　在建筑物底部投测中心轴线位置

高层建筑的基础工程完工后，将经纬仪安置在轴线控制桩 A_1、A_1'和 B_1、B_1'上，把建筑物主轴线精确地投测到建筑物的底部，并设立标志，如图 1.7 中所示的 a_1、a_1'和 b_1、b_1'，以供下一步施工及向上投测之用。

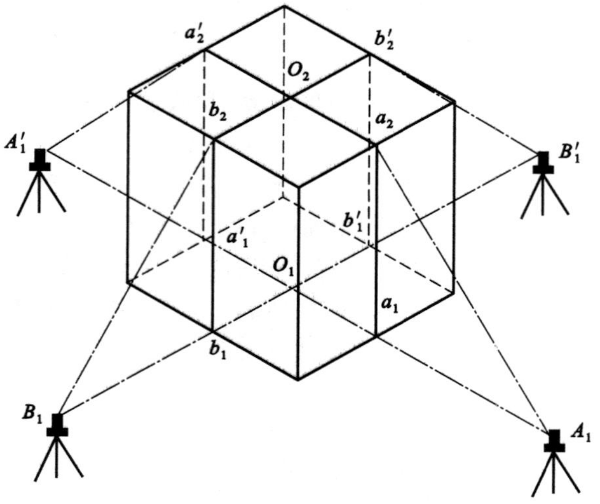

图 1.7　经纬仪投测中心轴线

1.3.2.2　向上投测中心线

随着建筑物不断升高，要逐层将轴线向上传递，如图 1.7 所示。将经纬仪安置在中心轴线控制桩 A_1、A_1'和 B_1、B_1'上，严格整平仪器，用望远镜瞄准建筑物底部已标出的轴线 a_1、a_1'和 b_1、

b_1'点，用盘左和盘右分别向上投测到每层楼板上，并取其中点作为该层中心轴线的投影点，如图 1.7 中所示的 a_2、a_2'和 b_2、b_2'点。

1.3.2.3 增设轴线引桩

当楼房逐渐增高，而轴线控制桩距建筑物又较近时，望远镜的仰角较大，操作不便，投测精度也会降低。为此，要将原中心轴线控制桩引测到更远的安全的地方，或者附近大楼的屋面。

具体做法是：

将经纬仪安置在已经投测上去的较高层（如第十层）楼面轴线 $a_{10}a_{10}'$ 上，如图 1.8 所示，瞄准地面上原有的轴线控制桩 A_1 和 A_1'点，用盘左、盘右分中投点法，将轴线延长到远处 A_2 和 A_2'点，并用标志固定其位置，A_2、A_2'即为新投测的 A_1、A_1'轴控制桩。更高各层的中心轴线，可将经纬仪安置在新的引桩上，按上述方法继续进行投测。

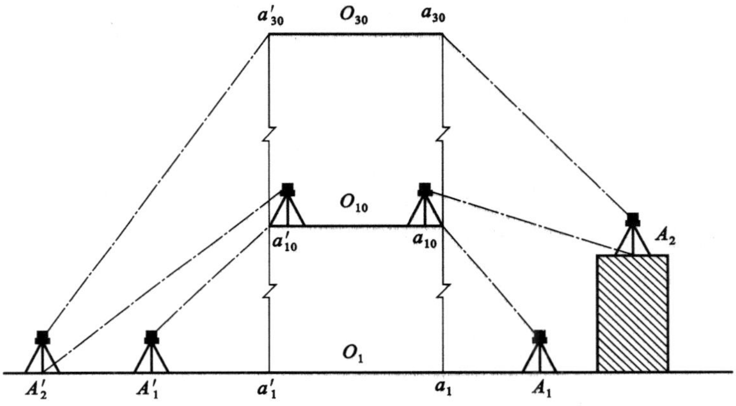

图 1.8 经纬仪引桩投测

根据施工场地情况以及安置经纬仪的位置不同，又分为三种投测方法：延长轴线法、侧向借线法和正倒镜挑直法。

（1）延长轴线法

此法适用于施工场地四周宽阔，能将高层建筑轮廓轴线延长到建筑物的总高度以外，或附近的多层或高层建筑物顶面上，并可在轴线的延长线上安置经纬仪，以首层轴线为准，向上逐层投测。图 1.9 所示的甲仪器安置在轴线的控制桩上，后视首层轴线后，抬起望远镜将轴线投测到施工层上。

此法误差由照准目标误差、投点标志误差、经纬仪竖轴不铅直的影响误差，以及现场振动、风吹、日晒等影响组成。在正倒镜投测取中时，该误差不超过以上精度要求，说明此法可用。

（2）侧向借线法

此法适用于场地四周较小，高层建筑四廓轴线无法延长，但可将轴线向建筑物外侧平行移出的情况，俗称借线。移出的尺寸应视外脚手架的情况而定，尽量不超过 2 m。图 1.9 所示的乙仪器和乙′仪器，是先后安置在借线上的，以首层的借线点为后视，向上投测并指挥施工层上的人员，垂直视线横向移动水平尺，以视线为准向内量出借线尺寸，即可在施工层上定出轴线位置。

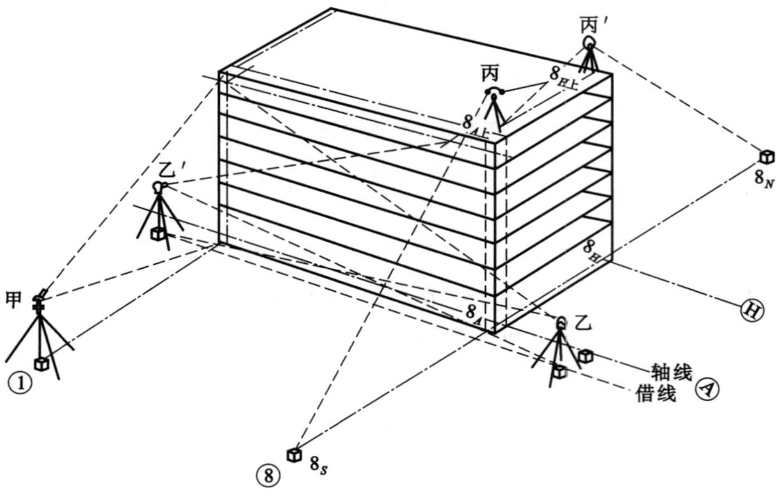

图 1.9　三种投测方法示意图

(3) 正倒镜挑直法

此法适用于四廓轴线虽可延长，但不能在延长线上安置经纬仪的情况。图 1.9 所示的丙仪器安置在施工层 $8_{A上}$ 点，向下后视地面上的轴线点 8_S 后，纵转望远镜定出 $8_{H上}$ 点；然后将仪器移到 $8_{H上}$ 点上，后视 $8_{A上}$ 点后，纵转望远镜，若前视正照准地面上的轴线点 8_N，则两次安置仪器的位置就都正在 8_S8_N 轴线上。

图 1.12(a)、图 1.12(b)所示分别为图 1.9 的侧面图和平面图，用正倒镜挑直法在施工层上投测⑧轴。施测时先在施工层面上估计 8_A 点向上投测的点位如 $8'_{A上}$。在其上安置经纬仪，后视点 8_S，用正倒镜延长直线取分中定出点 $8'_{H上}$，然后移仪器到点 $8'_{H上}$，后视点 $8'_{A上}$，仍用正倒镜延长直线取分中定出点 $8'_N$，实量出点 8_N、$8'_N$ 间距后，根据相似三角形相应边成正比的原理，计算两次镜位偏离⑧轴的垂距，然后可以在施工层定出点 $8_{A上}$、$8_{H上}$。再在点 $8_{A上}$、$8_{H上}$ 安置经纬仪，用正倒镜延长直线法检测点 $8_{A上}$、$8_{H上}$、8_N、8_S 应在一条直线上；若有误差，按两次点 $8_{A上}$、$8_{H上}$ 取中，作为最后的结果。

此法精度高于前两种方法，因此，当用前两种方法时，可每隔几层用正倒镜挑直法校测一次，以提高精度。

1.3.3　内控法

当施工场地窄小，无法在建筑物之外的轴线上安置仪器施测时，多使用此法。施测时在建筑物的首层测设室内控制网，用垂准线原理进行竖向投测，故此法也叫垂准线投测法。依据使用仪器的不同，又分为以下三种投测方法。

1.3.3.1　吊线坠法

吊线坠法是使用较重的特制线坠悬吊，以首层靠近建筑物轮廓的轴线交点为准，直接向各施工层悬吊引测轴线，如图 1.10 所示。施测中，如果采取的措施得当，使用线坠引测铅直线是既经济、简单，又直观、准确的方法。一般在 3～4 m 层高的情况下，只要认真操作，由下一层向上一层悬吊铅直线的误差不会大于±3 mm。若依次逐层悬吊 16 层，其总误差不会大于$\pm 3\times\sqrt{16}$ mm$=\pm 12$ mm，此精度能满足规范要求。但在使用吊线坠法向上引测轴线中，要特别注意以下要点：

（1）线坠的几何形体要规正，质量要适当（1～3 kg）；吊线要用编织线或没有扭曲的细钢丝。

（2）悬吊时上端要固定牢固，线中间没有障碍，尤其是没有侧向抗线。

（3）线下端（或线坠尖）的投测，人的视线要垂直结构面，当线左、线右投测小于3～4 mm时，取其平均位置；两次平均位置之差小于2～3 mm时，再取平均位置作为投测结果。

（4）投测中要防风吹和振动，尤其是侧向风吹。

（5）在逐层引测中，要用更大的线坠（如5 kg）每隔3～5层，由下面直接向上放一次通线，以作校测。

（6）若用铅直塑料管套住吊线，下端用专门的观测仪器，其精度还可提高。

1.3.3.2　天顶垂准测量法（仰视法）

垂准测量的传统方法是采用挂锤球、经纬仪投影和激光铅垂仪法来传递坐标，但这几种方法均受施工场地及周围环境的制约，当视线受阻，超过一定高度或自然条件不佳时，施测就无法进行。随着科技的不断进步，新一代垂准经纬仪的问世解决了传统垂准测量方法中的难题，能在各种困难条件下进行施测，使垂准测量方法进一步完善。

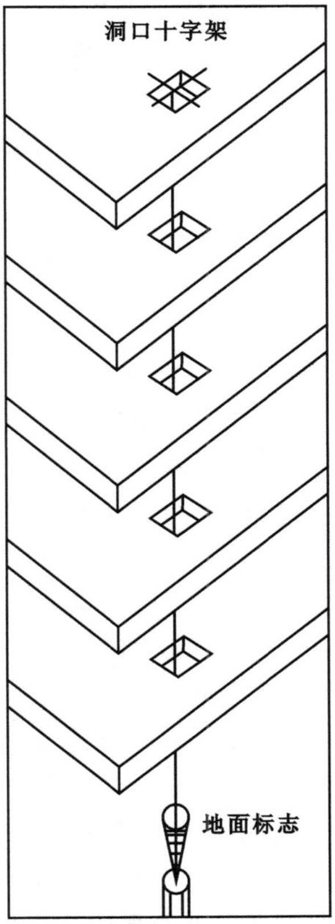

图1.10　吊线坠法原理图

天顶方向是指测站点正上方、铅直指向天空的方向。天顶准直法就是使用能测设天顶方向的仪器进行竖向投测，故也叫仰视法。

天顶法垂准测量的基本原理是应用经纬仪望远镜进行天顶观测时，经纬仪轴系间必须满足下列条件：① 水准管轴应垂直于竖轴；② 视准轴应垂直于横轴；③ 横轴应垂直于竖轴。则视准轴与竖轴在同一方向线上。当望远镜指向天顶时，旋转仪器，利用视准轴线可以在天顶目标上与仪器的空间画出一个倒锥形轨迹。然后调动望远镜微动手轮，逐步归化，往复多次，直至锥形轨迹的半径达到最小，近似铅垂。天顶目标分划上的成像，经望远镜棱镜通过90°折射进行观测。

天顶垂准测量法的施测程序及操作方法为：先标定下标志和中心坐标点位，在地面设置测站，将仪器置中、调平，装上弯管棱镜，在测站天顶上方设置目标分划板，位置大致与仪器铅垂或设置在已标出的位置上。将望远镜指向天顶，固定之后调焦，使目标分划板成像清晰，置望远镜十字丝与目标分划板上的参考坐标X、Y轴相互平行，分别置横丝和纵丝读取x和y的格值GJ和CJ或置横丝与目标分划板Y轴重合，读取x格值GJ。转动仪器照准架180°，重复上述程序，分别读取x格值$G'J$和y格值$C'J$。然后调动望远镜微动手轮，将横丝与$\frac{GJ+G'J}{2}$格值重合，将仪器照准架旋转90°，置横丝与目标分划板X轴平行，读取y格值$C'J$，略调微动手轮，使纵丝与$\frac{CJ+C'J}{2}$格值相重合。所测得的$x_J=\frac{GJ+G'J}{2}$、$y_J=\frac{CJ+C'J}{2}$的读数为一个测回，记入手簿作为原始依据。

如上海宾馆施工中使用天顶法，在 J_2 级经纬仪上安装弯管目镜，实测结果在 65 m 高度上，误差为±2 mm，即竖向误差为±6″。

测设天顶方向的常用仪器有以下五种：配有 90°弯管目镜的经纬仪、激光经纬仪、激光铅直仪、自动天顶准直仪、自动天顶-天底准直仪。

天顶法仪器均安置在施工层的下面，因此，施测中要注意对仪器的安全采取保护措施，防止落物击伤，并经常对光束的竖直方向进行检校。观测时间最好选在阴天又无风的时候，以保证精度。

1.3.3.3　天底垂准测量法（俯视法）

天底方向是指过测站点、铅直向下所指的方向。天底准直法就是使用能测设天底方向的仪器进行竖向投测，故也叫俯视法。测设天底方向的仪器，主要有自动天顶-天底准直仪、垂准经纬仪和自动天底准直仪。现以 DJ6-C6 光学垂准经纬仪为例进行说明。

（1）天底垂准测量的基本原理

如图 1.11 所示，利用 DJ6-C6 光学垂准经纬仪上的望远镜，旋转进行光学对中，取其平均值而定出瞬时垂准线。也就是使仪器能将一个点向另一个高度面上作垂直投影，再利用地面上的测微分划板测量垂准线和测点之间的偏移量，从而完成垂准测量。基准点的对中是利用仪器的望远镜和目镜组，先把望远镜指向天底方向，然后调焦到所观测目标清晰、无视差，使望远镜十字丝与基准点十字分划线相互平行，读出基准点的坐标读数 A_1，转动仪器照准架 180°，再读一次基准点坐标读数 A_2，由于仪器本身存在系统误差，坐标 A_1 与 A_2 不重合，故中数 $A=(A_1+A_2)/2$，这样仪器中心与基准点坐标 A 在同一铅垂线上，再将望远镜调焦至施工层楼面上，在俯视孔上放置十字坐标板（此板为仪器的必备附件），用望远镜十字丝瞄准十字坐标板，移动十字坐标板，使十字坐标板坐标轴平行于望远镜十字丝，并使 A 读数与望远镜十字丝中央重合，然后转动仪器，使望远镜与坐标板原点 O 重合，这样就完成一次铅垂点的投测。一系列的垂准点标定完后，作为测站，可做测角放样以及测设建筑物各层的轴线或垂直度控制和倾斜观测等测量工作。上海金陵东路售票大楼即应用天底垂准测量方法来完成轴线的投测工作。

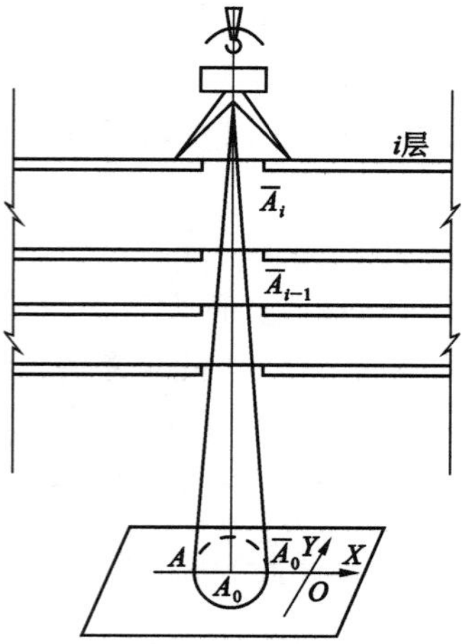

图 1.11　天底法原理

A_0—确定的仪器中心；O—基准点

（2）施测程序及操作方法

① 依据工程的外形特点及现场情况，拟订出测量方案，并做好观测前的准备工作，定出建筑物底层控制点的位置，以及在相应各楼层留设俯视孔，一般孔径为 ϕ150 mm，各层俯视孔的偏差不大于 ϕ8 mm；

② 把目标分划板放置在底层控制点上，使目标分划板中心与控制点标志的中心重合；

③ 开启目标分划板附属照明设备；

④ 在俯视孔位置上安置仪器；

⑤ 基准点对中；

⑥ 当垂准点标定在所测楼层面十字丝目标上后，用墨斗线弹在俯视孔边上；

⑦ 利用标出来的楼层上十字丝作为测站即可测角放

样，测设高层建筑物的轴线，数据处理和精度评定与天顶垂准测量相同。

1.3.4 内外控综合法

由于受场地的限制，在高层建筑施工中，尤其是超高层建筑施工中，多使用内控法进行竖向控制，但因内控法所用内控网的边长均较短，一般多在 20～50 m 之间，每次向施工面上投测后，虽可对内控网各边长及各夹角的自身尺寸进行校测与调整，但检查不了内控网在施工面上的整体位移与转动。为此，近年来，在一些超高层建(构)筑物的施工中，多使用内外控互相结合的测法，以互相校核。

1.4 变形观测

高层建筑施工从施工准备到竣工后的一段时间，应进行沉降、位移和倾斜等变形观测，包括两部分：(1) 高层建筑施工对邻近建筑物和护坡桩的影响、日照对在建建筑物的影响；(2) 在建建筑物各部位的变形。前一部分观测由施工单位担任，后一部分观测一般多由勘测专业部门担任。

一般规定变形观测的误差应小于变形量的 1/20。为此，变形观测应使用精密水准仪(S_1、$S_{0.5}$)、精密经纬仪(J_2、J_1)和精密的测量方法。每项工程至少要有三个稳固可靠的基准点，并每半年复测一次。所用仪器、设备要固定，观测人员要固定，观测的条件、环境基本相同，观测的路线、镜位、程序、方法要固定。

1.4.1 沉降观测

1.4.1.1 施工对邻近建(构)筑物影响的观测

打桩(包括护坡桩)和采用井点降低水位等，均会使邻近建(构)筑物产生不均匀的沉降、裂缝和位移等变形。为此，在打桩前，除在打桩、井点降水影响范围以外设基准点外，还要根据设计要求，在距基坑一定范围的建(构)筑物上设置沉降观测点，并精确地测出其原始标高。以后根据施工进展，及时进行复测，以便针对变形情况采取安全防护措施。

1.4.1.2 施工塔吊基座的沉降观测

高层建筑施工使用的塔吊随着施工的进展，塔身逐步增高，在雨季时，可能会因塔基下沉、倾斜而发生事故。因此，要根据情况及时对塔吊基座四角进行沉降观测，检查塔吊基座下沉和倾斜状况，以确保塔吊运转安全、工作正常。

1.4.1.3 地基回弹观测

一般基坑越深，挖土后基坑底面的原土向上回弹量越大，建筑物施工后其下沉也越大。为了测定地基的回弹值，基坑开挖前，在拟建高层建筑的纵、横主轴线上，用钻机打直径 100 mm 的钻孔至基础底面以下 300～500 mm 处，在钻孔套管内压设特制的测量标志，并用特制的吊杆或吊锤等测定标志顶面的原始标高。当套管提出后，测量标志即留在原处，在套管提出后所形成的钻孔内装满熟石灰粉，以表示点位。待基坑挖至底面时，按石灰粉的位置轻轻找出测量标志，测出其标高，然后在浇筑混凝土基础前再测一次标高，从而得到各点的地基回弹值。地基回弹值是研究地基土体结构和高层建筑物地基下沉的重要资料。

1.4.1.4　建筑物的沉降观测

【视频演示】

这是高层建筑沉降观测的主要内容。当浇筑基础底板时，就按设计指定的位置埋设好临时观测点。一般浮筏基础或箱型基础的高层建筑，应沿纵、横轴线和基础周边设置观测点，观测的次数与时间应按设计要求确定。一般第一次观测应在观测点安设稳固后及时进行。以后结构每升高一层，将临时观测点上移一层并进行观测，直到±0.000 时，再按规定埋设永久性观测点。然后每施工一层，复测一次，直至竣工。工程竣工后的第一年内要测四次，第二年测两次，第三年后每年测一次，至下沉稳定为止。一般砂土地基测两年，黏性土地基测五年，软土地基测十年。

沉降观测的等级、精度要求、适用范围及观测方法，应根据工程需要，符合表 1.4 中相应等级的规定。

表 1.4　沉降观测的等级划分及精度要求和观测方法表

等 级	标高中误差（mm）	相邻点高差中误差（mm）	适用范围	观测方法	往返较差、附合或环线闭合差（m）
一等	±0.3	±0.1	变形特别敏感的高层建筑、高耸构筑物、重要古建筑等	参照国家一等水准测量外，尚需双转点，视线不大于 15 m，前后视距差不大于 0.3 m，视距累积差不大于 1.5 m	$0.15\sqrt{n}$
二等	±0.5	±0.3	变形比较敏感的高层建筑、高耸构筑物、古建筑和重要建筑场地的滑坡监测等	一等水准测量	$0.30\sqrt{n}$
三等	±1.0	±0.5	一般性的高层建筑、高耸构筑物、滑坡监测等	二等水准测量	$0.60\sqrt{n}$
四等	±2.0	±1.0	观测精度要求较低的建筑物、构筑物和滑坡监测等	三等水准测量	$1.40\sqrt{n}$

注：n—测站数。

沉降观测应提供的成果如下：

(1) 建筑物平面图

如图 1.12 所示，图上应标有观测点位置及编号，必要时应另绘竣工时及沉降稳定时的等沉线图。

(2) 下沉量统计表

这是根据沉降观测原始记录整理而成的各个观测点的每次下沉量和累积下沉量的统计值。

(3) 观测点的下沉量曲线

如图 1.13 所示，图中横坐标表示时间。图形分上、下两部分，上部分为建筑荷载曲线，下部分为各观测点的下沉量曲线。

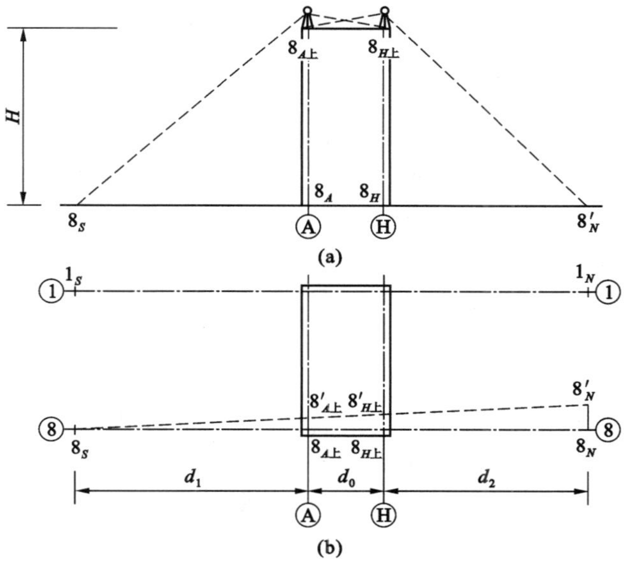

图 1.12　正倒镜挑直法

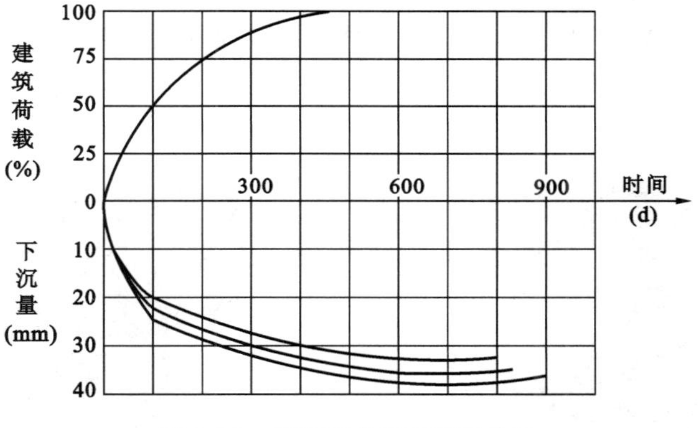

图 1.13　某观测点的下沉量曲线

1.4.2　建筑物的位移观测

当建筑物在平面位置上发生位移时，应根据位移的可能情况，在其纵向和横向上分别设置观测点和控制线，用经纬仪视准线法或小角度法进行观测。和沉降观测一样，水平位移观测也分为四个等级，各等级的适用范围同表1.4所示。各等级的变形点的点位中误差分别为：一等为±1.5 mm；二等为±3.0 mm；三等为±6.0 mm；四等为±12.0 mm。

1.4.3　建(构)筑物竖向倾斜观测

一般要在进行倾斜观测的建(构)筑物上设置上、下两点或上、中、下多点观测标志，各标志应在同一竖直面内。用经纬仪正倒镜法，由上向下投测各观测点的位置，然后根据高差计算倾斜量；或以某一固定方向为后视，用测回法观测各点的水平角及高差，再进行倾斜量计算。

1.5 高层建筑施工常用测量仪器

建筑测量仪器在近百年中，大体上经历了四个发展阶段：20 世纪初的前二三十年为第一代；第二次世界大战前后为第二代，水准仪为微倾式，水准管上方装有符合折光棱镜，从而提高了定平精度，经纬仪为光学度盘与对中；20 世纪 60—70 年代为第三代，水准仪上的水准管与经纬仪竖盘指标水准管均被自动补偿机构代替，从此测量仪器步入了自动定平的时代；20 世纪 80 年代以后，水准仪与经纬仪的读数为电子数字化显示，测量仪器进入了自动化、电子化和数字化的时代。下面简要介绍当前高层建筑施工测量常用的仪器。

1.5.1 工程水准仪（S_3、S_2）

工程水准仪的望远镜放大倍数为 24～28 倍，微倾气泡水准仪已被自动补偿水准仪所代替，精度为每千米往返测高差平均值的中误差 m 为 $\pm(2\sim3)$mm，这是施工现场使用最多的水准仪。图 1.14 所示为北京光学仪器厂生产的 DSZ2 型（S_2 级）自动补偿水准仪。$S_{1.5}$、$S_{0.7}$ 也属于精密水准仪，既可用于普通工程水准测量，又可用于工程沉降观测。

1.5.2 精密水准仪（N_3）

精密水准仪的望远镜清澈明亮，放大倍数超过 40 倍，内置平行板测微器，可直读至0.1 mm，估读至 0.01 mm，升降螺旋有刻度，可测度小竖直角和坡度变化。它专供大地一等水准测量、地震变形、沉降观测等应用，如图 1.15 所示。

图 1.14 S_2 级自动补偿水准仪

图 1.15 N_3 精密水准仪

1.5.3 工程经纬仪（J_6、J_2）

J_6、J_2（图 1.16）是目前施工现场使用最多的经纬仪，但逐渐将被数字化显示的电子经纬仪（图 1.17）所代替。电子经纬仪测角后视时可直接置 0°00′00″，前视时则直接显示角度数值，而不用测微估读，在实测中，无论精度、速度均比同精度的光学经纬仪效果好，并可自动记录、储存数据，因此应用越来越广泛。

图 1.16　J_6、J_2 光学经纬仪

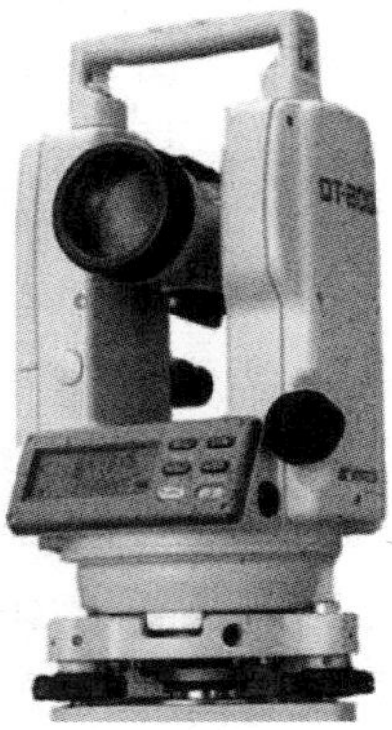

图1.17　电子经纬仪

1.5.4　测距仪

在测线的一端安置光电测距仪，另一端安置反射棱镜，仪器照准棱镜后开机，通过棱镜反射回的电磁波信号即可精确测量测线两端点间的斜距离(D)，然后经过竖直角的改正而得到两端点间的水平距离(H)与高差(y)，如图 1.18 所示。建筑施工中多使用测程为 1.4～2.0 km的测距仪，工程定位时，可用Ⅱ级精度的测距仪。

将光电测距仪安装在光学经纬仪或电子经纬仪上，就组成组合式的半站仪，但半站仪近些年来逐渐被整体式的全站仪所取代。

1.5.5　全站仪

全站仪，即全站型电子速测仪，是一种集光、机、电为一体的高技术测量仪器，是集水平角、垂直角、距离(斜距、平距)、高差测量功能于一体的测绘仪器系统，如图 1.19 所示。因其一次安置仪器就可完成该测站上的全部测量工作，所以称之为全站仪。其广泛用于地上大型建筑、高层建筑和地下隧道施工等精密工程测量或变形监测领域。

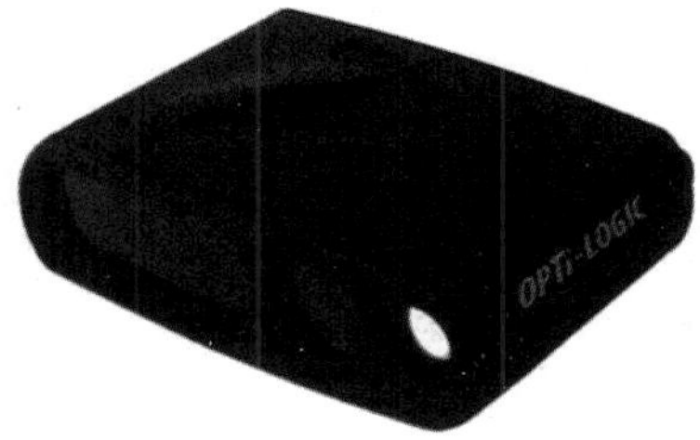

图 1.18　光电测距仪

图 1.19　全站仪

1.5.6　激光垂准仪

本仪器是利用一条与视准轴重合的可见激光产生一条向上的铅垂线，用于测量相对于铅

垂线的微小偏差以及进行铅垂线的定位传递。其广泛用于高层建筑、高塔、烟囱、电梯、大型机械设备的施工安装。图 1.20 所示为苏州一光仪厂生产的 DZJ2 型激光垂准仪，此仪器可专门用以施测垂准方向，也可作一般经纬仪使用。

1.5.7 激光经纬仪

为了测量时观测目标方便，在经纬仪的望远镜筒上装半导体激光器(图 1.21)，就成为激光经纬仪。激光束进入发射系统前设有遮光转换开关，遮去发射的光束，即可在目镜(或通过弯管目镜)处观测目标，而不必关闭电源。和前述配有 90°弯管目镜的经纬仪一样，施测前将物镜指向天顶方向时，水平转动仪器一周，激光点(或视线)一直指在一点上，说明激光束(或视线)方向正处于铅直。此仪器也可当作一般经纬仪使用。

1.5.8 激光铅直仪

图 1.22 所示为自动激光铅直仪。此种专用仪器有水准气泡定平和自动定平两种。仪器用万向支架悬挂以实现自由摆动，静止时激光束正处于铅直方向。光束可达 200 m，铅直精度 ±20″。为了进行检校，可在仪器的正上方高处水平设置白纸板作为接收靶，开启激光器后，将仪器水平旋转一周，若光斑在白纸板上的轨迹为一闭合环时，说明需要调节套筒上固定激光管的校正螺钉，使其轨迹趋于一点为止。

图 1.20 激光垂准仪

图 1.21 激光经纬仪

图 1.22 自动激光铅直仪

2 基坑工程

2.1 基坑工程概述

随着高层建筑、地下空间综合利用开发，高层建筑的多层地下室、地铁车站、地下商场、地下车库、地下人防工程等迅速发展，基坑工程越来越多，其设计与施工的发展越来越重要。

基坑工程是为保护基坑施工、地下结构的安全和周边环境不受损害而采取的支护、基坑土体加固、地下水位控制、土方开挖等工程的总称。基坑工程是一项系统工程，具有环境复杂、技术难度大、地区性强、费用高、事故突发高风险、涉及面广等特点。

基坑工程一般包括以下内容：(1) 基坑工程勘察；(2) 支护结构的设计和施工；(3) 地下水位控制；(4) 基坑土方工程的开挖和运输；(5) 基坑土方开挖过程中的工程监测；(6) 基坑周围的环境保护。它涉及土力学、基础工程、结构力学、工程结构、施工技术、监测技术等学科，因此，基坑工程是一门涉及多学科的新兴学科，其理论性和实践性很强，发展迅速。

基坑土方开挖的施工工艺一般有两种，即放坡开挖(无支护开挖)和在支护结构保护下开挖(有支护开挖)。

放坡开挖的直接费用最少，而且为主体工程创造了比较宽敞的施工作业空间，因而工作面宽，工期也比较短，如果场地条件允许，放坡开挖应该是首选的方案。制约采用放坡开挖的因素主要是周围场地和开挖深度的限制。放坡开挖的适用条件：(1) 场地允许；(2) 邻近无重要建筑物和管线；(3) 基坑边土体位移限制不大；(4) 土质为一般黏性土或粉土以及碎石土、风化岩石等良好土质；(5) 开挖深度超过 4～5 m 时，宜采用分级放坡；(6) 地下水位降至坑底。

放坡需要占用比较大的场地，在城市中心建筑物稠密地区，往往不具备基坑放坡开挖的条件，此时就只能采用在支护结构保护下垂直或基本垂直进行开挖。对支护结构的要求，一方面是要创造条件以便于基坑土方的开挖，但另一方面在建(构)筑物稠密地区更重要的是保护周围的环境。采用支护结构开挖基坑，基坑工程的费用要提高，一般情况下工期亦要延长，但在一定条件下又是必需的。因此，对较大的基坑工程(土方量往往达数万方或数十万方)一定要编制较详细的土方工程的施工方案，确定挖土机械、挖土的工况、挖土的顺序、土方外运方法等。

在软土地区，地下水位往往较高，采用的支护结构一般要求降水或挡水。在开挖基坑土方过程中，坑外的地下水在支护结构阻挡下，一般不会进入坑内。但基坑土方本身有较高的含水量，在软土地区往往呈饱和状态。如果土质含水量过高、土质松软，那么挖土机械下坑挖土和浇筑围护墙的支撑就会有一定困难。所以在软土地区对深度较大的大型基坑，在坑内都必须进行降低地下水位处理，以便于基坑土方开挖和有利于保护环境。

由于影响支护结构的因素众多，为有利于信息化施工，随时掌握支护结构内力和变形的发展情况、地下水位的变化，以及基坑周围保护对象(邻近的地下管线、建筑物基础、运输道路等)

的变形情况，在基坑土方开挖过程中，对重要的基坑工程都要进行工程监测，它亦成为基坑工程的内容之一。

2.2 基坑工程勘察

在进行支护结构设计和合理组织施工之前，做好基坑工程勘察工作是十分必要的。这样才能避免施工期间引起周围的建(构)筑物和地下设施产生过大的变形，影响正常使用。基坑工程勘察需要对影响基坑支护结构设计和施工的基础资料全面地进行收集，并加以深入了解和分析，以便很好地为基坑支护结构的施工服务。

2.2.1 岩土勘察

基坑工程的岩土勘察一般与主体建筑的地基勘察同时进行。在制订地基勘察方案时，除满足主体建筑设计要求外，亦应同时满足基坑工程设计和施工要求，因此，宜统一布置勘察要求。如果已经有了勘察资料，但其不能满足基坑工程设计和施工要求时，宜再进行补充勘察。

在进行建筑地基勘察时，对需要支护的工程宜按下列要求进行勘察：

(1) 勘察范围应根据开挖深度及场地的岩土工程条件确定，并宜在开挖边界外按开挖深度的1～2倍范围内布置勘探点，当开挖边界外无法布置勘探点时，应通过调查取得相应资料，对于软土，勘察范围还宜扩大；

(2) 基坑周边勘探点的深度应根据基坑支护结构设计要求确定，不宜小于1倍开挖深度，软土地区应穿越软土层；

(3) 勘探点间距应视地层条件而定，可在15～30 m内选择，地层变化较大时，应增加勘探点，并查明分布规律。

钻探取样和测试的竖向间距，在基坑支护结构范围内以1～2 m为宜，当基坑开挖深度范围内遇有透水性大的粉性土、砂土夹层时，应加密取样。为了可靠确定不同土性的取样位置，可参照静力触探试验曲线的线型特点，确保夹层土中取到不扰动土样。采用的取土器及取土方法应符合土性特点，保证取样的质量。

岩土勘察测试的土工参数，应根据基坑等级、支护结构类型、基坑工程的设计和施工要求而定，对特殊的不良土层，尚需查明其膨胀性、湿陷性、触变性、冻胀性等参数。在基坑范围内土层夹砂变化较复杂时，宜采用现场抽水试验方法测定土层的渗透系数。

基坑工程的岩土勘察一般应提供下列资料：

(1) 场地土层的成因类型、结构特点、土层性质及夹砂情况；

(2) 基坑及围护墙边界附近、场地填土、古河道及地下障碍物等不良地质现象的分布范围与深度，并表明其对基坑的影响；

(3) 场地浅层潜水和坑底深部承压水的埋藏情况，土层的渗流特性及产生管涌、流砂的可能性；

(4) 支护结构设计和施工所需的土、水等参数。

2.2.2 水文地质勘察

基坑范围及附近的地下水位情况对基坑工程设计和施工有直接影响，尤其在软土地区和附近有水体时影响更大。因此，在进行勘察时应达到以下要求：

(1) 查明开挖范围及邻近场地地下水含水层和隔水层的层位、埋深和分布情况，查明各含水层(包括上层滞水、潜水、承压水)的补给条件和水力联系；

(2) 测量场地各含水层的渗透系数和渗透影响半径；

(3) 分析施工过程中水位变化对支护结构和基坑周边环境的影响，提出应采取的措施。

2.2.3 基坑周边环境勘察

基坑周边环境勘察应包括以下内容：

(1) 查明影响范围内建(构)筑物的结构类型、层数、位置、基础形式和尺寸、埋深、使用年限、基础荷载大小及上部结构状况。

(2) 查明各种既有地下管线和地下构筑物的类型、位置、尺寸、埋深等；对既有供水、污水、雨水等地下输水管线，尚应包括其使用情况及渗漏状况。

(3) 查明道路的类型、位置、宽度，道路行驶情况，最大车辆荷载等。

(4) 查明开挖与支护结构使用期内施工材料、施工设备等临时荷载的要求。

(5) 查明雨期时的场地周围地表水汇流和排泄条件。

2.2.4 主体工程地下结构设计资料调查

主体工程地下结构设计资料是基坑工程设计的重要依据之一，应周密地进行收集和了解。

进行基坑工程设计之前，应对下述地下结构设计资料进行调查：

(1) 主体工程地下室的平面布置和形状以及与建筑红线的相对位置

这是选择支护结构类型、进行支撑布置等必须参考的资料。如基坑边线贴近建筑红线，便需选择厚度较小的支护结构的围护墙；如平面尺寸大、形状复杂，则在布置支撑时需加以特殊处理。

(2) 主体工程基础的桩位布置图

在进行围护墙布置和确定立柱位置时，必须要了解桩位布置情况。尽量利用工程桩作为立柱桩，以降低支护结构费用，实在无法利用工程桩时才另设立柱桩。

(3) 主体结构地下室的层数、各层楼板和底板的布置与标高以及地面标高

根据天然地面标高和地下室底板底标高，便可确定基坑开挖深度，这是选择支护结构形式、确定降水和挖土方案的重要依据。

了解各层楼盖和底板的布置情况，则便于支撑的竖向布置和确定支撑的换撑方案，如楼盖局部缺少时，还需考虑水平支撑换撑时如何传力等。

2.3 支护体系方案选择

基坑支护是为满足地下结构的施工要求及保护基坑周边环境的安全，对基坑侧壁采取的支挡、加固、保护与地下水控制的措施。支护结构不仅要具有挡土作用，还要有阻止坑外水渗入坑内的功能。应针对工程地质条件和水文地质条件、开挖深度、降排水条件、周边环境和周边荷载等因素，选择安全合理、经济适用的基坑支护形式。

2.3.1 基坑支护结构设计原则

2.3.1.1 支护结构安全等级

综合考虑基坑周边环境和地质条件的复杂程度、基坑深度等因素，《建筑基坑支护技术规

程》(JGJ 120—2012)将支护结构的安全等级分为三级：

一级：支护结构失效、土体过大变形对基坑周边环境或主体结构施工安全的影响很严重；

二级：支护结构失效、土体过大变形对基坑周边环境或主体结构施工安全的影响严重；

三级：支护结构失效、土体过大变形对基坑周边环境或主体结构施工安全的影响不严重。

对安全等级为一级、二级、三级的支护结构，其结构重要性系数(γ_0)分别不应小于 1.1、1.0、0.9。

2.3.1.2 支护结构设计的变形控制

(1) 当基坑开挖影响范围内有建筑物时，支护结构水平位移控制值、建筑物的沉降控制值应按不影响其正常使用的要求规定，并应符合现行国家《建筑地基基础设计规范》(GB 50007—2011)中对地基变形允许值的规定；当基坑开挖影响范围内有地下管线、地下构筑物、道路时，支护结构水平位移控制值、地面沉降控制值应按不影响其正常使用的要求确定，并应符合现行相关规范对其允许变形的规定。

(2) 当支护结构构件同时作用主体地下结构构件时，支护结构水平位移控制值不应大于主体结构设计对其变形的限值。

(3) 当无本条第(1)款、第(2)款情况时，支护结构水平位移控制值应根据地区经验按工程具体条件确定。

2.3.2 支护结构类型

支护结构按受力特点分类有放坡开挖及简易支护、重力式、悬臂式、内撑式、拉锚式、土钉墙等。内撑式和拉锚式是将挡土结构与支撑结构结合的支护结构，其中挡土结构可以是上述分类中的重力式、悬臂式等支护结构，支撑结构包括坑内支撑和坑外的锚固。

支护结构按围护墙的类型分为下列几种，如图 2.1 所示。

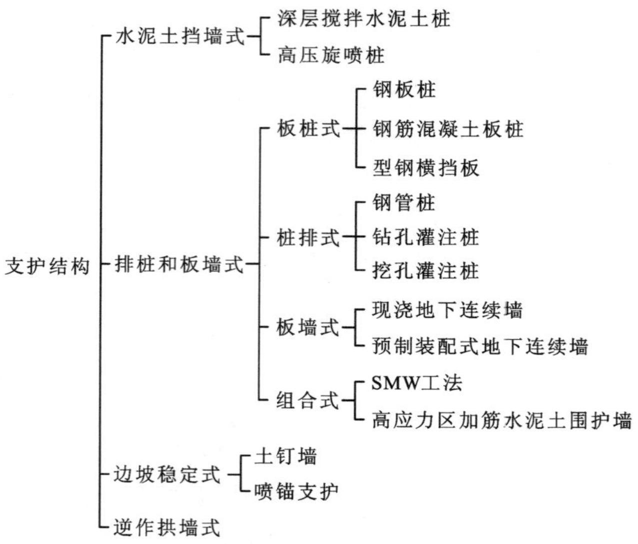

图 2.1 支护结构类型

在上述支护结构中，有些类型本身具备或基本具备挡水和防渗的功能，如深层搅拌水泥土桩、高压旋喷桩、地下连续墙、钢板桩等。但如排桩式支护结构，本身不具备挡水和防渗功能，当用于地下水位较高地区时则需在其背后加做防水帷幕，最常用的防水帷幕即一定厚度的深层搅拌水泥土桩或高压旋喷桩挡墙。

土钉墙和喷锚支护在基坑工程中是一种经济效益较好的边坡稳定技术，也用于基坑开挖。该项技术在我国北方地区应用较多，在我国南方软土地区也有一定范围的使用。

支护结构可根据基坑周边环境、开挖深度、工程地质与水文地质、施工作业设备和施工季节等条件，按表 2.1 所示情况选用排桩、地下连续墙、水泥土墙、逆作拱墙、土钉墙、原状土放坡或采用上述类型的组合。

表 2.1　支护结构选型表

<table>
<tr><th colspan="2" rowspan="2">结构类型</th><th colspan="3">适用条件</th></tr>
<tr><th>安全等级</th><th colspan="2">基坑深度、环境条件、土类和地下水条件</th></tr>
<tr><td rowspan="5">支挡式结构</td><td>锚拉式结构</td><td rowspan="5">一级、二级、三级</td><td>适用于较深的基坑</td><td rowspan="5">(1) 排桩适用于可采用降水或截水帷幕的基坑；
(2) 地下连续墙宜同时用作主体地下结构外墙，可同时用于截水；
(3) 锚杆不宜用在软土层和高水位的碎石土、砂土层中；
(4) 当邻近基坑有建筑物地下室、地下构筑物等，锚杆的有效锚固长度不足时，不应采用锚杆；
(5) 当锚杆施工会造成基坑周边建(构)筑物的损害或违反城市地下空间规划等规定时，不应采用锚杆</td></tr>
<tr><td>支撑式结构</td><td>适用于较深的基坑</td></tr>
<tr><td>悬臂式结构</td><td>适用于较浅的基坑</td></tr>
<tr><td>双排桩</td><td>当锚拉式、支撑式和悬臂式结构不适用时，可考虑采用双排桩</td></tr>
<tr><td>支护结构与主体结构结合的逆作法</td><td>适用于基坑周边环境条件很复杂的深基坑</td></tr>
<tr><td rowspan="4">土钉墙</td><td>单一土钉墙</td><td rowspan="4">二级、三级</td><td>适用于地下水位以上或经降水的非软土基坑，且基坑深度不宜大于 12 m</td><td rowspan="4">当基坑潜在滑动面内有建筑物、重要地下管线时，不宜采用土钉墙</td></tr>
<tr><td>预应力锚杆复合土钉墙</td><td>适用于地下水位以上或经降水的非软土基坑，且基坑深度不宜大于 15 m</td></tr>
<tr><td>水泥土桩垂直复合土钉墙</td><td>用于非软土基坑时，基坑深度不宜大于 12 m；用于淤泥质土基坑时，基坑深度不宜大于 6 m；不宜用在高水位的碎石土、砂土、粉土层中</td></tr>
<tr><td>微型桩垂直复合土钉墙</td><td>适用于地下水位以上或经降水的基坑，用于非软土基坑时，基坑深度不宜大于 12 m；用于淤泥质土基坑时，基坑深度不宜大于 6 m</td></tr>
<tr><td colspan="2">重力式水泥土墙</td><td>二级、三级</td><td colspan="2">适用于淤泥质土、淤泥基坑，且基坑深度不宜大于 7 m</td></tr>
<tr><td colspan="2">放坡</td><td>三级</td><td colspan="2">(1) 施工场地应满足放坡条件；
(2) 可与上述支护结构形式结合</td></tr>
</table>

注：①当基坑不同部位的周边环境条件、土层性状、基坑深度等不同时，可在不同部位分别采用不同的支护形式；
②支护结构可采用上、下部以不同结构类型组合的形式。

2.3.3 围护墙形式简介

2.3.3.1 深层搅拌水泥土墙(图 2.2)

深层搅拌水泥土墙是利用水泥材料作为固化剂，采用深层搅拌机将其与原状土强制拌和，生成质量均匀、具有一定强度的水泥圆柱体，通过搭接施工，形成具有相当厚度和重量的刚性实体结构，以其重量抵抗基坑侧壁土压力，满足该结构的抗滑移和抗倾覆要求，以保证基坑边坡的稳定。

图 2.2　水泥土墙

水泥土加固体的渗透系数一般不大于 10^{-6} cm/s，能防止水渗透，因此水泥土围护墙属重力式挡墙，利用其本身的重量和刚度进行挡土和防渗，具有双重作用。由于其良好的止水防渗性能，水泥土围护墙亦兼作隔水帷幕。

水泥土围护墙截面通常布置成格栅式，相邻桩搭接长度不小于 200 mm，水泥土的置换率（加固土的面积：水泥土墙的总面积），对于淤泥不宜小于 0.8，对于淤泥质土不宜小于 0.7，对于一般黏性土及砂土不宜小于 0.6。格栅长宽比不宜大于 2。考虑截水作用时，桩的有效搭接宽度不宜小于 150 mm；不考虑截水作用时，搭接宽度不宜小于 100 mm。墙体宽度 B 和插入深度 D（图 2.3），应根据坑深、土层分布及其物理力学性能、周围环境条件、地面荷载等计算确定。在软土地区，当基坑开挖深度 $h_0 \leqslant 5$ m 时，可按经验取 $B=(0.6\sim0.8)h_0$，$D=(0.8\sim1.2)h_0$。墙体宽度一般以 500 mm 进位，即 B 为 2.2 m、2.7 m、3.2 m、3.7 m、4.2 m 等。插入深度前后排可稍有不同。水泥土墙顶部宜设置钢筋混凝土面板（图 2.3 中的 3），面板厚度可为 0.15～0.2 m。面板与水泥土墙用插筋（图 2.3 中的 2）连接，插筋长度不宜小于 1.0 m，采用钢筋时直径不宜小于 12 mm，一般每根桩至少设置插筋一根。

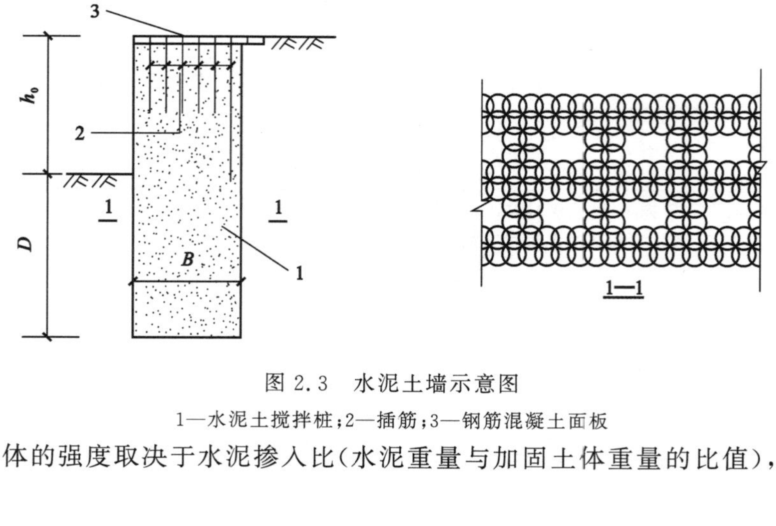

图 2.3　水泥土墙示意图

1—水泥土搅拌桩；2—插筋；3—钢筋混凝土面板

水泥加固体的强度取决于水泥掺入比（水泥重量与加固土体重量的比值），围护墙常用的水泥掺入比为 12%～15%，即水泥掺和量为 210～270 kg/m^3。常用的水泥为 32.5 级普通硅酸盐水泥。水泥土强度可达 0.8～1.2 MPa。如为改善水泥土围护墙的性能和提高早期强度，可掺加木质素磺酸钙、三乙醇胺、氯化钙、碳酸钠等外加剂。

水泥土的施工质量对围护墙性能有较大影响。要保证设计规定的水泥掺和量，要严格控制桩位和桩身垂直度；水泥浆的水灰比要控制，否则桩身强度难以保证；关键是要搅拌均匀，成桩应采用二次搅拌工艺，喷浆搅拌时控制好钻头提升或下沉的速度；要限制相邻桩的施工间歇时间，以保证搭接成整体。

水泥土围护墙的优点：对周边影响小，振动小，不需要挤土；自立式，坑内无支撑，便于机械化快速挖土；水泥土加固体渗透系数小，具有挡土、止水的双重功能；充分利用原状土，节省材料；桩实体相互咬合较好，比较均匀，桩体连续性好，强度高；适用于任何平面形状；一般情况下较经济。其缺点首先是位移相对较大，尤其在基坑长度大时，为此可采取中间加墩、起拱等措施以限制过大的位移；其次是厚度较大，只有在红线位置和周围环境允许时才能采用，而且在水泥土搅拌桩施工时要注意防止影响周围环境。

水泥土围护墙的适用范围：水泥土墙较适用于软土地区，如淤泥质土、含水量较高的黏土、粉质黏土、粉质土等，深度不宜超过 6 m；对于非软土基坑，挖深可达 10 m，最深可达 18 m。

高压旋喷桩的工作原理和水泥土搅拌桩相似，也是利用水泥土体进行挡土和止水，只是施工机械和施工工艺不同。高压旋喷桩是利用高压经过旋转的喷嘴将水泥浆喷入土层，与土体混合形成水泥土加固体，相互搭接形成桩排，用来挡土和止水。高压旋喷桩的施工费用要高于深层搅拌水泥土桩，但它可用于空间较小处。施工时要控制好上提速度、喷射压力和水泥浆喷射量。

2.3.3.2 钢板桩

【视频演示】

钢板桩是一种边缘带有联动装置，且这种联动装置可以自由组合以便形成一种连续紧密的挡土或者挡水墙的钢结构体。钢板桩适用于地下水位较高的深基坑支护，如图 2.4 所示钢板桩工程。钢板桩支护结构有内撑方式和锚拉方式两种，如图 2.5 所示。

图 2.4 钢板桩工程

钢板桩一次性投资大，但可以重复使用。施工中多以租赁方式租用，用后拔出归还。钢板桩的优点：材料质量可靠，在软土地区打设方便，施工速度快而且简便；有一定的挡水能力；一

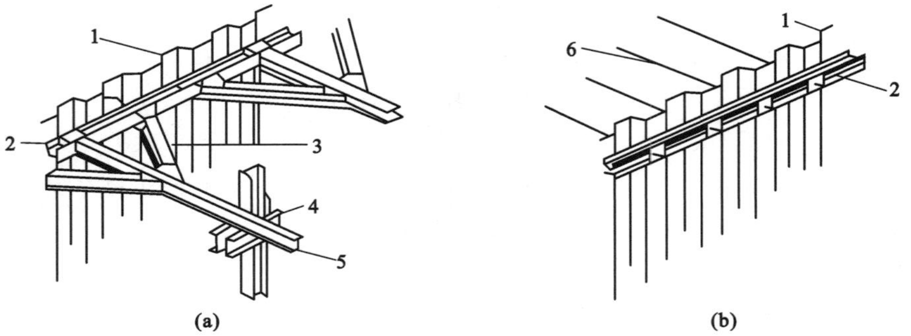

图 2.5　钢板桩支护结构

(a) 内撑方式；(b) 锚拉方式

1—钢柱桩；2—围挡；3—角撑；4—立柱与支撑；5—支撑；6—锚拉杆

般费用较低。其缺点：一般的钢板桩刚度不够大，用于较深的基坑时支撑(或拉锚)工作量大，否则变形较大；在透水性较好的土层中不能完全挡水；拔除时易带土，如处理不当，会引起土层移动，可能危害周围的环境。

图 2.6　拉森钢板桩

钢板桩根据其加工制作工艺的不同可以分为热轧钢板桩和冷弯薄壁钢板桩。在工程建设中，热轧钢板桩应用较为广泛。热轧钢板桩的类型有U形、L形、一字形、H形和组合型，建筑工程中较为常用的为前两种。我国生产的U形拉森钢板桩(图 2.6)具有质量轻、强度高、锁口紧密、水密性好、施工方便、施工速度快等优点。其多用于周围环境要求不太高的、深 5～8 m 的基坑。

冷弯薄壁钢板桩是以辊压冷弯成型方法生产的，通过锁口互相连接的钢板桩，常用断面类型有U形、Z形及直腹板式。它在应用中具有施工方便、进度快、不需要庞大施工设备、有利于抗震设计等特点，并可根据工程的具体情况，改变冷弯钢板桩的断面形状和长度，使结构设计更加经济合理。

2.3.3.3　钢筋混凝土板桩

钢筋混凝土板桩作为板桩的一种，具有施工简单、现场作业周期短等特点，曾在基坑中广泛应用，但由于钢筋混凝土板桩的施打一般采用锤击方法，振动和噪声大，同时沉桩过程中挤土也较为严重，在城市工程中受到一定限制。其制作一般在工厂预制，再运至工地，成本较灌注桩等略高。钢筋混凝土板桩截面形状及配筋对板桩受力较为合理，并且可根据需要设计，截面带企口，有一定的挡水能力，用后不再拔出，永久留在地基土中。目前已可制作厚度较大(如厚度达 500 mm 以上)的板桩，并有液压静力沉桩设备，故在基坑工程中仍是支护板墙的一种使用形式。图 2.7 所示为混凝土板桩施工简图及现场施工图。

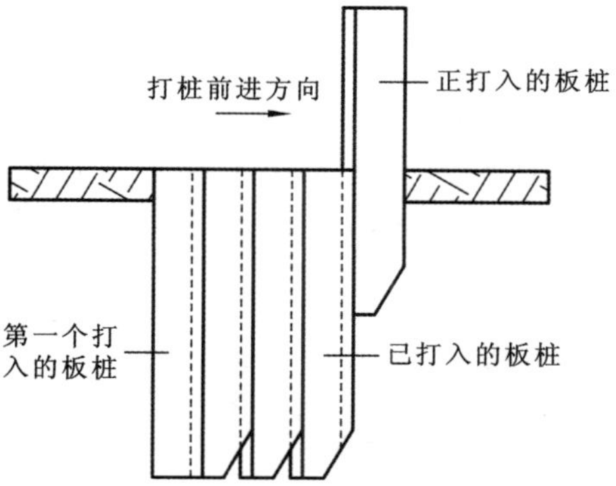

图 2.7　混凝土板桩施工简图及现场施工图

2.3.3.4　地下连续墙

利用各种挖槽机械，借助于泥浆的护壁作用，在地下挖出窄而深的沟槽，并在其内浇注适当的材料而形成一道具有防渗(水)、挡土和承重功能的连续的地下墙体，如图 2.8 所示。

图 2.8　地下连续墙

地下连续墙开挖技术起源于欧洲，是根据打井和石油钻井使用泥浆和水下浇筑混凝土的方法发展而来的。1950 年在意大利米兰首先采用了护壁泥浆地下连续墙施工，20 世纪 50—60 年代该技术在西方发达国家及苏联得到推广，成为地下工程和深基础施工中有效的施工技术。1959 年日本引进该技术，现在日本在此技术上最为发达，已经累计建成了 1500 万 m^2 以上的工程。

1958 年我国将此技术应用于水利工程大坝防渗墙中，20 世纪 70 年代起用于建筑工程，此后陆续用于深基坑工程支护结构的围护墙。用作围护墙的地下连续墙，厚度多为 600～800 mm，少量的达 1000 mm。在深度方面，我国已可施工大于 50 m 的地下连续墙，国外少量的已超过 100 m。

地下连续墙用作围护墙具有以下优点：

(1) 施工时振动小、噪声低，非常适合在城市施工；

(2) 占地少，充分利用建筑红线以内有限的地面和空间；

(3) 刚度大、整体性好，可承受很大的土压力，安全可靠；

(4) 地下连续墙为连续整体结构，施工时处理好接头部位，有较好的抗渗止水作用；

(5) 非常适合于逆作法施工，地下连续墙刚度大，易于设置埋设件；

(6) 工效高、工期短、质量可靠、经济效益高；

(7) 可作为永久结构的一部分。

同时，它也有一些缺点，主要包括：

(1) 在一些特殊的地质条件下(如很软的淤泥质土、含漂石的冲积层和超硬岩石等)，施工难度很大；

(2) 如果施工方法不当或施工地质条件特殊，可能出现相邻墙段不能对齐和漏水的问题；

(3) 地下连续墙如果用作临时的挡土结构，比其他方法所用的费用要高些；

(4) 在城市施工时，废泥浆的处理比较麻烦。

2.3.3.5　SMW 工法

加筋水泥土地下连续墙工法(Soil Cement Mixing Wall)是20世纪90年代施工企业重点开发的技术之一。图2.9所示为SMW工法支护结构简图，图2.10所示为SMW工法施工图。

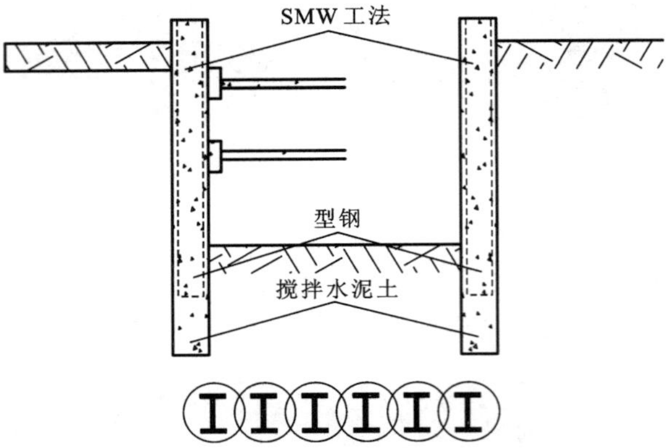

图2.9　SMW工法支护结构简图

图2.10　SMW工法现场施工图

SMW工法是在深层搅拌工法和地下连续墙工法基础上发展起来的一种深基坑支护技术，其主要特点是利用水泥土的特性就地在地下深处注入水泥系固化剂，经机械搅拌，将软土与固化剂拌和形成致密的水泥土地下连续墙，并在墙体内插入受力钢材构成复合材料共同抵抗侧土压力。该工法具有高度挡土和止水效果，挡墙垂直精度高，施工时无噪声、无振动、无废弃污泥，对周围环境无影响。同时，该工法还具有施工工艺简单、施工操作方便、施工效率高、工期短、无需较大施工作业面、造价低等优点。该工法对于地基承载力仅50～150 kPa的软弱土层、基坑开挖深度6～10 m以及施工场地狭窄的基坑支护工程更为经济有效。

在20世纪末，SMW工法在上海地区得到推广，主要工程有上海地铁2号线静安寺下沉式广场、陆家嘴站五号出口地下人行道、龙华路延伸段、浦东国际会议中心和明珠线二期工程蓝村站等。目前，除上海，SMW工法已经在杭州、天津、南京等地得到广泛应用。

2.3.3.6　土钉墙

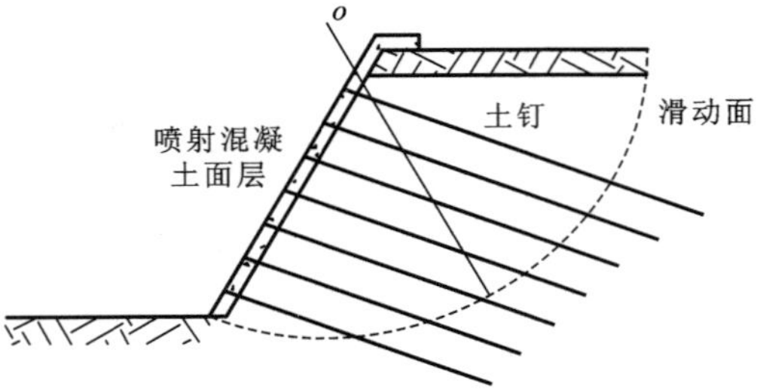

图2.11　土钉墙简图

土钉墙是由天然土体通过土钉就地加固并与喷射混凝土面板相结合，形成一个类似重力挡墙，以此来抵抗墙后的土压力，从而保持开挖面的稳定，这个土挡墙称为土钉墙，如图2.11所示。土钉墙是通过钻孔、插筋、注浆来设置的，一般称砂浆锚杆，也可以直接打入角钢、粗钢筋形成土钉。土钉墙支护充分利用土层介质的自承力，形成自稳结构，承担较小的变形压力，土钉承受主要拉力，喷射混凝土面层调节表面应力分布，体现整体作用。同时由于土钉排列较密,通过高压注浆扩散后使土体性能提高。土钉墙现场施工图及完工图如图 2.12、图 2.13所示。

图 2.12　土钉墙面层施工

图 2.13　施工完成的土钉墙

土钉墙基坑侧壁安全等级宜为二、三级的非软土场地,墙面坡度不宜大于 1∶0.2,基坑深度不宜大于 12 m。当地下水位高于基坑底面时,应采取降水或截水措施。

土钉墙应用于基坑开挖支护和挖方边坡稳定时,具有以下特点:

(1) 形成土钉复合体,显著提高边坡整体稳定性和承受边坡超载的能力;

(2) 施工设备简单,由于钉长一般比锚杆的长度小得多,不需加预应力;

(3) 随基坑开挖逐层分段开挖作业,不占或少占单独作业时间,施工效率高,占用周期短;

(4) 施工不需单独占用场地,当施工现场狭小、放坡困难、有相邻建筑物影响时,能充分显示其优越性;

(5) 土钉墙成本费较其他支护结构显著降低;

(6) 施工噪声、振动小,不影响环境;

(7) 土钉墙本身变形很小,对相邻建筑物影响不大。

2.3.4　支撑(拉锚)形式选择

深度较大的基坑,为使围护墙经济合理和受力后的变形控制在一定范围内,都需沿围护墙竖向增设支撑点,以减小跨度。如在坑内对围护墙架设支撑,称为内支撑;如在坑外对围护墙拉设支撑,则称为拉锚(土锚)。内支撑类由围檩、支撑及立柱三部分组成,拉锚类则包括围檩、拉锚及锚锭或锚柱。内支撑与拉锚简图如图 2.14、图 2.15 所示。

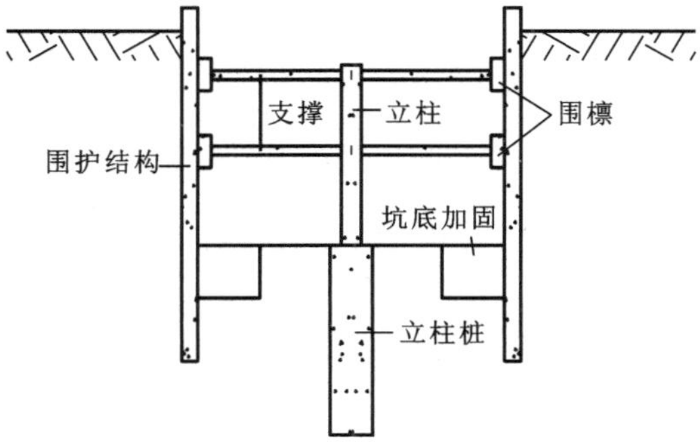

图 2.14　内支撑式支护结构简图

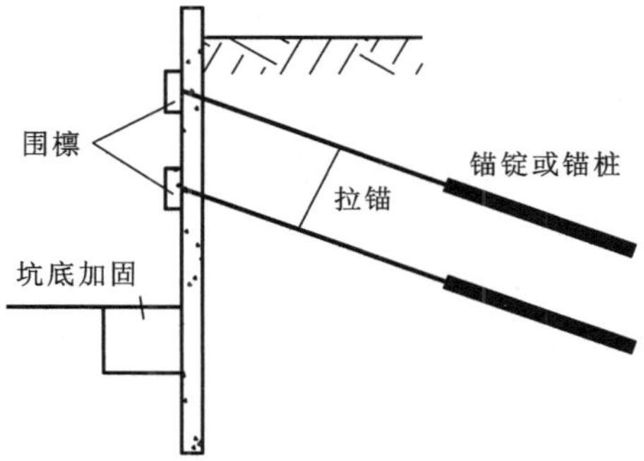

图 2.15　拉锚式支护结构简图

内支撑受力合理、安全可靠，易于控制围护墙的变形，受地区条件、土层条件及开挖深度等的限制较少，但内支撑的设置给基坑内挖土和地下室结构的支模和浇筑带来一些不便，需通过换撑加以解决。用土锚拉结围护墙时，坑内施工无任何阻挡，而且施工简单、造价低，但在软土地区土锚的变形较难控制，且土锚有一定长度，在建筑物密集地区如超出红线，尚需专门申请，否则是不允许的。一般情况下，在土质好的地区，如具备锚杆施工设备和技术，应发展土锚；在软土地区，为便于控制围护墙的变形，应以内支撑为主。

2.3.4.1 内支撑的组成与平面形式

(1) 内支撑的组成

支护结构的内支撑体系包括围檩、支撑和立柱(图 2.14)。围檩固定在围护墙上，将围护墙承受的侧压力传给支撑(纵、横两个方向)。支撑为受压构件，长度超过一定限度时稳定性不好，此时中间需加设立柱，立柱下端需稳固，力争插入工程桩内；实在无法利用工程桩处，需另外专门设置灌注桩。图 2.16、图 2.17 为内支撑施工现场图。

图 2.16 内支撑体系(一)

图 2.17 内支撑体系(二)

(2) 内支撑的平面形式

支护结构的支撑在平面上的布置形式有角撑、对撑、桁架式、框架式、环形等。有时在同一基坑中混合使用，如对撑加角撑、环梁加边桁(框)架、环梁加角撑等。主要是因地制宜，根据基坑平面形状和尺寸设置最适合的支撑，如图 2.18 所示。

一般情况下，对于平面形状接近于方形且尺寸不大的基坑，宜采用角撑，此时基坑中间部位有较大的空间，便于组织挖土；平面形状接近方形但尺寸较大的基坑，宜采用环形、桁架式、边框架式支撑，受力性能较好，在基坑中间能提供较大的空间，便于挖土和出土，能缩短工期；对于长方形的基坑，宜采用对撑或对撑加角撑等，支撑可靠、受力合理，便于控制变形，后者还能提供部分较大的空间，便于挖土工作。

图 2.19 所示为杭州某项目基坑支护支撑设计平面布置形式。从图 2.19 中可以看到，该基坑平面是一个非常不规则的多边形。在这种情况下，可以将不规则多边形划分成多个规则形状，再针对各个规则形状选择支撑布置形式。本方案将平面划分成一个矩形和两个正方形，正方形采用角撑，与矩形结合段采用桁架对撑，矩形中间部位采用对撑。该方案的布置形式与上述介绍的选型经验基本一致。

2.3.4.2 内支撑的材料类型

支护结构的内支撑，按材料不同，分为钢支撑和钢筋混凝土支撑两类。钢支撑多为角撑、

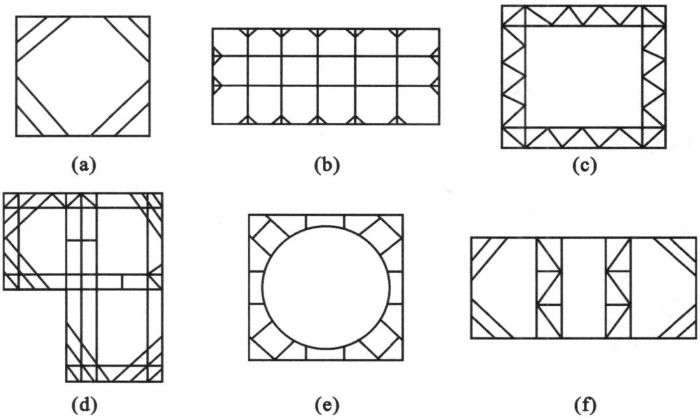

图 2.18　支撑的平面布置形式

(a) 角撑；(b) 对撑；(c) 桁架式；(d) 框架式；(e) 环梁加边框架；(f) 对撑加角撑

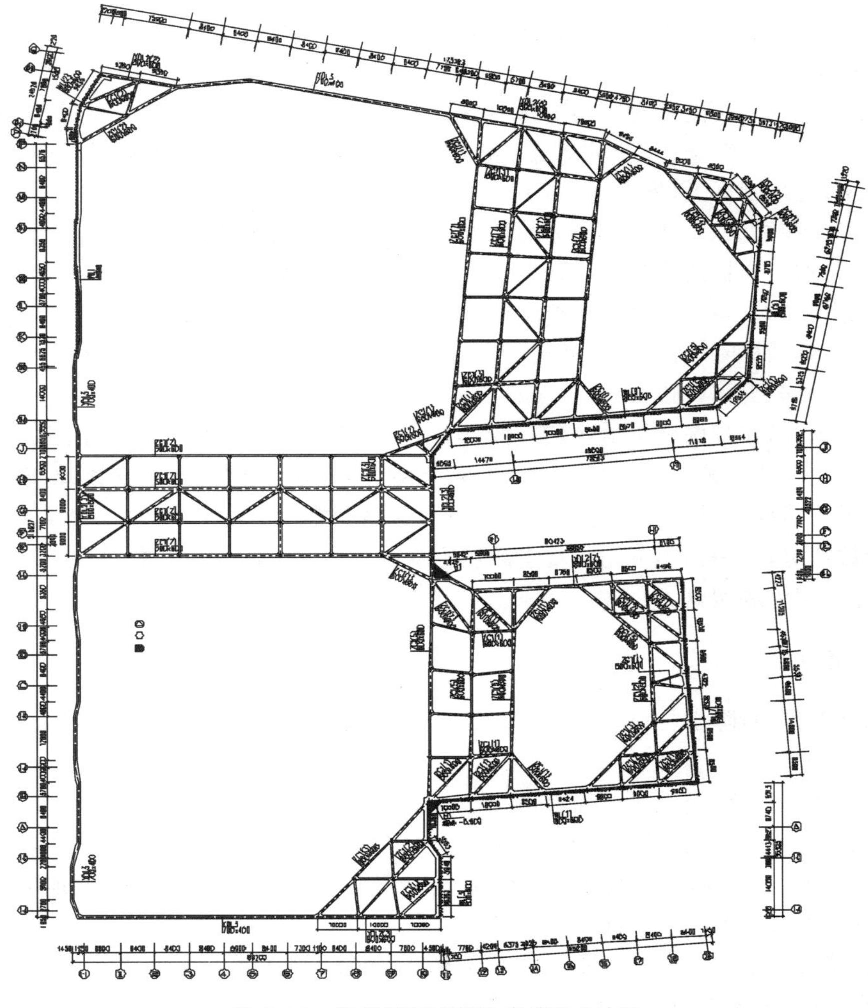

图 2.19　杭州某项目基坑支撑平面布置

对撑等直线杆件的支撑。钢筋混凝土支撑为现场浇筑，直线、曲线及各种形式的支撑皆便于施工。

(1)钢支撑

常用钢支撑为钢管支撑和型钢支撑两种。钢管支撑多用 $\phi609$、$\phi580$ 等钢管，有多种壁厚可供选择，壁厚大者承载力高；型钢支撑多用 H 型钢，有多种规格，适应不同的承载力。不过作为一种工具式支撑，要考虑能适应多种情况。在纵、横向支撑的交叉部位，可用上下叠交固定，亦可用专门加工的“十”字形定型接头，以便连接纵、横向支撑构件。前者纵、横向支撑不在一个平面上，整体刚度差；后者则在一个平面上，刚度大，受力性能好。

钢支撑的优点：安装和拆除速度较快，能尽快发挥支撑的作用，减小时间效应，能使围护墙因时间效应而增加的变形减小；可以重复利用，多为租赁方式，便于专业化施工；可以施加预紧力，还可根据围护墙变形发展情况，多次调整预紧力值以限制围护墙的变形发展。

钢支撑的缺点是整体性较差，安装与连接施工要求高，现场拼装尺寸不易精确。

从支撑的发展方向看，应该继续完善和推广应用钢支撑，使钢支撑实现标准化、工具化，建立钢支撑制作、装拆、使用、维修一体化的专业队伍是其发展方向。

(2) 钢筋混凝土支撑

钢筋混凝土支撑，是随着挖土的加深，根据设计规定的位置现场支模浇筑的支撑。其优点是形状多样性，由于是现浇而成，可浇筑成直线、曲线等构件，能根据基坑平面形状浇筑成最优化的布置类型；整体刚度大、安全可靠，可使围护墙的变形小，有利于保护周围环境；可方便地变化构件的截面和配筋，以适应其内力的变化。其缺点是支撑成型和发挥作用时间长，现场浇筑需时较长，再加上养护达到规定的强度所需时间更长，因此时间效应大，使围护墙因时间效应而产生的变形增大；属一次性的支撑结构，不能重复利用(做成装配式者例外)；拆除相对困难，如利用控制爆破拆除，有时周围环境不允许；如用人工拆除，时间较长、劳动强度大。

2.3.4.3　组合支撑的使用

从目前情况看，在我国软土地区，有时在同一个基坑工程中钢支撑和钢筋混凝土支撑同时应用。如为了较好地保护环境、控制地面变形，上层支撑采用钢筋混凝土支撑；对于基坑下部，为了加快支撑的装拆、加快施工速度，下层支撑采用钢支撑。

还有少数情况，采用钢和钢筋混凝土的组合支撑，如在桁架式斜撑中，弦杆用钢筋混凝土材料，而腹杆用钢管或型钢。

2.3.5　降水

在深基坑工程中，降水是重要的一环。降水设计和施工是否得当，对深基坑工程能否顺利进行起着重要作用。

降水的作用：(1) 防止地下水涌入坑内；(2) 防止边坡由于地下水的渗流而引起塌方；(3) 使坑底的土层消除了地下水位差引起的压力，因此防止了坑底的管涌；(4) 降水后，使板桩减少了横向荷载；(5) 消除了地下水的渗流，也就防止了流砂现象；(6) 降低地下水位后，还能使土壤固结，增加地基土的承载能力。

实行坑内降水时，支护结构的围护墙需要有良好的隔水性能。桩排式围护墙需有隔水帷幕，板墙式围护墙需处理好接头部位，使其能有效隔水。否则，坑外地下水会渗入基坑，使坑外地下水位降低，影响周围环境。

深基坑降水，目前在软土地区应用较多的是真空深井泵、喷射井点以及与轻型井点的联合应用，即上层地下水用轻型井点降水，以便及早进行挖土，拔除后下层地下水用深井泵等降水。

降水要进行设计，要计算涌水量、井点管数量；要合理进行布置，在平面上要能覆盖整个基坑，在埋深方面要能使地下水位降低至规定的深度（坑底以下 500～1000 mm）；对施工和试抽要提出具体要求。

在施工方面要严格保证质量，在钻孔、下井点管、灌过滤层、封顶、试抽等各个环节都要严格把关，保证每一根井点管都能很好地起作用。在基坑土方开挖之前一定时间（一般 10 d 左右）就要抽水，使地下水位降至每次挖土深度以下一定数值才能开始挖土。在挖土过程中要注意保护井点管，避免机械碰撞失效。

2.3.6 支护方案选择实例

2.3.6.1 工程实例一

杭州某住宅项目，设计基坑开挖深度分别为 5.25～6.40 m，如图 2.20 所示。项目东侧为已建民居，西侧为道路，北侧和南侧为空地，东南侧为历史保护建筑。综合考虑工程地质条件、基坑开挖深度和周围环境条件，确定基坑采用的支护形式包括：内支撑排桩墙围护结构，同时采用 $\phi500$ 水泥土搅拌桩形成基坑外侧的止水帷幕；拉锚式排桩墙围护结构，其锚杆采用可回收浆囊袋式土层预应力锚杆。从图 2.20 中可以看出，南、西、北侧采用锚杆加排桩支撑，因为这些方向周围为空地，有足够空间留给锚杆。东侧由于已有建筑地基限制，故选择内部支撑。针对东南侧历史保护建筑，加强支撑保护，增加水泥土搅拌桩支护。

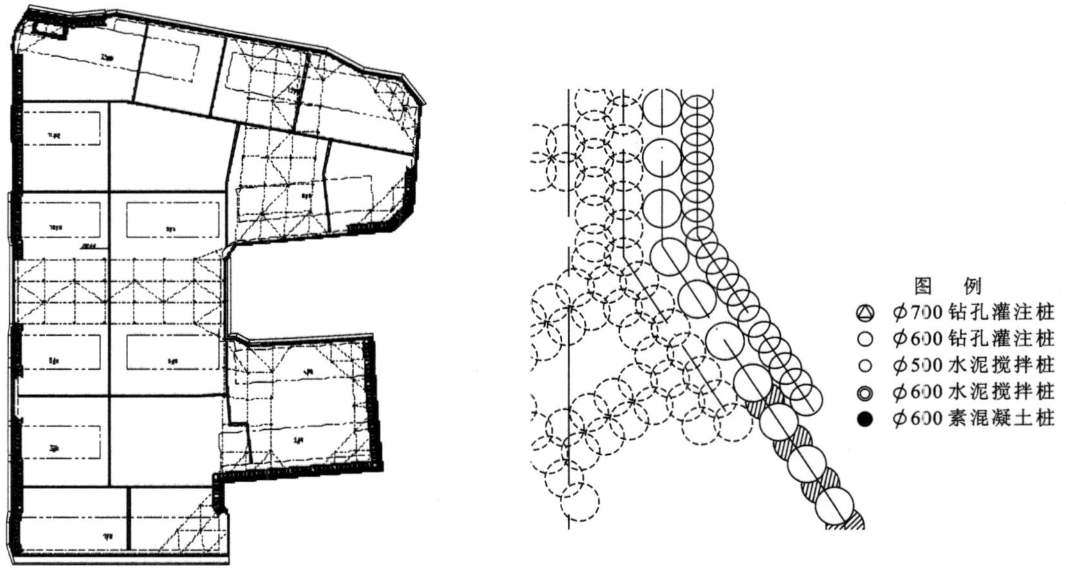

图 2.20 基坑支护结构平面布置图（一）

2.3.6.2 工程实例二

沈阳某项目为 2 栋高层建筑及 1 栋多层建筑。高层建筑与多层建筑地下室为一整体，呈长方形，长 180 m，宽 49 m。本基坑整体深度为 14.60～15.90 m。基坑安全等级为一级，侧壁重要系数取 1.1。支护结构范围场地地层自上而下为杂填土、素填土、中砂、粉质黏土、细砂、粗砂、砾砂、中粗砂、圆砾。地下水赋存于中、粗、砾砂及圆砾层中，属孔隙潜水。稳定水位埋深为 8.70～12.20 m。支护结构采用支护桩、喷射混凝土面板加预应力锚索的形式。支护桩采用螺旋钻孔泵压混凝土灌注桩，桩径 0.6 m，桩间距 1.2 m，混凝土强度等级为 C25。喷射混凝土面板内置 ϕ6.5@150 双向钢筋网，喷射面层厚度为 80 mm，强度等级为 C20。由图 2.21 可知，基坑四周都采用拉锚支撑。相比案例一，本项目土质好，地下水位低，因此没有设置止水帷幕——搅拌水泥土桩。

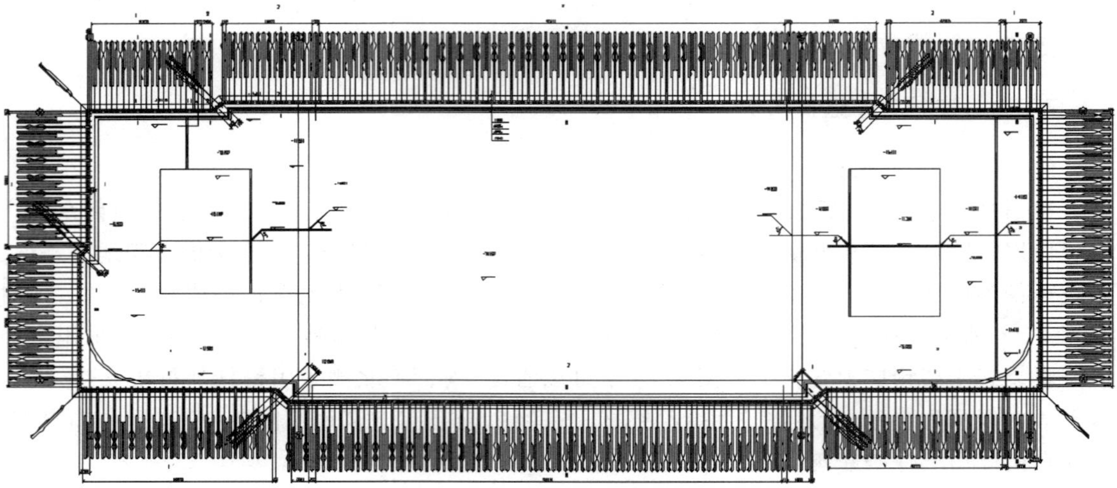

图 2.21　基坑支护结构平面布置图(二)

2.3.6.3　工程案例三

浙江上虞某项目基坑，基坑开挖深度分别为 2.0 m 和 4.3 m。基坑东西两侧为空地，南侧为已施工完的水泥土搅拌桩，北侧距离已建厂房 27 m。基坑支护范围内土层主要为冲填土、黏质粉土和砂质粉土等。场地内稳定地下水位埋深 0.30～0.60 m，埋深较浅，开挖期间采取降水措施。从经济、安全、可行的原则出发，确定采用钢板桩与水泥土搅拌桩相结合的形式。图 2.22 为支护结构平面布置图。1—1 剖面：基坑的围护与已建基础不冲突，且开挖深度较浅(开挖深度为 2.6 m)，采用扣搭普通槽钢[28 结合单排 ϕ500@350 水泥土搅拌桩止水土的方案。2—2 剖面：考虑基坑边线与 P-1 基础距离非常近(仅为 300 mm)，采用围护用水泥搅拌桩与地基处理用搅拌桩“二桩合一”的方案，采用多排 ϕ500@350 水泥土搅拌桩，形成重力式挡土墙。3—3 剖面：在此范围内设置 4 排 ϕ500@350 水泥土搅拌桩形成重力式挡土墙。4—4 剖面：考虑基坑边线与 P-1 基础距离非常近(仅为 150 mm)，采用围护用水泥搅拌桩与地基处理用搅拌桩“二桩合一”的方案，采用多排 ϕ500@350 水泥土搅拌桩，形成重力式挡土墙。5—5 及 6—6 剖面：基坑的围护与已建基础不冲突，且开挖深度一般(开挖深度为 4.3 m)，采用对接普通槽钢[28 结合双排 ϕ500@350 水泥土搅拌桩止水土的方案。

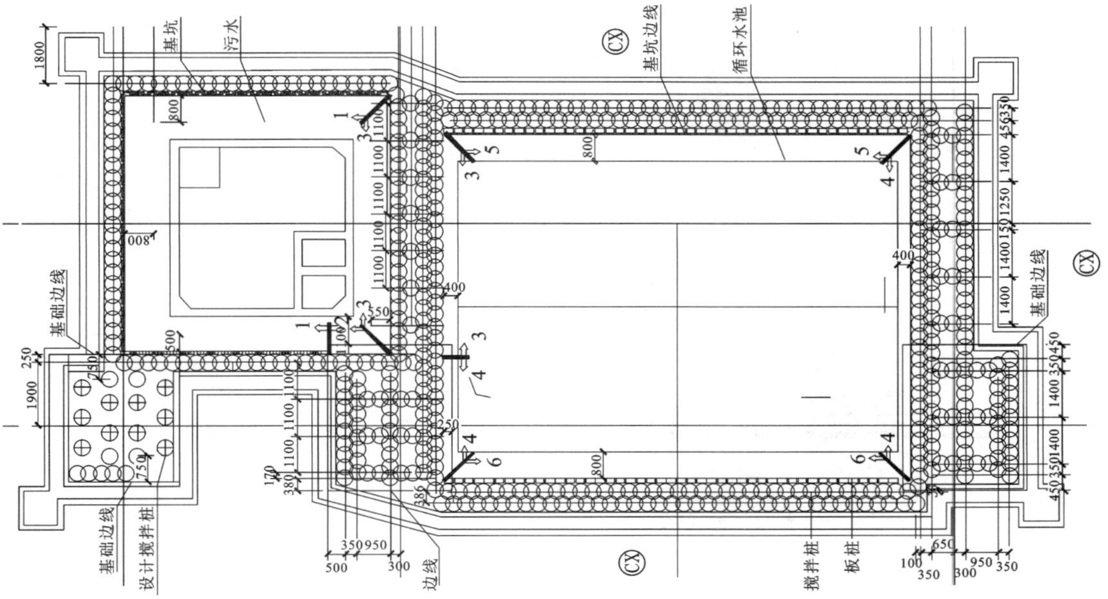

图 2.22 基坑支护结构平面布置图(三)

2.4 基坑工程施工

2.4.1 深层搅拌桩施工

2.4.1.1 施工机械

深层搅拌桩机是用于湿法施工的水泥土桩机，它由深层搅拌机、机架及配套机械等组成，如图 2.23 至图 2.25 所示。

图 2.23 深层搅拌桩机

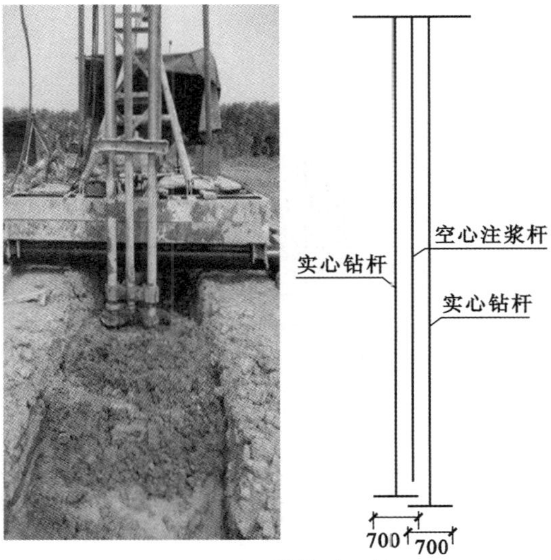

图 2.24 深层搅拌桩机施工

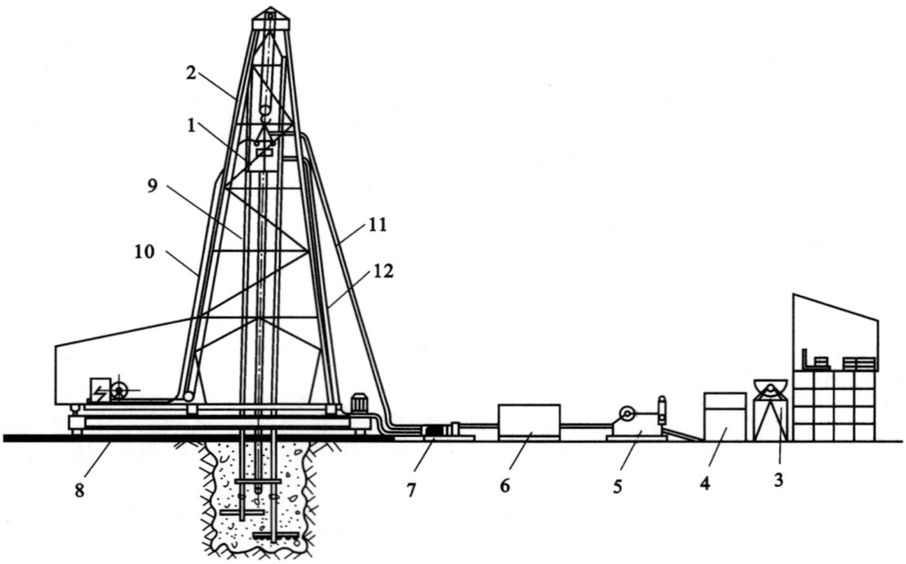

图 2.25 深层搅拌桩机机组

1—深层搅拌桩;2—塔架式机架;3—灰浆拌制机;4—集料斗;5—灰浆泵;
6—贮水池;7—冷却水泵;8—导轨;9—导向管;10—电缆;11—输浆管;12—水管

深层搅拌桩机常用的机架有三种形式:塔架式、桅杆式和步履式。前两种构造简便、易于加工,在我国应用较多,但其搭设及行走较困难;步履式的机械化程度高,塔架高度大,钻进深度大,但机械费用较高。

2.4.1.2 施工工艺

搅拌桩成桩工艺可采用"一次喷浆、二次搅拌"或"二次喷浆、三次搅拌"的施工工艺,主要依据水泥掺入比及土质情况而定。一般水泥掺量较小、土质较松时,可采用前者;反之,可用后者。

一般的施工工艺流程如下(图 2.26):

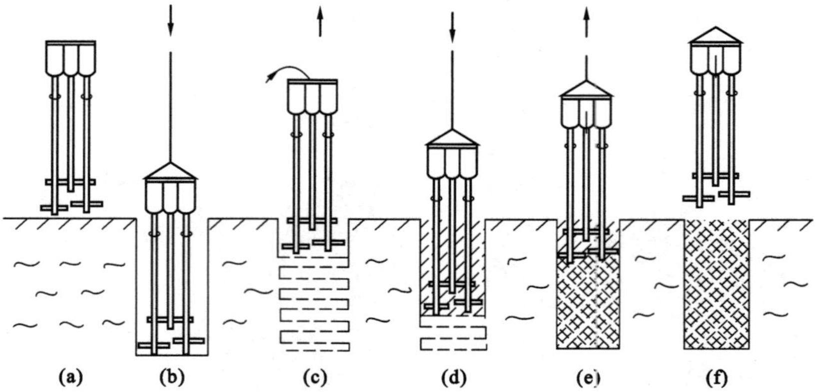

图 2.26 深层搅拌桩施工流程

(a) 定位;(b) 预搅下沉;(c) 提升喷浆搅拌;(d) 重复下沉搅拌;(e) 重复提升搅拌;(f) 成桩结束

(1) 就位

深层搅拌机械到达指定位置并对准桩位中心,机座调整水平。

(2) 预搅下沉

深层搅拌机运转正常后，启动搅拌机电机，放松起重机钢丝绳，使搅拌机沿导向架切土搅拌下沉，下沉速度控制在 0.8 m/min 左右。如遇硬黏土等地质导致下沉速度太慢时，可通过输浆系统适当补给清水，使钻头钻杆到达桩底设计标高。

(3) 制备水泥浆

深层搅拌机预搅下沉到一定深度后，开始拌制水泥浆，待注浆时倾入集料斗中。

(4) 提升喷浆搅拌

深层搅拌机下沉到达设计深度后，开启灰浆泵，将水泥浆压入地基土中，此后边喷浆、边旋转、边提升深层搅拌机，直至设计桩顶标高。此时应注意喷浆速度与提升速度相协调，以确保水泥浆沿桩长均匀分布，并使提升至桩顶后集料斗中的水泥浆正好排空。搅拌提升速度一般应控制在 0.5 m/min。

(5) 沉钻复搅

再次沉钻进行复搅，复搅下沉速度可控制在 0.5～0.8 m/min 内。如果水泥掺入比较大或因土质较密，在提升时不能将应喷入土中的水泥浆全部喷完时，可在重复下沉搅拌时予以补喷，即采用"二次喷浆、三次搅拌"工艺，但此时仍应注意喷浆的均匀性。第二次喷浆量不宜过少，可控制在单桩总喷浆量的 30%～40%，这是由于过少的水泥浆很难做到沿全桩均匀分布。

(6) 重复提升搅拌

边旋转、边提升，重复搅拌至桩顶标高，并将钻头提出地面，以便移动机械，施工新的桩体，关闭灰浆泵。至此便完成一根桩的施工。

(7) 移位

开启深层搅拌桩机(履带式机架也可进行转向、变幅等作业)至新的桩位，重复(1)～(6)步骤，进行下一根桩的施工。

(8) 清洗

当一施工段成桩完成后，应即时进行清洗。清洗时向集料斗中注入适量清水，开启灰浆泵，将全部管道中的残存水泥浆冲洗干净，并将附着在搅拌头上的土清洗干净。

2.4.1.3 质量标准及检验方法

(1) 质量标准

深层搅拌桩施工主要检查项目的质量标准，如表 2.2 所示。

表 2.2 深层搅拌桩施工主要检查项目的质量标准

项目	标准
水泥土强度及抗渗性	达到设计要求
桩的垂直度允许偏差	0.5%～1.0%
桩径偏差	≤4%
桩位偏差	≤50 mm
喷浆及提升速度误差	≤±0.1 m/min

(2) 检验方法

① 成桩 7 d 后，采用浅部开挖桩头[深度宜超过停浆(灰)面下 0.5 m]，目测检查搅拌的均匀性，量测成桩直径。检查数量不少于总桩数的 5%。

成桩后 3 d 内，可用轻型动力触探(N_{10})检查每米桩身的均匀性。检验数量为施工总桩数的 1%，且不少于 3 根。

② 静载荷试验宜在成桩 28 d 后进行。水泥土搅拌桩符合地基承载力检验，应采用复合地基静载荷试验和单桩静载荷试验，验收检验数量不少于总桩数的 1%，复合地基静载荷试验数量不少于 3 台(多轴搅拌为 3 组)。

③ 对变形有严格要求的工程，应在成桩 28 d 后，用双管单动取样器钻取芯样做抗压强度检验，检验数量为施工总桩数的 0.5%，且不少于 6 点。

④ 对相邻桩搭接要求严格的工程，应在成桩 15 d 后，选取数根桩进行开挖，检查搭接情况。

⑤ 基槽开挖后，应检验桩位、桩数及桩顶、桩身质量，如不符合设计要求，应采取有效补强措施。

2.4.1.4 工程实例

(1) 工程概况

上海某高层建筑主楼 28 层，裙房 7 层，地下室 1 层，建筑高度 107 m，总建筑面积57000 m^2。

该工程地基土质较差，平均水位位于地面下 0.65 m，含水量在 38.2%～52.4%之间，渗透系数在 10^{-7} cm/s 左右，主楼基坑底位于灰色淤泥质粉质黏土和灰色淤泥质黏土土层之间，为饱和软弱土层，属高等压缩性。

该建筑桩基采用 $\phi600$ 预制高强预应力空心管桩(PHC 桩)，采用箱型基础形式，基础埋深分别为自然地面以下 7.45 m 与 4.35 m。

基坑开挖面积约 7500 m^2，主楼基坑深度达 7.50 m，裙房基坑比主楼浅 3.10 m，与主楼形成高低基坑，施工难度较大。施工场地狭窄，周围地下管线较多，基坑开挖施工对邻近房屋、道路等环境影响大，需重点进行保护。

(2) 基坑围护设计

根据基坑深度、地质情况与周围环境，结合该工程实际情况与施工条件，基坑围护采用水泥土墙重力式支护结构形式，再辅以其他有效的技术措施。在主楼基坑外围采用深 16 m、宽 6.2 m的水泥土墙，裙房基坑外围为深 10 m、宽 3.7 m 的水泥土墙，在主楼与裙房坑底高低连接处再采用注浆加固地基，如图 2.27 所示。该基坑围护方案的特点：施工工艺简单，工期短，施工费用少，基坑稳定性好，且裙房地下部分可与主楼同时施工，适用于该工程施工条件。

(3) 主要技术措施

水泥土搅拌桩采用双钻头搅拌机施工，前后两根桩搭接施工不超过 24 h 的间隔，但首尾桩相接时应放慢施工速度并加桩。为了减少主楼搅拌桩挡土墙整体位移，加强搅拌桩墙体整体刚度，防止产生基坑隆起失稳与基坑周围地面沉降，还须采取下列几项主要技术措施：

① 在基坑底增加一排加强搅拌桩加固土体，以增加土的被动土压力，减小挡土墙体的纵向变形。

② 基坑开挖前结合土质情况在基坑内采用井点降水，这样对基坑地基土可起到一定的固

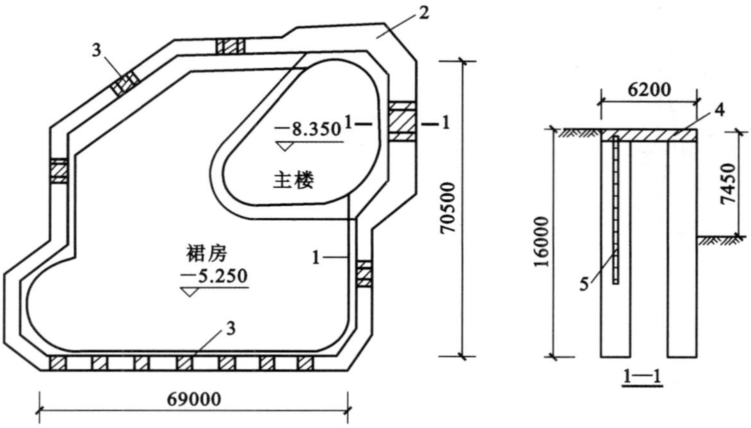

图 2.27　支护结构示意图

1—基础底板边线；2—水泥土墙；3—局部密打暗墩；4—加厚混凝土面板；5—毛竹插筋

结作用，提高土体强度。

③ 基坑围护墙体上均做 200 mm 厚 C20 钢筋混凝土面板，并在搅拌桩格构式布置墙中央增加若干密排实心暗墩来提高整体刚度与抗倾覆能力，增强稳定性。加快基础垫层混凝土的施工，把垫层放宽、加厚至基坑壁，以减小基坑底围护桩整体滑移。

(4) 效果

从打桩开始至地下室施工的全过程，对邻近房屋、道路与地下管线等进行全面监控是基坑围护施工必不可少的有效办法，可为出现的意外情况提供预报，以便采取必要的措施，并可掌握围护结构的实际效果。本工程从监测结果来看，地下管线位移与沉降值控制在规定值内，周围环境没有出现异常情况。

2.4.2 高压喷射注浆法施工

高压喷射注浆法始创于日本，它是在化学注浆法的基础上，采用高压水射流切割技术而发展起来的。高压喷射注浆就是利用钻机钻孔，把带有喷嘴的注浆管插至土层的预定位置后，以高压设备使浆液成为 20 MPa 以上的高压射流，从喷嘴中喷射出来冲击破坏土体。部分细小的土料随着浆液冒出水面，其余土粒在喷射流的冲击力、离心力和重力等共同作用下，与浆液搅拌混合，并按一定的浆土比例有规律地重新排列。浆液凝固后，便在土中形成一个固结体。

固结体的形状与喷射流移动方向有关。根据喷射流的方向可分为旋转喷射(简称旋喷)、定向喷射(简称定喷)和摆动喷射(简称摆喷)三种注浆形式，如图 2.28 所示。

根据工程需要和土质条件，可分别采用单管法、双管法和三管法施工。它们各有特点，可根据工程需要和机具设备条件选用，加固形状可分为柱状、壁状和块状。

2.4.2.1 高压喷射注浆法的分类

高压喷射注浆法按喷嘴构造不同，可以分为四种。

(1) 单管法

单管旋喷注浆法是利用钻机将注浆管的喷嘴埋入土层一定深度，并用高压泥浆装置将浆液从喷嘴中喷出来冲击土体，同时借助注浆管的旋转和提升运动，使浆液与从土体上崩落下来的土搅拌混合，经过一定时间凝固，便在土中形成圆柱状的固结体，如图 2.29(a)所示。该法

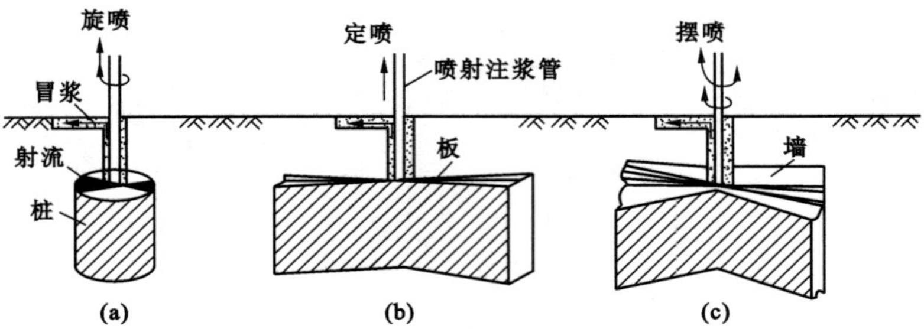

图 2.28　高压喷射注浆法的三种方式

(a) 旋喷;(b) 定喷;(c) 摆喷

在日本称为 CCP 工法。

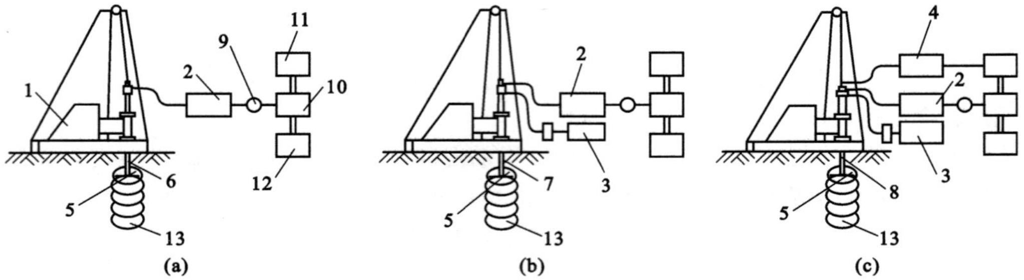

图 2.29　高压喷射注浆法

(a) 单管法;(b) 二重管法;(c) 三重管法

1—钻机;2—高压注浆泵;3—空压机;4—高压水泵;5—喷嘴;6—单管;7—二重管;

8—三重管;9—浆桶;10—灰浆搅拌机;11—水箱;12—水泥库;13—喷射注浆加固体

(2) 二重管法

二重管法即使用双通道的二重注浆管。当二重注浆管钻进到土层的预定深度后,通过在管底部侧面的一个同轴双重喷嘴,同时喷射出高压浆液和空气两种介质的喷射流冲击破坏土体。即以高压泥浆泵等高压发生装置喷射出 20 MPa 左右的浆液,从内喷嘴中高速喷出,并用 0.7 MPa 左右的压力把压缩空气从外喷嘴中喷出。在高压浆液流和它外圈环绕气流的共同作用下,破坏土体的能量显著增大,喷嘴一面喷射一面旋转和提升,最后在土中形成圆柱状固结体。二重管法固结体的直径明显大于单管法的直径,如图 2.29(b)所示。该法在日本称为 JSG 工法。

(3) 三重管法

三重管法是指使用分别输送水、气、浆三种介质的三重注浆管(我国一些单位由于三重管加工精度高不易制作,改用三根小管套在一根大管内的注浆管),以水气同轴双喷嘴,在 20～40 MPa的高压水射流的外围环绕 0.5～0.7 MPa 空气流,组成高压水与气的复合喷射流冲切土体,借空气的上升力将部分小土粒排出地面,形成较大的空隙,并通过在喷头下端的喷嘴再另注入 1～5 MPa 压力的水泥浆,最后便在土中凝固为直径较大的圆柱状固结体,如图 2.19(c)所示。该法在日本称为 CJB 工法。

(4) 多重管法

这种方法首先需要在地面钻一个导孔,然后置入多重管,用逐渐向下运动的旋转超高压力水射流(压力约 40 MPa)切削破坏四周的土体,经高压水冲击下来的土、砂和砾石成为泥浆后,立即用真空泵从多重管中抽出。如此反复地冲和抽,便在地层中形成一个较大的空洞。装在喷嘴附近的超声波传感器及时测出空间的直径和形状,用电脑绘出空洞的图形。当空洞的形状、大小和高低符合设计要求后,立即通过多重管充填空洞。根据工程要求可选用浆液、砂浆、砾石等材料进行填充。于是在地层中形成一个大直径的柱状固结体,在砂性土中最大直径可达 4 m,并做到智能化管理,施工人员可完全掌握固结体的直径和质量。本工法提升速度很慢,这种方法在日本称为 SSS-MAN 工法。

2.4.2.2　高压喷射注浆法的特点

以高压喷射直接冲击破坏土体,浆液与土体半置换为固结体,从施工方法、加固质量及适用范围与其他地基处理方法相比,均有独到之处。高压喷射注浆法的主要特征如下:

(1) 适用的范围较广

它既可用于工程新建之前,也可用于工程修建之中。特别是在工程落成之后,体现出不损坏建筑物的上部结构和不影响运营使用的优势。旋喷注浆法以高压喷射流直接破坏并加固土体,加固土体的强度明显提高。

(2) 施工简便

旋喷施工时,只需在土层中钻一个孔径为 50 mm 或 300 mm 的小孔,便可在土中喷射成直径为 0.4～2.0 m 的固结体,因而能贴近已有建筑物基础及地下障碍施工。此外该法成型灵活,既可在钻孔的全长成柱型固结体,也可仅作其中一段,如在钻孔的中间任何部位。

(3) 可控制固结体形状

为满足工程的需要,在旋喷过程中,可调整旋喷速度和提升速度、增减喷射压力或更换喷嘴孔径改变流量,使固结体成为设计所需要的直径及形状。

(4) 有较好的耐久性

在一般的软弱地基中加固与水泥土搅拌桩类似,能得到稳定的加固效果,加固土具有较好的耐久性。

(5) 设备简单、管理方便

高压喷射注浆全套设备结构紧凑、体积小、机动性强、占地少,能在狭窄和低矮的现场施工,施工管理简便。在喷射过程中,通过对喷射的压力、吸浆量和冒浆情况的量测,即可间接地了解旋喷的效果及存在的问题,可及时调整旋喷参数或改变工艺,保证加固质量。在多重喷射时,更可以从屏幕上了解空间形状和尺寸后再以浆材填充之,施工管理十分有效。

(6) 无公害

施工时机具的振动很小,噪声也较低,不会对周围建筑物带来振动的影响和产生噪声等公害,更不存在污染水域、毒化饮用水源的问题。

2.4.2.3　高压喷射注浆法的适用范围

(1) 适用土质条件

高压喷射注浆法适用于处理淤泥,淤泥质土,流塑、软塑或可塑黏性土,粉土,砂土,黄土,素填土和碎石土等地基。

但对于硬黏性土,以及含有较多的块石或大量植物根茎的地基,因喷射流可能受到阻挡或削弱,冲击破碎力急剧下降,切削范围小或影响处理效果。而对于含有过多有机质的土层,则其处理效果取决于固结体的化学稳定性。鉴于上述几种土的组成复杂、差异悬殊，高压喷射注浆处理的效果差别较大，不能一概而论，故应根据现场试验结果确定其适用程度。对于湿陷性黄土地基，因当前试验资料和施工实例较少，故应预先进行现场试验。

(2) 适用工程范围

高压喷射注浆有强化地基和防漏的作用，可卓有成效地用于既有建筑和新建工程的地基处理、地下工程及堤坝的截水、基坑封底、被动区加固、基坑侧壁防止漏水或减小基坑位移等。对地下水流速过大或已涌水的防水工程，由于工艺、机具和瞬时速凝材料等方面的原因，应慎重使用，必要时应通过现场试验确定。适用喷射注浆的工程种类如表 2.3 所示。

表 2.3　适用喷射注浆的工程种类

序号	工程用途	具体内容
1	增加地基强度	提高地基承载力； 整治局部地表下沉； 桩基础应力扩散
2	挡土墙及地下工程建设	保护邻近构筑物； 基坑重力式支护结构； 防止基坑底部隆起； 市政排水管道工程
3	减小振动、防止液化	减小设备基础振动； 防止砂土液化
4	增大摩擦力及黏聚力	防止小型塌方滑坡； 锚固基础
5	防渗帷幕	基坑支护止水帷幕； 地下连续墙的补缺； 防止涌砂冒水； 水库坝基防渗； 矿山井巷帷幕
6	降低土的含水量	整治路基翻浆冒泥； 防止地基冻胀
7	防止洪水冲刷	防止桥渡、河堤及水工建筑物基础的冲刷

2.4.2.4　施工机械设备和施工流程

高压喷射注浆的施工机械设备，由高压发生装置、钻机、钻杆和高压管路四部分组成，主要包括钻机、高压泵、泥浆泵、空气压缩机、注浆管、喷嘴、流量计、输浆管、制浆机等。

单管、二重管和三重管喷射法所注入的介质种类和施工流程数量不相同，但它们的施工程序是基本一致的，即为钻孔、贯入喷射注浆管至钻孔底设计标高后喷射注浆，当压力流量达到规定值后，随即旋转和提升，自下而上进行喷射。施工前应平整场地、挖好排浆沟及泥浆处理池，做好放线定位等准备工作。三重管高压喷射注浆的施工流程和施工顺序如图 2.30 和图 2.31所示。

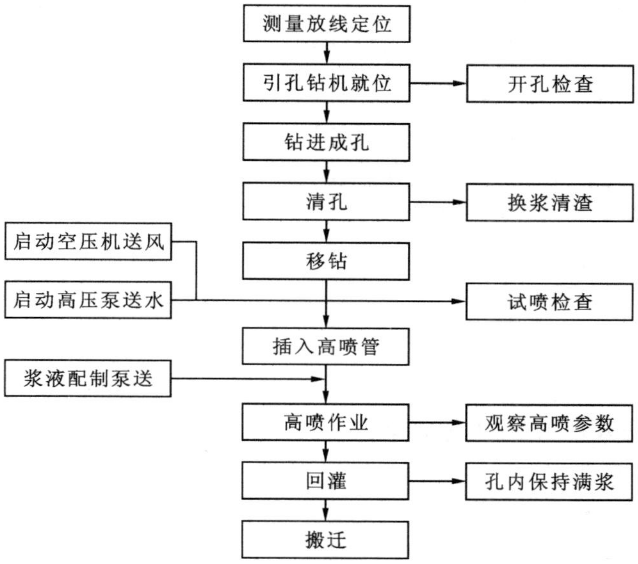

图 2.30　高压喷射注浆的施工流程

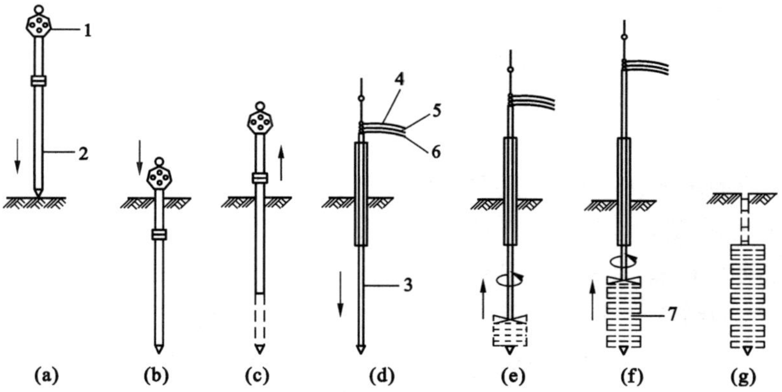

图 2.31　三重管高压喷射注浆的施工顺序

1—振动锤；2—钢套管；3—三重管；4—输浆管；5—高压水管；6—压缩空气管；7—水泥加固土

2.4.2.5　施工要点

(1) 钻机就位

钻机安放在设计的孔位上并应保持垂直，施工时旋喷管的允许倾斜度不得大于 1.5%。

(2) 钻孔

单管旋喷常使用 76 型旋转振动钻机，钻进深度可达 30 m 以上，适用于标准贯入击数小于 40 的砂土和黏性土层。当遇到比较坚硬的地层时宜用地质钻机钻孔，一般在双管和三管旋喷法施工中都采用地质钻机钻孔。钻孔的位置与设计位置的偏差不得大于 50 mm。

(3) 插管

插管是指将喷管插入地层预定的深度。使用 76 型振动钻机钻孔时，插管与钻孔两道工序合二为一，即钻孔完成时插管作业同时完成。如使用地质钻机钻孔完毕，则必须拔出岩芯管，并换上旋喷管插入到预定深度。在插管工程中，为防止泥沙堵塞喷嘴，可边射水、边插管，水压力一般不超过 1 MPa。若压力过高，则易将孔壁射塌。

(4) 喷射作业

当喷管插入预定深度后，由下而上进行喷射作业，值班技术人员必须时刻注意检查浆液的初凝时间、注浆流量、风量、压力、旋转提升速度等参数是否符合设计要求，并随时做好记录，绘制作业过程曲线。

当浆液初凝时间超过 20 h，应及时停止使用该水泥浆液(正常水灰比为 1∶1 时，初凝时间为 15 h 左右)。

(5) 冲洗

喷射施工完毕后，应把注浆管等机具设备冲洗干净，管内、机内不得残存水泥浆。通常把浆液换成水，在地面上喷射，以便把泥浆泵、注浆管和软管内的浆液全部排除。

(6) 移动机具

将钻机等机具设备移到新孔位上。

2.4.2.6 施工注意事项

(1) 钻机或旋喷机就位时机座要平稳，立轴或转盘要与孔位对正，倾角与设计误差一般不得大于 0.5°。钻孔的位置与设计位置的偏差不得大于 50 mm。

(2) 喷射注浆前要检查高压设备和管路系统，设备的压力和排量必须满足设计要求。管路系统的密封圈必须良好，各通道和喷嘴内不得有杂物。喷射孔与高压注浆泵的距离不宜大于 50 m。

(3) 水泥浆液的水灰比应按工程要求确定，可取 0.8～1.5，常用 1.0。喷射注浆作业后，由于浆液析水作用，一般均有不同程度的收缩，使固结体顶部出现凹穴，所以应及时用水灰比为 0.6 的水泥浆进行补灌，并要预防其他钻孔排出的泥土或杂物进入。

(4) 为了加大固结体尺寸，或在深层硬土中为了避免固结体尺寸减小，可以采取提高喷射压力、泵量或降低回转与提升速度等措施，也可以采用复喷工艺：第一次喷射(初喷)时，不注水泥浆液；初喷完毕后，将注浆管边送水边下降至初喷开始的孔深，再抽送水泥浆，自下而上进行第二次喷射(复喷)。

(5) 在喷射注浆过程中，应观察冒浆的情况，以便及时了解土层情况、喷射注浆的大致效果和喷射参数是否合理。采用单管或双管喷射注浆时，冒浆量小于注浆量 20%为正常现象；超过 20%或完全不冒浆时，应查明原因并采取相应的措施。若系地层中有较大的空隙引起的不冒浆，可在浆液中掺加适量速凝剂或增大注浆量；如冒浆过大，可减少注浆量和加快提升回转速度，也可缩小喷嘴直径，提高喷射压力。采用三管喷射注浆时，冒浆量则应大于高压水的喷射量，但其超过量应小于注浆量的 20%。

(6) 对冒浆应妥善处理，及时清除沉淀的泥渣。在砂层中用单管或双管注浆旋喷时，可以利用冒浆补灌已施工过的桩孔。但在黏土层、淤泥层采用旋喷或用三重管注浆旋喷时，因冒浆中掺入黏土或清水，故不宜利用冒浆回灌。

(7) 在软弱地层旋喷时，固结体强度低，可以在旋喷后注入 M15 砂浆来提高固结体的强度。

(8) 在湿陷性地层进行高压喷射注浆成孔时，如用清水或普通泥浆作冲洗液，会加剧沉降，故此时宜用空气洗孔。

(9) 在砂层尤其是干砂层中旋喷时，喷头的外径不宜大于注浆管，否则易夹钻。

(10) 当处理既有建筑地基时，在浆液未硬化前，有效喷射范围内的地基因受到扰动而强度降低，因此应采用速凝浆液或采取跳孔喷射和冒浆回灌等措施，以防喷射过程中地基产生附加变形和地基与基础间出现脱空现象。

(11) 当喷射注浆过程中出现下列异常情况时，需查明原因并采取相应措施：

① 流量不变而压力突然下降时，应检查各部位的泄漏情况，必要时需拔出注浆管，检查密封性能。

② 出现不冒浆或断续冒浆时，若系土质松软则视为正常现象，可适当进行复喷；若附近有空洞、通道，则应不提升注浆管继续注浆直至冒浆为止，或拔出注浆管待浆液凝固后重新注浆。

③ 压力稍有下降时，可能系注浆管被击穿或有孔洞，使喷射能力降低，此时应拔出注浆管进行检查。

④ 压力陡增超过最高限值、流量为零、停机后压力仍不变动时，则可能是喷嘴堵塞，应拔出注浆管疏通喷嘴。

2.4.2.7 质量检验和质量标准

(1) 检验内容包括：① 固结体的整体性和均匀性；② 固结体的有效直径；③ 固结体的垂直度；④ 固结体的强度特性(包括桩的轴向压力、水平力、抗酸碱性、抗冻性和抗渗性等)；⑤ 固结体的溶蚀和耐久性能。

(2) 高压喷射注浆可根据工程要求和当地经验采用开挖检查、取芯(常规取芯或软取芯)、标准贯入试验、载荷试验或围井注水试验等方法进行检验，并结合工程测试、观测资料及实际效果综合评价加固效果。

① 开挖检验。待浆液凝固具有一定强度后，即可开挖检查固结体垂直度和固结形状。

② 钻孔取芯。在已旋喷好的固结体中钻取岩芯，并将岩芯做成标准试件进行室内物理力学性能试验。根据工程的要求亦可在现场进行钻孔，作压力注水和抽水两种渗透试验，测定其抗渗能力。

③ 标准贯入试验。在旋喷固结体的中部可进行标准贯入试验。

④ 静荷载试验。静荷载试验分垂直和水平载荷试验两种。进行垂直载荷试验时，需在顶部 0.5～1.0 m 范围内浇筑 0.2～0.3 m 厚的钢筋混凝土桩帽；进行水平推力载荷试验时，在固结体的加载受力部位浇筑 0.2～0.3 m 厚的钢筋混凝土加荷面，混凝土的强度等级不低于 C20。

(3) 检验点应布置在下列部位：① 有代表性的桩位；② 施工中出现异常情况的部位；③ 地基情况复杂，可能对高压喷射注浆质量产生影响的部位。

(4) 检验点的数量为施工孔数的 1%，且不应少于 3 个点。检验宜在高压注浆结束 28 d 后进行。

(5) 竖向承载旋喷桩地基竣工验收时，承载力检验应采用复合地基载荷试验和单桩载荷试验，检验数量为桩总数的 0.5%～1%，且每项单体工程不应少于 3 个点。

喷射注浆法施工主要质量控制标准如表 2.4 所示。

表 2.4　喷射注浆质量控制标准

项　　目		标准(或控制值)
桩体垂直度偏差		0.5%～1%
钻孔孔径偏差(mm)		≤50
连续钻孔喷射切割搭接(mm)	旋喷	不宜小于 150
	摆喷	不宜小于 150
	定喷	不宜小于 200
强度及抗渗性		达到设计要求
注浆管分段提升时注浆搭接长度(mm)		≥100
冒浆量		10%～20%
浆液搅拌时间(min)		≥5
浆液待喷时间(min)		≤30

2.4.2.8　工程实例

(1) 工程概况

威海某高层建筑，距海约 200 m，是一座高 60 m 的宾馆，地上 17 层，地下 1 层，共 18 层，呈三角形布置，底部为箱型基础，全部采用现浇剪力墙结构。该建筑占地面积 1100 m^2，总重约24100 t。

由于地处滨海滩涂地区，天然地基承载力仅为 110～130 kPa，预估沉降量为 700 mm，超过设计规范允许值，经分析研究后决定采用高压喷射注浆法进行地基加固。

(2) 地质条件

建筑物建在地质复杂、基岩埋藏深度较深的软土层上。地质情况大致可分为 4 层：

① 人工填土层。层厚 0.6～1.4 m，松散不均，由粉质黏土、粗砂、碎石、砖瓦和炉渣组成。

② 新近滨海相沉积层。厚度为 10 m(层底标高－10.5～－0.15 m)，上部为中密砂、砂砾和碎石透水层，下部为中等压缩性黏土。

③ 第四系冲积层。层底标高－16.9～－11.5 m，由粉质黏土、细砂及碎石组成，上部黏土的压缩性较高，呈软塑至可塑状。

④ 基岩。为片麻岩，深 30 m 以上，属全风化带，其间有一层夹白色高压缩性高岭土。风化层层面由西向东倾斜 6°。

地下水埋深较浅，为 0.6～1.1 m，pH 值为 6.9，水力坡度为 3.0‰～3.5‰。

(3) 旋喷桩施工工艺

首先完成部分长、短桩旋喷施工；接着完成全部长短桩旋喷、中心桩旋喷和静压注浆，并进行部分质量检验工作；最后完成 260 根补强桩和补强后的质量检验工作。

施工采用单管旋喷：

① 机具：使用振动钻(打管、旋转和提升用)和水泥车(产生 20 MPa 高压水泥浆液射流)组建成 3 套单管旋喷机具进行施工，每套机具 10 人/台班。

② 旋喷工艺及参数：按照设计桩径的要求和各类注浆的不同作用，对各种旋喷桩分别采取了不同工艺及其相应参数。

为了提高各种旋喷桩的承载能力，在每根桩的底部 1 m 长范围内，都采取了延长喷射持续时间的措施。喷射参数：喷射压力 20 MPa；喷射流量 100 L/min；旋转速度 20 r/min；提升速度 0.2～0.8 m/min；使用 32.5 级普通硅酸盐水泥；水泥浆相对密度为 1.5。

(4) 质量检验

在施工初期、中期和完工后，进行了数次多种方法的质量检验。主要情况如下：

① 旁压试验结果表明，旋喷桩桩间土体因受到旋喷桩加固作用的影响，其旁压模量和旁压极限压力均有所提高。

② 浅层开挖出的旋喷桩径在 0.6～0.8 m 之间。

③ 钻探取芯和标准贯入试验是结合进行的。结果表明，旋喷桩是连续的和强度较高的桩体。

④ 在建筑物上布设了近 50 个沉降观测点，沉降量仅为 8～13 mm。

2.4.3 钢板桩施工

2.4.3.1 施工机械

钢板桩施工常采用锤击打入法和振动打入法。根据不同的施打方法，应采用相应的打桩机械。同时，在选择打桩机械型号时，应考虑工程地质、现场作业环境，以及钢板桩形式、重量、长度、总数量等具体条件，以使选用机械适用、经济、安全。钢板桩施工机械如图 2.32 所示。

图 2.32 钢板桩施工机械

【视频演示】

2.4.3.2 钢板桩施工前的准备工作

(1) 钢板桩的检验

① 外观检验

外观检验包括表面缺陷、长度、宽度、厚度、平直度和锁口形状等内容，即：a. 清除锁口内杂物，对缺陷部位进行修理；b. 为确保每片钢板桩两侧的锁口平行，应进行宽度检查，使每片钢板桩的宽度都在同一宽度规格内，超出允许偏差的钢板桩应尽量不予采用；c. 对于桩身残缺、脏污、铁锈、卷曲等都要进行全面检查，并采取相应措施，以确保正常使用；d. 锁口润滑及防渗措施:对于检查合格的钢板桩,为保证它在施工过程中顺利插拔和提高使用时的防渗性能,每片钢板桩锁口都须均匀涂以混合油。

② 材质检验

材质检验即对钢板桩母材的化学成分及机械性能进行全面试验。它包括钢材的化学成分分析,构件的拉伸、弯曲试验,锁口强度试验和延伸率试验等项内容。每一种规格的钢板桩至少进行一个拉伸、弯曲试验。每 25~50 t 的钢板桩应进行两个试件试验。

(2) 钢板桩吊运

装卸钢板桩宜采用两点吊,吊运时每次起吊的钢板桩数不宜过多,并注意保护锁口免受损伤。吊运方式有成捆起吊和单根起吊,成捆起吊通常采用钢索捆扎,而单根吊运则常用专用的吊具。

(3) 钢板桩的堆放

钢板桩的堆放地点要选择在不会因重压而发生较大沉陷变形的平坦坚固的场地上,并便于运往打桩施工现场。堆放时应注意:① 堆放的顺序、位置、方向和平面布置等应便于后续施工;② 按型号、规格、长度分别堆放,并在堆放处设置标牌说明;③ 应分层堆放,每层堆放数量一般不超过 5 根,各层间每隔 3~4 m 垫以枕木,且上、下层枕木和垫木应在同一垂直线上,堆放总高度不宜超过 20 m。

(4) 钢板桩的矫正

钢板桩为多次周转使用的材料,在使用过程中会发生板桩的变形、损伤,在以后的工程使用前应进行矫正与修补。

2.4.3.3 钢板桩的施工

(1) 钢板桩施工顺序

按施工图确定基线→探明地下障碍物→确定桩位→平整施工机械行走道路→将桩吊起放至桩位上并固定好→吊起桩帽放至桩顶上→桩垂直度校正→将桩打入 1.5~2 m,再次校正后打至设计标高→焊接支撑→拔除钢板桩→填土。

(2) 打桩方法

钢板桩打桩一般可采用单独打入法、围檩插桩法及分段复打法施工。

单独打入法是从一角开始逐块插打,每块钢板桩自开始打到结束中途不停顿。因此,桩机行走路线短,施工简便,打设速度快。但是,由于单块打入易向一边倾斜,累计误差不易纠正,壁面平直度难以控制,一般在钢板桩长度不大(小于 10 m)、工程要求不高时采用此法。

围檩插桩法是采用围檩支架作板桩打设的导向装置。在地面上,离板桩墙轴线一定距离先设置两道围檩支架,而后将钢板桩依次在两道围檩中全部插好,成为一个钢板桩墙,待四角实现封闭合拢后,再按阶梯形逐渐将板桩一块块打至设计标高。此法的优点是可以保证平面尺寸准确和钢板桩垂直度,但施工速度慢。

分段复打法又称屏风法,一般也需设置导向架,即将 10~20 块钢板桩组成的施工段沿围檩插入土中一定深度,形成较短的屏风墙,先将其两端的两块打入,严格控制其垂直度,打好后用电焊固定在围檩上,然后将其他的板桩顺序以 1/2 或 1/3 板桩高度打入。此法可以防止板桩过大的倾斜和扭转,防止误差积累,有利于实现封闭合拢,且分段打设,不会影响邻近板桩施工。

(3) 钢板桩的拔除

① 静力拔桩

静力拔桩一般可采用独脚把杆或人字把杆,并设置缆风绳以稳定把杆。把杆顶端固定滑轮组，下端设导向滑轮，钢丝绳通过导向滑轮引至卷扬机，也可采用倒链用人工拔出。把杆常采用钢管或格构式钢结构，对较小、较短的板桩也可采用木把杆。

静力拔桩技术要求较高，特别是在拔桩开始阶段，由于静摩阻力与吸附力很大，初始起拔时往往会发生卷扬机负荷过大或钢丝绳绷断的现象，因此宜将卷扬机间歇启动，减小拔桩阻力，渐渐将钢板桩拔出，启动后则尽可能保持匀速拔升。

② 振动拔桩

振动拔桩是利用振动锤对板桩施加振动力，扰动土体，破坏其与板桩间的摩阻力和吸附力，并施加吊升力将桩拔出。这种方法效率高、操作简便，是广泛采用的一种拔桩方法。振动拔桩主要选择拔桩振动锤，一般拔桩振动锤均可作打、拔板桩之用。

【视频演示】

对封闭式板桩墙，拔桩起点应离开角桩 5 根以上，也可以用跳拔（间隔拔）的方法。拔桩的顺序最好与打桩时相反。拔桩时，可先用振动锤将板桩锁口振松以减小土的阻力，然后边振边拔。对需要及时回填拔桩后的土孔的板桩，应将其拔至比坑底略高时暂停引拔，用振动锤振动几分钟，尽量让土孔填实一部分。对引拔阻力较大的钢板桩，可用间歇振动的方法，每次振动 15 min。振动锤连续工作不宜超过 1.5 h。

（4）拔桩后土孔的处理

钢板桩拔除后留下的土孔应及时回填处理，特别是周围有建筑物、构筑物或地下管线的场合，尤其应注意及时回填，否则往往会引起周围土体产生位移及沉降，并由此造成邻近建筑物等的破坏。

土孔回填材料常用砂子，也有的采用双液注浆（水泥与水玻璃）或注入水泥砂浆。回填方法可采用振动法、挤密填入法及注入法等，回填时应做到密实并无漏填之处。

2.4.3.4　钢板桩施工的质量标准

钢板桩施工的质量标准如表 2.5 所示。

表 2.5　钢板桩打设质量标准

项目	中国	日本	美国
板桩墙长度（cm）	—	0～B（B 为板桩宽）	±5
桩顶标高（cm）	±10	±10	±5
板桩轴线偏差（cm）	±10	±20	±5
板桩垂直度（%）	1	2	1
沿板桩轴线向倾斜（%）	—	1	0.5

2.4.3.5　工程实例

（1）工程概况

广州某改造工程位于市中心繁华地带，是该市的主干道路，人流和车流量大，商铺林立，工期紧，施工难度大。本工程原有方涵为块石墙身，顶面为混凝土预制板，现新建单孔排水方涵，截面 $B\times H=5.8\ \text{m}\times 3.2\ \text{m}$，埋深 4 m，全长约 1 km。根据有关部门提供的资料和初步核实，本工程开挖范围内有多条供水管道和光电缆等设施经过，且存在软土处理复杂、施工场地狭窄等问题。

本工程地质条件较差，地下水位较高，根据地质勘察报告，场地地质土层自上而下依次为：

回填土层，厚 0.5～1 m；淤泥层，厚 3～14 m；黏土层，厚 2～6 m；残积土层，厚 0.5～4 m，松散，遇水易软化。

（2）施工方案选择

根据本工程实际状况，不能采用放坡形式开挖，必须采取可靠而有效的基坑支护处理。考虑到造价、工期、施工难度和安全性等因素，认为采用钢板桩支护具有操作简单、对周围环境影响小、安全性好、效率高、节约投资等明显优点，因此本工程采用钢板桩加内支撑的支护方案，打设钢板桩后在桩顶以下设置两道型钢支撑，以保证钢板桩不受到倾覆破坏。

（3）打桩机械和使用材料选择

采用 40 t 履带吊车，配合振动锤及 200 kW 专用（三相 220 V）发电机施工。根据工程场地特点，结合钢板桩的特性和施工方法进行考虑，采用 U 形波浪式钢板桩，单根钢板桩长6 m、宽 0.4 m。

（4）钢板桩的施工

钢板桩施工要正确选择打桩方法和打桩机械，以便使打入后的板桩墙有足够的刚度和良好的挡土作用，且板桩墙面平直，以满足基础施工的要求。

钢板桩打入前应沿钢板桩分布方向挖一条宽 0.5 m、深 1.0 m 的沟，以探明地下障碍物及管线位置，并缓冲钢板桩锤击时对地下管线的振动。

由于本工程钢板桩长度在 10 m 以内，且精度要求不太高，故可采用单独打入法，即从一边开始逐块插打，每块钢板施打过程中不得停顿。此种打入法桩机行走路线短，施工简便，打入速度快。但由于是单块打入，易向一边倾斜，累计误差不易纠正，墙面平直度较难控制。可采取如下措施进行控制：① 先由测量人员定出钢板桩的轴线，可每隔一定距离设置导向桩，导向桩直接使用钢板桩，然后挂绳线作为导线，打桩时利用导线控制钢板桩的轴线；② 准备桩帽及送桩：钢板桩在锤头的打击下，容易出现变形和开裂，因此在桩顶设 1 个 300 mm 厚的铸钢桩帽，帽缘用钢板焊成，高 400 mm，桩帽内与钢板桩空隙约 20 mm，使桩帽易套在桩顶上，送桩时打桩机吊起钢板桩，人工扶正就位；③ 单桩逐根连续施打时，应注意桩顶高程不宜相差过大；④ 在打入过程中随时测量监控，控制每块桩倾斜度小于 2%，须在纵、横方向各设置 1 台经纬仪进行监控，一旦发现偏差则立即进行纠正处理，若偏斜过大而无法拉直调正时应拔起重打。

（5）钢板桩的内支撑

根据现场情况，决定保留原有方涵南面石墙作为挡土墙，每隔 5 m 设置上下两条 15 cm 宽的槽钢横向水平钢支撑。先定出钢支撑的位置，在原有方涵南面石墙边压一条钢板桩，在该处挖至预定深度，上、下各埋设一条横向水平钢支撑。钢支撑与钢板桩之间连接处使用钢板加角钢焊接固定，然后才开始进行分段开挖。

（6）变形观测

设置专职人员在土方开挖期间和开挖后对钢板桩进行检查和观测，主要是巡查和使用水准仪、经纬仪观测沉降和水平位移，并做好观测资料记录。

本工程对基坑周边 20 m 范围内的建（构）筑物进行监测，包括房屋、道路等加强监测力度。对主要的和存在危险的建（构）筑物，每天进行沉降观测并做好资料记录；施工前了解清楚周边建（构）筑物的沉降和变形情况，如有必要可对个别房屋进行鉴定，以免在施工期间造成不必要的纠纷和损失。

2.4.4 钢筋混凝土板桩施工

钢筋混凝土板桩一般在工厂预制，而后运至施工现场进行施打。其截面形状及配筋对板桩受力较为合理，且可根据需要设计，目前已可制作厚度较大(如厚度达 500 mm 以上)的板桩。它具有施工简单、现场作业周期短等特点，曾在基坑工程中广泛应用，但由于钢筋混凝土板桩的施打一般采用锤击方法，振动与噪声较大，同时沉桩过程中挤土也较为严重，故在城市工程中受到一定限制。但在基坑工程中仍是支护墙板的一种适用形式。

2.4.4.1 钢筋混凝土板桩的形式

常用钢筋混凝土板桩截面的形式有四种，即矩形、T 形、工字形及口字形，如图 2.33 所示。

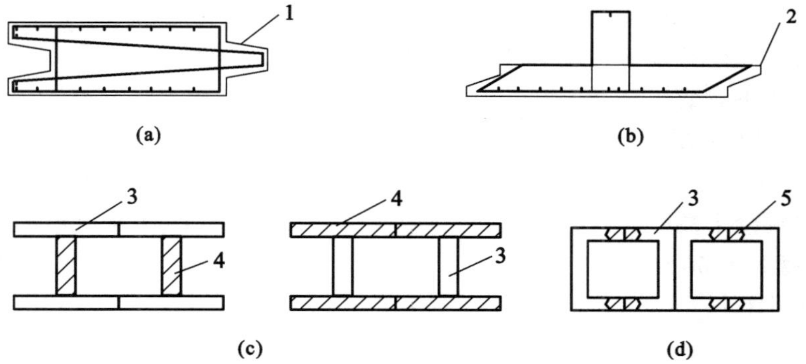

图 2.33 钢筋混凝土板桩的形式

(a) 矩形；(b) T 形；(c) 工字形；(d) 口字形

1—槽榫；2—踏步式接头；3—预制薄板；4—现浇板；5—现浇接头

(1) 矩形截面混凝土板桩

矩形截面板桩制作简便，桩间采用槽、榫接合方式，接缝效果较好。矩形截面由基坑对板桩的强度及变形要求确定，厚度一般为 150～400 mm，其宽度取决于打桩设备能力及其槽口宽度，一般为 500～800 mm。

(2) T 形截面混凝土板桩

T 形截面由翼缘和加劲肋组成，其抗弯能力较大，但施打较困难。翼缘主要起挡土作用，厚度一般为 150～200 mm；宽度较大，常用 1000～1200 mm，最大可达 1500 mm。加劲肋的作用是加强翼缘的抗弯能力，并将板桩上的侧压力传至地基土，其厚度均应通过计算确定。由于 T 形截面的翼缘厚度较小，板桩间的搭接一般采用踏步式止口。

(3) 工字形薄壁混凝土板桩

工字形薄壁板桩的截面形状较合理，因此受力性能好、刚度大、材料省，易于施打，挤土也少。工字形板桩可先预制而后现浇连接，如先预制翼缘(或腹板)，再在现场现浇腹板(或翼缘)，而后打入。通常可组成较大的截面尺寸，组合成的截面可达 500 mm×500 mm，甚至更大。翼缘及腹板的厚度一般在 100 mm 左右，可采用预应力长线台座生产。这种板桩无槽、榫连接，故施打时更应注意平齐与垂直，尽量减小接缝处的渗漏。

(4) 口字形截面混凝土板桩

口字形截面一般由两块槽形板现浇组合成整体，在未组合成口字形前，槽形板的刚度较小。也可采用预应力长线台座法生产，以便发挥薄壁特性。打入后其接头也是贴合连接，因此应确保施工质量。

2.4.4.2 钢筋混凝土板桩的施工

(1) 施工机具

钢筋混凝土板桩的施工可采用锤击打入法或静力压桩法,也可采用射水钻孔沉桩的方法。打桩设备与钢板桩施工类似,射水钻孔通常用高压水冲孔,再沉入板桩。对工字形及口字形板桩,采用这种方法较好。

(2) 打桩施工

① 板桩验收

钢筋混凝土板桩必须达到设计强度的100%,并达到龄期28 d以上方可施打,仅达到强度要求而龄期不足的桩采用锤击打入法,往往会打坏桩头或打裂桩身。施打前还应严格检查桩的截面尺寸,特别是槽榫或踏步式止口部位。桩的运输、起吊、堆放均应采取相应措施,保证桩身不受破坏,不产生裂缝。

② 打桩导向架的设置

钢筋混凝土板桩施打前也应设置打桩围檩支架作导向架。打桩围檩支架的设置与钢板桩相同,由于钢筋混凝土板桩制作的截面尺寸偏差较钢板桩大,故围檩间净距可适当放大,一般取大于板桩宽度30~50 mm。

③ 转角与封闭

钢筋混凝土板桩的转角处及最后封闭位置均应采取异形板桩。异形板桩可根据设计做成矩形转角桩[图2.34(a)]或扇形转角桩[图2.34(b)],也可采用钢材制成,如H型钢。有时不采用转角异形桩而将转角或封闭处做成T形封闭[图2.34(c)],使转角或封闭处的板桩相互垂直贴合,在接头处注浆止水。

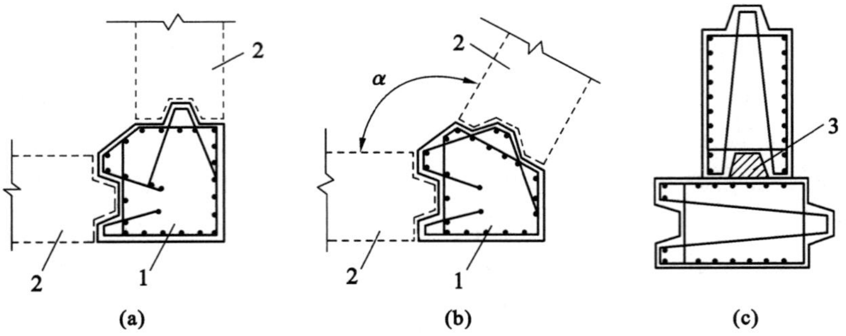

图2.34 转角封闭

(a) 矩形转角桩;(b) 扇形转角桩;(c) T形封闭

1—转角桩;2—邻桩;3—注浆止水

④ 施工要点

打桩施工可采用单独打入法、围檩插桩法或分段复打法施打。当采用屏风法施打时,每排桩插桩数量应控制在10~20根为宜。由于钢筋混凝土板桩的截面面积较大,打入时板桩间挤土压力较大,插入板桩过多会造成打桩困难,也易把桩打坏。

2.4.4.3 质量标准

钢筋混凝土板桩施工质量标准如表2.6所示。

表 2.6　钢筋混凝土板桩施工质量标准

施工阶段	项目		允许偏差
打桩	桩平面位移(mm)		100
	桩垂直度		1/100
	钢筋混凝土板桩间的缝隙(mm)	用于防渗时	≤20
		用于挡土时	≤25
桩位	桩轴线位置	板桩(mm)	20
		单排桩(mm)	10
送桩	桩顶标高		±100

2.4.5　地下连续墙施工

2.4.5.1　成槽机械

用于地下连续墙成槽施工的机械有挖斗式、冲击式和回转式三大类,如图 2.35 所示。

(1) 挖斗式挖槽机

挖斗式挖槽机是以其斗齿切削土体,切削下的土体聚集在挖斗内,从沟槽内提出地面开斗卸土,然后又返回沟槽内挖土。这是一种构造最简单的挖槽机械。挖斗式挖槽机中蚌式抓斗是常用的一种形式。

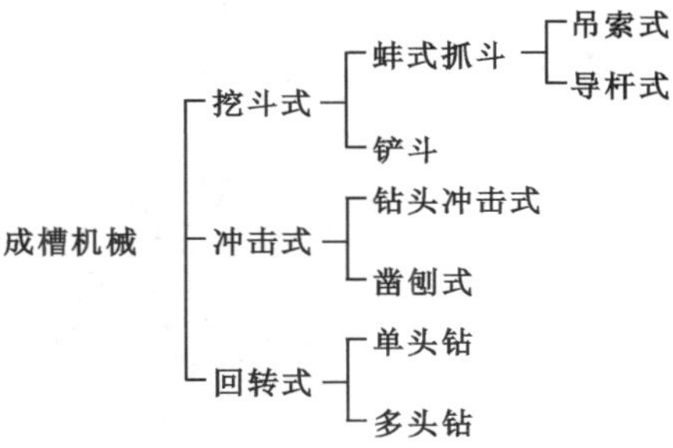

图 2.35　成槽机械种类

吊索式或导杆式(蚌式)抓斗机(图 2.36)用于开挖墙厚 450~1200 mm、深 50 m、土的标贯值不大于 50 的地下连续墙。蚌式抓斗(图 2.37)通常以钢索操作斗体上下和开闭,即索式抓斗。用导杆使抓斗上下,并通过液压开闭斗体,即导杆式抓斗。为提高挖槽垂直精度,可在抓斗的两个侧面安装导向板,也称导板抓斗。

(a)　(b)

图 2.36　蚌式抓斗机

(*a*) 吊索式抓斗机;(*b*) 导杆式抓斗机

(2) 冲击式挖槽机

冲击式挖槽机包括钻头冲击式和凿刨式两类。

冲击钻机是依靠钻头的冲击力破碎地基土，它上下运动、以重力作用保持成孔垂直度，所以适用于卵石、砾石、岩层等地层，如图2.38所示。凿刨式挖槽机是靠凿刨沿导杆上下运动以破碎土层，破碎的土渣随泥浆携带，由导杆下端吸入并经导杆排出槽外。

排土方式可采用正循环或反循环两种方式。正循环方式排土能力与泥浆流速成正比，而泥浆流速又与槽段截面成反比，故它不宜用于断面较大的挖槽施工，并且土渣易混入泥浆中，使泥浆密度增大。泥浆反循环排渣时，泥浆的上升速度快，可以把较大块的土渣携带出，而且土渣亦不会堆积在挖槽工作面上。泥浆反循环时，土渣排出量和土渣的最大直径取决于排浆管的直径。但是，当挖槽断面较小时，泥浆向下流动较快，作用在槽壁上的泥浆压力较泥浆正循环方式小，会减弱泥浆的护壁作用。

图 2.37 蚌式抓斗的外形

图 2.38 智能拉杆式冲击钻机

(3) 回转式挖槽机

这类挖槽机是以回转的钻头切削土体进行挖掘，钻下的土渣随循环的泥浆排出地面。根据钻头回转的方式与挖槽面的关系可分为直挖和平挖两种。钻头数目有单头钻和多头钻之分，单头钻主要用来钻导孔，多头钻多用来挖槽，如图 2.39、图 2.40 所示。

钻机多头钻的两侧装有一对与槽宽相等的导板，以控制墙厚。多头钻是在钢索悬吊状态下进行挖槽的，能保持自然的垂直状态。为了进一步提高成槽的垂直精度，钻机还设有液压式抓斗纠偏装置，当倾斜仪显示多头钻已偏离设计位置时，可通过操作台上的阀门以高压气体操

图 2.39　回转式挖槽机

图 2.40　回转式挖槽机铣削钻

纵纠偏气缸推动纠偏导板，如图2.41所示。

图 2.41　液压式抓斗纠偏装置

2.4.5.2　施工工艺

(1) 施工工艺流程

地下连续墙施工工艺流程如图 2.42 所示。

【视频演示】

① 筑导墙

在地下连续墙成槽前，应浇筑导墙及施工便道。导墙制作必须做到精心施工，导墙质量直接影响地下连续墙的轴线和标高精确度。导墙的作用是为成槽设备导向、存储泥浆、稳定液位、维护上部土体稳定和防止土体塌落。关键是要求必须坐于原状土上。

导墙施工顺序为：平整场地→测量放样→挖槽→浇筑导墙垫层混凝土→钢筋绑扎→立模板→浇筑混凝土→养护→设置横向支撑→施工便道，如图 2.43 至图 2.46 所示。整个地下连续墙导墙分为多段施工，每段施工长度为 60 m 左右。导墙接缝采用错缝搭接，并且与地下连续墙接缝错开，由预留的水平钢筋连接起来，使导墙成为整体。

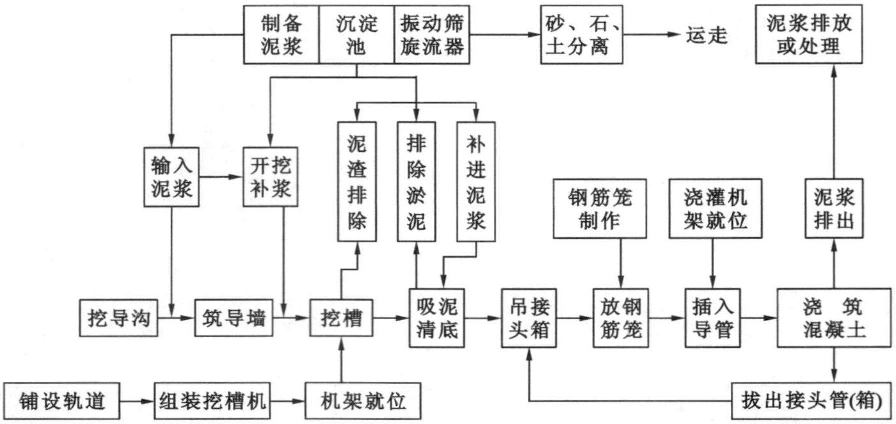

图 2.42　地下连续墙工艺流程图

图 2.43　导墙挖土方、绑扎钢筋

图 2.44　导墙支护模板

图 2.45　导墙混凝土浇筑

图 2.46　导墙混凝土养护、设支撑

常用导墙的断面形式有：L 形，多用于土质较差的土层；倒 L 形，多用于土质较好的土层，开挖后略作修整即可用土体作侧模板，再立另一侧模板浇混凝土；槽形，多用于土质差的土层，先开挖导墙基坑，后两侧立模，待导墙混凝土达到一定强度即拆去模板，并选用黏性土回填并分层夯实，如图 2.47 所示。

导墙一般采用 C20～C30 混凝土，配筋较少，多为Φ12@200，水平钢筋应按规定搭接。导墙应高出地面 100 mm 左右，以防止地面水流入槽内，如图 2.48 所示。

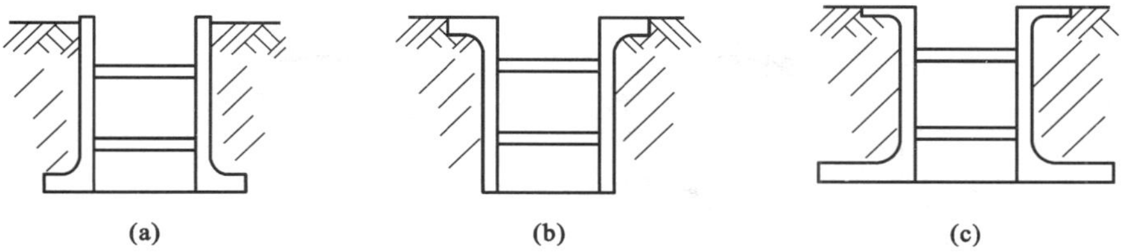

图 2.47　导墙形式

(a) L 形；(b) 倒 L 形；(c) 槽形

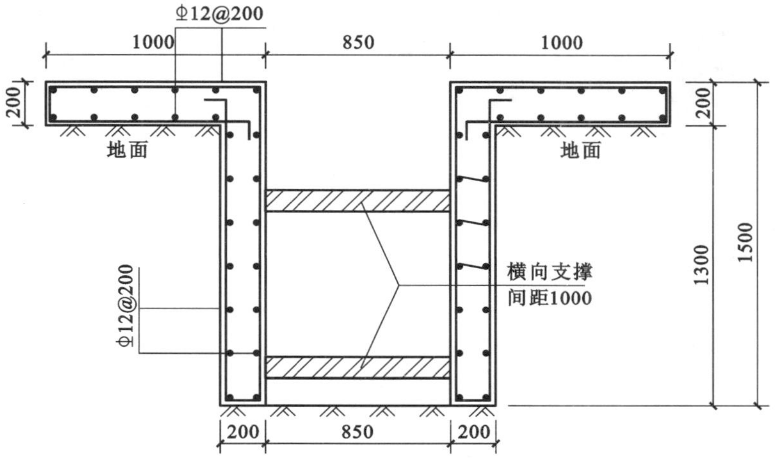

图 2.48　导墙截面尺寸及配筋

② 泥浆护壁(图 2.49、图 2.50)

图 2.49　泥浆制备工厂

图 2.50　泥浆池

泥浆的作用主要有护壁、携渣，以及对钻头起冷却及润滑作用。

a. 泥浆具有一定的密度，在槽内对槽壁有一定的静水压力，相当于一种液体支撑。泥浆能渗入土壁形成一层透水性很低的泥皮，有助于维护土壁的稳定性。

b. 泥浆具有较高的黏性，能在挖槽过程中将土渣悬浮起来。可使钻头时刻钻进新鲜土层，避免土渣堆积在工作面上影响挖槽效率，又便于土渣随同泥浆排出槽外。

c. 泥浆既可降低钻具因连续冲击或回钻而上升的温度，又可减轻钻具的磨损消耗，有利于提高挖槽效率并延长钻具的使用时间。

③ 成槽施工(图 2.51、图 2.52)

图 2.51　槽段挖土

图 2.52　土方装车

开挖槽段是地下连续墙施工中的重要环节,约占工期的一半。挖槽精度又决定了墙体制作精度,所以是决定施工进度和质量的关键工序。地下连续墙通常是分段施工的,每一段称为一个槽段,一个槽段是一个混凝土浇筑单位。

a. 槽段长度选择

槽段长度的选择不能小于钻机长度,一般情况下越长越好,可以减少地下墙的接头数,以提高地下连续墙的防水性能和整体性。确定实际长度时,一般应考虑地质情况的好坏、周围环境、工地具备的起重机起重能力、单位时间内供应混凝土的能力、工地所具备的稳定液槽容积、工地占用的场地面积以及能够连续作业的时间等因素。

此外,划分单元槽段时还应考虑单元槽段之间的接头位置。接头应避免设在转角处及地下连续墙与内部结构的连接处,以保证地下连续墙的整体性。此外,接头布置还应与内衬墙体结构的变形缝或伸缩缝相协调。

b. 清底

在开挖过程中由于泥渣沉入槽底,如不清除,势必使地下连续墙产生过大沉降和降低承载力。所以,单元槽段开挖到设计标高后,在插放接头管和钢筋笼之前,必须及时清除槽底淤泥和沉渣,必要时在下笼后应再做一次清底。此外,沉渣对后续工序也会产生一系列影响,如降低水下混凝土的流动性、影响水泥与钢筋的握裹力等。

c. 接头

地下连续墙是由许多单元槽段连接而成的,因此槽段间接头必须满足受力和防渗要求,并使施工简便。常用的有以下几种方法:

接头管连接法是目前最常用的方法,其优点是用钢量少、造价较低,能满足一般抗渗要求。接头管多用钢管,每节长度 15 m 左右,采用内销连接,既便于运输,又可使外壁平整光滑,易于拔管,如图 2.53 所示。

接头管接头的施工过程(图 2.54)为:(a) 开挖槽段;(b) 在一端放置管接头(第一槽段在两端均应放长);(c) 吊放钢筋笼;(d) 灌注混凝土;(e) 拔出接头管;(f) 后面槽段挖土,形成弧形接头。拔管时间控制既要保证管外混凝土不发生塌落,又要防止混凝土与钢管黏结造成阻力过大而使管拔不出或拔断。一般在混凝土达到 0.05～0.20 MPa(浇注后 3～5 h)可开始拔管，并应在浇混凝土后 8 h 内将接头管全部拔出。

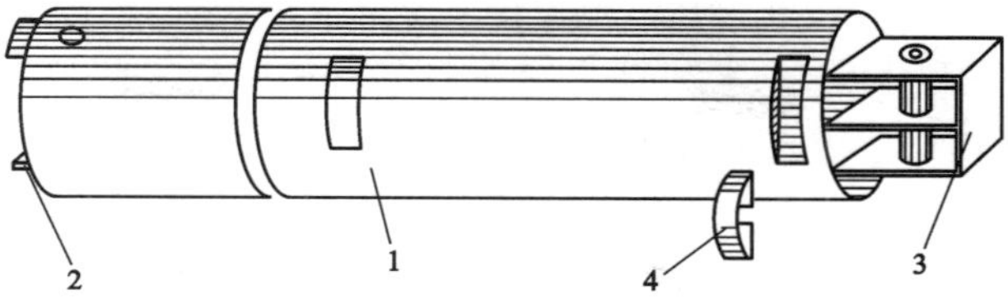

图 2.53　钢管式接头管

1—管体；2—下内销；3—上外销；4—月牙垫块

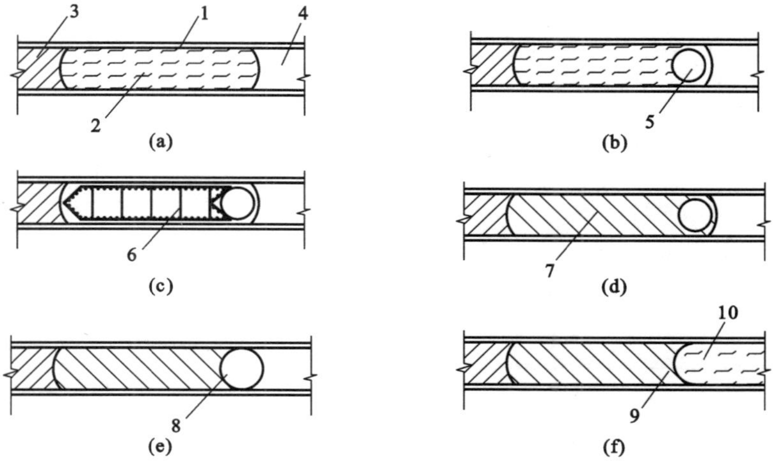

图 2.54　接头管接头的施工过程

1—导墙；2—开挖的槽段；3—已浇混凝土的槽段；4—未开挖槽段；5—接头管；6—钢筋笼；7—浇筑的混凝土；8—拔管后的圆孔；9—形成的弧形接头；10—新开挖槽

接头箱连接法能够加强接头处的抗剪能力，并提高抗渗性能，该法也称为刚性接头。接头箱一端是敞口的，以便放置钢筋笼时水平钢筋可插入接头箱内，而钢筋笼端部焊有一块竖向放置的封口钢板，用以封住接头箱。拔出接头箱后进行下一槽段的施工，此时，两相邻槽段水平钢筋交错搭接，形成刚性接头，如图 2.55 所示。

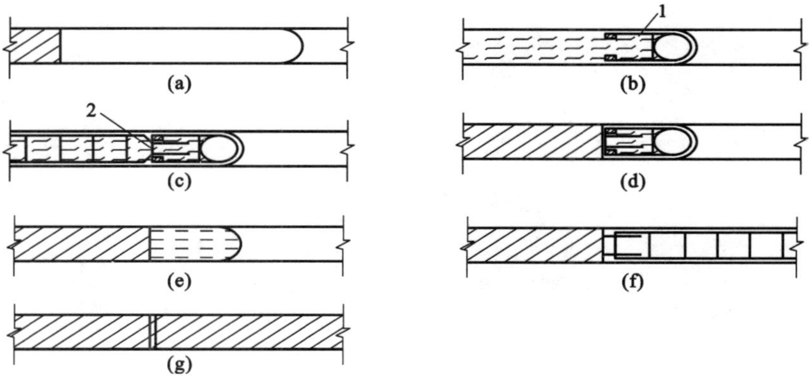

图 2.55　接头箱接头的施工过程

1—接头箱；2—焊在钢筋笼上的封口钢板

接头箱接头的施工过程(图 2.55)如下:(a) 开挖槽段;(b) 放置接头箱;(c) 吊放钢筋笼;(d) 灌注混凝土;(e) 拔出接头箱;(f) 后一槽段挖土形成接头;(g) 后一槽段放笼、浇灌混凝土。

另一种接头箱是采用滑板式,其为 U 形接头管。在相邻槽段间插入接头钢板,并与其垂直焊一封口钢板,用以封严滑板式接头箱的敞口。接头钢板上开有大量方孔,以增加钢板与混凝土之间的黏结力(图 2.56)。这种接头箱与 U 形接头管的长度均为定值,不能任意对接,故挖槽时应严格控制槽底标高。当槽段浇注混凝土后,先拔出滑板式接头箱,再拔出 U 形接头管,完成后一槽段施工后,便形成钢板接头。

隔板式接头是在钢筋笼侧边放置钢隔板,按隔板的形状分为平隔板、V 形隔板和带接头钢筋的榫接隔板等,如图 2.57 所示。其中前两种接头适用于不易拔出接头管(箱)的深槽,而带有接头钢筋的榫接隔板式接头,能使各单元墙连成一个整体,是一种较好的接头方式,但插入钢筋笼较困难,且接头处混凝土不易密实,施工时要特别加以注意。

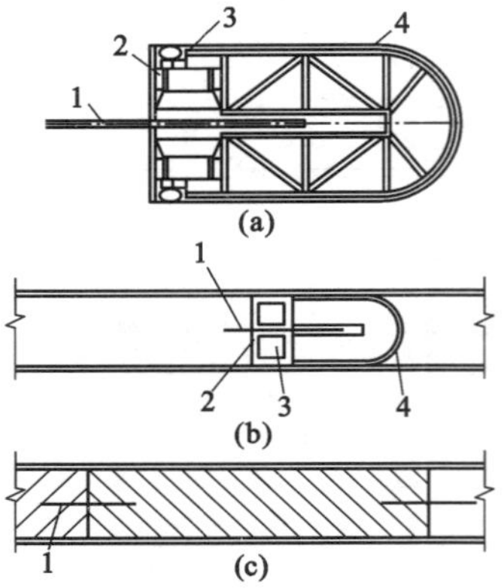

图 2.56 滑板式接头箱

(a) 接头箱;(b) 槽段内接头;(c) 相邻槽间形成钢板接头

1—接头钢板;2—封口钢板;

3—滑板式接头箱;4—U 形接头管

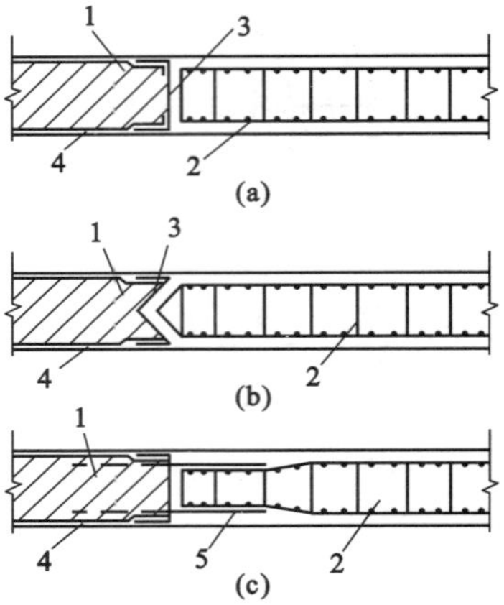

图 2.57 隔板式接头

(a) 平隔板;(b) V 形隔板;(c) 带接头钢筋的榫接隔板

1—已完成槽段;2—正在施工的槽段;3—钢隔板;

4—化纤罩布;5—接头钢筋

d. 钢筋笼制作与吊放(图 2.58 至图 2.60)

图 2.58 钢筋笼制作

图 2.59 钢筋笼吊运

地下连续墙的受力钢筋一般采用 HRB400 及以上级别的钢筋,直径不宜小于 16 mm;构造筋可采用 HRB300 等级的钢筋,直径不宜小于 12 mm。

图 2.60　钢筋笼吊放

钢筋笼宽度应比槽段宽度小 300～400 mm，钢筋笼端部与接头管或混凝土接头面间应留有 150～200 mm 的空隙。主筋净保护层厚度通常为 70～80 mm。

为防止钢筋笼起吊时产生过大变形，钢筋笼内需设置 2～4 道纵向桁架及横向架立桁架，对宽度较大的钢筋笼，在主筋面上增设 ϕ25 水平筋及斜拉条。

钢筋绑扎不宜用铁丝，因镀锌铁丝对泥浆具有化学吸附作用，会使铁丝绑扎点形成泥团，影响混凝土与钢筋的握裹力，因此一般先用铁丝临时固定，然后用点焊焊牢，再拆除铁丝。

地下连续墙与基础底板以及内部结构板、梁、柱、墙的连接，如采用预留锚固筋的方式，锚固筋一般用光圆钢筋，直径不宜超过 20 mm。

插入钢筋笼时，应使钢筋笼对准单元槽段的中心，垂直插入槽内。钢筋笼进入槽内时，吊点中心必须对准槽段中心，然后徐徐下降，切忌急速甩放及摆动，防止槽壁坍塌。

钢筋笼插入槽内后，应检查其顶端高度是否符合设计要求，然后将其搁置在导墙上。如果钢筋笼是分段制作的，吊放时需接长，下段钢筋笼要垂直悬挂在导墙上，然后将上段钢筋笼垂直吊起，上下两段钢筋笼成直线连接。

如果钢筋笼不能顺利插入槽内，应该重新吊出，查明原因并加以解决，必要时需修槽，不能强行插放，否则会引起钢筋笼变形或使槽壁坍塌，产生大量沉渣。

e. 槽段混凝土浇筑(图 2.61、图 2.62)

接头管(箱)和钢筋笼就位后，应检查沉渣厚度，并在 4 h 内浇筑混凝土，如超过时间，应重新清底。浇筑混凝土速度的控制：在槽内，混凝土面上升速度不应大于 2 m/h，并使各导管处的混凝土表面高差不大于 300 mm。浇筑混凝土时，顶面宜高出设计标高 300～500 mm，以使凿去墙顶泥浆后的标高符合设计要求。

当浇筑到顶部附近时，由于导管内压力减小，往往会发生导管内混凝土不易流出的现象，此时应降低浇筑速度，并可将导管插入深度适当减小(但不得小于 1 m)，也可以上下抽动导管，但抽动幅度不得超过 300 mm。

浇筑混凝土时，应经常转动并提动接头管，拔管时不得损伤接头处的混凝土。槽段内的混凝土应连续浇筑，一般不得中断，故应充分做好供料工作，通常均采用商品混凝土，由搅拌运输车供料。如遇故障，可短时间中断 5～10 min，根据不同季节及混凝土坍落度，最长中断时间不得超过 30 min。

图 2.61　混凝土浇筑前准备

图 2.62　混凝土浇筑

2.4.5.3　质量检验标准

质量检验标准如表 2.7 所示。

表 2.7　地下连续墙质量检验标准

项目	序号	检查项目		允许偏差或允许值		检查方法
				单位	数值	
主控项目	1	墙体强度			设计要求	查试块记录或取芯试压
	2	垂直度	永久结构		1/300	声波测槽仪或成槽机上的检测系统
			临时结构		1/150	
一般项目	1	导墙尺寸	宽度	mm	$W+40$	钢尺量，W 为设计墙厚
			墙面平整度	mm	<5	钢尺量
			导墙平面位置	mm	±10	钢尺量
	2	沉渣厚度	永久结构	mm	≤100	重锤测或沉积物测定仪测
			临时结构	mm	≤200	
	3	槽深		mm	+100	重锤测
	4	混凝土坍落度		mm	180～220	坍落度测定器
	5	地下连续墙表面平整度	永久结构	mm	<100	此为均匀黏土层，松散及易坍土层由设计决定
			临时结构	mm	<150	
			插入式结构	mm	<20	
	6	永久结构的预埋件位置	水平向	mm	≤10	钢尺量
			垂直向	mm	≤20	水准仪

2.4.5.4　工程实例

(1) 工程概况

上海某大厦占地总面积约 2.3 万 m^2，地下三层，开挖深度为 19.65 m，采用地下连续墙、钢筋混凝土围檩和钢筋混凝土支撑结构。基坑的地下连续墙，既作深基坑围护体，又作为承重的地下室结构外墙。地下连续墙总长度为 568.4 m，墙体厚 1 m，深 36 m，混凝土强度为 C40，共计 2 万 m^3，各种钢筋用量 2700 t，为特大型超深、超厚地下连续墙。

(2) 地下连续墙施工技术

地下连续墙的厚度为 1 m，深度为 36 m，从地下 29 m 开始有粉砂层，施工难度大。在长达 568.4 m 的墙体上要成槽 97 幅槽段，针对超深作业这一特点，采取以下相应的技术措施：

① 选择合适设备，满足成槽要求

a. 采用意大利进口导杆式液压抓斗成槽，按成槽程序，挖去地面以下 29 m 部分。

b. 利用绳索式液压抓斗的自重，再挖掘地面下 29 m 以下的粉砂层部分。

c. 采取"二钻一挖"工艺先钻孔取土形成导向和工作面，再用液压抓斗成槽，使成槽机齿深深切入土中。利用多种设备将粉砂层按设计要求挖至设计标高。

② 采取有效措施，防止槽段塌方

a. 控制泥浆液面。在施工过程中，严格控制液面在导墙下 300～500 mm 范围内，以保证泥浆液压和地下水压差，达到控制槽壁稳定的目的。

b. 为防止暴雨对泥浆的影响，设置导墙比地面高出 100 mm，同时敷设地面排水沟与集水井。

c. 对每一槽段的泥浆指标，均取槽段底标高以上 200 mm 处泥浆检查，满足相对密度小于 1.2 的要求后方可继续施工。

d. 对重型设备采取分散布设措施，并对重型设备，如成槽机、大型吊机、搅拌机、汽车和混凝土泵车等，采用在导墙侧铺设路基箱、钢板以及铺设配筋混凝土道路等方法，以此分散重型设备停放、行走等引起的侧压力。

e. 加强导墙的强度和刚度，并要求坐落在密实的原状土上，防止导墙地基发生坍塌而引起槽壁塌方。

③ 采取措施，保证钢筋笼垂直吊入槽段内

本工程钢筋笼超长、超重。笼长 34.8～35.6 m，笼宽 4.8～7.2 m，重量为 260～352 kN，在平台上制作，做到上、下平整，纵、横垂直，吊点位置准确。起吊采用 150 t 大型履带吊机，双吊一次就位。按主、副钩先后顺序逐渐脱离地面成垂直状，起吊平衡，再缓缓入槽，平顺就位。

④ 采取确保地下连续墙垂直度的措施

该地下连续墙为"二墙合一"的结构，故对该墙垂直度、平整度，混凝土密实度及接头渗漏等要求更为严格。为此，采取了下述措施：

a. 根据地质情况，采用对泥浆扰动小的成槽设备，如导杆式液压抓斗、绳索式液压抓斗及控制导向的"二钻一抓"成槽工艺。

b. 成槽机挖掘过程中，用经纬仪控制其导杆或绳索的垂直度，保证其挖掘垂直度。

c. 用电脑控制的侧斜仪对每幅槽段的垂直度和坍孔情况进行跟踪监测。

⑤ 防止混凝土在浇筑时出现绕流，确保接头箱安全拔除。具体做法：接头处成槽时垂直度偏差不大于 1/200，接头箱摆放垂直并紧靠墙壁无空隙，防止混凝土绕流；接头箱摆放后，在浇混凝土过程中，严格控制接头箱上拔时间，使接头箱保持抽动状态，即浇筑混凝土 4 h 后，开始用专用顶升架顶起接头箱(上升微量)，然后每隔 15～30 min 微升一次，一直到混凝土浇完后 6～8 h 将接头箱拔出。

⑥ 混凝土设计强度为C40,实际浇筑的强度采用C45,适当提高了混凝土强度。严格控制浇筑水下混凝土的导管位置,导管离开接头箱处要小于1.5 m,导管密封,按水下混凝土要求浇筑,第一次浇筑量充足,以后则连续浇筑,导管插入混凝土深度大于2 m,直至混凝土浇筑完毕。

⑦ 确保接头处施工质量,防止渗、漏水。凹凸楔槽采用刚性接头形式,做好槽段的清基工作,尤其是接头处清基工作。清渣用空气吸泥方式和液压封闭抓斗清渣方式,对每幅槽段尤其是接头处清渣更为仔细。

2.4.6 土钉墙的施工

2.4.6.1 施工流程

土钉墙的施工工艺流程如下:开挖工作面、修整坡面→放线、定孔位→成孔→置放锚筋→堵孔注浆→绑扎、固定钢筋网→喷射混凝土面层→混凝土面层养护。如图2.63所示。

【视频演示】

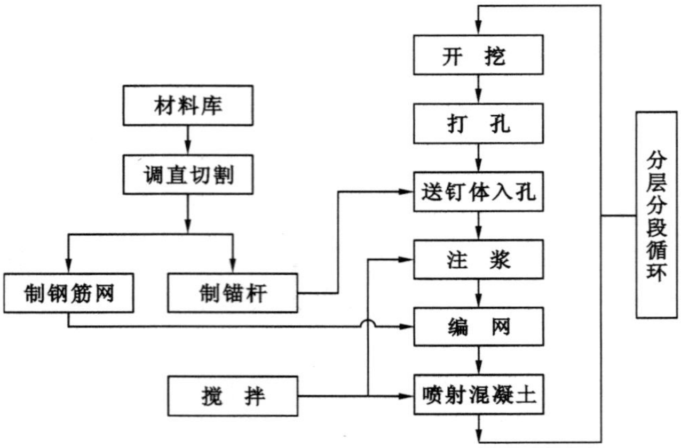

图2.63 土钉墙的施工工艺流程

2.4.6.2 施工技术要点

(1) 施工准备

在进行土钉墙施工前,要认真检查原材料、机具的型号、品种、规格及土钉各部件的质量、主要技术性能是否符合设计和规范要求。平整好场地道路,搭设好钻机平台。做好土钉所用砂浆的配合比和强度试验,以及构件焊接强度试验,验证能否满足设计要求。

(2) 钻孔

根据不同的土质情况,采用不同的成孔作业法进行施工。对于一般土层,孔深≤15 m时,可选用洛阳铲或螺旋钻施工;孔深>15 m时,宜选用土锚专用钻机和地质钻机施工。对饱和土易塌孔的地层,宜采用跟管钻进工艺。掌握好钻机钻进速度,保证孔内干净、圆直,孔径符合设计要求。钻孔时如发现水量较大,要预留导水孔。

(3) 土钉制作和安放

土钉制作,按有关标准和设计要求检查制作土钉的钢筋有无缺陷;调直钢筋,按设计要求截取长度,并且将钢筋除锈、除油。土钉制作完成后,应编号、登记并在土钉上做好标记,以备安装。

(4) 注浆

可以采用孔底注浆法施工,注浆时注浆管随着注浆的进行慢慢拔出,但要保证注浆管端头始终在注浆液内；在距孔口 20～30 cm 处，设置一止水袋。注浆应连续进行，并且要饱满。随着浆液慢慢渗入土层中，孔口会出现缺浆现象，应及时补浆。注浆压力一般要达到 0.6 MPa 以上。

（5）喷射混凝土

根据混凝土搅拌和输送工艺的不同，喷射混凝土分为干式和湿式两种：干式喷射是用混凝土喷射机压送干拌合料，在喷嘴处与水混合后喷出；湿式喷射是用泵式喷射机，将已加水拌和好的混凝土拌合物压送到喷嘴处，然后在喷嘴处加入速凝剂，在压缩空气助推下喷出。

喷射混凝土施工的设备主要包括混凝土喷射机、空压机、搅拌机和供水设施等。混凝土喷射机的生产能力（干混合料）为 3～5 m^3/h，输送距离（干混合料）水平距离不小于 100 m，垂直距离不小于 30 m。空压机应满足喷射机工作风压和耗风量的要求，一般不小于 9 m^3。混合料的搅拌宜采用强制搅拌机。输料管应能承受至少 0.8 MPa 的压力，并应有良好的耐磨性能。供水设施应保持喷头处的水压大于 0.2 MPa。

（6）土钉的张拉与锁定

张拉前应对张拉设备进行标定。土钉注浆固结体和承压面混凝土强度均大于 15 MPa 时方可张拉。锚杆张拉应按规范要求逐级加荷，并按规定的锁定荷载进行锁定。

2.4.6.3　土钉墙构造的规范要求

(1)土钉墙墙面坡度不宜大于 1∶0.2。

(2)土钉水平间距和竖向间距宜为 1～2 m；当基坑较深、土的抗剪强度较低时，土钉间距应取小值。土钉倾角宜为 5°～20°，其夹角应根据土的性质和施工条件确定。

(3)土钉钢筋宜采用 HRB400、HRB335 钢筋，钢筋直径宜为 16～32 mm，钻孔直径宜为 70～120 mm。

(4)当土钉墙高度不大于 12m 时，喷射混凝土面层厚度宜取 80～100 mm，混凝土强度等级不宜低于 C20，面层中应配置钢筋网和通长的加强钢筋，钢筋网宜采用 HPB235 级钢筋，钢筋直径宜取 6～10 mm，钢筋网间距宜取 150～250 mm，钢筋网间的搭接长度应大于 300 mm，加强钢筋的直径宜取 14～20 mm。

(5)注浆材料可采用水泥浆或水泥砂浆，其强度等级不宜低于 20 MPa。

(6)土钉与加强钢筋宜采用焊接连接，其连接应满足承受土钉拉力的要求；当在土钉拉力作用下喷射混凝土面层的局部受冲切承载力不足时，应采用设置承压钢板等加强措施。

(7)当土钉墙墙后存在滞水时，应在含水土层部位的墙面设置泄水孔或其他疏水措施。

2.4.6.4　施工与检测的规范要求

(1)土钉墙的施工偏差应符合：钢筋土钉的成孔深度应大于设计深度 0.1 m；土钉位置允许偏差应为 100 mm；土钉倾角的允许偏差应为 3°；土钉杆体长度应大于设计长度；钢筋网间距的允许偏差应为±30 mm。

(2)土钉注浆材料应符合下列规定：①注浆材料可选用水泥浆或水泥砂浆。水泥浆的水灰比宜为 0.5～0.55，水灰比宜取 0.4～0.45，同时灰砂比宜取 0.5～1.0；②水泥浆、水泥砂浆应拌和均匀，随拌随用，一次拌和的水泥浆、水泥砂浆应在初凝前用完。

(3)注浆作业应符合以下规定：①注浆前应将孔内残留或松动的杂土清除干净；②注浆管端部至孔底的距离不宜大于 200 mm；③注浆及拔管时，注浆管口应始终埋入注浆液面内，应在新鲜浆液从孔口溢出后停止注浆；④注浆后，当浆液液面下降时，应进行补浆。

(4)喷射混凝土面层施工应符合：①喷射作业应分段依次进行，同一分段内喷射顺序应自下而上均匀喷射，一次喷射厚度宜为 30～80 mm；②喷射混凝土时，喷头与土钉墙墙面应保持垂直，其距离宜为 0.6～1.0 m；③喷射混凝土终凝 2 h 后应及时喷水养护；④钢筋与坡面的间隙应大于 20 mm。

(5)喷射面层中钢筋网铺设应符合：①钢筋网可采用绑扎固定，钢筋连接宜采用搭接焊，焊缝长度不应小于钢筋直径的 10 倍；②采用双层钢筋网时，第二层钢筋网应在第一层钢筋网被喷射混凝土覆盖后铺设。

(6)土钉墙应按下列规定进行质量检测：①土钉采用抗拉试验检测承载力，同一条件下，试验数量不宜少于土钉总数的 1%，且不应少于 3 根。②对喷射混凝土面层厚度进行检测，每 500 m^2 面积检测数量不应少于一组，每组的检测点不应少于 3 个，全部检测点的面层厚度平均值不应小于厚度设计值，最小厚度不应小于厚度设计值的 80%。

2.4.7 锚杆的施工

锚杆的施工，如图 2.64、图 2.65 所示。

图 2.64 锚杆钻机

图 2.65 螺旋锚杆施工

2.4.7.1 工艺流程

锚杆施工的工艺流程如下：施工准备→钻孔→安放拉杆→插入注浆管、灌浆→养护→上腰梁及锚头→张拉锁定。

2.4.7.2 施工准备

在锚杆施工前，应根据设计要求、土层条件和环境条件，合理选择施工设备、器具和工艺方法。做好砂浆的配合比及强度试验、锚杆焊接的强度试验，验证能否满足设计要求。

锚杆的拉杆常采用粗钢筋或钢绞线。粗钢筋的非锚固段要涂防锈漆，并包扎沥青玻璃布。钢绞线的锚固段需用溶剂或蒸汽清除油脂。拉杆由吊车辅助放入孔内。

2.4.7.3 钻孔

为了确保从开钻起到灌浆完成全过程保持成孔形状，不发生塌孔事故，应根据地质条件、设计要求、现场情况等，选择合适的成孔方法和相应的钻孔机具。成孔机械有三大类：① 冲击式钻机——靠气动冲凿成孔，适用于砂卵石、砾石地层；② 旋转式钻机——靠钻具旋转切削钻进成孔，有地下水时可用泥浆护壁或加套管成孔，无地下水时则可用螺旋钻杆直接排土成孔，可用于各种地层，是用得较多的钻机，但钻进速度较慢；③ 旋转冲击式钻机——兼有旋转切削和冲击粉碎的优点，效率高，速度快，可配各种钻具套管等装置，适用于各种软硬土层。

钻机就位后，应保持平稳，导杆或立轴与钻杆倾角一致，并在同一轴线上。钻进过程中，应精心操作，合理掌握钻进速度，防止埋钻、卡钻等各种孔内事故的发生。钻孔完毕后，用清水把孔底沉渣冲洗干净，直至孔口清水返出。

2.4.7.4 灌浆

杆插到孔内预定位置后，即可灌浆。灌浆是使锚杆和浆液、浆液和土层紧密结合成一体，从而抗拒拉力的最重要工序。浆液根据不同的土层设计选用。目前用得最多的是水泥浆（水灰比为 0.4～0.5）和水泥砂浆（灰砂比为 1∶1～1∶0.5）。灌浆管为钢管或胶管，随拉杆入孔，随着灌浆同时拔出孔外。

2.4.7.5 张拉锚固

待土层内锚固段的浆液达到要求强度后，锚杆即可张拉锚固。张拉前，应在施工现场选两根或总根数的 2%进行抗拉拔试验，以确定对锚杆施加张拉力的数值。锚杆的张拉锚固与后张法预应力钢筋混凝土的张拉类似，其设备主要是千斤顶，锚具采用抗拉拔试验合格的螺帽或楔形锚具。锚固后对土层内锚杆的非锚固段进行二次灌浆。

2.4.7.6 工程实例

(1) 工程概况

北京某酒店扩建基坑的开挖面积约为 6000 m^2，深度为 26.7 m。场地环境条件极其复杂，周边密集地分布多种管线，涉及供电供热系统、排水排污系统等。开挖场地内浅层土以细砂和粉质黏土为主，深度 10～20 m 范围内分布有卵石层、中砂、黏质粉土、粉质黏土等。20～30 m 范围内分布有细砂、中砂、粉质黏土等。地下水位埋深 16.7～18.6 m。

(2) 基坑支护体系设计

该酒店扩建工程场地狭窄，施工条件恶劣，建设环境要求严格。简单采用钻孔灌注桩、钢混挡土墙等支护方式，因形式单一，无法满足支护强度要求。因此，该工程选择支护桩＋预应力锚索＋止水帷幕＋降水综合支护的支护形式。

该支护组合形式有以下优点及特点：(1)锚索布置灵活，基本不受地层分布的影响，并且需求不同，施加于锚索的预应力大小及作用点均可调整；(2)从经济角度考虑，桩锚支护体系可以减少桩的埋深和配筋，相比传统基坑工程支护方式更具有经济性；(3)在施工方面机械化程度高、劳动强度低、总工程量较小、施工速度快，能增强施工过程中的安全保障。

(3) 预应力锚索施工措施

根据土层地质不同可分别采用普通锚杆钻机（图 2.66）和套管钻机（图 2.67）两种机械设备成孔。普通锚杆钻机适用于黏土层地质。套管钻机俗称水钻，采用“套管跟进、冲击回转钻进、冲水返土”的施工工艺，适合卵石层土质施工。套管钻机施工工艺流程：施工开始前工作→安装设备→调整位置→钻孔开始（钻进、冲水返土、套管跟进成孔）→抽钻杆钻头→套管内插送杆件→套管内灌注水泥浆→拔套管补浆→杆体养护→安装钢梁锚具→张拉锁定。

针对含水量接近或大于塑限的土层打设短锚索，应尽可能选取人工洛阳铲；对于含水量较小的土层中的锚索，从成本角度考虑，则尽量考虑普通螺旋钻进；针对松软地层和硬度系数高的砂卵石层等，应选取套管钻进工艺。

在完成锚索钻孔后，在孔内放入注浆管和锚索，为确保孔底返浆的良好效果，注浆管最里端应与孔底留有一定的距离，如 50～100 mm。

图 2.66 普通锚杆钻机

图 2.67 套管钻机

一次注浆：注浆工作应在杆体位置调整好时马上开始，通过之前放置好的注浆管，开始返浆操作，一次注浆可以停止的标志为当注浆管的外露端有浆液流出。

补浆：应在第一次注浆发生初凝之前进行补浆。

二次压浆：选择在进行补浆操作后的三至四个小时内，利用高压再次将水泥浆推送到孔内，持续到有流动的浆液从已经完成凝结的孔口外流。

(4) 支护效果

通过监测数据分析了桩身水平位移、桩身内力、锚索轴力及周边建筑物的沉降。结果表明结构受力大小远小于其承载力设计值(支护桩内力与锚索轴力均小于报警值)，水平位移小于报警值，结构有较大的安全储备。

2.4.8 基坑土方开挖

基坑土方开挖是深基坑工程成败的关键工序。因为不论是什么土层，基坑土方开挖后地基卸荷、土体应力释放，总会不同程度地引起基坑失稳和变形过大等问题。但合理的分层、分区、对称、均衡开挖，有利于控制变形的发展。施工中应科学地加以组织，要做到快速、合理，控制好基坑的稳定和变形，保护好工程桩等。

基坑土方开挖分放坡开挖和有支护开挖两类。应根据基坑深度、地基土岩性、地下水位及渗流量、场地大小、周围建筑物情况等条件来决定。

2.4.8.1 土方放坡开挖

放坡开挖施工适合于基坑四周空旷、有足够的放坡场地，周围没有建筑设施或地下水电管线等情况。在地下水位高于基坑地面设计标高时，采用放坡开挖还应该考虑地下水处理。当基坑开挖深度不大或者地下水位较低时，可采用集水井降水法；当开挖深度较大或在地下水位较高或易出现流砂的土层中，宜采用井点降水法。

(1) 施工要点

高层建筑的基坑，由于有地下室，一般深度较大。开挖时，除用推土机进行场地平整和开挖表层外，多利用反铲挖掘机和抓铲挖掘机进行开挖。根据基坑开挖的深度，可分一层、二层甚至三层进行开挖，要与支护结构计算的工况吻合。挖出的土方，除工地堆放一小部分外，大多数皆用自卸汽车运至指定的堆土场。

进行两层或多层开挖时，挖掘机和运土汽车需下至基坑内施工，故在适当部位需留设坡道，以便运土汽车上下。坡道两侧有时需加固。

反铲挖掘机可开挖停机面以下的土，一次挖土深度取决于其最大挖掘深度的技术参数。反铲挖掘机的开行方式有沟端开行和沟侧开行两种，一般多用沟端开行，因为这种开行方式开挖的深度和宽度较大。沟端开行时，挖掘机开行方向与基坑开挖方向一致。采用沟侧开行时，挖掘机在沟槽一侧挖土，挖掘机开行方向与挖土方向垂直，所以稳定性较差，而且开挖的深度和宽度较小。

抓铲挖掘机亦是开挖停机面以下的土，开挖的深度和宽度较大，在潮湿地区甚至水下都可施工。

(2) 施工的注意事项

放坡开挖的基坑多处于空旷地区，邻近基坑周围无特别需要保护的设施，由于无支护结构和内部支撑，便于组织机械化施工，多用斗容量 1 m^3 左右的反铲挖土机分层开挖土方，汽车下坑运土。如运土汽车不下坑，坑深较大时，可用挖土机向上传递。放坡开挖的深基坑，特别要注意下述问题：

① 防止边坡失稳

大规模机械挖土速度快、卸载快，迅速改变了原来土体的平衡状态，降低了土体的抗剪强度，对呈流塑或软塑状态的软土，极易造成滑坡。如果再在坑顶邻近基坑处堆载，给边坡增加附加荷载，则更易形成边坡失稳。为此放坡开挖需进行边坡稳定验算，根据设计规定的边坡坡度留设边坡。如边坡暴露时间长，还应对坡面进行处理，防止坡面滑动。有时尚需对坡脚进行加固。

② 分层开挖保护好工程桩

对深基坑工程宜进行分层开挖，分层厚度取决于基坑深度、挖土机械性能和运土是否方便，要避免高差过大，产生过大的推力，引起工程桩位移或倾斜。

对于打设预制混凝土桩的工程，由于打桩的挤土和动力波的作用，使原处于平衡状态的地基土遭到破坏。对砂性土甚至会形成液化，地下水上升到地面，使原来的地基强度削弱。对黏性土则由于存在很大的挤压应力，孔隙水压力升高形成超静孔隙水压力，土的抗剪强度明显降低。如果打桩后紧接着开挖土方，挖土高差过大，形成一侧卸荷和侧向推力，土体易产生水平位移，使工程桩亦随之产生水平位移。为此，对打设群桩的基坑，打桩后宜间隔一定时间再挖土，挖土时宜分层开挖控制挖土高差，以保护好工程桩。

2.4.8.2 *有支护结构的土方开挖*(图 2.68)

(1) 基坑土方开挖方式

① 盆式开挖

盆式开挖适合于基坑面积大、支撑或拉锚设置困难且无法放坡的基坑。此种开挖方式是指挖土机利用坡道下至挖土工作面进行挖土，运土汽车亦下坑运土。基坑土方开挖仍分层进行，先开挖基坑中间部分的土方，形成中间低、周边高的盆形。这种挖土方式由于围护墙的前面留有土坡，对围护墙起支撑作用，可减少围护墙的变形。但当基坑较深时，这种挖土方式需设较长的坡道供挖土机和运土汽车上下，否则难以采用。

② 岛(墩)式开挖

此种开挖方式是指开挖基坑土方时先挖除基坑周边的土方，在基坑中央(或偏于一边)留一顶面稍低于地面的土墩，然后搭设栈桥或留通道，供挖土机经此下坑挖土，运土汽车亦可停在土墩处装土外运。由于运土汽车不下到坑内，因此需由几部挖土机传递运土至装车处装土。

图 2.68　深基坑有支护结构的土方开挖

待基坑周边挖至设计标高后，挖土机边退边挖，最后挖除土墩。

这种挖土方式不需留设长的下坑坡道，土方外运亦方便，在基坑周围不空旷时多采用。

③ 栈桥挖土

当处于建筑物密集地区施工、施工现场又十分狭窄时，则可于基坑上方搭设栈桥（亦可利用或部分利用上层的支撑结构），利用抓斗挖土机在栈桥上抓土或垂直运土。这种挖土方式需搭设栈桥，另外挖土速度较慢，只在不得已时才采用。

除上述三种挖土方式外，还有其他一些方式可采用，应根据实际工况，经过比较后优选之。基坑土方量较大，有时可达数万方以至数十万方，因此挖土速度的快慢对基坑工程的工期有决定性影响。而且挖土方式得当与否，还影响支护结构的安全和变形值。设置支护结构和降低地下水位，在一定程度上都是为基坑挖土服务的，因此，周密、正确地组织挖土施工，对基坑工程是十分重要的。

(2) 施工的注意事项

① 配合支撑的加设，先撑后挖

基坑土方开挖之前，先要了解支护结构的计算工况，按照计算工况来安排分层开挖的顺序。支护结构设计都要求先撑后挖，即挖土至支撑设置标高时要停止挖土，待支撑加设完毕并能起作用后，再继续往下开挖土方。这是保证支护结构安全和限制其变形的重要措施，土方开挖时一定要遵守。

② 考虑时空效应，合理安排挖土顺序

对具有流变特性的软土，土方开挖部分的空间几何尺寸和围护墙无支撑的暴露时间长短，对围护墙和基坑周围地层的位移有明显的影响，称为时空效应。为此，在安排挖土顺序时，除按照围护墙支撑的布置情况分层开挖外，尚需分区开挖。当一个区段的土方挖至规定标高后，紧接着立即安设支撑，以缩短围护墙无支撑暴露时间，缩小时间效应的影响；同时，由于空间几何尺寸的减小，亦缩小了空间效应的影响。为使整个围护墙和支撑系统受力均衡，分区挖土时宜对称、均衡地进行，这对环形支撑体系尤为重要。

③ 防止挖土后坑底回弹变形过大

深基坑土体开挖后地基土产生卸荷，由于土体中压力减小，土的弹性效应会使坑底产生一定的回弹变形。回弹变形值与土的种类、坑深、坑底面积、是否浸水、暴露时间和挖土顺序等有关。如基坑积水，黏性土因吸水使体积增加，不但抗剪强度降低，而且回弹变形增大。为此，对软土地基要防止回弹过大，否则将增大建筑物的后期沉降。

挖土过程中减少基坑回弹变形的有效措施是设法减少土体中有效应力的变化，减少暴露时间，并防止地基浸水。因此，在基坑土方开挖过程中，应使降水设备始终正常运行；分区挖土，当部分区域挖至坑底设计标高后，尽快浇筑垫层，如底板允许分块浇筑，则浇筑底板更好。在特殊情况下，还需对下部土层进行加固处理。

2.4.8.3 工程实例

上海某大厦周边环境复杂，工程总建造面积约 573223 m^2，地下室占地面积约 34702 m^2。主楼地下 5 层，地上 121 层，总高度 632 m；裙房地下五层，地上五层，高 37 m。

主楼桩基采用直径 1000 mm 的钻孔灌注桩，桩长有 86 m 和 82 m 两种；裙房采用直径 1000 mm 和 700 mm 的钻孔灌注桩，桩长 62 m。主楼和裙房均为桩筏基础，主楼基础底板厚 6 m，裙房基础底板厚 1.6 m。主楼为钢筋混凝土和钢结构组成的混合结构体系，裙房地下为框架结构，地上为钢结构。

该基坑工程采用主楼顺作、裙房逆作相结合的总体方案。主楼区圆形基坑外径 123.4 m，开挖深度为 31.2 m，维护结构采用地下连续墙，墙厚 1.2 m，墙深 50 m，采用明挖顺作施工。裙房区地下室采用逆作法施工，以两墙合一的地下连续墙作为围护结构，墙厚 1.2 m、墙深 48 m，根据裙房地下结构情况，裙房基坑土方开挖采用逆作法盆式方法，分 6 次进行开挖，开挖施工示意图如图 2.69、图 2.70 所示及施工说明如表 2.8 所示。

表 2.8 裙房基坑逆作施工工况说明表

工况	施工历时(d)	施工内容
工况 1	140	裙房顶圈梁、上翻梁施工；B0 层土方盆边留土分块开挖，盆边开挖至−3.85 m，盆中开挖至−5.3 m或−5.8 m，及结构分块施工；主楼区圆形地墙机械凿除至−5 m
工况 2	91	B1 层土方分块开挖至−9.7 m，及结构分块施工；主楼圆形地墙分次爆破拆除至−8.55 m
工况 3	58	B2 层土方分块、分层开挖至−15.7 m，其中南侧及沉降后浇带部位开挖至−16.3 m，及结构分块施工；主楼区圆形部分地墙分次爆破拆除至−14.5 m
工况 4	53	B3 层土方分块开挖至−19.7 m，及结构分块施工；从该工况起需降承压水，承压水控制水位埋深 14.42 m；主楼区圆形地墙分次爆破拆除至−19.5 m
工况 5	69	B4 层分块土方开挖至−23.35 m，及结构分块施工；承压水控制水位埋深20.31 m；主楼区圆形地墙分次爆破拆除至−23.15 m
工况 6	94	开挖至−27.2 m，后浇带处及南侧中间块开挖至−29.3 m；分块浇筑大底板，坑内承压水位降至−30 m；主楼区圆形地墙分次爆破拆除至−29.3 m
工况 7	154	大底板养护，地下结构补缺

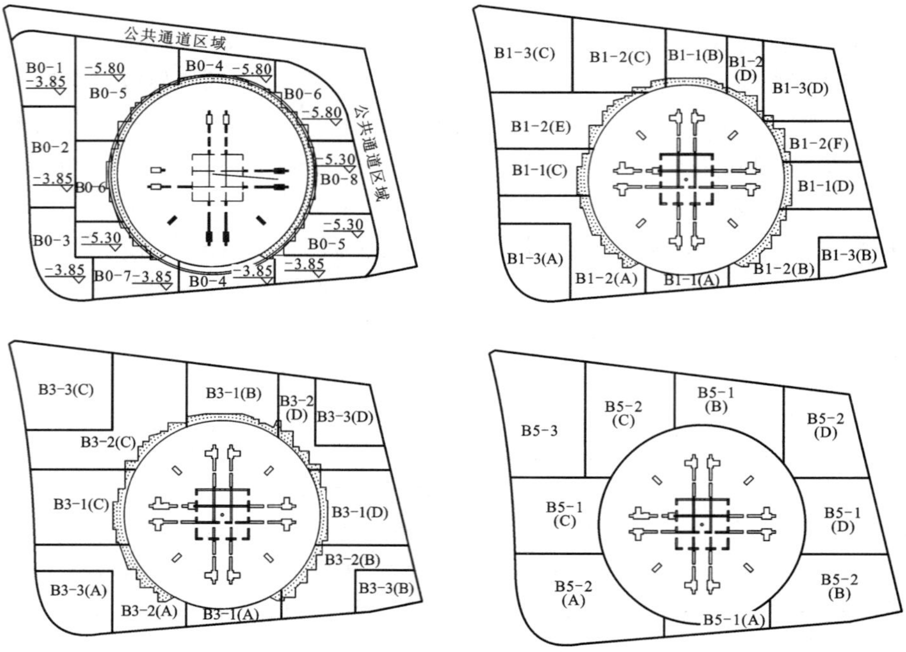

图 2.69　各层结构施工分块示意图

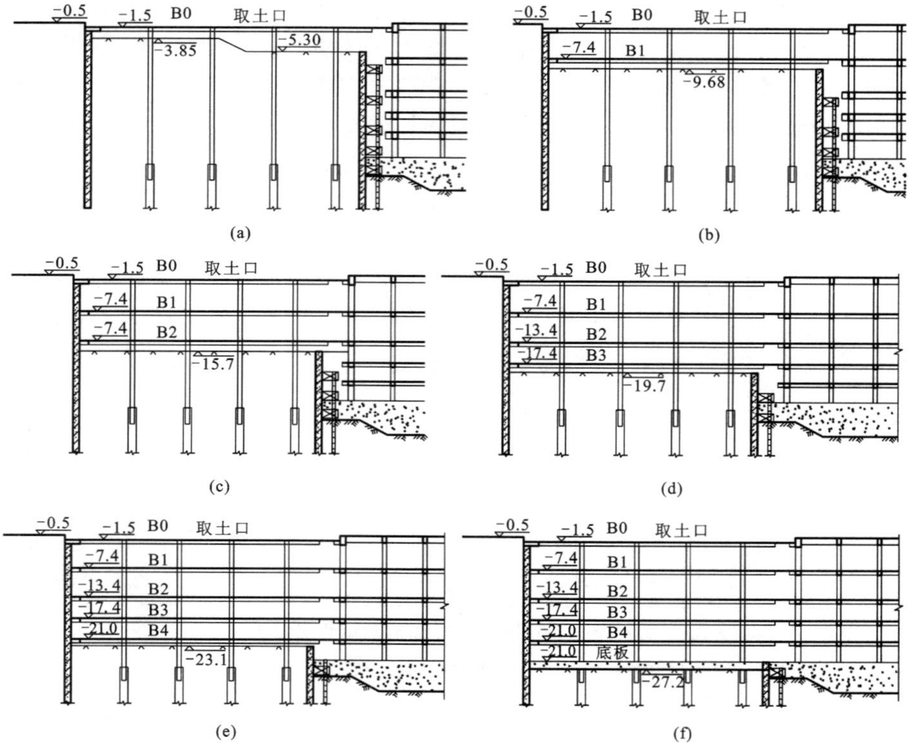

图 2.70　裙房基坑逆作施工工况图

(a)工况 1;(b)工况 2;(c)、(e)工况 3;(d)、(f)工况 4

2.4.9　降水

在开挖基坑或沟槽时，土壤的含水层常被切断，地下水将会不断地渗入坑内。雨期施工时，地面水也会流入坑内。为了保证施工的正常进行，防止边坡塌方和地基承载能力的下降，必须做好基坑降水工作。降水方法可分为重力式降水（如集水井、明渠等）和强制式降水（如轻型井点、深井点、电渗井点等）。土方工程中采用较多的是集水井降水和轻型井点降水。

2.4.9.1　集水井降水

这种方法是在基坑或沟槽开挖时，在坑底设置集水井，并沿坑底的周围或中央开挖排水沟，使水在重力作用下流入集水井内，然后用水泵抽出坑外，如图 2.71 所示。

【视频演示】

四周的排水沟及集水井一般应设置在基础范围以外、地下水流的上游，当基坑面积较大时，可在基础范围内设置盲沟排水。根据地下水量、基坑平面形状及水泵能力，集水井每隔20～40 m 设置一个。

集水井的直径或宽度一般为 0.6～0.8 m，其深度随着挖土的加深而加深，要经常低于挖土面 0.7～1.0 m，井壁可用竹、木等简易加固。当基坑挖至设计标高后，井底应低于坑底 1～2 m，并铺设碎石滤水层，以免在抽水时将砂抽出，要防止井底的土被搅动，并做好较坚固的井壁。

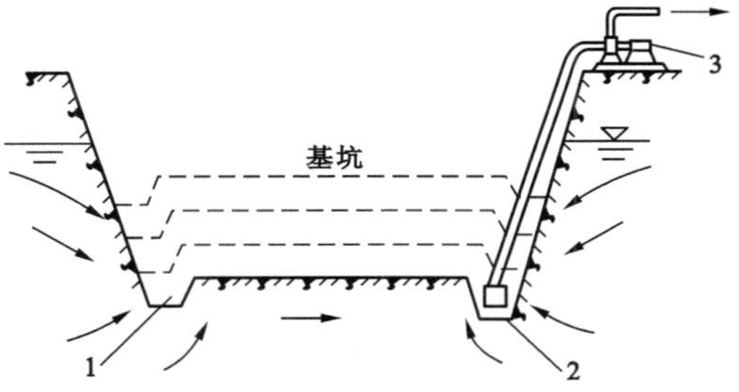

图 2.71　集水井降水

1—排水沟；2—集水井；3—水泵

图 2.72　井点降水

2.4.9.2　井点降水（图 2.72）

当涌水量较大、水位差较大、土质为细砂或粉砂时，易产生流砂、边坡塌方及管涌等不利情况，此时往往采用强制降水的方法，人工控制地下水流的方向，降低水位。

井点降水具有的施工特点：① 机具设备简单、易于操作、便于管理；② 可减少基坑开挖边坡坡率，降低基坑开挖土方量；③ 开挖好的基坑施工环境好，各项工序施工方便，大大提高了基坑施工进度；④ 开挖好的基坑内无水，相应地提高了基底的承载力；⑤ 在软土路基、地下水较为丰富的地段应用，有明显的施工效果。

(1) 轻型井点设备

轻型井点设备由管路系统和抽水设备组成，如图 2.73 所示。管路系统包括总管、弯联管、井点管及滤管等。

【视频演示】

集水总管为直径 100～127 mm 的无缝钢管，每段长 4 m，其上装有与井点管连接的短接头，间距 0.8～1.2 m。井点管上端用弯联管与总管相连。井点管为直径 38 mm 或 51 mm、长 5～7 m 的钢管。

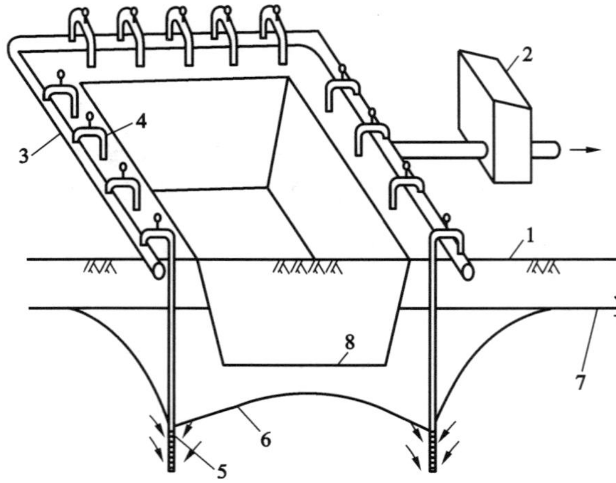

【视频演示】

图 2.73　轻型井点法降低地下水位全貌图

1—地面；2—水泵房；3—总管；4—弯联管；5—滤管；6—降低后地下水位；7—地下水位；8—基坑底

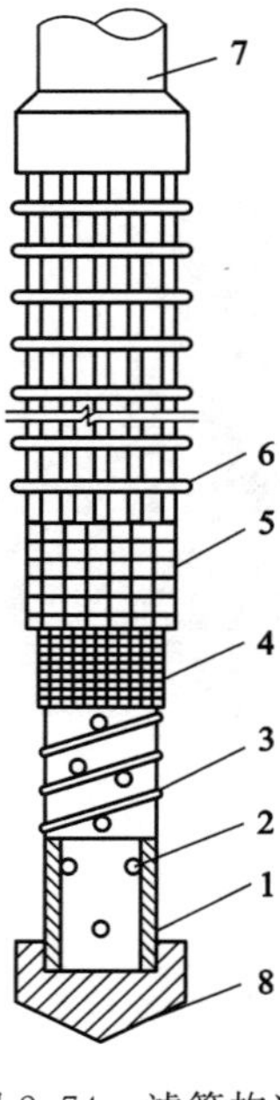

图 2.74　滤管构造

1—钢管；2—管壁上的小孔；3—缠绕的塑料管；4—细滤网；5—粗滤网；6—粗钢丝保护网；7—井点管；8—铸铁塞头

滤管(图 2.74)为进水设备，通常采用长 1.0～1.5 m、直径 38 mm或 51 mm 的无缝钢管，管壁钻有直径为 12～19 mm 的滤孔。骨架管外面包以两层孔径不同的生丝布或塑料布滤网。为使流水畅通，在骨架与滤网之间用塑料管或梯形钢丝隔开，塑料管沿骨架绕成螺旋形。滤网外面再绕一层粗钢丝保护网，滤管下端为一铸铁塞头。滤管上端与井点管连接。

抽水设备根据水泵及动力设备不同，有干式真空泵、射流泵及隔膜泵等，其抽吸深度与负荷总管的长度各异。常用的干式真空泵的抽吸深度为 5～7 m，其最大负荷长度为 100 m。

(2) 轻型井点的布置

轻型井点布置包括平面布置与高程布置。平面布置即确定井点布置形式、总管长度、井点管数量、水泵数量及位置等。高程布置即确定井点管的埋设深度。

① 平面布置

根据基坑(槽)形状，轻型井点可采用单排布置[图 2.75(a)]、双排布置[图 2.75(b)]以及环形布置[图 2.75(c)]，当土方施工机械需进出基坑时，也可采用 U 形布置[图 2.75(d)]。

单排布置适用于基坑(槽)宽度小于 6 m，且降水深度不超过 5 m 的情况。井点管应布置在地下水的上游一侧，两端延伸长度不宜小于坑(槽)的宽度，如图 2.75(a)所示。双排布置适用于基坑宽度大于 6 m 或土质不良的情况。环形布置适用于大面积基坑。如采用 U 形布置，则井点管不封闭的一段应设在地下水的下游方向。

② 高程布置

轻型井点的降水深度，在管壁处一般可达 6～7 m。井点管需要的埋设深度 H(不包括滤管)，可按下式进行计算(图 2.76)：

$$H \geqslant H_1 + h + iL \tag{2.1}$$

式中　H_1——井点管埋设面至基坑底的距离；

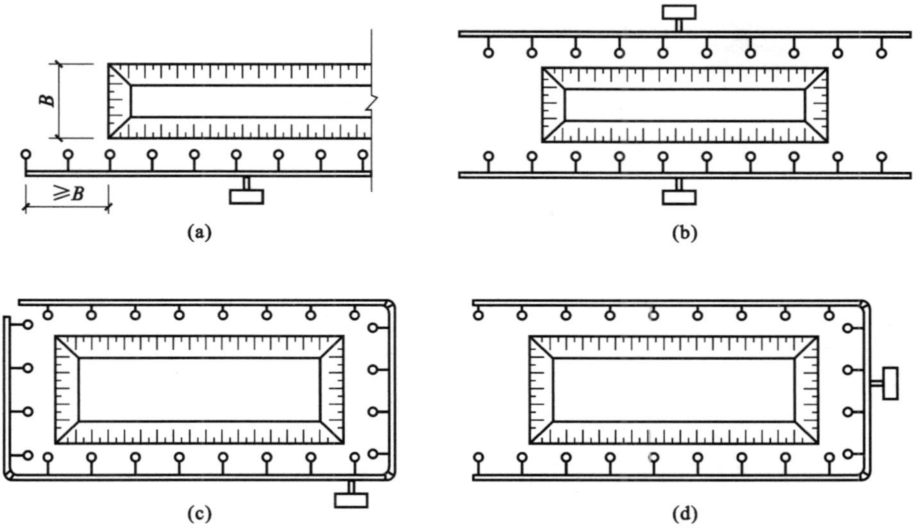

图 2.75　轻型井点的平面布置

(a) 单排布置；(b) 双排布置；(c) 环形布置；(d) U形布置

h——降低后的地下水位至基坑中心底的距离，一般不应小于 0.5 m；

i——地下水降落坡度，环状井点为 1/10，单排井点为 1/5～1/4；

L——井点管至群井中心的水平距离。

此外，确定井点管埋设深度时，应注意计算得到的 H 应小于水泵的最大抽吸高度，还要考虑到井管一般要露出地面 0.2 m 左右。

根据上述算出的 H，如果小于降水深度 6 m 时，则可用一级轻型井点；H 值稍大于 6 m 时，如果设法降低井点总管的埋设面后可满足降水要求，仍可采用一级井点。当一级井点系统达不到降水深度要求时，可采用二级井点，即先挖去第一级井点的土，然后再在其底部装置第二级井点，如图 2.77 所示。

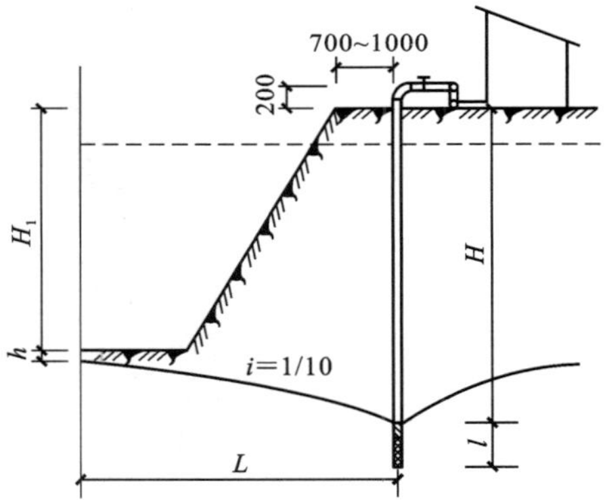

图 2.76　高程布置

(3) 轻型井点的施工

轻型井点的施工主要包括施工准备以及井点系统的埋设、使用及拆除。

施工准备主要是井点设备、动力、水源及必要材料的准备，排水沟的开挖，附近建筑物的标高观测以及防止附近建筑物沉降措施的实施。埋设井点的程序：先排放总管，再设井点管，用弯联管将井点管与总管接通，然后安装抽水设备。井点管的埋没一般用水冲法进行，并分为冲孔与埋管两个过程，如图 2.78 所示。

冲孔时，先用起重机将冲管吊起并插在井点的位置上，然后开动高压水泵将土冲松，冲管则边冲边沉。冲孔直径一般为 300 mm，以保证井点管四周有一定厚度的砂滤层。冲孔深度宜比滤管底深 0.5 m 左右，以防冲管拔出时，部分土颗粒沉于底部而触及滤管底部。

井孔冲成后，立即拔出冲管，插入井点管，并在井点管与孔壁之间迅速填灌砂滤层，以防孔

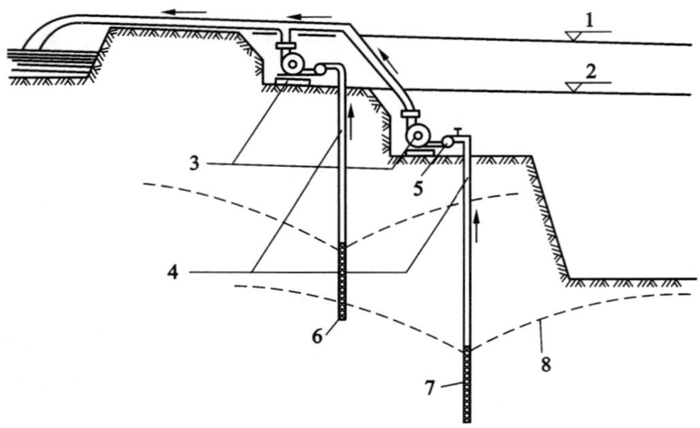

【视频演示】

图 2.77　二级轻型井点降水

1—原地面线；2—原地下水位线；3—抽水设备；4—井点管；5—总管；
6—第一级井点；7—第二级井点；8—降低水位线

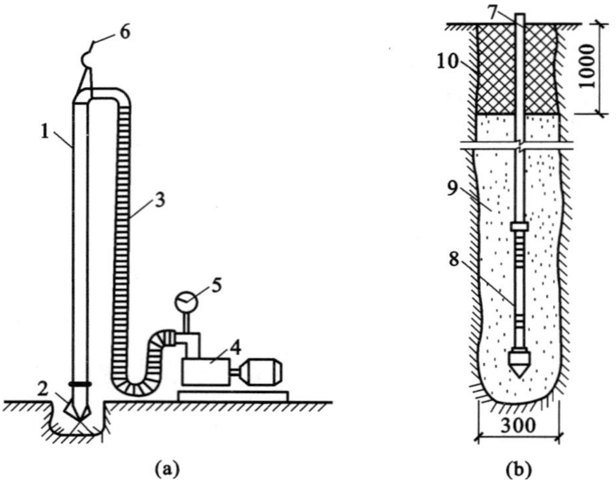

图 2.78　水冲法井点管的埋设

(a) 冲孔；(b) 埋管

1—冲管；2—冲嘴；3—胶皮管；4—高压水泵；5—压力表；6—起重机吊钩；
7—井点管；8—滤管；9—填砂；10—黏土封口

壁塌土。砂滤层的填灌质量是保证轻型井点顺利抽水的关键，一般宜选用干净粗砂，填灌均匀，并填至滤管顶上 1～1.5 m，以保证水流畅通。

井点填砂后，须用黏土封口，以防漏气。

井点系统全部安装完毕后，需进行试抽，以检查有无漏气现象。在试抽时，应检查整个管网的真空度，应达到 550 mm Hg(73.33 kPa)，方可正式投入抽水。

抽水应连续进行，特别是开始抽水阶段，若时停时抽，则井点管的滤网易阻塞，出水混浊，同时由于中途长时间停止抽水，造成地下水位上升，会引起土方边坡塌方等事故。正常的排水应是细水长流，出水澄清。

抽水时需要经常检查井点系统工作是否正常，以及检查观测井中水位下降情况，当有较多井点管发生堵塞、影响降水效果时，应逐根用高压水反向冲洗或拔出重埋。

2.5 基坑工程监测

虽然在基坑支护结构设计和基坑开挖过程中，人们采取了一系列技术措施来保证基坑的安全，但实际工程中仍有不少基坑发生事故，主要表现为：支护体系崩溃，基坑大面积失稳；支护结构过分倾斜，水平位移过大；支护结构和被支护土体达到破坏状态；基坑周边土体变形过大；邻近建(构)筑物倾斜、开裂，甚至倒塌；基底回弹、隆起过大。

因此，对基坑工程的监测既是检验基坑设计理论正确性和发展设计理论的重要手段，同时又是指导施工顺利进行、避免基坑工程事故的必要措施。

【视频演示】

2.5.1 监测内容

基坑开挖应根据设计要求进行监测，实施动态设计和信息化施工。基坑开挖监测的内容包括支护结构的内力和变形，地下水位变化，周边建(构)筑物、地下管线等市政设施的沉降和位移等。监测内容可按照表 2.9 选择。

表 2.9 基坑监测项目选择表

监测项目	支护结构的安全等级		
	一级	二级	三级
支护结构顶部水平位移	应测	应测	应测
基坑周边建(构)筑物、地下管线、道路沉降	应测	应测	应测
坑边地面沉降	应测	应测	宜测
支护结构深部水平位移	应测	应测	选测
锚杆拉力	应测	应测	选测
支撑轴力	应测	应测	选测
挡土构件内力	应测	宜测	选测
支撑立柱沉降	应测	宜测	选测
挡土构件、水泥土墙沉降	应测	宜测	选测
地下水位	应测	宜测	选测
土压力	宜测	宜测	选测
孔隙水压力	宜测	宜测	选测

注：表内各监测项目中，仅选择实际基坑支护形式所含有的内容。

2.5.2 支护结构监测常用仪器

2.5.2.1 变形监测仪器

(1) 水准仪和经纬仪：量测支护结构、地下管线和周围环境的沉降和变位。

(2) 测斜仪：支护结构和土体水平位移观测，如图 2.79 所示。

(3) 深层沉降标：测量支护结构后土体位移的变化，以判定支护结构的稳定状态。

(4) 水位计：量测地下水位变化情况，以检验降水效果。

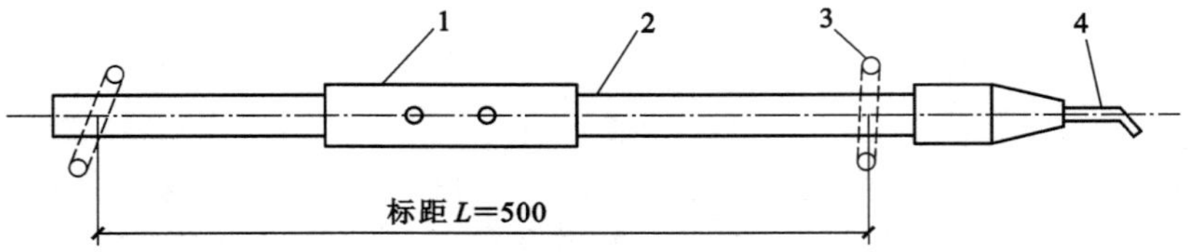

图 2.79 测斜仪

1—敏感部件;2—壳体;3—导向轮;4—引出电缆

2.5.2.2 应力监测仪器

(1) 土压力计:量测作用于围护墙上的土压力状态(主动、被动和静止)及变化情况,以便了解其与设计取值的差异。

(2) 孔隙水压力计:宜通过钻孔埋设,观测支护结构后孔隙水压力的变化情况,以判断基坑外土体的松密和移动情况。

(3) 钢筋应力计:量测支撑结构的轴力、弯矩等,以判断支撑结构是否可靠。

(4) 温度计:和钢筋应力计一起埋设在钢筋混凝土支撑中,用来计算由于温度变化引起的应力。

(5) 混凝土应力计:测定支撑混凝土结构的应变,从而计算相应支撑断面内的轴力。

(6) 应力、应变传感器:用于量测混凝土支撑系统中的内力。

(7) 低应变动测仪和超声波无损检测仪:用来检测支护结构的完整性和强度。

2.5.3 监测点布置及监测

2.5.3.1 基准点

基准点应在施工前埋设,经观测其已稳定时方可投入使用;布置在施工影响范围以外,一般不少于两个,监测期间应定期联测以检验其稳定性;在整个施工期间,应采取有效保护措施,确保其能够正常使用。

在施工之前进行初观测不少于两次。支护结构施工和基坑开挖期间一般每天观测一次,当观测值相对稳定时,可适当降低观测频率;当达到报警指标或观测值变化速率加快或出现危险事故征兆时,应加密观测。

2.5.3.2 监测点

验证设计数据时,监测点应布置在设计中的最不利位置和断面;指导施工的监测点应布置在相同工况下的最先施工部位;表面变形测点的位置既要考虑反映监测对象的变形特征,又要便于架设仪器进行观测,还要有利于测点的保护;深埋测点不能影响和妨碍结构正常受力,不能削弱结构的变形刚度和强度,且要提前埋设,一般在 30 d 以上,监测时测量元件能够进入稳定工作状态;实施多项内容监测,力求各类测点布置能在时空上有机结合;力求同一监测部位能同时反映不同的物理变化量。若测点遭到破坏,应尽快在原位或靠近处补设,以保证该点观测数值的连续性。

支护结构顶部水平位移监测点布置在其圈梁顶部,一般间隔 10～15 m;在基坑转折处、距建筑物较近处等重点部位应适当加密;支撑顶部宜适当选点。开挖初期 2～3 d 监测一次,随开挖进行增加观测次数,以 1 d 观测一次为宜;当位移较大时,每天观测现场 1～2 次。

倾斜监测要考虑支护结构的受力特点及周围环境等因素,在关键部位钻孔布设斜管,间距

20～30 m,每边不少于2个,埋设深度一般为2倍基坑开挖深度。如埋设于支护墙内时,应与支护墙深度相同;如埋设于土体内时,宜大于支护墙深度5～10 m,测斜管应保持竖直。

支护体系应力监测主要是对较大应力断面进行监测,以防止其结构破坏。支撑轴力测点应在主撑跨中部位;围护墙弯矩测点应在基坑每边中心处,并在支护体迎土、迎坑面呈对称布置。分层沉降管的埋设与测斜管的埋设方法相同,埋设时须注意波纹管外的铜环不要被破坏,一般情况下,铜环1 m放一个比较适宜。基坑内也可用分层沉降管来监测基坑底部的回弹,当然基坑的回弹也可用精密水准测量法解决。

使用土压力计和孔隙水压力计,是监测地下土体应力和水压力变化的手段。对环境要求比较高的工程,都须安装。孔隙水压力计的安装,须用钻机钻孔,在孔中可根据需要按不同深度放入多个压力计,再用干燥黏土球填实,待黏土球吸足水后,便将钻孔封堵好。土压力计要随基坑围护结构施工时一起安装,注意它的压力面须向外。根据力学原理,压力计应安装在基坑隐患处的围护桩的侧向受力点。这两种压力计的安装,都须注意引出线的编号和保护。

2.5.4　监测结果的分析与评价

要对通过监测获得的数据进行定量分析与评价,及时反馈基坑施工过程的安全性,指导下一步施工的进行。一旦发生险情,应及时预报,并提出合理的建议和措施,直至解除预警。对监测结果的分析评价主要包括以下内容:

(1) 对支护结构侧向位移进行细致的定量分析,包括位移速率和累计位移最大值及其所处位置,并及时绘制测斜变化曲线形态;对引起位移速率增大的原因,如开挖、超挖、支撑不及时、渗漏、管涌等情况进行记录和深入分析。

(2) 对沉降与沉降速率进行分析,区分其沉降原因,是支护结构水平位移引起还是地下水下降等引起,并与支护结构的侧向位移进行比较。

(3) 对各项监测结果进行综合分析,并相互验证和比较。

(4) 根据监测结果全面分析基坑开挖对周边环境的影响和支护效果,并通过反向分析查明工程施工的技术原因。

2.5.5　工程实例

(1) 工程概况

青岛某酒店改造项目基坑工程,开挖周长约400 m,开挖深度18～23 m,最大开挖深度(核心筒、设备井区域)约26 m。基坑开挖范围内地层由第四系和基岩组成,场区第四系厚度较小,为全新世人工填土层。场区地下水类型主要为基岩裂隙水,稳定水位埋深5.50～10.00 m,水位标高−0.32～4.65 m。基坑开挖深度影响区域范围内,东侧有保时捷中心、青岛华仁国际大厦,北侧有疗养院办公楼、车库和在建中的青岛中铁中心,西侧有一处酒店及配套用房,南侧为市政道路(东海西路)绿化带、人行道和车行道。

基坑支护工程设计安全等级为一级,基坑支护划分为六个支护单元,采用锚喷复合土钉墙及钢管桩超前支护体系,局部采用高压旋喷桩止水帷幕止水。基坑开挖过程中,通过排水沟、汲水井的方式排除地下水。坡顶设置挡水台阶,防止地表水流入基坑。

(2) 监测内容

针对本工程的具体情况,按工程各类特点及一级基坑控制要求,在方案编写及监测工作过程中，设置并实施了以下监测内容：

① 坡顶水平位移监测；

② 坡顶竖向位移监测；

③ 深层水平位移监测；

④ 预应力锚杆轴力监测；

⑤ 周边地表竖向位移监测；

⑥ 周边建筑物竖向位移监测。

在监测过程中，根据实际情况又增加了以下监测内容：

① 周边地表（断面）竖向位移监测；

② 裂缝监测。

（3）坡顶水平位移监测测点布置及监测

由于监测项目太多，篇幅有限，这里只简单介绍坡顶水平位移监测的相关情况。

坡顶水平位移监测是基坑监测工作中的基本监测项目之一，本工程各点主要布设于基坑围护体结构上端部，基坑坡顶边线以外0.5 m范围内。

在基坑围护结构施工及土石方开挖过程中，根据现场各工序施工进度，逐步完成监测点的布设、调整工作。

本工程先后共布设监测点18个，编号HV1～HV18。监测过程中使用仪器为索佳SET2130R3无协作目标全站仪，监测精度为±1.0 mm，采用视准线法、小角度法进行位移测量。

（4）坡顶水平位移监测成果统计与数据分析

从图2.80水平位移累计曲线图可以看出，基坑坡顶的变形主要发生在开挖支护阶段，进入使用阶段后变形逐步收敛并趋于稳定。曲线图所展示坡顶位移监测点的变化趋势基本反映了实际施工情况对基坑围护体顶部造成的影响。从表2.10可以看出，整个基坑的坡顶水平位移均较明显，仅HV9和HV13未达到报警条件。虽然整个基坑坡顶变形较严重，但通过各方努力、积极配合，采取切实有效的处理方案，最终控制住了基坑坡顶变形，确保了基坑安全。

表2.10　坡顶位移监测点成果表

点号	单元		监测周期			是否报警
	水平(mm)		监测点数	初测	回填	水平
	开挖	使用				
HV1	67.2	67.2	2	2010-12-22	2012-12-11	是
HV2	85.2	85.9	2	2010-12-22	2012-12-11	是
HV3	63.2	67.3	2	2010-12-22	2012-12-11	是
HV4	58.2	57.6	2	2010-12-22	2012-12-11	是
HV5	54.2	53.7	3	2010-12-22	2012-12-11	是
HV6	56.1	57.2	3	2010-12-10	2012-12-11	是
HV7	29.7	31.1	4	2010-11-23	2012-12-11	是
HV8	25.2	25.4	4	2010-11-23	2012-12-11	是

续表 2.10

点号	单元		监测周期			是否报警
	水平(mm)		监测点数	初测	回填	水平
	开挖	使用				
HV9	17.5	18.0	4	2010-11-23	2012-12-11	否
HV10	22.2	24.5	5	2010-12-10	2012-11-27	是
HV11	21.1	22.7	5	2010-11-23	2012-11-27	是
HV12	17.1	20.3	6	2010-11-23	2012-11-27	是
HV13	16.8	17.9	6	2010-12-4	2012-11-27	否
HV14	28.6	27.6	6	2011-1-7	2012-11-27	是
HV15	33.5	34.5	1	2011-1-7	2012-11-27	是
HV16	48.8	46.3	1	2010-12-22	2013-4-28	是
HV17	55.8	53.6	1	2010-12-22	2013-4-28	是
HV18	32.1	31.4	1	2010-12-31	2013-4-28	是

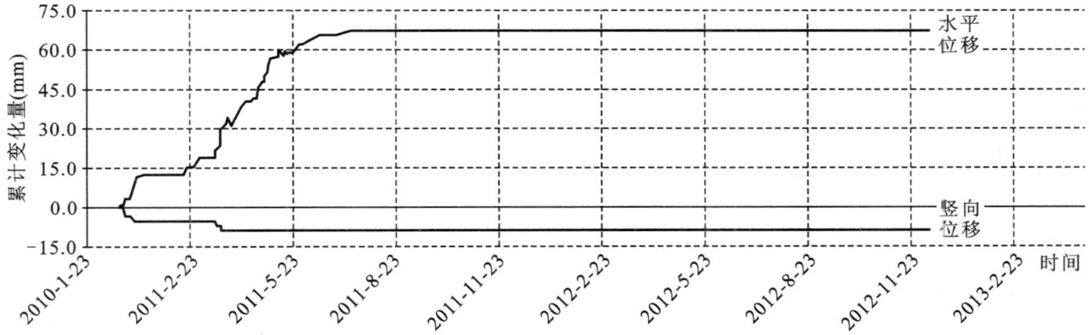

图 2.80 坡顶水平和竖向位移监测点 HV1 累计变化量-时间曲线图

3 桩基础工程

高层建筑往往占地面积较小，竖向和水平向荷载较大，当天然地基不能满足承载力以及变形（沉降量、倾斜）要求时，常常会采用桩基础承载。在我国软土地基地区，如天津、江浙、广东等沿海地区，桩基础得到广泛应用。

【视频演示】

作为起源于中国新石器时期的古老基础形式，桩基础经历了从材质到施工工艺的飞跃发展。现今我国主要使用的两大桩型为预制桩和灌注桩。预制桩包括混凝土方桩、预应力混凝土管桩及钢管桩等。由于其具有施工工期短、造价低、桩身质量可靠等优点，因此预制桩得到广泛应用。但由于其在打桩施工过程中噪声较大，挤土效应明显，单桩承载力低，因此在城市工程项目中已逐渐减少使用。灌注桩包括沉管灌注桩、钻孔灌注桩和挖孔灌注桩等。随着超高层建筑的发展，桩基础有向大直径、超长方向发展的趋势。例如，上海环球金融中心、金茂大厦都采用了桩长超过 80 m 的钢管桩；位于杭州的浙江财富金融中心东西楼采用了长达 70 m 的钻孔灌注桩（桩径 800 mm）；温州世贸中心、温州鹿城广场则采用了桩长达 120 m 的钻孔灌注桩（桩径 1100 mm）。

3.1 桩基工程勘察

桩基工程勘察应围绕工程受力特点解决合理选择持力层、正确提供桩侧摩阻力和桩端阻力特征值、正确估计沉桩可能性、提出桩型选择和桩基设计施工建议等主要问题来制定方案和进行勘察工作。

3.1.1 桩基勘察目的

桩基勘察在按照要求掌握场地工程地质和水文地质条件的同时，还要注意解决以下一些主要问题：

（1）查明场地各层岩土的类型、深度、分布特征和变化规律；

（2）合理选择桩端持力层并画出持力层等高线变化图；

（3）查明水文地质条件，评价地下水对桩基的影响以及对混凝土的侵蚀性；

（4）查明不良地质条件（如滑坡、崩塌、泥石流及液化等）和防治措施；

（5）正确提供单位面积侧阻力和桩端阻力特征值；

（6）正确估计沉桩或灌注桩施工的可能性；

（7）提出单桩竖向承载力特征值和桩型选择的建议。

3.1.2 岩土工程勘察方法

下面介绍几种岩土工程勘察中常用到的勘察方法及其原理。

（1）工程地质钻探：是用钻探的办法对土层分层鉴定并取样做实验，适用于各种岩土层。取出的试样按受扰动等级分为不扰动、轻微扰动、显著扰动和完全扰动。

(2) 静力触探：是用触探头压入土中来做土层分层和土工参数评定，主要适合于软土、一般黏性土、粉土、砂土和含少量碎石土底层。

(3) 圆锥动力触探：是用一定重量的重锤将触探头打入土中并以贯入度来评价砂土、碎石土的密实度。

(4) 标贯试验：是用锤重 63.5 kg 的重锤将两个半开型组成的贯入器打入钻孔土中以评价土的性状。

(5) 荷载试验：是通过对置于土中的荷载板逐级施加荷载来观测其沉降情况，按深度分为浅层荷载板试验和深层荷载板试验。

(6) 十字板剪切试验：是用插入土中的标准十字板探头以一定的速率扭转，量测破坏时的抵抗力矩，测求土的不排水抗剪强度。

(7) 室内土工试验：是对岩土试样进行物理性质试验、压缩固结试验、抗剪强度试验和动力特性试验。

3.1.3 桩基工程勘察报告内容

桩基工程勘察报告内容包括文字和图表两种形式。

(1) 文字报告

文字报告的主要内容为：

① 勘察目的、任务要求和依据的技术标准；
② 拟建工程概况；
③ 勘察方法和勘察工作布置；
④ 场地地形、地貌、地层、地质构造、岩土性质及其均匀性；
⑤ 各项岩土性质指标，岩土的强度参数、变形参数、地基承载力的建议值；
⑥ 地下水埋藏情况、类型、水位及其变化；
⑦ 土和水对建筑材料的腐蚀性；
⑧ 可能影响工程稳定的不良地质作用的描述和对工程危害程度的评价；
⑨ 场地稳定性和适宜性的评价。

(2) 图表附件

图表附件的内容为：

① 勘探点平面布置图；
② 工程地质柱状图；
③ 工程地质剖面图；
④ 原位测试成果图表；
⑤ 室内试验成果图表；
⑥ 桩持力层等高线图。

当需要时，还可附综合工程地质图、综合地质柱状图、地下水等水位线图，等等。

3.2 桩的类型

桩基础是常用的深基础形式的一种，由桩和承台组成。上部结构荷载通过承台传递给各桩，再通过桩侧摩擦力和桩端阻力传递到土层或岩层中去。

按照桩的荷载传递机理分类，桩可分为摩擦型桩和端承型桩两种。桩顶竖向荷载由桩侧阻力和桩端阻力共同承担，桩侧阻力分担荷载较多的桩为摩擦型桩，桩端阻力分担荷载较多的桩为端承型桩。摩擦型桩可分为摩擦桩和端承摩擦桩，桩侧摩阻力分担绝大部分桩顶荷载，而桩端阻力很小可忽略不计时称为摩擦桩。端承型桩分为端承桩和摩擦端承桩，当桩端阻力分担绝大部分桩顶竖向荷载，而桩侧阻力很小可以忽略不计时，称为端承桩。

按桩的受力性状分类，桩可分为竖向抗压桩（抗压桩）、竖向抗拔桩（抗拔桩）、水平受荷桩（主要承受水平荷载）、复合受荷桩（竖向、水平荷载均较大）。

按桩身材料划分，桩可分为木桩、钢桩、混凝土桩、水泥土桩、碎石土桩、石灰土桩等。

按桩径大小分类，d（桩的直径）$\leqslant 250$ mm 时，称为小直径桩；250 mm$<d<$800 mm 时，称为中等直径桩；$d\geqslant 800$ mm 时，称为大直径桩。

按成桩方法分类，桩可分为预制桩和灌注桩两大类。预制桩是在工厂或施工现场制成的各种形式的桩，然后用锤击、静压或振动等方法送桩入土。灌注桩是在所设计桩位处成孔，而后在钻孔中放置钢筋笼，再浇筑混凝土成桩。

在工程中，应根据建筑结构类型、荷载性质、桩的使用功能、桩侧桩端土层性质、地下水位、施工设备、施工环境、施工经验、制桩材料供应条件等，选择经济合理、安全适用的桩型和成桩工艺。

3.3 预制桩施工

预制桩主要有钢筋混凝土预制桩与钢桩两种。预制桩施工优点包括桩身质量易保证，施工机械化程度高，施工工期短，不受气候条件变化的影响等。缺点包括成桩噪声大，接桩质量难保证等。

钢筋混凝土预制桩可以在工厂或施工现场预制，但预制场地必须平整、坚实。预制钢筋混凝土桩分实心桩和管桩，有钢筋混凝土桩和预应力钢筋混凝土桩。目前高层建筑桩基础使用较多的是预应力混凝土空心管桩。钢桩有钢管桩、H 型钢桩及其他异型钢桩，其制作一般均在工厂中进行。

3.3.1 预制桩的制作

3.3.1.1 混凝土预制桩的制作

混凝土预制桩的制作，如图 3.1、图 3.2 所示。

图 3.1 预制桩的钢筋绑扎

图 3.2 预制桩的浇筑成型

钢筋混凝土预制桩一般在预制厂制作，较长的桩在施工现场附近露天预制。桩的长度主要取决于运输条件及桩架高度，一般不超过 30 m，工厂预制时单桩长一般在 12 m 以内。如桩长超过 30 m，可将桩分成几段预制，在打桩过程中逐段接桩。混凝土预制方桩的截面边长为 250～550 mm。

混凝土浇筑应由桩顶向桩尖连续进行，严禁中断，制作完成后应及时浇水养护且不得少于 7 d。桩顶和桩尖处不得有蜂窝、麻面、裂缝和掉角。桩的制作偏差应符合规范的规定。

混凝土管桩是在工厂中以离心旋转法生产，有普通混凝土管桩和预应力混凝土管桩。预应力混凝土管桩可通过后张法和先张法工艺制成。混凝土管桩主要有预应力混凝土薄壁管桩（PTC）、预应力混凝土管桩（PC）和预应力高强混凝土管桩（PHC）三类。PHC 桩的混凝土强度等级不低于 C80，PC 桩和 PTC 桩的混凝土强度等级不低于 C60。

桩主筋应根据桩截面大小确定，一般为 4～8 根，直径为 12～25 mm；主筋连接宜采用对焊；主筋接头配置在同一截面内的数量，当采用闪光对焊和电弧焊时，不超过 50%；相邻两根主筋接头的间距应大于 $35d_g$（d_g 为主筋直径），并不小于 500 mm。预制桩箍筋直径为 6～8 mm，间距不大于 20 cm。预制桩骨架的允许偏差应符合规范的规定。为了保证桩尖和桩顶混凝土不开裂，该范围内箍筋应加密。

3.3.1.2　钢桩的制作

我国目前采用的钢桩主要是钢管桩和 H 型钢桩两种。钢管桩一般采用 Q235 钢桩进行制作，常见直径为 ϕ406、ϕ609 和 ϕ914 等几种，壁厚 9～19 mm。H 型钢桩常采用 Q235 或 Q345 钢制作，常见截面尺寸为 200 mm×200 mm 至 400 mm×400 mm，翼缘厚度 12～35 mm，腹板厚度 12～20 mm，每节长度不宜超过 12～15 mm。钢管桩的桩端常采用两种形式，即带加强箍或不带加强箍的敞口形式以及平底或锥底的闭口形式。H 型钢桩则可采用带端板和不带端板的形式，不带端板的桩端可做成锥底或平底。钢桩的桩端形式应根据桩所穿越的土层、桩端持力层性质、桩的尺寸、挤土效应等因素综合考虑确定。

钢桩都在工厂生产完成后运至工地使用。制作钢桩的材料规格及强度必须符合设计要求，并具有出厂合格证明与试验报告。制作现场应有平整的场地与挡风防雨设施，以保证加工质量。

钢桩在地面下仍会发生腐蚀，因此应做好防腐处理。钢桩防腐处理可采用外表面涂防腐层、增加腐蚀余量及阴极保护。当钢管桩内壁与外界隔绝时，可不考虑内壁防腐。

3.3.2　预制桩的起吊、运输

3.3.2.1　预制桩的起吊

混凝土预制桩须在混凝土强度达到设计强度的 70%后方可起吊，达到 100%后方可运输和打桩。如提前起吊，必须采取措施并经承载力和抗裂度验算合格后方可进行。

桩在起吊和搬运时必须平稳，并且不得损坏。由于混凝土桩的主筋一般均为均匀对称配置的，而钢桩的截面通常也为等截面的，因此，吊点设置应按照起吊后桩的正、负弯矩基本相等的原则确定。吊点一般设置如图 3.3 所示。

3.3.2.2　预制桩的运输

桩的运输方式，当运距不大时，可采用起重机运输；当运距较大时，可采用大平板车或轻便轨道平台车运输。应做到桩身平稳放置，无大的振动，严禁在场地上以直接拖拉桩体方式代替装车运输。运输过程中支点应与吊点位置一致。打桩前，桩从制作处运到现场以备打桩，可根

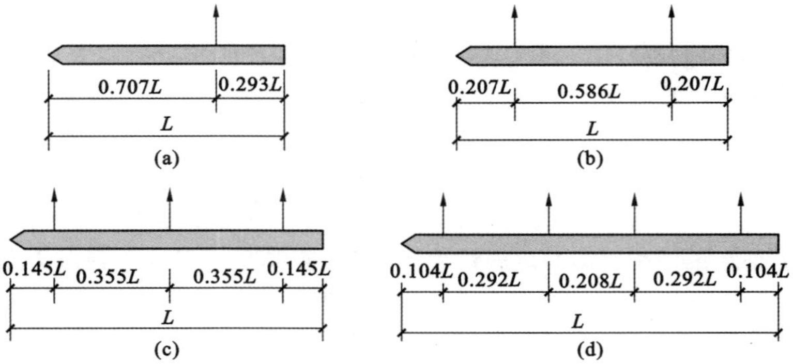

图 3.3 桩的合理吊点

(a) 一点起吊；(b) 两点起吊；(c) 三点起吊；(d) 四点起吊

据打桩顺序随打随运，应尽可能避免桩在现场二次搬运。钢桩在运输中对两端应适当保护，钢管桩应设置保护圈，防止桩体撞击而造成桩端、桩体损坏或弯曲。

3.3.3 预制桩的堆放

桩在施工现场的堆放场地应平整、坚实，排水畅通，并不得产生不均匀沉陷。堆放时应设垫木，垫木间距应与吊点位置相同，各层垫木应位于同一垂直线上。对圆形的混凝土桩或钢管桩的两侧应用木楔塞紧，防止其滚动。在施工现场，桩的堆放层数不宜超过 4 层；对不同规格、不同材质的桩应分别堆放，便于施工。

3.3.4 预制桩沉桩

预制桩的沉桩方法有锤击法、静压法、振动法及水冲法等。其中以锤击法和静压法应用较多。

3.3.4.1 锤击法

(1) 打桩机械及其选用

打桩机具主要包括桩锤、桩架和动力装置三个部分。桩锤是对桩施加冲击力，将桩打入土中的机具；桩架主要由底盘、导向杆、斜撑、滑轮组等组成。桩架应能前后左右灵活移动，以便于对准桩位。桩架的主要作用是将桩吊到打桩位置，并在打桩过程中引导桩的方向，保证桩锤能沿要求的方向冲击。动力装置包括驱动桩锤及卷扬机用的动力设备。

【视频演示】

在选择打桩机具时，应根据地基土壤的性质、工程的大小、桩的种类、施工期限、动力供应条件和现场情况确定。

施工中常见的桩锤有落锤、单动汽锤、双动汽锤、柴油锤、液压锤和振动锤。常见桩锤优缺点见表 3.1。

表 3.1 常见桩锤优缺点

编号	名称	优 点	缺 点
1	落锤	构造简单，使用方便，夯击力大，费用较低	效率低，贯入能力低，对桩损伤较大
2	单动汽锤	冲击力大，效率高，适用于水下打桩	辅助设备较多，运输费用较高
	双动汽锤		

续表 3.1

编号	名称	优　　点	缺　　点
3	柴油锤	构造简单，移动灵活，工效高，不需外部能源	噪声大，油滴飞散，排出废气污染环境，不适合软土和松散土
4	液压锤	无废气，无噪声，冲击频率高，适合水下打桩	构造复杂，造价高
5	振动锤	施工方便，噪声小	整机装置复杂，费用高

【视频演示】

桩锤选择应根据地质条件、桩的类型、桩身结构强度、桩的长度、桩群密集程度以及施工条件等因素来确定，其中尤以地质条件影响最大。土的密实程度不同，所需桩锤的冲击能量可能相差很大。实践证明：当桩锤重大于桩重的 1.5～2 倍时，能取得较好的效果。

图 3.4 所示为三点支撑式履带打桩架的示意图。三点支撑式履带打桩架是在专用履带式车体上配以钢管式导杆和两根后支撑组成，它是目前最先进的一种桩架，采用全液压传动，履带的中心距可调节，导杆分单导向及双导向两种，可 360°回转。

这种打桩机具有垂直度调节灵活、稳定性好、装拆方便、行走迅速、适应性强、施工效率高等一系列优点，适用各种导杆和各类桩锤，可施打各类桩。

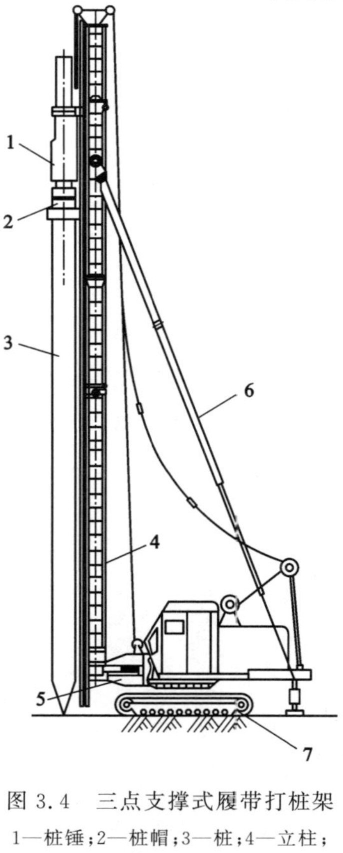

图 3.4　三点支撑式履带打桩架

1—桩锤；2—桩帽；3—桩；4—立柱；5—立柱支撑；6—斜撑；7—车体

(2) 锤击沉桩施工

① 打桩准备

打桩前应处理地上、地下障碍物，对场地进行平整压实，放出桩基线并定出桩位；在不受打桩影响的适当位置设置水准点，以便控制桩的入土标高；接通现场的水、电管线，准备好施工机具；做好对桩的质量检验。

正式打桩前，还应进行打桩试验，以便检验设备和工艺是否符合要求。按照规范的规定，试桩不得少于 2 根。

② 打桩顺序

打桩顺序一般分为逐排打、自中央向边缘打、自边缘向中央打和分段打等四种，如图 3.5 所示。逐排打桩，桩架系单向移动，桩的就位与起吊均很方便，故打桩效率较高，但它会使土壤向一个方向挤压，导致土壤挤压不均匀，后面桩的打入深度将因而逐渐减小，最终会引起建筑物的不均匀沉降；自边缘向中央打，则中间部分土壤挤压较密实，不仅使桩难以打入，而且在打中间桩时，还有可能使外侧各桩被挤压而浮起。由此可见挤土影响是确定打桩顺序的重要因素。打桩顺序是否合理，会直接影响打桩的进度和施工质量。一般情况下，桩的中心距小于4倍桩的直径时就要拟定打桩顺序，桩距大于4倍桩的直径时打桩顺序与土壤挤压情况关系不大。为减少挤土影响，确定沉桩顺序的原则如下：

a. 对于密集群桩，自中间向两个方向或四周对称施打，由中及外；

b. 当一侧毗邻建筑物时，由毗邻建筑物处向另一方向施打，由近及远；

c. 根据桩基础的设计标高，先沉设入土深度深的桩，由深及浅；

d. 根据桩的规格，先沉设断面大的桩，由大及小。

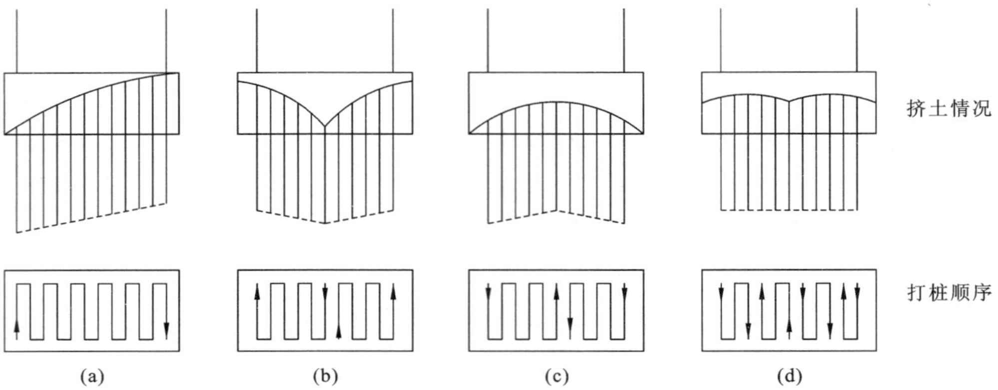

图 3.5　打桩顺序与挤土情况

(a)逐排打设；(b)自中央向边缘打设；(c)自边缘向中央打设；(d)分段打设

③ 打桩施工

桩的沉设工艺流程如下：

场地平整→测量放线定桩位→桩机就位→第一节桩起吊就位→打第一节桩→第二节桩起吊就位→接桩→打桩至持力层或设计标高→停锤→转到下一个桩位(图 3.6 至图 3.8)。

图 3.6　打入预制桩首节

图 3.7　电焊接桩

图 3.8　打入预制桩末节桩体

桩机就位时桩架应垂直，导杆中心线与打桩方向一致，校核无误后将其固定。然后将桩锤和桩帽吊升起来，其高度超过桩顶，再吊起桩身送至导杆内，对准桩位，调整垂直偏差，合格后，将桩帽或桩箍在桩顶固定，并将桩锤缓落到桩顶上，在桩锤的重量作用下，桩沉入土中一定深度达稳定位置，再校正桩位及垂直度，此谓定桩。然后才能进行打桩。打桩开始时，用短落距轻击数锤，至桩入土一定深度后，观察桩身与桩架、桩锤是否在同一垂直线上，然后再以全落距施打，这样可以保证桩位准确、桩身垂直。桩的施打原则是"重锤低击"，这样可使桩锤对桩头的冲击小，回弹也小，桩头不易损坏，大部分能量都能用于沉桩。

打桩是隐蔽工程，应做好打桩记录。开始打桩时需统计桩身沉落 1 m 所需锤击的次数。当桩下沉接近设计标高时，则应实测其最后贯入度。最后贯入度值为每 10 击桩入土深度的平均值。设计和施工中所控制的贯入度是以合格的试桩数据为准的，如无试桩资料，可按类似桩沉入类似土的贯入度作为参考。承受轴向荷载的摩擦桩，其控制入土深度应以标高为主，而以贯入度作为参考；端承桩的控制入土深度，则以贯入度为主，而以标高作为参考。合格的桩除应满足贯入度和标高的要求，且没有断裂外，还应保证桩的垂直偏差不大于 1%，水平位置偏差不大于 100～150 mm。

各种预制桩打桩完毕后，为使桩顶符合设计高程，应将桩头或无法打入的桩身截去。

预制混凝土桩的接桩可用焊接、法兰连接以及硫黄胶泥锚接三种方法。目前焊接接桩应用最多。接桩的预埋铁件表面应清洁，应先将四角点点焊固定，然后对称焊接。上、下节桩之间如有间隙，应用铁片填实焊牢，焊接时焊缝应连续饱满，并采取措施减少焊接变形。接桩时，上、下节桩的中心线偏差不得大于 10 mm，节点弯曲矢高不得大于 1‰桩长。

④ 打桩过程中常遇到的问题

由于桩要穿过构造复杂的土层，所以，在打桩过程中要随时注意观察，凡发生贯入度突变，桩身突然倾斜、移位或有严重回弹，桩顶或桩身出现严重裂缝或破碎等情况应暂停施工，及时与有关单位研究处理。

施工中常遇到的问题有：

a. 桩顶、桩身被打坏：与桩头钢筋设置不合理、桩顶与桩轴线不垂直、混凝土强度不足、桩尖通过硬土层、锤的落距过大、桩锤过轻等有关。

b. 桩位偏斜：当桩顶不平、桩尖偏心、接桩不正、土中有障碍物时都容易发生桩位偏斜，因此施工时应严格检查桩的质量，并按施工规范的要求采取适当措施，保证施工质量。

c. 桩打不下：施工时，桩锤回弹严重，贯入度突然变小，则可能与土层中夹有较厚砂层或其他硬土层以及钢渣、孤石等障碍物有关。当桩顶或桩身已被打坏，锤的冲击能不能有效传给桩时，也会发生桩打不下去的现象。有时因特殊原因，停歇一段时间后再打，则由于土的固结作用，桩也往往不能顺利地被打入土中。所以，在打桩施工中，必须在各方面做好准备，保证施打的连续进行。

d. 一桩打下、邻桩上升：桩贯入土中，使土体受到急剧挤压和扰动，其靠近地面的部分将在地表隆起和水平移动，当桩较密、打桩顺序又欠合理时，土体被压缩到极限，就会发生一桩打下，周围土体带动邻桩上升的现象。

3.3.4.2 静力压桩法

静力压桩法，如图 3.9 至图 3.12 所示。

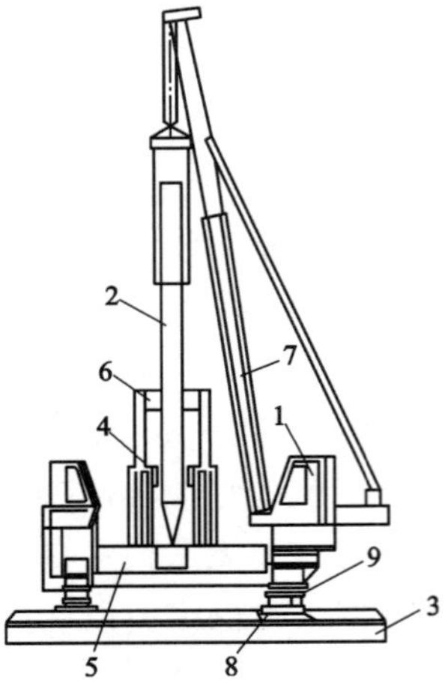

图 3.9　液压式压桩机

1—操纵室；2—桩；3—支腿平台；4—导向架；5—配重；
6—夹持装置；7—吊装拔杆；8—纵向行走装置；
9—横向行走装置

图 3.10　静压桩机

图 3.11　预应力高强混凝土管桩

图 3.12　截桩后的情况

【视频演示】

静力压桩是在软土地基中利用压桩架(型钢制作)的自重和配重，通过卷扬机的牵引传到桩顶，将桩逐节压入土中的一种沉桩方法。这种沉桩方法无振动、无噪声，对周围环境影响小，而且施工迅速简便，沉桩速度快(压桩速度可达 2 m/min)，适合在城市中施工。在压桩过程中，还可预估单桩承载力，这给桩基设计和施工带来极大的方便。静力压桩适用于软弱土层，当存在厚度大于 2 m 的中密以上砂夹层时，不宜采用静力压桩法。

静压法施工工艺流程大致如下：测定桩位→压桩机就位调平→将管桩吊入压桩机夹持腔→夹持管桩对准桩位调直→压桩至底桩露出地面 2.5～3.0 m 时吊入上节桩与底桩对齐，夹持上节桩，压底桩至桩头露出地面 0.6～0.8 m→调整上下节桩，与底桩对中→电焊接桩，再静压，再接桩至需要深度或达到一定终压值，必要时适当复压→成桩，终压前用送桩器将工程桩头压至地面以下。

压桩施工时应随时注意使桩保持轴心受压。连续压入，尽量缩短接桩间歇时间，否则间歇时间过长会由于压桩阻力过大导致发生压不下去的现象。

压桩过程中，当桩尖碰到夹砂层时，压桩阻力可能突然增大，甚至使桩机上抬。这时可以将最大压桩力作用在桩顶，采取停车再开、忽停忽开的办法，使桩有可能缓慢下沉穿过砂层。如果工程中有少量桩确实不能压至设计标高而相差不多时，可以采取截去桩顶的办法。

如果刚开始压桩时桩身发生较大移位、倾斜，压入过程中桩身突然下沉或倾斜，桩顶混凝土破坏或压桩阻力剧变时，应暂停压桩，及时研究处理。

静压法沉桩与锤击法沉桩相比，避免了锤击应力，因此混凝土强度等级可适当降低，桩的断面和配筋也可以减小，降低了成桩成本，同时压桩引起的桩周土体和水平挤动也小得多。但静压法对场地承载力有要求，在软土地区得到广泛应用。

【视频演示】

3.3.4.3　预制桩沉桩常见问题及解决方法

张忠苗教授通过 30 多年的预制桩工程实践，总结了预制桩在沉桩过程中常见的问题及对策，见表 3.2。

表 3.2　预制桩沉桩常见问题及解决对策

问题	产生的原因	处理对策
桩顶偏位	（1）先施工的桩因后打桩挤土偏位； （2）两节或多节桩在施工时，接桩不直，桩中心线成折线形，桩顶偏位； （3）基坑开挖时，挖土不当或支护不当引起的桩身倾斜偏位	（1）先检测桩身是否完好； （2）如桩完好，可以在桩倾斜的反方向取土扶直； （3）在桩身内重新放钢筋笼灌混凝土加固
桩身倾斜	（1）先打的桩因后打的桩挤土被挤斜； （2）施工时接桩不直； （3）基坑开挖时，或边打边开挖，或桩旁堆土，或桩周土体不平衡引起桩身倾斜	
桩顶碎裂	（1）桩端持力层很硬，且打桩总锤击数过大，最后停锤标准过高； （2）施打时桩锤偏心锤击； （3）桩顶混凝土有质量问题	将桩顶碎裂段重新凿除并检测桩下部是否完整，最后用钢筋混凝土将桩接高到设计标高
桩身断裂	（1）接桩时接头施工质量差引起接头开裂、脱节； （2）桩端很硬，总锤击数过大，最后贯入度过小； （3）桩身质量差； （4）挖土不当	（1）先检测桩身断裂界面位置； （2）在管桩内芯重新下钢筋笼，重新在管内灌混凝土； （3）重新测承载力或补桩
桩顶上浮	（1）后打桩对先打桩的挤土作用使先打桩上浮； （2）基坑开挖坑底面土隆起使桩顶上浮	（1）用打入或压入法将上浮桩复位； （2）检测桩身质量和承载力； （3）加强基础刚度

3.3.4.4　工程实例

浙江某商住楼，西部主楼 12 层，东部裙楼 2 层，采用桩基础，框架结构。该商住楼占地面积 4500 m^2，总建筑占地面积为 6300 m^2。本工程重要性为 2 级，场地等级为 2 级，地基等级为 2 级，综合勘定等级为乙级。场地属于山前冲击——湖积平原地貌，地形平坦。

本工程基础设计采用 PC-A500(100)/PC-A400(75)预应力管桩，总桩数为 136 根，桩长

15 m/21 m，设计要求单桩竖向承载力特征值为 700 kN/930 kN。桩身采用 C60 混凝土，采用电焊接桩，施工机械采用 ZJ60 走管式桩架挂 DD40 导杆式柴油锤。

工程桩施工完毕后，挖土过程中发现 126 根工程桩出现了偏位，大部分桩的偏移量在 100 mm 之内，其中最大偏移量达到 820 mm。低应变动测发现共有 17 根断桩，有 1 根桩错位，2 根桩脱焊，还有 19 根桩发生了不同程度的上浮。预应力管桩低应变动测发现部分管桩桩身有不同程度的损伤或断裂。

【解决方案】 根据预应力管桩偏位和损伤情况采取针对性的处理措施。对上浮桩，采用复打或复压处理，本工程中共复打上浮桩 19 根，每根复打 30 次；对严重偏位且断裂的预应力管桩，进行补桩处理；对偏位超过规范值但桩身质量完好的管桩进行扶正处理；对偏位较大且桩身有损伤的管桩进行先纠偏扶正，并在管桩内芯放钢筋笼灌混凝土芯进行加固处理；对群桩大面积偏位损伤部分，由于处理后承载力达不到设计要求，所以需要采用补打预应力管桩处理。本工程采用 PC-A500(100)/PC-A400(75) 预应力管桩进行补桩，共补管桩 27 根，有效桩长 15.0～21.0 m。补桩时，在满足承载力的前提下，采用灵活的 2 桩承台和 3 桩承台。在断桩处多用两桩，对称分布于墙体两侧；北部偏移量较大不可利用的桩基重新布桩；重要承重结构下利用 3 桩承台，使原有单桩或两桩的荷载分担到 3 桩上，从而保证基础的安全。

通过在上部结构施工过程中及竣工后对大楼整体沉降进行监测，确认对该建筑物管桩偏位纠偏扶正、灌芯补强及补桩处理达到了预期的效果。

3.4 灌注桩施工

灌注桩是直接在桩位上就地成孔，然后在孔内灌注混凝土或钢筋混凝土的一种成桩方法。与预制桩相比，由于避免了锤击应力，桩的混凝土强度可适当降低，配筋也可以相应减少。灌注桩单桩承载力大，挤土效应不明显，而且施工中振动噪声小，在城市高层建筑中得到广泛应用。但也存在着技术间隔时间长，不能立即承受荷载，操作要求严，在软土地基中易缩颈、断裂，在冬季施工较困难等缺点。

灌注桩按成孔方式分为干作业成孔灌注桩、泥浆护壁钻孔灌注桩、沉管灌注桩和人工挖孔灌注桩等。

3.4.1 干作业成孔灌注桩

干作业成孔灌注桩是指不用泥浆或套管护壁情况下，利用螺旋钻孔机等钻出桩孔，然后放入钢筋笼，再灌入混凝土成桩。

3.4.1.1 特点及适用范围

螺旋钻成孔特点：成孔不用泥浆或套管护壁；施工无噪声，无振动，对环境影响较小；设备简单，操作方便，施工速度快；由于干作业成孔，混凝土注浆质量易于控制。其缺点是孔底废土不易清除干净。

干作业成孔灌注桩适用于成孔深度内没有地下水的黏性土、粉土、填土、中等密实以上的砂土、风化岩层等。

3.4.1.2 施工工艺

螺旋成孔成桩的施工流程为：桩机就位→取土成孔→清孔、检查成孔质量→安放钢筋笼或插筋→放置护孔漏斗、灌注混凝土成桩。

螺旋钻机(图 3.13、图 3.14)宜用于匀质黏土层,亦能穿透砂层,成孔直径一般为 400～600 mm,成孔深度在 8～20 m 以内。施工时,由螺旋钻头切削土体,切下的土随钻头旋转并沿螺旋叶片上升而排出孔外。当螺旋钻机钻至设计标高时,在原位空转清土,停钻后提出钻杆弃土。钻出的土应及时清除,不可堆在孔口。钢筋笼制作好后,一次整体吊入孔内。如过长亦可分段吊,两段焊接后再徐徐沉放孔内。钢筋笼吊放完毕,应及时灌注混凝土。灌注时应分层捣实。

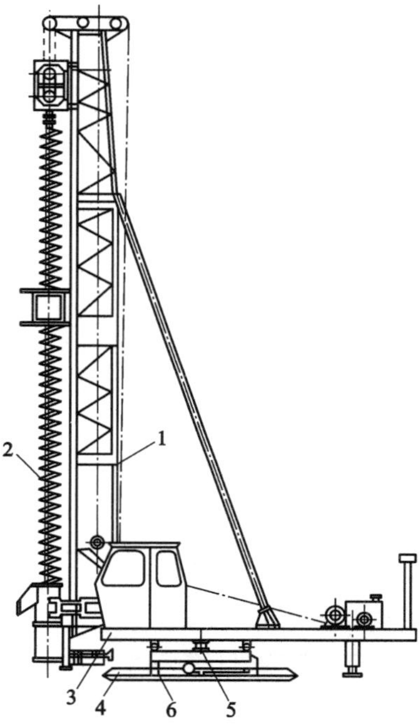

图 3.13　步履式螺旋钻机

1—立柱;2—螺旋钻杆;3—上底盘;
4—下底盘;5—回转滚轮;6—行车滚轮

图 3.14　螺旋钻

3.4.1.3　注意事项

钻孔时,要求钻杆垂直稳固,位置正确,防止发生钻杆晃动引起孔径扩大。钻孔过程中如发现钻杆摇晃或难钻进时,可能是遇到石块等异物,应立即停机检查。在钻孔时应随时清理孔口积土,遇到塌孔、缩孔等异常情况,应及时采取措施解决。

【视频演示】

3.4.2　泥浆护壁钻孔灌注桩

泥浆护壁钻孔灌注桩是采用孔内泥浆循环保护孔壁的湿作业成孔灌注桩。它能解决施工中地下水带来的孔壁塌落、钻具磨损发热及沉渣等问题。

3.4.2.1　特点及适用范围

泥浆护壁钻孔灌注桩具有无振动、无挤土、噪声小、对周围结构物影响小的优点。但是桩底沉渣难清,造成该桩比其他成孔灌注桩的承载力低、沉降量大。

泥浆护壁钻孔灌注桩适用于在地下水位较高的含水黏土层,或流砂、夹砂和风化岩等各种土层中的桩基成孔施工。

3.4.2.2 施工工艺

泥浆护壁成孔灌注桩施工流程为：测定桩位→埋设护筒→钻机就位→(设浆池制泥浆)→钻孔→(泥浆循环清渣)→清孔→吊放钢筋笼→安设导管→水下浇筑混凝土→拔除护筒。常用的成孔机械有斗式钻头成孔机、冲击式钻孔机、潜水电钻、大直径旋入全套管护壁成孔钻机和工程水文地质回转钻机等。其中，回转钻机是目前灌注桩施工用得最多的施工机械，如图3.15所示。该钻机配有移动装置，设备性能可靠，噪声和振动小，效率高，质量好，适用于地下水位较高的碎石类土、砂土、黏性土、粉土、强风化岩、软质与硬质岩石等多种地质条件。

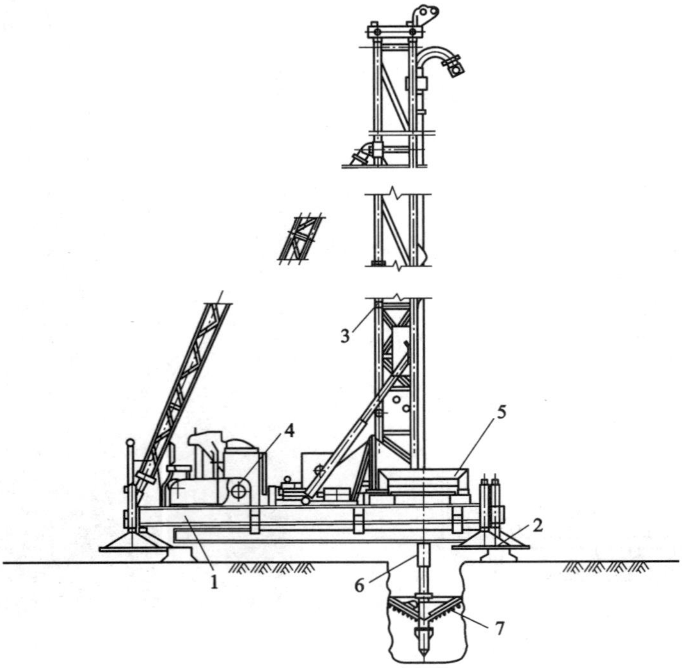

图 3.15 回转钻机的构造

1—座盘；2—支腿；3—塔架；4—方形钻杆；5—转盘；6—电机；7—钻头

钻孔前，应先在孔口处埋设护筒。护筒的作用是固定桩孔位置、保护孔口、防止塌孔、增加桩孔内水压。护筒由 3～5 mm 钢板制成，其内径比钻头直径大 100 mm，埋在桩位处，其顶面应高出地面或水面 400～600 mm，周围用无杂质的黏土填实，不允许漏水。

钻孔过程中应向桩孔内注入泥浆，并始终保持泥浆液面高于地下水位 1.0 m 以上。泥浆的作用是将土中空隙渗填密实，避免孔内漏水，同时泥浆比水重，也加大了护筒内水压，对孔壁起到支撑作用，因而可以防止塌孔。另外，泥浆还能起到携渣、冷却机具和切土润滑等作用。泥浆通常在挖孔前搅拌好，钻孔时输入孔内；有时也采用向孔内输入清水，一边钻孔，一边使清水与钻下来的泥土拌和形成泥浆的方法。泥浆的性能指标，如相对密度、黏度、含砂量、pH 值、稳定性等要符合规定的要求。泥浆的选料既要考虑护壁效果，又要考虑经济性，尽可能使用当地材料。

根据泥浆循环方式不同，可将成孔工艺分为正循环回转钻机成孔和反循环回转钻机成孔两种。

正循环的工艺如图 3.16(a)所示。泥浆由钻杆内部注入，并从钻杆底部喷出，携带钻下的土渣沿孔壁向上流动，由孔口将土渣带出流入沉淀池，经沉淀的泥浆流入泥浆池再注入钻杆，由此进行循环。沉淀的土渣用泥浆车运出排放。由于正循环工艺是依靠泥浆向上的流动将土渣提升，因此其提升力较小，孔底沉渣较多。

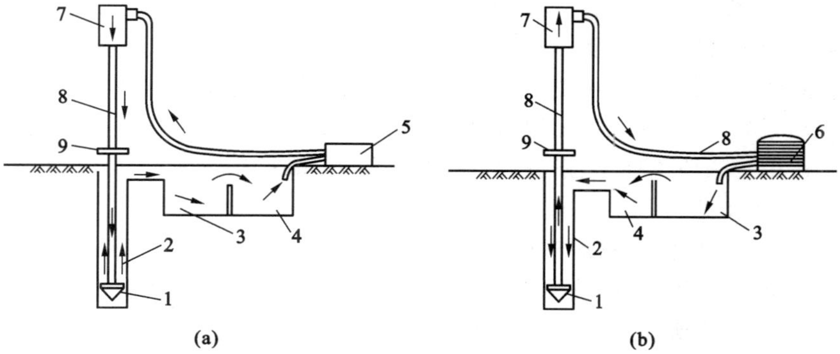

图 3.16　泥浆循环成孔工艺

(a) 正循环；(b) 反循环

1—钻头；2—泥浆循环方向；3—沉淀池；4—泥浆池；5—泥浆泵；

6—砂石泵；7—水龙头；8—钻杆；9—钻机回转装置

反循环回转钻机成孔的工艺如图 3.16(b)所示。泥浆由钻杆与孔壁间的环状间隙流入钻孔，然后由砂石泵在钻杆内形成真空，使钻下的土渣由钻杆内腔吸出至地面而流向沉淀池，沉淀后再流入泥浆池。反循环工艺通过泵吸作用提升泥浆，其泥浆上升的速度较高，排放土渣的能力大。这种成孔工艺是目前大直径成孔施工的一种有效的、先进的成孔工艺，因而应用较多。

钻孔达到要求的深度后，为防止灌注桩沉降加大、承载力降低，要清除孔底沉淀物(沉渣等)，这个过程称为清孔。当孔壁土质较好、不易塌孔时，可用空气吸泥机清孔，同时注入清水，清孔后泥浆相对密度应控制在 1.1 左右；孔壁土质较差时，宜用泥浆循环清孔，清孔后的泥浆相对密度控制在 1.15～1.25 之间。施工及清孔过程中应经常测定泥浆的相对密度。

3.4.2.3　注意事项

若在成孔施工开始时发现护筒冒水，可用黏土在护筒四周填实加固；若在护筒已严重下沉或位移时发现护筒冒水，则应返工重埋。

在施工过程中，如遇钻杆上提或钢筋笼下放受阻现象时，就表明存在局部颈缩。这时应采取将泥浆相对密度控制在 1.15 左右，施工时要跳开桩位钻孔，成桩的施工间隔时间要超过 72 h，钻头要定时更换等措施。

在钻进中如出现塌孔时，首先应保持孔内水位，并可加大泥浆相对密度，减少泥浆泵排出量，以稳定护壁；如塌孔严重，或泥浆突然漏失时，应停钻并在判明塌孔位置和分析原因后，立即回填砂和黏土混合土到塌孔位置以上 1～2 m，待回填物沉积密实、孔壁稳定之后再进行钻孔。

3.4.3　沉管灌注桩

沉管灌注桩又称为打拔管灌注桩。它是利用沉桩设备将带有钢筋混凝土桩靴(活瓣式桩靴)的钢管沉入土中，形成桩孔，然后放入钢筋骨架并浇筑混凝土，随之拔出套管，利用拔管时的振动将混凝土捣实，便形成所需要的灌注桩。沉管灌注桩按沉管的方法不同，分为锤击沉管灌注桩和振动沉管灌注桩。

3.4.3.1　特点及适用范围

锤击沉管灌注桩的特点：可采用普通锤击打桩机施工，设备简单，操作方便，沉桩速度快。由于锤击沉管灌注桩在灌注混凝土过程中没有振动，所以容易产生桩身颈缩、混凝土离析等现象。适合在黏性土、淤泥质土、稍密的砂土及杂填土层中使用；不宜用于标准贯入击数大于 12 的砂土及击数大于 15 的黏性土及碎石土层中。

振动沉管灌注桩的特点：适应复杂地层，减轻或消除砂土地层的地震液化性能，对周围环境的噪声及振动影响较小，施工速度快，效率高。但是由于管桩振动而使土体受到扰动，会降低地基强度。适用于一般黏性土、淤泥、淤泥质土、粉土、稍密及松散的砂土及填土。

3.4.3.2　施工工艺

【视频演示】

沉管灌注桩成桩过程为：桩机就位→锤击（振动）沉管→上料→边锤击（振动）边拔管，并继续浇筑混凝土→下钢筋笼→继续拔管、浇筑混凝土→成桩，如图 3.17 所示。锤击沉管时采用落锤或蒸汽锤将钢管打入土中。振动沉管时是将钢管上端与振动沉桩机刚性连接，利用振动力将钢管打入土中。

桩尖有两种构造：一种是开口，在沉管时套以钢筋混凝土预制桩尖，拔管时，桩尖留在桩底土中；另一种是管端带有活瓣桩尖（图3.18），沉管时，桩尖活瓣合拢，灌注混凝土及拔管时活瓣打开。

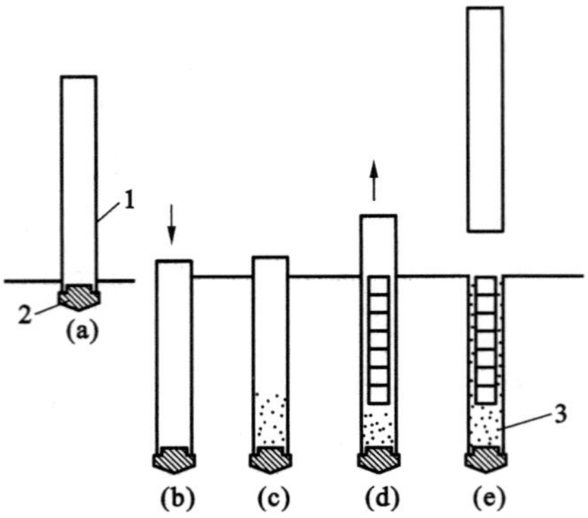

图 3.17　沉管灌注桩施工过程

(a) 就位；(b) 沉套管；(c) 初灌混凝土；
(d) 放置钢筋笼、灌注混凝土；(e) 拔管成桩
1—钢管；2—混凝土桩靴；3—桩

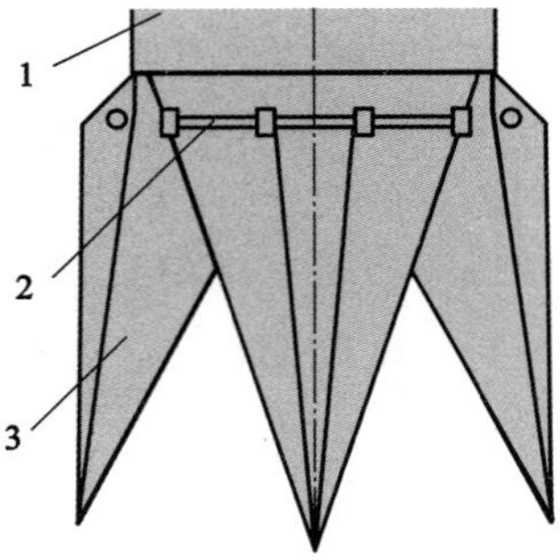

图 3.18　活瓣桩尖

1—桩管；2—锁轴；3—活瓣

锤击沉管灌注桩宜用于一般黏性土、淤泥质土、砂土和人工填土地基。振动沉管灌注桩除与锤击灌注桩相同外，还适用于稍密及中密的碎石土地基。

为了提高锤击沉管灌注桩的质量和承载能力，常采用复打扩大灌注桩。全长复打法的施工顺序如下：在第一次灌注桩施工完毕、拔出套管后，应及时清除管外壁上的污泥和桩孔周围地面的浮土，立即在原桩位吊升，第二次复打沉套管（同样应安放桩靴或活瓣桩尖），使未凝固的混凝土向四周挤压、扩大桩径，然后第二次灌注混凝土。拔管方法与初打时相同。复打施工时要注意：第一次灌注混凝土应达到自然地面，前后两次沉管的轴线应重合；复打施工必须在第一次灌注的混凝土初凝之前进行。复打法第一次灌注混凝土前不能放置钢筋笼，如配有钢

筋，应在第二次灌注混凝土前放置。

振动沉管灌注桩可采用单打法、复打法和反插法等施工工艺。

（1）单打法，即一次拔管法，拔管时先振动 5～10 s，再开始拔管，每提升 0.5～1.0 m，振动 5～10 s 后，再拔管 0.5～1.0 m，如此反复进行，直到全部拔出为止。

（2）复打法，即在同一桩孔内进行两次单打，或根据要求进行局部复打。

（3）反插法，即将钢管每提升 0.5～1.0 m，再下沉 0.3～0.5 m（反插深度不宜超过活瓣桩尖长度的 2/3），如此反复进行，直至全部拔离地面。此种方法在淤泥层中可消除缩颈现象，但在坚硬土层中易损坏桩尖，不宜采用。

3.4.3.3　注意事项

在拔管过程中，桩管内至少应保持 2m 高的混凝土或不低于地面，不足时应及时补灌，以防止混凝土中断形成颈缩。随时留意混凝土下落情况，如发现有颈缩现象，及时进行复打。

【视频演示】

复打或反插都应该在第一次灌注混凝土初凝前完成。

为保证混凝土桩身免受破坏，若桩的中心距在 4 倍套管外径以内时，应进行跳打法施工，或者在邻桩混凝土初凝之前将该桩施工完毕。

3.4.4　人工挖孔灌注桩

人工挖孔桩是用人工向下挖掘，并逐渐浇筑钢筋混凝土井圈护壁，而后成孔的一种施工方法，如图 3.19 所示。每层井圈高度为 800～1000 mm，井圈做成锥形，目的是便于混凝土的浇筑。锥形井圈上口宽一般为 150～200 mm，下口宽 100 mm。由于人工挖孔需人工进入孔内操作，故一般成孔直径较大，通常大于 800 mm。

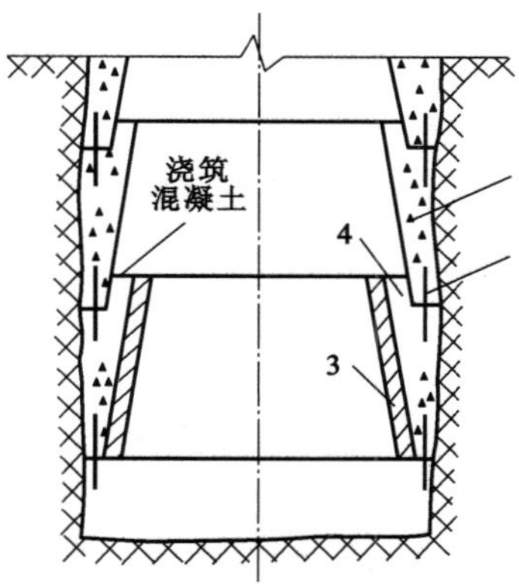

图 3.19　人工挖孔桩

1—井圈；2—井圈间连接钢筋（Φ8～Φ12@350～400 mm）；3—模板；4—混凝土浇筑口

3.4.4.1　特点及适用范围

人工挖孔灌注桩特点：单桩承载力高，受力性能好，设备简单；无噪声，无振动，无挤土，无泥浆排放等，对施工现场周围原有建筑物的危害影响小；施工速度快，必要时可各桩同时施工；土层情况明确，可直接观察到地质变化的情况；桩底沉渣易清理干净；施工质量可靠，造价较低。但人工耗量大，开挖效率低，施工条件差。

人工挖孔灌注桩适用于持力层埋藏较浅、单桩承载力要求较高的工程。适用土层为无地下水或地下水较少的黏土，粉质黏土，含少量的砂、砂卵石的黏性土层，也可用于在膨胀土、冻土中施工，特别适于在黄土中使用。对孔中氧气缺少或有毒气发生的土层应慎用。不能在流动性淤泥、流砂或有地下水暗流的地区进行人工挖孔。

3.4.4.2　施工工艺

人工挖孔灌注桩施工流程为：放线定位桩→开挖桩孔土方→支设护壁模板→放置操作平台→浇筑护壁混凝土→拆除模板继续下段施工→排出孔底积水→浇筑桩身混凝土。

【视频演示】

人工挖孔施工机具主要包括：

(1) 挖掘工具:以铁锹、铁镐等简易工具为主;

(2) 出土工具:主要包括机架、电动(或手拉)葫芦及出渣筒等;

(3) 降水工具:通常采用潜水泵在孔内抽排水,也可在孔外设井降水;

(4) 混凝土护壁模板:常用的有特制的圆弧形钢模板等。

3.4.4.3 施工要点

(1) 开孔前,桩位应定位放样准确,在桩位外设置定位龙门桩;安装护壁模板必须用桩心点校正模板位置,并由专人负责。

(2) 第一节井圈护壁应符合下列规定:① 井圈中心线与设计轴线的偏差不得大于20 mm;② 井圈顶面应比场地高出 150~200 mm,壁厚比下面井壁厚度增加 100~150 mm。

(3) 修筑井圈护壁应遵守下列规定:① 护壁的厚度、拉结钢筋、配筋、混凝土强度均应符合设计要求;② 上、下节护壁的搭接长度不得小于 50 mm;③ 每节护壁均应在当日连续施工完毕;④ 护壁混凝土必须保证密实,护壁模板的拆除宜在 24 h 之后进行;⑤ 发现护壁有蜂窝、漏水现象时,应及时补强以防造成事故。

(4) 遇有局部或厚度不大于 1.5 m 的流动性淤泥和可能出现涌土涌砂时,护壁施工宜按下列方法处理:① 每节护壁的高度可减小到 300~500 mm,并随挖、随验、随浇筑混凝土;② 采用钢护筒或有效的降水措施。

(5) 挖至设计标高时,孔底不应积水,终孔后应清理好护壁上的淤泥和孔底残渣、积水,然后进行隐蔽工程验收。验收合格后,应立即封底和浇筑桩身混凝土。

(6) 浇筑桩身混凝土时,混凝土必须通过溜槽输送;当高度超过 3 m 时,应用串筒输送,串筒末端离孔底高度不宜大于 2 m。

(7)注意安全措施,孔内设置安全软梯,孔外周围设防护栏杆,孔下照明采用安全电压;应设鼓风机向井下输送洁净空气,并且每日开工前必须检测井下是否有有毒、有害气体。

3.5 新型螺旋成孔根植注浆竹节管桩

新型螺旋成孔根植注浆竹节管桩是采用特殊的单轴螺旋钻机,按照设定深度进行钻孔,桩端部按照设定的尺寸(直径与高度)进行扩孔,扩孔完成后,注入桩端水泥浆和桩周水泥浆,边注浆边提钻,钻孔完成后依靠桩的自重将桩植入设计底标高,通过桩端及桩周水泥浆液硬化,使高强管桩与桩端和桩周土体形成一体,如图 3.20 所示。该型桩通过增大桩侧摩阻力接触面积和桩端强度来提高组合桩体的承载力。

静钻根植竹节桩(日本翻译名)始于 20 世纪 70 年代的日本,其凭借施工噪声小、承载力高等优点,在日本得到广泛应用,主要应用于中低层建筑。随着 PHC 竹节管桩制桩工艺、钻机制造以及施工工艺的发展,静钻根植竹节桩工法逐渐成熟。2010 年,静钻根植竹节桩经浙东管桩集团引入我国,并委托浙江大学建筑设计研究院编制了 PHDC 标准图集,同时针对江浙一带深厚软弱地基土,进行了一系列现场试验,确认其承载力优势,并做出相对应的本土技术改进。

新型螺旋成孔根植注浆竹节管桩具有环保节能、施工速度快、承载力高、桩身质量有保证、技术含量高、安全性能好等特点。因此,研究该新型组合桩受力特性有着重要意义。

新型螺旋成孔根植注浆竹节管桩工法集钻孔、注浆、深层搅拌、挤压、扩孔、预制技术于一身,有效解决了挤土、废弃泥浆及水平抗荷载能力等方面的问题。此工法施工流程共分为 4

图 3.20　新型螺旋成孔根植注浆竹节管桩

步：钻孔→扩底→喷浆→植桩，如图 3.21 所示，详述如下：

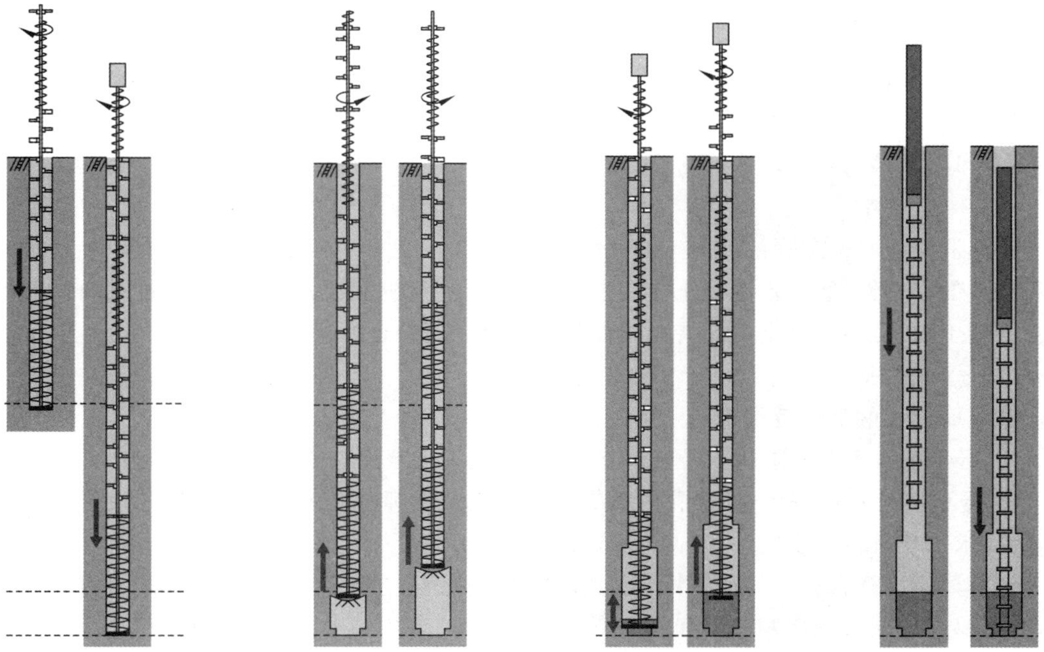

图 3.21　新型螺旋成孔根植注浆竹节管桩施工工法示意图

（1）将钻头定位于桩心位置，用定位尺进行平面位置的确认，并确保钻杆垂直度在许可范围内。在钻进的过程中，随时检测钻杆垂直度和平面位置，发现超差，及时进行调整。

(2) 钻头在钻进过程中，根据地质情况喷水（或者是膨润土混合液），利用带有特殊搅拌翼的钻杆边钻孔边对孔体进行修整及护壁。当钻孔深度深于桩机所能悬挂钻杆长度的时候，必须进行钻杆的接长。接钻杆的长度根据钻孔深度和桩机、钻机设备性能进行确认。

(3) 钻孔至设定深度后，上下反复提升和下降钻杆进行桩孔的修整。钻杆具有螺旋推进翼与搅拌翼相间设置的特点，随着钻掘和搅拌反复进行，可使水泥系强化剂与土得到充分搅拌。桩孔修整完成后，打开钻头部位扩大翼，按照设定的扩大直径分数次进行扩孔，扩孔的同时注入根固水泥浆并进行反复搅拌。

(4) 桩端固定水泥浆液喷送完成后，收拢扩大翼并进行提升，同时注入桩内外水泥浆。

(5) 将带有端部扩大和桩身变径的预制高性能混凝土桩先插入桩孔内，上接加强型 PHC 管桩，在植桩过程中，对桩身垂直度进行调整，利用桩的自重或使用钻机对桩进行回旋，将桩植入设计标高。

3.6 桩基检测

桩基础通常在地下或者水下，属于隐蔽工程，施工程序烦琐、技术要求高、施工难度大，容易出现质量问题。而桩基础工程的施工质量直接关系到整个建筑物的安危，因此桩基础工程的质量检验尤为重要。检测的方法主要有以下几种：钻芯取样法、低应变反射波法、超声波检测法和高应变检测法等。

3.6.1 钻芯取样法

在桩身上沿长度方向钻取混凝土芯样及桩端岩土芯样，通过对芯样的观察和测试，来评价成桩质量的检测方法称为钻芯取样法，简称钻芯法。

3.6.1.1 钻芯取样法检测内容及适用范围

(1) 检测内容

钻芯取样法是检测现浇混凝土灌注桩成桩质量的一种有效方法，检测内容包括：①评判桩身混凝土的完整性；②测定混凝土灌注桩的桩长；③测定桩底沉渣厚度；④通过室内试验确定桩身混凝土的强度；⑤判定桩端持力层性状和厚度是否符合要求。

(2) 适用范围

钻芯取样法的适用范围包括：

① 不受场地条件的限制，特别适用于大直径混凝土灌注桩的成桩品质检测；

② 受检桩桩长比较大时，成孔的垂直度和钻芯孔的垂直度很难控制，钻芯也容易偏离桩身，故要求受检桩桩径不宜小于 800 mm、长径比不宜大于 30。

钻芯取样法存在一定的局限性，只能反映钻孔范围内的小部分混凝土质量，存在较大的盲区，容易以点代面造成误判或者漏判。实践经验表明：采用钻芯取样法与超声联合法检测、综合判定的办法评定大直径灌注桩的质量，是十分有效的。

3.6.1.2 钻芯取样法检测数据的分析与判定

通过室内试验确定桩身混凝土抗压强度，结合钻芯孔数、现场混凝土芯样特征、芯样单轴抗压强度试验结果，按表 3.3 的特征进行综合判定。

表 3.3 钻芯法桩身完整性判定

类别	特　　征
Ⅰ	混凝土芯样连续、完整、表面光滑、胶结好、骨料分布均匀，呈长柱状，断口吻合，芯样侧面仅见少量气孔
Ⅱ	混凝土芯样连续、完整、胶结较好、骨料分布基本均匀，呈柱状，断口基本吻合，芯样侧面局部见蜂窝麻面、沟槽
Ⅲ	大部分混凝土芯样胶结较好，无松散、夹泥或分层现象，但有下列情况之一：芯样局部破碎且破碎长度不大于 10 cm；芯样骨料分布不均匀；芯样多呈短柱状或块状
Ⅳ	芯样侧面见蜂窝麻面，沟槽连续钻进很困难；芯样任一段松散、夹泥或分层；芯样局部破碎且破碎长度大于 10 cm

当出现下列情况之一时，应判定该受检桩不满足设计要求：

(1) 桩身完整性类别为Ⅳ类的桩；

(2) 受检桩混凝土芯样试件抗压强度代表值小于混凝土设计强度等级的桩；

(3) 桩长、桩底沉渣厚度不满足设计或规范要求的桩；

(4) 桩端持力层岩土性状(强度)或厚度未达到设计或规范要求的桩。

3.6.2 低应变反射波法

低应变反射波法就是通过对桩顶施加较低的激振能量，引起桩身及周围土体的微幅振动，用仪表记录桩顶的速度与加速度，利用波动理论对记录结果加以分析，目的是判断桩身完整性，具有快速、经济等特点。

3.6.2.1 低应变反射波法的基本原理

反射波法的基本原理是在桩顶竖向激振，弹性波沿着桩身向下传播，当桩身存在明显波阻抗差异的界面(如桩底断桩和严重离析等)或桩身截面积发生变化(如缩颈或扩颈)时，将产生反射波，经接收、放大、滤波和数据处理，可识别来自不同部位的反射信息。通过对反射信息进行分析计算，判定桩身混凝土的完整性，以及桩身缺陷的程度及其位置。

典型的波形特征及其对应的桩身缺陷如图 3.22 至图 3.26 所示。

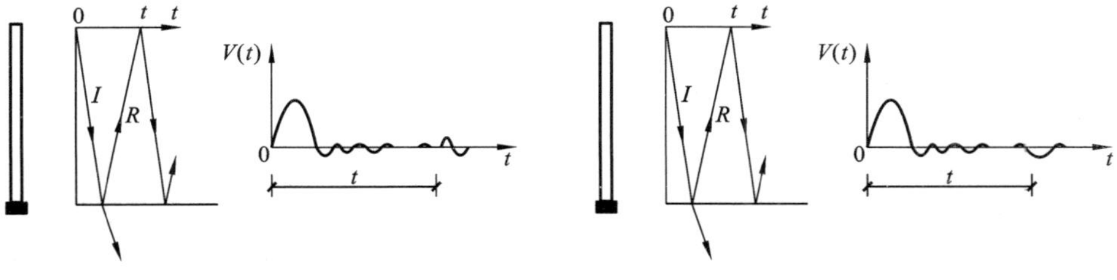

图 3.22 完整桩时域曲线

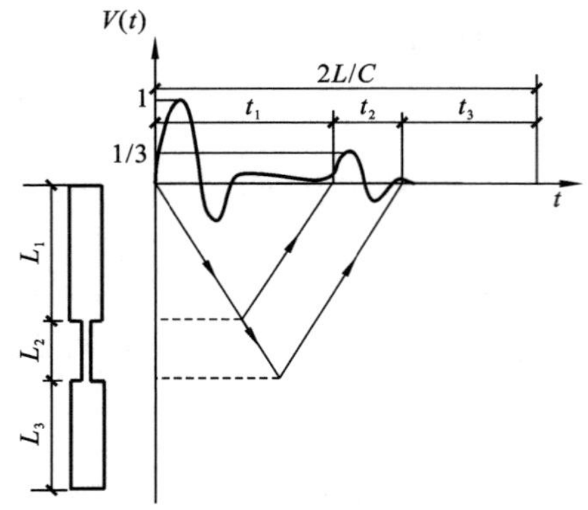

图 3.23　缩颈桩时域曲线

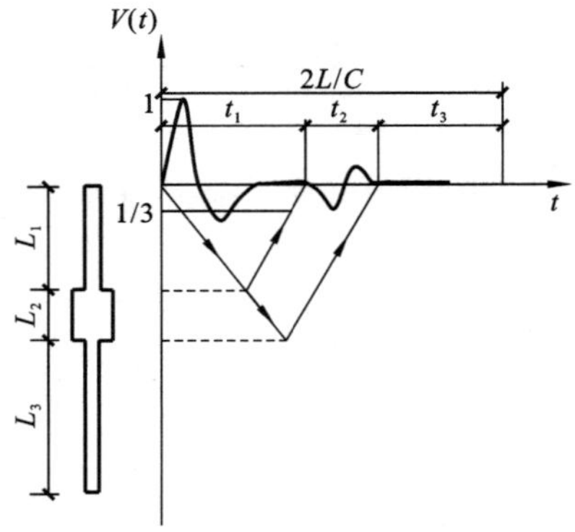

图 3.24　扩颈桩时域曲线

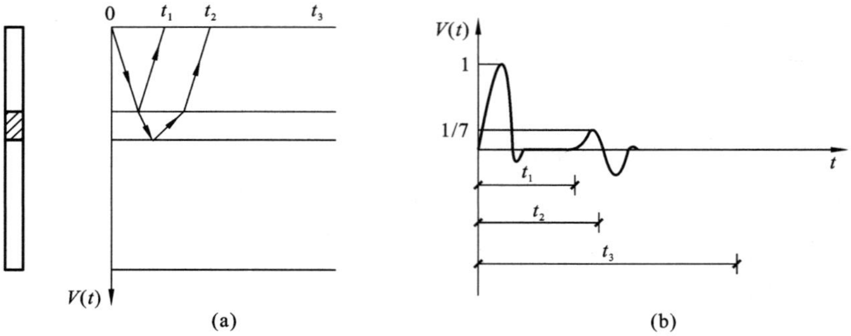

图 3.25　离析桩时域曲线

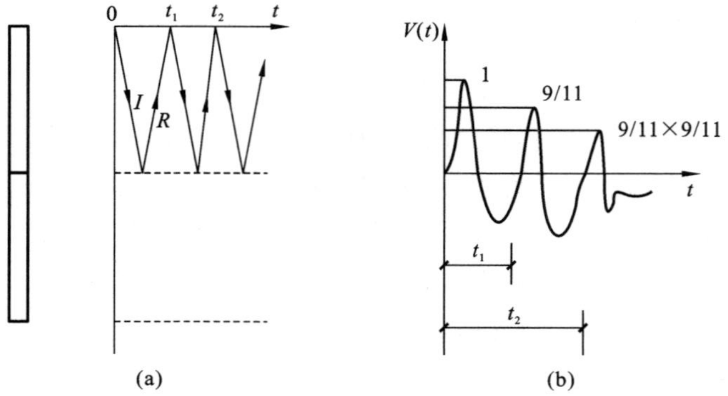

图 3.26　断桩时域曲线

3.6.2.2　低应变反射波法桩身完整性程度分析

影响桩身完整性的因素众多，桩身缺陷也多种多样，表 3.4 列举了结合规范和工程实际的桩基质量判别标准。但由于实测时情况要复杂得多，因此在具体工程中，要结合工地的工程地质条件、打桩和挖土施工等情况，对所测得的曲线认真分析研究，综合判断。

表 3.4　桩身质量及波形特征

桩基类别	桩质量评价	时域信号特征
Ⅰ	完整桩，无缺陷，桩身混凝土波速值正常	$2L/C$ 时刻前无缺陷反射波，波形正常
Ⅱ	基本完整桩，有轻微缺陷，但基本不影响正常使用，桩身混凝土波速值正常	$2L/C$ 时刻前出现轻微缺陷反射波，有扩颈或轻微缩颈现象
Ⅲ	有明显缺陷，影响正常使用或桩身混凝土波速值明显偏低	有明显缺陷反射波，有重度缩颈、离析或损伤现象
Ⅳ	有严重缺陷，桩身混凝土波速值很低，已无法正常使用	$2L/C$ 时刻前出现严重缺陷反射波，波形正常或周期性多次反射波，有严重夹泥、严重离析或断桩现象

3.6.3　超声波检测法

在混凝土灌注桩成桩过程中，将两根或两根以上的声测管固定于桩身钢筋笼上，预埋做声波换能通道，每对声测管道构成一个检测剖面，通过水的耦合，超声波从一根声测管发射，到另一根管内接收，利用声波的透射原理，根据声时、波幅及主频等特征参数的变化，对桩身混凝土介质状况进行检测，确定桩身完整性，称为桩基声波透射法检测技术。

3.6.3.1　*超声波透射法基本原理*

当混凝土无缺陷时，混凝土体是连续体，超声波在其中能正常传播。当存在缺陷时，混凝土连续性中断，缺陷区与混凝土之间成为界面(空气与混凝土)。在这个界面上，超声波传播情况发生变化，发生反射、散射与绕射。超声波经过缺陷界面时接收波声学参数将发生声时(波速)变化、接收波振幅变化、接收波主频率变化以及接收波波形的变化，通过分析这些变化判断桩身缺陷等情况。

超声波波形正常和有缺陷时的对比图如图 3.27 所示。

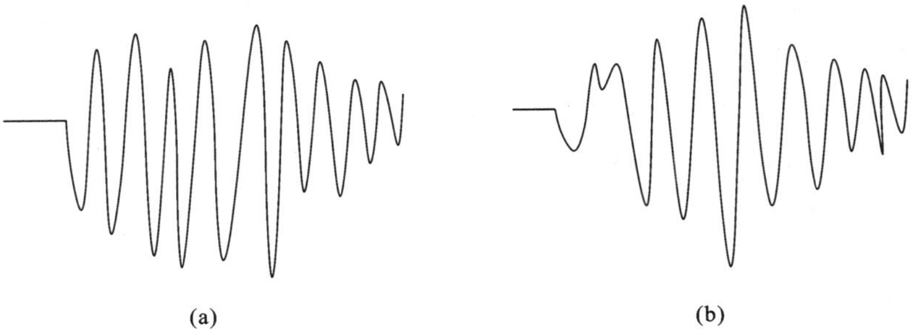

图 3.27　接收波波形

(a)正常混凝土波形；(b)有缺陷处波形

3.6.3.2　*桩身完整性判断*

桩身完整性可根据表 3.5 进行判定。

表 3.5 超声法桩身完整性判定

类别	特 征
Ⅰ	各声测剖面每个测点的声速、波幅均大于临界值,波形正常
Ⅱ	某一声测剖面个别测点的声速、波幅略小于临界值,但波形基本正常
Ⅲ	某一声测剖面连续多个测点或某一深度桩截面处的声速、波幅值小于临界值,PSD 值变大,波形畸变
Ⅳ	某一声测剖面连续多个测点或某一深度桩截面处的声速、波幅值明显小于临界值,PSD 值突变,波形严重畸变

注:PSD 判据是相邻测点间声时的斜率和差值乘积判据的简称。

3.6.4 高应变检测法

高应变检测方法是以重锤敲击桩顶,使桩产生一定的贯入度,一般在 2 mm 以上,然后,通过测量力和位移,来确定桩的质量和极限承载力的一种间接方法。目前高应变检测常用的方法有 CASE 法和 CAPWAP 法,下面简单介绍以上两种方法。

(1) CASE 法

CASE 法是在美国政府部门的资助下,由美国的凯司大学在 20 世纪 60 年代中期到 70 年代中期研究的一种桩基动力检测方法。主要适用于打入桩的施工检测和监控,在一定的经验基础上,特别在动、静对比基础上,可间接地作为检测各种类型工程桩的验收方法。CASE 法是建立在一维行波理论上的,并且应用时有以下的近似假定:①桩是一维线弹性细长杆件,桩身的材料是均质的;②忽略应力波在传播过程中的能量损耗;③破坏发生在桩土界面;④忽略桩侧动阻力,而且桩侧静阻力恒定。CASE 法的优点是计算简单,计算速度较快,可供选择的参数多,可做实时分析,进行打桩检测。但是有时这些基本假定实际上是不符合桩的实际工作状态的,这是 CASE 法的缺陷所在。

(2) CAPWAP 法(曲线拟合法)

CAPWAP 法的现场测试和数据采集与 CASE 法完全相同,但它的使用假定相比 CASE 法有了很大的改进:①桩身是连续的一维弹性杆件,桩身材料可以是不均匀的;②考虑了桩身材料内阻尼所造成的应力波衰减;③将桩离散为一系列单元长度为 1~2 m 的系统,单元内部无阻抗变化,应力波在每个单元内的传播时间相等。CAPWAP 法以实测值为客观标准反推桩土参数,使计算波形与实测波形拟合,反复推算,直至拟合结果达到理想值。这样的计算方法适用性更广,但是对测试信号的要求更严格,分析也复杂得多,对检测人员理论水平和实践经验水平要求较高。

4 大体积混凝土基础结构施工

对于建筑工程中大体积混凝土的定义，目前国际上尚无统一标准，国内外的定义也不尽相同。日本建筑学会标准(JASS5)规定："结构断面最小厚度在 80 cm 以上，同时水化热引起混凝土内部的最高温度与外界气温之差预计超过 25 ℃的混凝土，称为大体积混凝土。"美国混凝土学会(ACI)规定："任何就地浇筑的大体积混凝土，其尺寸之大，必须要求解决水化热及随之引起的体积变形问题，以最大限度减少开裂。"2018 年，我国发布的《大体积混凝土施工标准》(GB 50496—2018)中 2.1.1 条规定："混凝土结构物实体最小尺寸不小于1 m的大体量混凝土，或预计会因混凝土中胶凝材料水化引起的温度变化和收缩而导致有害裂缝产生的混凝土。"从上述国内外不同标准中的定义可知，大体积混凝土的定义不仅仅是由其绝对截面尺寸的大小决定的，而且要附加考虑是否会产生水化热及其引起的温度收缩应力和变形等因素。

我国的大体积混凝土以往多用于水工结构，随着近几十年来高层建筑的发展，大型箱型基础、筏板基础的应用，厚度较大的钢筋混凝土底板、深梁、桩基础承台、高层构筑物基础等也都被列入了大体积混凝土行列。

【视频演示】

水工结构中，大体积混凝土结构一般具有如下特点：

(1) 混凝土是脆性材料，抗拉强度只有抗压强度的 1/10 左右；拉伸变形能力也很小，短期加载时的极限拉伸变形只有 60～100 $\mu\varepsilon$，相当于温度降低 6～10 ℃的变形；长期加载时的极限拉伸变形也只有 120～200 $\mu\varepsilon$。

(2) 大体积混凝土结构断面尺寸比较大，混凝土浇筑以后，由于水泥的水化热，内部温度急剧上升，此时混凝土弹性模量尚且很小，徐变较大，升温引起的压应力并不大；但在日后温度逐渐降低时，弹性模量比较大，徐变较小，在一定的约束条件下会产生相当大的拉应力。

(3) 大体积混凝土通常暴露在场地上，表面与空气或水接触，一年四季中气温和水温的变化在大体积混凝土结构中会引起相当大的拉应力。

(4) 大体积混凝土结构通常不配置钢筋，或只在表面或孔洞附近配置少量钢筋，与结构的巨大断面相比，含钢率是极低的，即混凝土内产生的拉应力主要靠混凝土自身来承受。

在高层建筑基础工程中，混凝土中水泥含量相对较大，钢筋配置相对较多，其与水工结构的大体积混凝土结构相比，具有以下特点：

(1) 体积较小，块体较薄；

(2) 混凝土设计强度较高，每立方米水泥含量较多，水化热引起的混凝土内部温度较一般混凝土要大得多；

(3) 结构截面内钢筋配置多，整体性要求高；

(4) 基础结构大多埋置在地下，虽然受外界温度变化影响较小，但是要求抗渗性能较高，故如何控制由混凝土内外温差和温度变形而造成的裂缝，提高混凝土的抗渗、抗裂和抗侵蚀性能，是大体积混凝土基础中的一个关键问题；

(5) 地基对基础底面产生的约束作用较强，当基础平面尺寸较大时，由温度变化产生的变形受到不均匀的约束作用，其内部产生的应力也将随之增大。

基于以上对大体积混凝土结构的分析，国内外做了较多的科研和实践工作。在大体积混凝土温度控制方面，过去曾提出内外温差应控制在 20 ℃以内，南方一些地区提出温差应控制在 25 ℃以内。宝钢工程的大体积混凝土施工中，温度控制在 30 ℃以内。从国内的施工实践来看：混凝土的温升和温差与表面系数有关，单面散热的结构断面最小厚度在 75 cm 以上，双面散热的在 100 cm 以上。水化热引起的混凝土内外最高温差预计超过 25 ℃的混凝土结构，可按大体积混凝土施工。

4.1 大体积混凝土的裂缝

4.1.1 裂缝种类

混凝土是由水泥浆和骨料组成的非匀质复合材料，它具有较高的抗压强度和良好的耐久性能，但抗拉强度低，抗变形能力差且易开裂。如图 4.1 所示，水泥浆和骨料单独受压时，各自表现出明显的线性应力-应变关系，而混凝土受压的应力-应变关系则是非线性的，其原因在于两者物理力学性能的差异（表 4.1），以及混凝土内部存在着许多细微裂缝。这些裂缝对混凝土的应力-应变关系具有决定性的影响。

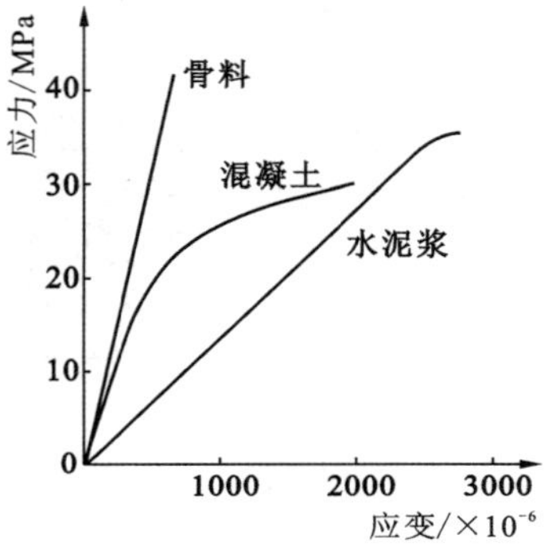

图 4.1 水泥浆、骨料和混凝土的应力-应变关系

对混凝土内部结构进行亚微观研究表明，在混凝土内部存在着三种细微裂缝：一种是在砂浆与石子之间的黏结面上的裂缝；另一种是穿过砂浆的裂缝；还有极少量的是穿过石子的裂缝。混凝土在受到荷载作用之前，石子与砂浆黏结面上即已存在着微裂缝，这些微裂缝就是混凝土内部的薄弱环节。

表 4.1 粗骨料和水泥浆体的物理力学性能指标典型值

性能指标	抗压强度/MPa	抗拉强度/MPa	弹性模量/($\times 10^4$ MPa)	泊松比	密度/(kg/m^3)	膨胀系数/($\times 10^{-6}$℃)
硬化水泥浆体	15～150	1.4～7	0.7～2.8	0.25	1700～2200	12～20
粗骨料	70～350	1.4～14	3.5～7.0	0.1～0.25	2500～2700	6～12

试验结果表明，当混凝土受力后直到极限荷载，混凝土内部微裂缝逐渐增多和扩展，一般可分为 3 个发展阶段：

（1）微裂缝相对稳定期

混凝土压应力小于极限压应力的 30%～50%时，虽然有些裂缝的尖端因应力集中而沿界面略有发展，但是也有些微裂缝和间隙因受压而有些闭合，因此对混凝土的宏观变形性能无明显变化。即使荷载多次重复作用或者持续较长时间，微裂缝也不致有大的发展，残余变形很小。

（2）稳定裂缝发展期

混凝土压应力小于极限压应力的 75%～90%时，混凝土原有的粗骨料界面裂缝逐渐延伸和增宽，其他骨料界面又出现新的黏结裂缝。一些界面裂缝的伸展，渐次进入水泥砂浆，或者水泥砂浆中原有的裂缝应力集中将砂浆拉断，产生少量微裂缝。这一阶段，混凝土内微裂缝发展较多，变形增长较大。但是，当荷载不再增大时，微裂缝的发展也将停滞，裂缝形态保持基本稳定。故在长期荷载作用下，混凝土的变形将增大，但不会过早破坏。

(3) 不稳定裂缝发展期

混凝土压应力大于极限压应力的 75%～90%时，混凝土进入不稳定裂缝发展期。此时，粗骨料的界面裂缝突然加宽和延伸，水泥砂浆中的已有裂缝也加快发展，并和相邻的粗骨料界面裂缝相连。这些裂缝逐个连通，构成大致平行于压应力方向的连续裂缝。这一阶段的应力增量不大，而裂缝发展迅速，变形增长快。即使应力维持常值，裂缝仍将继续发展，不再能保持稳定状态，而发生最终破坏。

由于混凝土内部微裂缝的存在，使得混凝土成为脆性材料，且其抗拉强度远低于抗压强度，受拉极限变形也远低于受压极限变形，因此在施工和运行期中，在外力和温度变化的作用下，容易出现宏观裂缝。

混凝土结构中的"微裂缝"亦称"肉眼不可见裂缝"，一般宽度在 0.05 mm 以下。当宽度大于 0.05 mm 时，裂缝是肉眼可见裂缝，称为"宏观裂缝"。

大体积混凝土的裂缝多由变形受到约束而引起，即结构有变形要求时，受到约束作用，变形得不到满足，混凝土内部将产生应力作用。当应力超过混凝土的抗拉强度时，就会引起混凝土开裂。

结构产生变形变化时，不同结构之间和结构内部各质点之间都会产生约束，前者称为"外约束"，后者称为"内约束"。"内约束"一般是当结构截面较厚时，其内部温度和湿度分布不均匀，引起各质点变形的相互约束。在高层建筑基础工程中，混凝土的体积与水工结构相比不是很大，它承受的温差和收缩主要是均匀温差和均匀收缩，故"外约束"应力占主要地位。

大体积混凝土由于截面大、水泥用量多，水泥水化释放的水化热会使混凝土内部温度逐渐上升。当混凝土内外温差较大时，内部混凝土有热胀变形，外部混凝土有冷缩变形，致使混凝土体产生温度应力。当温度应力达到并超过混凝土当时的极限抗拉强度时，混凝土开裂。这种裂缝按照其开裂的时间段，一般可分为以下两种：

① 大体积混凝土浇筑初期，水泥在水化过程中产生大量的热量，且在 1～3 d 内放出的热量可达其总热量的 50%，导致混凝土温度急速上升。其中，混凝土表面与大气接触，散热较好，其温度相对上升较慢；而混凝土内部由于散热条件较差，热量过度积蓄，温度较高，一般在 3～5 d 内，混凝土内部温度可达到最高值。与混凝土表面相比，产生较大的内外温差，致使内外形成温度梯度，从而产生内约束。此时混凝土内部相对膨胀，外部相对收缩，导致混凝土内部产生压应力，外部产生拉应力，当外部混凝土受到的拉应力超过其当时的抗拉强度时，混凝土表面开裂，形成裂缝。

② 混凝土浇筑数日后，水泥水化热基本释放完，混凝土内部温度逐渐下降，并伴有体积收缩，再加上混凝土中除参与水泥水化反应外的多余水分蒸发，促使体积进一步收缩。在混凝土收缩过程中，由于受到地基或结构的边界条件约束作用，阻止了它的自由变形，造成约束面上产生了拉应力作用。当拉应力超过混凝土的抗拉强度时，混凝土开裂，严重时可能产生贯穿裂缝，破坏结构的整体性、耐久性和防水性，影响结构功能。

大体积混凝土裂缝按其深度一般可分为表面裂缝、内部小裂缝、深层裂缝和贯穿裂缝四种。

表面裂缝是出现在混凝土表面的裂缝，包括混凝土浇筑块的顶面、侧面和棱角。根据裂缝的成因，表面裂缝又可分为干缩裂缝和温度裂缝两类。干缩裂缝是在混凝土浇筑后由于养护不好，由干缩而引起的裂缝，其深度极浅，往往呈龟裂状。温度裂缝是由内外温差，尤其是寒潮引起的，往往同时出现几条平行的直线裂缝，在浇筑块的顶面，有时也出现互相正交的十字形裂缝，裂缝深度通常只有几厘米到十几厘米。

内部裂缝是在浇筑块顶面上出现表面裂缝后，在上面再浇筑新混凝土，原裂缝就变成内部小裂缝。

深层裂缝是在浇筑块表面露出来的比较深、比较宽的裂缝，裂缝深度由几十厘米到几米甚至一二十米，但并未切断整个混凝土结构，其内部仍然是连续的。

贯穿裂缝是切断混凝土结构的大裂缝，是危害最为严重的裂缝。

微裂缝是所有混凝土中都有的，它的存在是正常现象，它对混凝土强度和变形的影响是设计规范中已经考虑了的。对于钢筋混凝土结构来说，当钢筋承受的拉应力达到一定程度时，周围的混凝土就可能出现一些宏观裂缝，但受到钢筋的约束，裂缝宽度较小，只有当钢筋产生较大的塑性变形时，裂缝宽度才会急剧增加。在大体积素混凝土中，由于没有钢筋的拉结作用，因此一旦出现较大裂缝，就将影响结构的整体性和安全性。

大体积混凝土结构的尺寸比较大，表面裂缝和内部小裂缝如果不发展，通常对结构的正常使用影响不大。但实际经验表明，在一定条件下，表面裂缝和内部小裂缝往往会扩展成大裂缝，甚至贯穿裂缝，危及结构的正常使用。

对于混凝土结构裂缝宽度的要求，国内外规范不尽相同。我国《混凝土结构设计规范》(GB 50010—2010)中3.4.5条文解释中提到：对于露天或室内潮湿环境（二类环境）下钢筋混凝土构件的观察结果表明，裂缝处钢筋都有不同程度的表皮锈蚀，而当裂缝宽度小于或等于0.2 mm时，裂缝处钢筋上只有轻微的表皮锈蚀。故在3.4.5条中规定，此条件下最大裂缝宽度限值为0.2 mm。

在基础、地下或半地下结构中，裂缝主要影响其防水性能。当裂缝宽度只有0.1～0.2 mm时，虽然早期有轻微渗水，但是经过一段时间后一般可以自愈。裂缝宽度超过0.2～0.3 mm，其渗水量与裂缝宽度的立方成正比，渗水量随裂缝宽度的增大而急速增加，此时必须采取化学注浆等技术措施方能弥补裂缝带来的危害。

4.1.2 裂缝产生的原因

大体积混凝土施工阶段产生的温度裂缝，是其内部矛盾发展的结果。一方面是混凝土由于内外温度差产生的应力和应变，另一方面是结构的外约束和混凝土各质点间的约束（内约束）阻止这种应变。一旦温度应力超过混凝土能够承受的抗拉强度时，裂缝就会产生。裂缝的产生大致有以下几方面原因：

4.1.2.1 水泥水化热引起的温度应力和温度变形

水泥的水化过程是放热反应，普通水泥水化反应所放出的热量大约为500 kJ/kg。大体积混凝土中，由于大批量水泥的使用，致使混凝土内部温度积蓄并逐渐升高。一般情况下，混凝土浇筑后1～3 d内放出的热量可达总放热量的一半，而混凝土内部蓄积的热量在浇筑后的3～5 d达到顶峰。当混凝土内部和表面温差过大时，就会产生温度应力和温度变形。温度应力与温差成正比，温差越大，温度应力也越大。当这种温度应力超过混凝土的约束力时，就会在混凝土体中产生裂缝。温度应力还与混凝土结构的尺寸有关，在一定尺寸范围内，混凝土结构尺寸越大，温度应力越大，混凝土体开裂的可能性也就越大。与水利结构中的大体积混凝土相比，虽然建筑基础结构的体积较小，但是混凝土中的水泥含量较大，短时间内混凝土内外温差提升较快，所以要特别注意控制混凝土浇筑后几天内的内外温差，降低温度应力，从而控制裂缝的产生。

4.1.2.2 约束条件的影响

结构在产生变形的过程中，必然会受到一定程度的约束或抑制而阻碍变形的发展，这个抑制条件称为"约束条件"。如 4.1.1 节中所述，约束分为外约束和内约束。大体积混凝土基础与地基浇筑在一起，当温度变化时，受到下面地基的限制而产生外部约束应力。混凝土早期温升膨胀变形受此约束作用而产生压应力作用，此时混凝土强度低，徐变和应力松弛度较大，混凝土与基层连接不牢固，故外约束较差，压应力也就较小。当后期温度下降时，混凝土体积收缩，在地基约束作用下，导致混凝土体产生拉应力作用。当拉应力超过混凝土抗拉强度时，混凝土开裂。

在内约束条件作用下，即由于混凝土内部温度高，体积膨胀扩展，而混凝土表面温度相对较低，体积相对收缩，形成混凝土表面约束其内部的内约束条件。在此条件下，两者分别产生压应力和拉应力作用，当混凝土表面的拉应力超过其抗拉强度以及钢筋的约束作用时，混凝土开裂。

4.1.2.3 外界气温变化的影响

外界气温的变化也是影响大体积混凝土开裂的重要因素之一。在混凝土浇筑及养护期间，混凝土内部温度由浇筑温度、水泥水化热的绝热温升和混凝土的散热降温三种因素叠加而成。混凝土的浇筑温度同外界气温保持一致，混凝土浇筑温度越高，内部蓄热温度越高。若混凝土浇筑后的一段时间内恰逢气温下降，导致混凝土表面温度降低，将会造成混凝土内外温差加大，温度应力梯度随之加大，继而导致混凝土体开裂。因此，降低混凝土的浇筑温度，减少气温下降对混凝土表面温度的影响，也是防止大体积混凝土开裂的重要措施之一。

4.1.2.4 混凝土收缩变形的影响

影响混凝土收缩变形的主要因素有：

(1) 水泥的品种和用量

不同品种和质量的水泥，收缩变形值不等。如早强水泥比普通水泥的收缩大约 10%，混凝土中的水泥用量(kg/m^3)和水灰比(W/C)越大，收缩量越大。

(2) 骨料的性质、粒径和含量

骨料含量大、弹性模量值高者，收缩量小；骨料粒径大者，对水泥浆体收缩的约束大，且达到相同稠度所需的用水量少，故收缩量也小。

(3) 养护条件

及时完善的养护可加速水泥的水化作用，减小混凝土收缩量。养护不完善，或处于干燥环境下，则会加大混凝土的收缩量。

(4) 塑性收缩

在混凝土硬化之前，混凝土处于塑性状态。混凝土塑性收缩裂缝的产生主要是上部混凝土的均匀沉降受到了限制，如遇有钢筋或大的混凝土骨料，或者平面面积较大的混凝土其水平方向的收缩比垂直方向的收缩更难时，就会产生不规则的深部裂缝。这种裂缝通常是互相平行的，并且有相当的深度。该裂缝不仅仅发生在大体积混凝土中，一般平面尺寸较大、厚度较薄的结构构件也会出现这种裂缝。

(5) 干燥收缩

混凝土在空气中凝固和硬化,收缩变形是不可避免的。其主要是由于水泥水化生成物料的体积小于原物料的体积,以及水分蒸发后骨料颗粒受毛细管压力的压缩等因素造成的。在湿养护期时,混凝土因饱含水分而体积基本保持不变;当混凝土暴露在空气中时,因内部水分散发导致其体积收缩。

(6) 碳化收缩

表层混凝土中的 $Ca(OH)_2$ 与空气中的 CO_2 反应,生成 $CaCO_3$ 和水,这些水分的蒸发造成了混凝土体积的进一步收缩。这种化学反应称为混凝土的碳化反应。

混凝土的收缩变形是个长期过程,已有试验表明,收缩变形在开始干燥时发展较快,以后逐渐减慢,大部分收缩在龄期 3 个月内出现,但龄期超过 20 年后,收缩变形仍未停止。在经历数十年后,收缩应变一般可达 300～600 $\mu\varepsilon$,在不利的条件下甚至可达 800～1000 $\mu\varepsilon$。

4.2 大体积混凝土的温度应力

根据大体积混凝土内部产生温度应力的原因,可将其分为自生应力和约束应力两种类型。

当混凝土结构的边界上没有任何约束或者完全静定时,如果结构内部温度是线性分布的,则内部不产生应力;如果结构内部温度是非线性分布的,由于结构本身的互相约束而产生的应力,称为自生应力。例如,在大体积混凝土的养护期间,内部温度较高,表面温度较低,表面的温度收缩变形受到内部膨胀变形的约束,在表面出现拉应力,在内部出现压应力。自生应力的特点:在整个断面上,拉应力与压应力保持平衡,如图 4.2(a)所示。

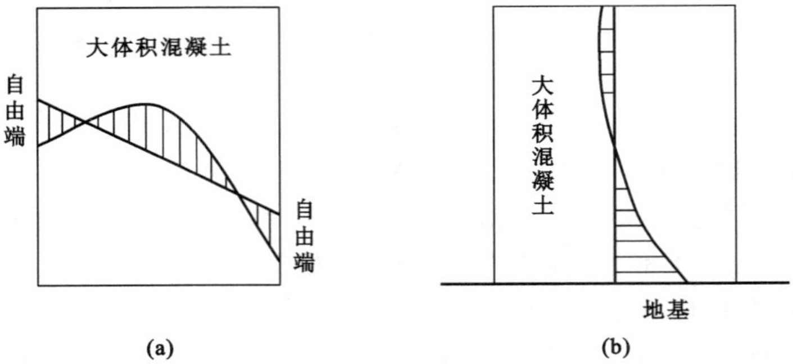

图 4.2 两种温度应力示意图

(a) 自生应力;(b) 约束应力

当结构的全部或部分边界受到外界条件约束时,温度变化使混凝土体不能自由变形而引起的应力称为约束应力。例如,混凝土体冷却时受到基础的约束而产生的应力,如图 4.2(b)所示。

分析两种应力的存在条件可以看出,在静定结构中,只会出现自生应力,而在超静定结构中,可能同时出现自生应力和约束应力,且两种应力相互叠加。

在温度应力的研究方面,自 20 世纪 30 年代以来,国外就开始有科研工作者对大体积混凝土温度应力的理论进行了研究。我国水利电力科学研究院亦对混凝土大坝的温度应力进行了大量的理论研究和模型试验研究，其中具有代表性的科学家，如潘家铮、朱伯芳等人在此方面就取得了卓越的科研成果。

高层建筑的基础工程中，所谓的大体积混凝土要比坝体混凝土小得多，但与坝体相比，又有较多独具的特点，具体表现为：

(1) 混凝土强度等级较高，单位体积混凝土的水泥用量大，导致收缩变形较大；

(2) 混凝土基础均为配筋结构，且配筋率相对较高，这是控制裂缝生成与发展的有利条件；

(3) 虽然水泥用量大，水化热温升快，但是体积并不十分巨大，故混凝土体的降温散热速度也相对较快，内部升温与表面收缩共同作用，混凝土表面很容易开裂；

(4) 高层建筑的地基较坝体地基弱，亦即地基对混凝土的约束相对较弱，这是控制混凝土开裂的有利条件；

(5) 控制裂缝的方法不像坝体混凝土那样规模庞大，一般不采用特制的低热水泥和复杂的冷却系统，而是主要依靠合理配筋和设计、采用合理的浇筑方案并加强养护等技术措施，以提高结构的抗裂性能，避免引起过大的内外温差而产生裂缝。

根据这些特点可以看出，高层建筑大体积混凝土基础主要承受均匀温差和均匀收缩所产生的影响，其主要约束来自于外部约束作用。

4.3 控制混凝土温度裂缝产生的技术措施

在大体积混凝土施工过程中，以及施工过程的前后要采取必要的技术措施控制温度应力的发展，最大限度地降低温度应力对混凝土体产生的不利影响，是大体积混凝土基础结构的施工重点之一。

根据我国《大体积混凝土施工标准》(GB 50496—2018)相关规定要求，以及长期的大体积混凝土结构施工经验，为防止产生温度裂缝，一般应着重在控制混凝土温升、延缓混凝土降温速率、减少混凝土收缩、提高混凝土极限抗拉强度、改善约束条件、完善构造设计等方面采取积极措施。

在采取相应技术措施控制混凝土温度应力、降低混凝土开裂程度的同时，要建立科学合理的温度监控体系，作为采取技术措施的依据。温度监控体系的建立，可以使施工人员及时了解混凝土结构内部温度变化情况，并按照施工组织及技术措施的相应预案处理问题，以求最大限度地降低温度应力产生的不利因素作用，控制大体积混凝土基础结构产生温度裂缝。

【视频演示】

4.3.1 控制混凝土温升的技术措施

大体积混凝土的内外温差是导致其产生温度应力继而开裂的根源，而水泥水化热的蓄积是混凝土温升的源头，故控制水泥水化热引起的温升，可直接降低混凝土内外温差，对降低混凝土温度应力、防止温度裂缝的产生可起到关键性的作用。具体措施有：

4.3.1.1 选择水化热低和安定性好的水泥

为在大体积混凝土施工中降低混凝土因水泥水化热引起的温升，达到降低温度应力和保温养护费用的目的，根据目前国内水泥水化热的统计数据和多个大型重点工程的成功经验，以及美国《大体积混凝土》(ACI 207.1R—96)中的相关规定和我国《大体积混凝土施工标准》

(GB 50496—2018)中的相关规定要求，一般应选用水化热低的通用硅酸盐水泥，3 d水化热不宜大于250 kJ/kg，7 d水化热不宜大于280 kJ/kg；当选用52.5强度等级水泥时，7 d水化热宜小于300 kJ/kg；水泥应符合现行国家标准《通用硅酸盐水泥》(GB 175)的有关规定，当采用其他品种时，其性能指标应符合国家现行有关标准的规定。

水泥的安定性即体积安定性，是指水泥在凝结硬化过程中体积变化的均匀性。如果水泥硬化后产生不均匀的体积变化，即为体积安定性不良，安定性不良也会使混凝土体产生裂缝。

4.3.1.2 骨料的选择

混凝土中骨料所占的比例为70%～80%，为了充分发挥水泥的有效作用，一般宜优先选用以自然连续级配的骨料配置混凝土。一般情况下，自然连续级配的骨料配置的混凝土具有较好的和易性、较少的用水量和水泥用量以及较高的抗压强度。在石子规格的选用上，可根据施工条件，尽量选用粒径较大、级配良好的石子。大粒径石子的选用既可减少水泥用量，直接降低水泥水化热的产生，又可以减少配合比中水的用量，使混凝土失水后的收缩量随之减少。但石子粒径增大后，容易使混凝土产生离析，故必须优化混凝土粗细骨料的级配设计。一般情况下，细骨料宜采用中砂，其细度模数宜大于2.3，且含泥量控制在3%以内；粗骨料应选用非碱活性、粒径为5～31.5 mm、连续级配，且含泥量控制在1%以内的骨料。配合比中，含砂率宜控制在38%～42%之间。

此外，如能在混凝土搅拌前降低骨料的温度，以此来吸收部分水泥水化热，对降低混凝土养护初期的温升速率有明显的效果，将会非常有效地降低混凝土内外温差。

4.3.1.3 掺加粉煤灰和粒化高炉矿渣粉，降低水泥使用量

粉煤灰和粒化高炉矿渣粉(简称矿渣粉)都是具有一定活性的混凝土掺合料，它们的掺入，可改善混凝土的黏塑性，增大混凝土的坍落度。粉煤灰和矿渣粉替代水泥掺入混凝土中时，根据混凝土要求不同，其掺量也有所不同。一般情况下，粉煤灰的掺量不宜超过胶凝材料用量的50%，矿渣粉的掺量不宜超过胶凝材料用量的40%，粉煤灰和矿渣粉掺合料的总量不宜大于混凝土中胶凝材料用量的50%。拌合水用量不宜大于170 kg/m^3，水胶比不宜大于0.45。由此可以看出，通过掺加掺合料的方法减少水泥用量，可以大大降低水泥水化热的产生，从而降低大体积混凝土内部温度的积蓄。当混凝土中掺加粉煤灰和矿渣粉等掺合料时，其达到设计强度等级的龄期一般为60 d或90 d。

4.3.1.4 控制混凝土浇筑温度

为了降低大体积混凝土总温升和减少结构的内外温差，控制混凝土的浇筑温度也很重要。混凝土中的骨料比热容较小，其用量占混凝土的70%～80%；水的比热容很大，其用量仅占混凝土用量的很小部分，一般不超过10%。如前所述，如在混凝土搅拌前降低粗细骨料的温度，则能对混凝土起到很好的降温效果。

对于混凝土浇筑温度的控制，目前尚无统一的标准。美国ACI施工手册中规定不得超过32 ℃；日本土木学会施工规程中规定不得超过30 ℃；日本建筑学会钢筋混凝土施工规范中规定不得超过35 ℃；我国《大体积混凝土施工标准》(GB 50496—2018)根据施工季节的不同做了相应的规定，即炎热天气浇筑混凝土时，宜采取遮盖、洒水、拌冰屑等降低混凝土原材料温度的措施，混凝土入模温度宜控制在30 ℃以下；混凝土浇筑后，应及时进行保湿保温养护，条件许可时，应避开高温时段浇筑混凝土。在冬季浇筑混凝土时，宜采取热水拌和、加热骨料等提高混凝土原材料温度的措施，混凝土入模温度不宜低于5 ℃；混凝土浇筑后，应及时进行保湿

保温养护。

在具体控制混凝土浇筑温度时，应视当时的气温而定，即夏季采用降温法施工，冬季采用保温法施工。

4.3.2 延缓混凝土表面降温速率的技术措施

大体积混凝土浇筑后的养护期内，为了减少因内部温升与外部温降形成的较大内外温差而产生表面裂缝，应当采取积极的养护措施防控。通常情况下，高层建筑大体积混凝土基础结构内部不宜设置降温设施（如冷却水管等降温设施），此时，在混凝土表面施以恰当的保湿保温养护，对于防止混凝土表面温度散失过快，以及防止混凝土表面脱水产生干缩裂缝具有极为重要的作用。大体积混凝土基础结构施工中，蓄水养护法是一种经济实用且应用范围较广的养护方法，即在混凝土终凝后，在混凝土表面蓄存一定深度的水对其进行养护。由于水的导热系数相对较大，混凝土表面蓄积的养护水吸收混凝土散发的热量而温度升高，因其具有一定的隔热保温效果，养护期间一边逐渐向外散发热量，一边以适宜的温度覆盖在混凝土表面对其进行养护，避免表面降温过快形成较高的内外温差，从而防止了混凝土体内产生过大的温度应力梯度，控制了温度裂缝的形成与发展。此外，在大体积混凝土基础结构拆模后，宜尽快将回填土回填，充分利用土体对其进行保温，以避免昼夜温差以及气温变化等因素对混凝土表面产生不利影响。大体积混凝土基础养护过程中，混凝土内外温差宜控制在 25 ℃范围内。

4.3.3 改善约束条件、完善构造设计的技术措施

4.3.3.1 设置滑动层

高层建筑大体积混凝土基础承受外部约束作用较大，其主要问题是来自地基对混凝土基础降温收缩时的约束作用。为降低地基对基础底面的约束作用，可采取在两者之间设置滑动层的措施来改善地基对基础的约束。滑动层的做法有：涂刷两道热沥青加铺油毡一层；铺设 10～20 mm 厚沥青砂；铺设 50 mm 厚砂层或石屑层等。

4.3.3.2 设置后浇带

当大体积混凝土结构的尺寸过大，通过计算证明整体一次浇筑产生的温度应力过大，不可避免地产生温度裂缝时，则可由设计单位在合理的位置设置“后浇带”，以防止温度裂缝的产生。

“后浇带”是在现浇钢筋混凝土结构中，防止混凝土由于变形、收缩不均而有可能产生的有害裂缝，按照设计或施工规范要求，在基础底板、墙、梁相应位置留设的临时施工缝。它将结构暂时划分为若干部分，待各段混凝土变形基本完毕后再浇筑该施工缝的混凝土，并将结构连成整体。后浇带的浇筑时间宜选择气温较低时，浇筑的混凝土中宜掺入适量的膨胀剂（UEA），且其强度等级应比前期浇筑的混凝土强度高一级，以防止新老混凝土之间出现裂缝而产生薄弱部位。

“后浇带”的间距一般为 20～30 m，其浇筑时间最少要在前期浇筑混凝土的 40 d 之后。一般情况下，在主体结构封顶后，再统一浇筑“后浇带”混凝土。

4.3.4 提高混凝土抗裂性能的二次振捣技术措施

混凝土的收缩和极限拉应变除与水泥用量、骨料品种和级配、水灰比、外加剂种类与含量

有关外，还与施工工艺和施工质量密切相关。通过改善混凝土的配合比和施工工艺，可以在一定程度上提高其极限拉应变和减少混凝土的收缩，对于混凝土的抗裂性能具有一定的提高作用。

在浇筑混凝土结构时，混凝土在振捣作用下会趋于液化，具有一定的流动性，在振捣成型及其随后的静停过程中，很少能实现相对稳定的状态，粗骨料因自重作用仍有下沉，水分和气泡上升，这种物理现象会一直持续到混凝土失去塑性为止，其结果是会造成粗细骨料上下分布不均匀的现象。粗大骨料在混凝土凝结前的下沉，使得下部的密实度大于上部，所以混凝土的下部强度总是大于上部，习惯称之为混凝土的外分层。而且随着外分层的发展，还会出现内分层，即粗骨料周围区域密实度发展不均匀。粗骨料上部区域的密实度最大，侧面区域的密实度中等，下部区域的密实度则最小。内分层的出现进一步地加剧了混凝土内部结构的不均匀。外分层与内分层的共同特点都是在骨料的下部形成充水区，充水区中也含有一部分气体，随着时间增长，水分蒸发后就会成为空穴，严重降低了混凝土的强度。

因此，间隔一定时间进行的二次振捣，可以使本来已经接近凝结的混凝土经振捣液化，重新恢复塑性，将由于内分层被封闭在粗骨料下部的水囊内的水和气泡释放出来，进而使得这个充水区被水泥浆体所填塞。而且二次振捣时的混凝土已接近凝结，混凝土拌合物内存在大量晶体和胶凝物，黏滞阻力及抗剪强度较大，骨料和水分相对运动的程度很小，加之很快即凝结，因此凝结后混凝土就会达到一种比较理想的状态，这就增大了混凝土的密实度及整体的均匀性。通常二次振捣后的混凝土的密实度可提高 1%～3%，混凝土的强度也可相应得到提高。

混凝土二次振捣能否取得预期效果的关键是确定合理的振捣时间。如果距离初次振捣时间间隔过短，则效果不明显；如果时间间隔过长，特别是在混凝土初凝后超出了重塑时间范围，则会破坏混凝土结构，影响混凝土质量。大量实践表明，混凝土的二次振捣应在混凝土初凝前 1～4 h 进行较佳，尤其是在混凝土初凝前 1 h 进行效果最理想。但由于混凝土的凝结时间受到水泥品种、配合比、坍落度、气温、施工方法以及外加剂等因素的影响，所以具体的时间还要根据施工的实际情况加以选择。

在确定混凝土初凝时间时，考虑到一般施工工地不可能配备混凝土贯入阻力仪，可以要求实验室在测定混凝土凝结时间时同时测定混凝土的坍落度，以坍落度值间接判定混凝土初凝时间，特别是初凝前 1 h 的时间。根据施工经验，以混凝土坍落度达到 30～50 mm 时作为进行混凝土二次振捣的时间效果较好。此时，将运行着的振动棒以其自重插入混凝土中进行振捣，混凝土仍可恢复塑性，当振动棒小心地拔出后，混凝土能自行闭合，而不会留下孔穴。

二次振捣施工工艺虽然有很多的优点，但是二次振捣法牵涉到的施工因素也很多，特别是二次振捣时间的确定。如果处理不当，造成振捣时间太迟，在水泥浆体硬化后振捣，会造成无法愈合的裂缝产生，导致混凝土的水泥石结构破坏，所以采用这种方法时必须综合考虑各方面的因素，认真试验，慎重实施。

4.3.5 施工及养护过程中的温度监控措施

为了进一步了解大体积混凝土中水化热带来的温升数值，以及不同深度处温度场升温的变化规律，在施工过程中要随时监测混凝土内部温度情况，以便采取相应技术措施，确保工程施工质量。

《大体积混凝土施工标准》(GB 50496—2018)中要求，大体积混凝土浇筑块体内外温差、降温速率、环境温度的测试，在混凝土浇筑后，每昼夜不应少于4次，入模温度的测量，每台班不少于2次。在混凝土内布置监测点方面，应真实反映出混凝土浇筑体内最高温升、内外温差、降温速率及环境温度，一般可按如下方式进行布置：

(1) 监测点的布置范围应以所选混凝土浇筑体平面图对称轴线的半条轴线为测试区，在测试区内监测点按平面分层布置；

(2) 在测试区内，监测点的位置与数量可根据混凝土浇筑体内温度场分布情况及温控的要求确定；

(3) 在每条测试轴线上，监测点位不宜少于4处，并应根据结构的几何尺寸布置；

(4) 沿混凝土浇筑体厚度方向，应至少布置表层、底层和中心温度测点，测点间距不宜大于600 mm；

(5) 保温养护效果及环境温度监测点数量应根据具体需要确定；

(6) 混凝土浇筑体的外表温度，宜为混凝土表面向内50 mm处的温度；

(7) 混凝土浇筑体底面的温度，宜为混凝土浇筑体底面向上50 mm处的温度。

通常情况下，对大体积混凝土基础进行测温监控时，是在混凝土内不同部位埋设温度传感测试元件，用以采集并记录混凝土内温度随时间变化的情况，以便对施工全过程进行跟踪和监测。测试元件安装前，必须经受在水下1 m处浸泡24 h的测试，合格后方可固定在混凝土浇筑体模板内。目前比较先进的温度监控系统是无线大体积混凝土测温系统，如图4.3所示。它解决了传统的布线烦琐、监测点分散、各点之间间隔较远，以及测量员必须到现场进行测量，导致工作效率低，人为误差大，且不便于管理等缺点。这种无线测温系统可自动采集、记录数据，并保存到各个测温模块，由主机读取数据后可保存到U盘中，用计算机进行数据分析，可对温度实现现场和远程智能化在线监测和预警。这种系统环境适应性强，工作温度在$-20\sim80$ ℃，测温范围为$-30\sim150$ ℃，测量精度为±0.3 ℃，一套系统可同时监测24个测温点，在空旷地的数据无线传输距离可达1000 m。

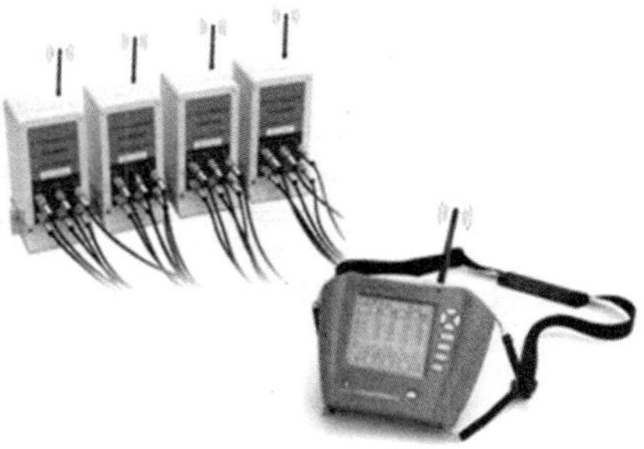

图4.3　无线大体积混凝土测温系统

4.4　大体积混凝土基础施工

高层建筑高度大、自重大，在水平力作用下有较大的倾覆力矩及剪力，因此对基础及地基的要求较高。一般情况下，高层建筑的基础要有较大的承载力、较小的沉降量、较大的刚度和稳定的地基等。

高层建筑常采用桩基础、筏型基础和箱型基础等基础形式，其中筏型基础和箱型基础的施工可列入大体积混凝土基础施工序列。

4.4.1　钢筋工程

大体积混凝土基础结构中，钢筋的配置具有直径大、数量多、分布密、上下层钢筋间距大等特点。施工时，为保证工程质量、降低成本、加快施工进度，钢筋常采用焊接、锥螺纹连接、直螺纹连接或套筒挤压连接等连接方式。

大体积混凝土基础结构厚度大，且上、下均布设双向钢筋。为保证悬在较高位置的上层钢筋标高及水平方向位置准确，应以普通的钢筋工程施工方法为基础，设计稳定、牢固的钢筋支撑架。考虑施工荷载的因素，支架除支撑上层钢筋外，还要支撑操作平台上的施工荷载，因此要经认真计算、仔细核算并考虑有一定的安全系数来设计上层钢筋的施工支撑架。支撑架可采用粗钢筋或粗钢筋结合角钢焊接而成的简易支架，也可采用由角钢和槽钢焊接而成的、承载能力和稳定性均较强的复杂支架。一般情况下，应每隔一定距离(一般 2 m 左右)设置一道支撑架，且支撑架间相互拉结，形成稳定的支撑体系。图 4.4 所示为上海华亭宾馆工程施工时用的上层钢筋支撑架，它是由直径为 25 mm 的钢筋焊接而成的门式架，其底端与桩头四角的主筋焊接固定，上部设∟75×10 角钢支架。

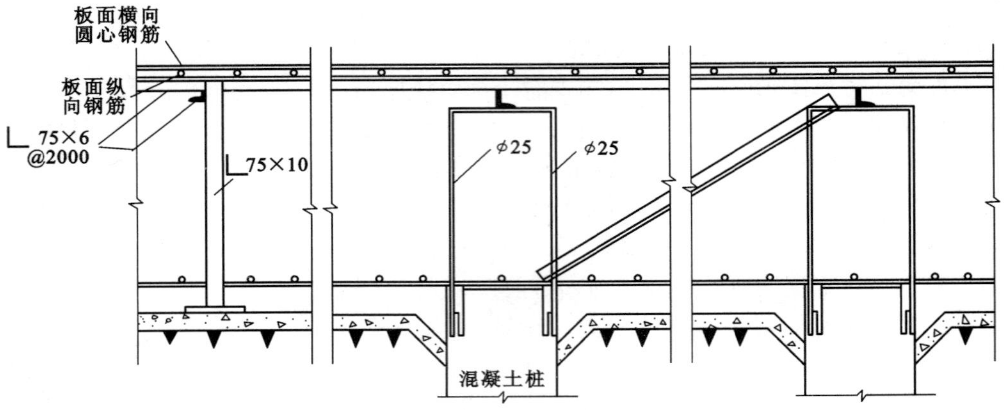

图 4.4　上层钢筋支撑架

4.4.2　模板工程

大体积混凝土浇筑面集中，且浇筑速度快，不可能同时将混凝土均匀浇筑到模板内的各个部位，而是在很短的时间内只浇筑某一部分混凝土，然后依次浇筑。因此，在模板工程中，应按实际浇筑情况，对模板和支撑系统进行计算，以保证模板系统具有足够的强度、刚度和稳定性。此外，在模板和支撑系统的安装、使用和拆除过程中，还必须采取措施保障安全，这对避免重大工程事故非常必要。在安装时，模板和支撑系统还未形成可靠的结构体系，应采取临时措施，保证在搭设过程中的安全；在混凝土施工时应加强现场检查，必要时应进行加固处理；在拆模时应注意混凝土的强度和拆模顺序，在混凝土结构有可能未形成设计要求的受力体系前，应加设临时支撑系统，以保证工程施工过程中的安全性。

大体积混凝土的模板和支撑系统除应按国家现行有关标准的规定进行强度、刚度和稳定性验算外，还要结合大体积混凝土的养护方法进行保温构造设计。

目前在大体积混凝土施工中，模板主要采用钢模、木模或胶合板模板，支架主要采用钢支撑体系。采用钢模板时，对保温不利，此时应根据保温养护的需要再增加保温措施；采用木模板或胶合板模板时，保温性能良好，可将其直接作为保温材料考虑。

当混凝土强度达到一定要求时，要进行拆模工作。国内外的工程实践证明，早期因水泥水化热使混凝土内部温度上升较高，过早拆模时混凝土的表面温度较低，会形成很陡的温度梯度，产生很大的拉应力，极易产生裂缝。因此，拆模时要求大体积混凝土基础表面与大气之间的温差不大于 20 ℃，当模板作为保温养护措施的一部分时，其拆模时间应根据相应规范规定的要求确定。如有条件时，宜适当延迟拆模时间，使其缓慢降温，充分发挥混凝土的应力松弛效应，增加对大体积混凝土的保温保湿养护时间。拆模后，应采取预防寒流袭击、突然降温和剧烈干燥等不利因素的施工措施。

4.4.3 混凝土工程

【视频演示】

混凝土工程包括混凝土制备、运输、浇筑、振捣和养护等施工过程，各施工过程相互联系和影响，任一施工过程处理不当，都会影响混凝土工程的最终质量。

大体积混凝土施工前，除应按一般混凝土施工前必须进行的物资准备、机具准备、技术准备和现场准备外，还应根据其施工的特殊性，做好附属材料和辅助设备的准备工作，如冰、冰水箱（池）、水泵、测温设施等。此外，还要做好施工方案的编制工作。

4.4.3.1 施工方案编制的原则及主要内容

（1）编制的原则

① 在保证结构整体性的原则下，采用分层分块浇筑时，尽量减少浇筑块在硬化过程中的内外约束，分层的时间间隔做到既有利于散热，又考虑到底层对上层的约束；

② 控制内外温差，加强养护，防止产生贯通裂缝和其他有害裂缝。

（2）主要内容

① 根据减少约束的要求，确定分层分块的尺寸及层间、块间的结合措施；

② 通过热工计算，确定混凝土入模温度以及对混凝土原材料进行加热或降温的措施；

③ 优化混凝土搅拌、运输和浇筑的方案；

④ 制订混凝土保温养护方案；

⑤ 制订对混凝土内外层温度的监控方案；

⑥ 有关保证工程施工质量、安全施工和消防措施的制定。

4.4.3.2 大体积混凝土基础施工工艺要求

大体积混凝土基础施工时，要注意以下几方面的施工工艺要求：

（1）大体积混凝土的施工，一般宜在低温条件下进行，即最高气温控制在 30 ℃以内为宜。当气温超过 30 ℃时，应进行周密分析和温度应力的计算，并积极采取降温措施，以减少温度应力带来的不利影响。

（2）混凝土运输过程要及时，运送过程中要防止出现混凝土离析、灰浆流失、坍落度损失等现象，如发生离析现象，必须进行二次搅拌后方可入模。

（3）混凝土浇筑的方法及施工技术要点：

① 大体积混凝土的浇筑，应根据整体连续浇筑的要求，结合结构尺寸的大小、钢筋疏密、混凝土供应条件等具体情况，采用全面分层、分段（块）分层和斜面分层三种浇筑方案，如图 4.5 所示。

a. 全面分层[图 4.5(a)]：在整个结构内全面分层浇筑混凝土，要做到第一层全部浇筑完毕，在初凝前再回来浇筑第二层，如此逐层进行，直至浇筑完毕。采用此方案，结构平面尺寸不宜过大，施工时从短边开始，沿长边进行。必要时亦可从中间向两端或从两端向中间同时进行。

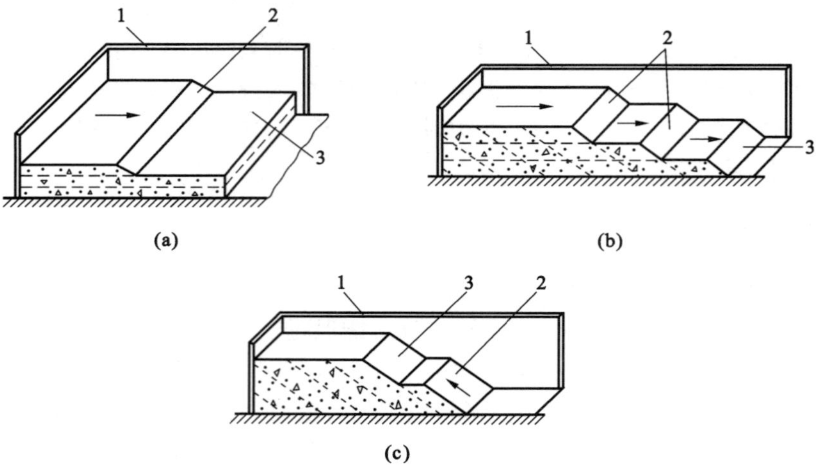

图 4.5　大体积混凝土浇筑方案

(a) 全面分层；(b) 分段分层；(c) 斜面分层

1—模板；2—新浇筑的混凝土；3—已浇筑的混凝土

b. 分段分层[图 4.5(b)]：混凝土从底层开始浇筑，进行一定距离后回来浇筑第二层，如此依次向前浇筑以上各层。分段分层浇筑方案适用于厚度不太大而面积较大或长度较长的结构。

c. 斜面分层[图 4.5(c)]：适用于结构的长度超过厚度 3 倍的情况。斜面坡度为 1∶3，施工时应从浇筑层下端开始，逐渐上移，以保证混凝土施工质量。

《大体积混凝土施工标准》(GB 50496—2018)5.1.4 条提出：大体积混凝土工程的施工宜采用"整体分层连续浇筑施工"或"推移式连续浇筑施工"，如图 4.6 所示。实际上这两种施工方法就是"全面分层"法和"分段分层"法。但《大体积混凝土施工标准》(GB 50496—2018)中特别强调了整体连续浇筑施工，不留施工缝，确保结构的整体性的思想。分层连续浇筑施工的特点：一是混凝土一次需要量相对较少，便于振捣，易保证混凝土的浇筑质量；二是可利用混凝土层面散热，对降低大体积混凝土浇筑块的温升有利；三是可确保结构的整体性。

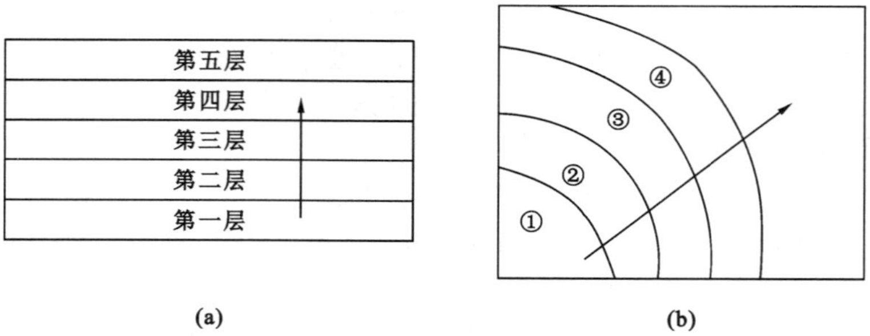

图 4.6　大体积混凝土连续浇筑施工方法

(a) 整体分层连续浇筑；(b) 推移式连续浇筑

对于实体厚度一般不超过 2 m、浇筑面积大、工程总量较大，且浇筑综合能力有限的混凝土工程，宜采用整体推移式连续浇筑法。

大体积混凝土分层连续浇筑时，每层浇筑厚度应根据所使用振捣器的作用深度及混凝土和易性确定，整体连续浇筑时宜为 300～500 mm。浇筑过程中，应尽量缩短间歇时间，并在前一层混凝土初凝之前将后一层混凝土浇筑完毕。层间最长的间歇时间不应大于混凝土的初凝时间(混凝土的初凝时间应通过试验确定)。当层间浇筑间隔时间超过混凝土的初凝时间时,层面应按施工缝处理办法操作。此外,混凝土振捣时,宜采用二次振捣工艺,原理和操作方法前文已述,在此不再赘述。

② 大体积混凝土(一般厚度大于 2 m)允许设置水平施工缝分层施工。已有试验资料和大量工程实践经验表明,设置水平施工缝能有效地降低混凝土内部温升值,防止混凝土内外温差过大。当在施工缝表层和中间部位设置间距较密、直径较小的抗裂钢筋网片后,可有效避免或控制混凝土裂缝的出现或开展。

③ 高层建筑转换层(空中基础)的大体积混凝土施工中,由于转换层结构尺寸高而大(一般转换梁常用截面高度可达 1.6～4.0 m,转换厚板的厚度可达 2.0～2.8 m),自重大,竖向荷载大,若采用整体浇筑有困难或可能对下部结构产生损害,可利用叠合梁原理,将高大转换层结构按叠合构件施工,这样不仅可以减少混凝土的水化热,还可利用分层施工形成的结构承受二次施工时的荷载。

④ 对超长的大体积混凝土基础施工[长度大于《混凝土结构设计规范》(GB 50010—2010)中相关规定],可按留置变形缝、后浇带或跳仓法分段施工,这样可在一定程度上减轻外部约束程度,减少每个浇筑段的蓄热量,防止水化热蓄积,减少温度应力。应当指出,跳仓法施工中的最大分块尺寸不宜大于 40 m,跳仓间隔施工的时间不宜小于 7 d。此外,接缝处应力较大,一般应按施工缝的要求,通过计算确定配筋量并加强构造措施等方法进行处理。

⑤ 为减少大体积混凝土基础底部的约束,浇筑混凝土前宜在基层设置滑移层。滑移层可按以下几种做法处理:

a. 在基层设置沥青油毡层或其他类似的隔膜处理做法;

b. 利用防水层上的保护层在其早期强度较低时,浇筑底板大体积混凝土;

c. 在基岩等基层上铺设 250 mm 厚级配砂石层,作为缓冲层。

⑥ 暑期施工时,应采取有效措施降低混凝土内部的实际温度。首先,应降低混凝土入模温度,具体办法可采用低温拌合水、骨料遮阳降温等原材料降温方法;其次,在大体积混凝土中投入适量毛石以替代混凝土用量,间接降低水泥用量,减少水化热的产生;最后,掺加适量的粉煤灰或矿渣粉等掺合料,替代部分水泥用量,从而减少水化热的产生。

⑦ 为了防止混凝土浇筑时发生离析,当混凝土的自由倾落高度超过 2.0 m 时,应采用串筒、溜槽等设施辅助浇筑。

⑧ 混凝土采用机械振捣。在振捣过程中,振捣棒要做到"快插慢拔",且上下略有抽动,以使上下振动均匀。每点振捣时间控制在 20～30 s 为宜,一般以混凝土表面呈水平状,且不再显著下沉、不再出现气泡、表面泛出灰浆时为准。

分层浇筑时,振捣棒应插入下层 5 cm 左右,以消除上下两层之间的接缝。振捣时要防止振动模板,并应尽量避免碰撞钢筋、管道、预埋件等。每振捣完一段,应随即用工具摊平拍实。

⑨ 为保证新浇筑混凝土有适宜的硬化条件,防止其在早期由于干缩而产生裂缝,大体积混凝土浇筑完毕后,应在 12 h 内加以覆盖和浇水养护。用普通硅酸盐水泥配置的混凝土养护时间不得少于 14 d;用矿渣水泥、火山灰质水泥、大坝水泥、矿渣大坝水泥配置的混凝土不得少于 21 d。

⑩ 大体积混凝土的养护分降温和保温两种方法。所谓降温法，即在混凝土浇筑成型后，用蓄水、洒水或喷水养护；保温法是在混凝土成型后，使用保温材料覆盖养护（如塑料薄膜、草袋等）及薄膜养护液养护等，一般视具体条件而定。

夏季施工时，一般可使用草袋覆盖、洒水、喷水养护或喷刷养护液养护。

冬季施工时，由于环境气温较低，一般可利用保温材料保温，以提高新浇筑混凝土表面和四周的温度，减少混凝土的内外温差。亦可使用薄膜养护液、塑料薄膜等封闭材料，来封闭混凝土中多余拌合水，以实现混凝土的自养护。

⑪ 要掌握大体积混凝土升温和降温的变化规律，以及各种材料在各种条件下的温度，需要对混凝土进行温度监测控制。

在测温点的布置方面，所选择的测温点必须具有代表性和可比性。沿浇筑高度方向，应布置在底部、中部和表面，垂直测点间距一般为 500～800 mm；平面则应布置在边缘与中间，平面测点间距一般为 2.5～5.0 m。

在温度测试方面，要在混凝土温度上升阶段每 2～4 h 测一次，温度下降阶段每 8 h 测一次，同时要与当时的大气温度进行对比。当发现温度差超过 25 ℃时，应及时加强保温或延缓拆除保温材料，以防止混凝土产生温差应力和裂缝。

⑫ 泌水和浮浆的处理。大体积混凝土施工中，由于混凝土采取分层浇筑，上下层施工的间隔时间较长（一般为 1.5～3 h，即控制在初凝前浇筑下一层混凝土），因此各浇筑层易产生泌水层，采用泵送混凝土施工时，尤为严重。当泌水和浮浆产生并蓄积时，可在四周侧模的底部开设排水孔，使多余的水分从孔中自然排走，或利用正式设计的集水坑或人为的“水潭”，将多余水分集中后用专门的软轴泵或隔膜泵抽水排出。也可通过调整配合比和坍落度的办法来解决泌水问题。

4.5 工程实例

4.5.1 工程概况

重庆瑞安天地大厦超高层建筑群由三座塔楼和一座裙楼组成，位于重庆渝中区的化龙桥片区。本工程为该建筑群的主塔楼，总建筑高度 455 m，其形如一叶扬帆屹立于嘉陵江畔，是重庆的新地标之一。

主塔楼核心筒下采用筏板基础，四周框架柱下采用桩基础，裙房和地下室柱下采用桩基础，地下室底板设置抗拔桩。筏板基础南北长 113 m、东西宽 76 m，其筏板基础核心筒区域板厚为 4 m（局部位置板厚为 10.2 m），塔楼外框区域板厚为 2.5 m（局部位置板厚为 3.6 m、4.1 m），裙房位置板厚均为 0.7 m。局部厚度达到 4.5 m，最薄也有 0.7 m，属于超长、超宽、超厚的大体积混凝土结构。混凝土设计强度等级为 C40，抗渗等级 P8，总浇筑量约为 19000 m^3。针对大体积混凝土容易开裂的特性，需要采取一系列措施防止裂缝的出现，确保工程质量。此外，本工程还是目前为止重庆普通工业与民用建筑结构中一次性浇筑体量最大的筏板基础，无相关的工程应用经验可供参考。筏板概况如图 4.7、图 4.8、表 4.2 所示。

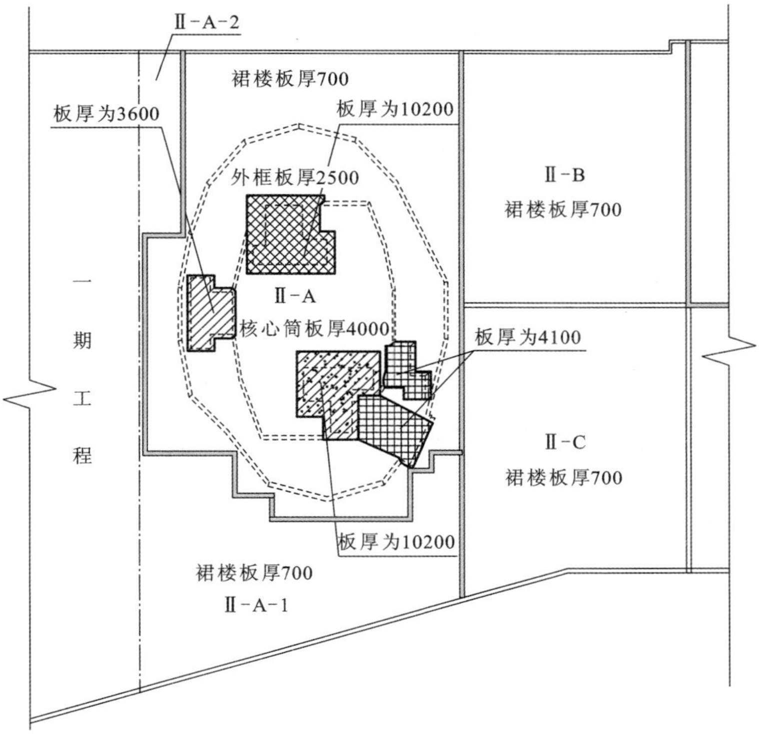

图 4.7　筏板分区图(单位:mm)

图 4.8　筏板施工现场

表 4.2　筏板各区域概况

序号	面积	底板厚度	混凝土要求		备注
			混凝土等级	体积	
1	约 6650 m^2	10.2 m	C40/P8	约 19000 m^3	核心筒区域
2		4.0 m			核心筒区域
3		4.1 m			核心筒与框柱间区域
4		3.6 m			核心筒与框柱间区域
5		2.5 m			核心筒与框柱间区域
6		0.7 m			裙楼区域

4.5.2　施工技术方案

4.5.2.1　工程难点及对策

本工程筏板混凝土浇筑体量巨大，水泥水化热极容易在内部大量聚积，不易散发，中心部位在浇筑初期近似处于绝热状态，温度上升迅速，短时间内可达 80℃甚至更高；其次，筏板表面散热较快，温度接近环境温度，筏板内部与表面形成较大的内外温度差，这些都可能引起较大的温度应力，导致裂缝出现。为了尽量降低由于筏板内部温度过高造成裂缝的可能，需要采取一系列措施降低混凝土的出机温度，通过试验找到水化放热量少，又能够满足其工程要求的混凝土配合比。此外，为了确保施工过程中混凝土供应的连续性，筏板不能出现施工冷缝，应选择实力较强的商品混凝土公司进行大批量连续供应混凝土，保证基础筏板的整体性及自防水效果。

筏板面积大，混凝土浇筑方式的选择是本工程的重难点。合理选择混凝土浇筑的方式，确保混凝土浇筑过程中不出现施工缝。混凝土浇筑过程中，现场的施工组织是浇筑过程的重要环节。由于施工现场条件有限，浇筑筏板混凝土所需的机械设备、材料数量又较大，所以合理利用施工场地，科学布置混凝土泵，设置混凝土运输车在浇筑区域内的运行路线显得尤为关键。筏板主体选择从北向南、推移式连续浇筑施工，对浇筑完成的区域立即在混凝土表面覆盖塑料薄膜和毛毯，及时保温，并定期洒水，防止筏板表面出现干缩裂缝。筏板核心筒局部区域厚度达到 10.2 m，为了确保浇筑的连续性和工程质量，筏板的浇筑分为两次完成，第一次选择 10.2 m 核心筒区域的坑中坑，浇筑 5.7 m，混凝土土方量约 2000 m^3，余下部分一次浇筑完成，约 17000 m^3。

4.5.2.2　浇筑方式的选择及布置

根据工期要求，对用于浇筑筏板所需的混凝土输送泵数量进行复核，采用如下公式进行计算：

$$N=\frac{q_n}{q_{\max}\eta}$$

式中　q_n——混凝土浇筑数量(m^3/h)，计划为 230 m^3/h；

$q_{\max}$——混凝土输送泵车最大排量(m^3/h)，取 50 m^3/h；

η——泵车作业效率，一般取 0.5～0.7，考虑到车辆进出场及泵管接拆影响，取 0.5。

则混凝土输送泵数量为：$N=230/(50\times0.5)=9.2$ 台，取 10 台。考虑到基坑周边没有足够的空间用于停放混凝土泵和与泵对应的混凝土运输车，最终确定设置两个溜槽，代替4台混凝土输送泵。即采用两个溜槽加上6台混凝土输送泵的混合方式进行筏板混凝土的浇筑。筏板区域配备6台混凝土输送泵车和两个溜槽进行筏板混凝土浇筑。基坑北侧道路较窄，不能同时容纳混凝土输送泵和混凝土运输车，且北侧离筏板核心筒区域的深基坑较近，故把两个溜槽都设置在基坑北侧。基坑南侧道路比较宽阔，可安放多台混凝土输送泵，同时还有开阔地用于混凝土运输车的停靠，遂决定在基坑南侧道路上顺序排放6台混凝土输送泵。考虑到路面距离基坑有20 m垂直高度，这20 m竖直泵管底部容易发生堵管，为尽可能避免这种隐患的出现，决定采用接力泵的方式，即混凝土经过两次泵送后浇筑入模。混凝土的浇筑方向为由北向南进行，在基坑南侧道路上布置6台混凝土输送泵，主要负责筏板整体的连续性浇筑；在基坑北侧设置的两个溜槽，主要负责筏板核心筒区域内混凝土的浇筑。将混凝土输送泵就位，按照筏板混凝土浇筑线路，布置输送管走向，输送管布置要尽量缩短管线长度，少用弯管和软管，接头要严密。泵送前，用适量水及与混凝土成分相同的水泥砂浆润滑管道，减小泵送阻力。南侧混凝土输送管竖向采用钢板与钢筋圆环进行加固，第一道位置为冠梁位置，第二道位置为腰梁位置，腰梁以下竖向间距为4.5 m设置，底部设置砖砌支墩，砖砌支墩在基坑北侧区域水平间距为5 m；再设置三角钢筋支架，支架水平间距为5 m。

4.5.2.3 混凝土实际浇筑情况

在一切浇筑工作准备就绪后，筏板大体积混凝土于2012年9月20日19时开始进行浇筑，截至9月23日15时顺利浇筑完成，历时68 h。图4.9所示分别为混凝土浇筑前、浇筑19 h、浇筑48 h、浇筑64 h等不同时间记录下的施工现场情况。

(a)　(b)

(c)　(d)

图4.9　连续浇筑混凝土现场

(a)浇筑前；(b)浇筑19 h；(c)浇筑48 h；(d)浇筑64 h

4.5.3 施工质量控制措施

4.5.3.1 混凝土质量控制措施

(1) 生产过程中的质量控制措施

根据筏板混凝土的浇筑量大小，混凝土公司需要提前备齐各种生产所需的原材料，原材料性能尽可能稳定。用于筏板混凝土生产的各种仪器设备提前进行检修，避免生产过程中由于机械故障影响工程质量；对用于称量的各种设施进行校正，确保称量的准确性。生产过程中要求测定骨料的含水率，每一工作班不少于1次，当含水率有较大变化以及雨天施工时，要增加测定次数，依据检测结果及时调整用水量和骨料用量；选择固定的混凝土罐车运送混凝土，张贴工程标签，防止错运以及因其他工地剩料留在罐车内而错误浇筑到筏板内等生产事故的出现。

混凝土浇筑前期，检测每一车出场混凝土的工作性能和出机温度，坍落度控制在240～260 mm。如果太大，引起堵管的可能性较大；太小，则泵送缓慢影响施工进度。同时，还要检测每车混凝土的出机温度，若温度高于30 ℃，需加大对原材料的冷却力度。待浇筑正常以后，混凝土的检测频率可以适当降低。每生产100 m^3 混凝土要留样，并按规范成型养护，检测其抗压强度是否达到设计指标。混凝土公司随时关注施工现场混凝土浇筑进度，道路交通是否通畅，根据实际情况安排混凝土生产，确定合理的运输线路，保证整个浇筑过程中混凝土供应的连续性。

(2) 施工过程中的质量控制措施

对到场的每车混凝土均要求测定坍落度、温度，观察其和易性，不得存在离析、泌水、黏结、分层等现象；当坍落度损失或离析严重，经补充外加剂或快速搅拌已无法恢复混凝土拌合物的工作性能时，不得浇筑入模。混凝土的振捣严格按施工操作规程进行，振捣棒要快插慢拔，掌握好振距，不能漏振、欠振和过振，以混凝土表面出现浮浆和不再沉落为准。混凝土收面找平后，为防止面层起粉及塑性收缩，修补因混凝土初期收缩、塑性沉陷而产生的表面裂缝，要求至少进行2次搓压，根据混凝土状态，最后一次搓压要在混凝土终凝前进行，完成搓压后立即覆盖塑料薄膜保水保湿，随后覆盖保温层进入养护期。混凝土浇筑完成24 h内，严禁上人踩踏，浇筑完成36 h内，除检测测温设备及覆盖保温外，不得踩踏，且不得堆放施工材料。

对筏板面不能连续覆盖的部位，如墙、柱插筋部位等保温养护的最薄弱环节，一定要采用挂麻袋片、塞聚苯板等方式，尽可能进行覆盖，避免出现“冷桥”现象，防止这些部位局部散热降温过快。浇筑混凝土时要特别注意板面以上墙柱钢筋的定位，浇筑中妥善保护，并进行必要的校正，保证墙柱轴线准确。浇筑混凝土前的润管砂浆不得用于工程结构；及时清除流入后浇带内的混凝土，以免影响后浇带效果。浇筑混凝土垫层时在后浇带位置留置加深区，浇筑底板时流出的浮浆等直接流入加深区。对于后浇带、施工缝位置钢筋不出现锈蚀，在钢筋表面涂刷水泥浆。

保温措施采用一层塑料薄膜和一层毛毯覆盖，即在混凝土表面先覆盖一层塑料薄膜，以封闭混凝土内水分蒸发的途径，使混凝土能在潮湿条件下进行养护以控制干缩裂缝产生，在这层薄膜之上再盖一层毛毯，以减少混凝土表面热量的散发，加强保温。要注意覆盖薄膜的幅边之间搭接宽度应不少于100 mm，毛毯之间的边口要拼紧。养护后期不要过早地拆除模板，以免破坏混凝土结构。

4.5.3.2　质量控制其他措施

（1）集水抽排措施

根据此阶段天气情况，在进行筏板混凝土浇筑过程中极有可能遭遇降雨天气，筏板施工过程中，由于施工区位于低处，降雨后雨水将在筏板区域聚集无法自己排除。为避免施工过程中筏板内积水对施工质量的影响，在进行筏板垫层施工时向基坑坡底电梯井位置进行找坡，或者设置临时集水坑，再采用水泵抽排至坡顶排水沟内，排入市政管网。

（2）混凝土连续作业保证措施

为避免停电对混凝土浇筑的影响，保证混凝土浇筑的连续性，在混凝土浇筑施工时将配置一台 400kV·A 的发电机用于振动棒、照明等的用电，并要求混凝土输送泵全部采用柴油机。在场内设置单循环通道，确保场内道路的通畅。另外，考虑混凝土供应的及时性，选择两家备用搅拌站进行及时供应。

4.5.4　温度监测

4.5.4.1　监测仪器

温度传感器为 JMT-36B 温度传感器，它是一种半导体类电压型温度传感器，其主要技术性能为：测温范围，−15～115 ℃；分辨率，0.1 ℃；工作误差，±0.5 ℃；平均灵敏度，−2.1 mV/℃。测温采用 JDC-2 便携式记忆型建筑电子测温读数仪，其主要技术性能：测量范围，振弦频率 600～3500 Hz；温度，−15～120 ℃；测量精度，振弦频率精度 0.25%、温度精度±0.1 ℃；数据存储，1000 个数据；使用环境，温度−10～ 55 ℃；大气压力，90～112 kPa；相对湿度≤85RH。将温度传感器固定于混凝土汇总相应位置的钢筋上，并将做好编号的导线引出底板。

4.5.4.2　测温系统的布置及监测基本要求

施工时应根据混凝土结构物的实际情况选择测温点数量，确定埋设的部位和深度，一般从平面位置考虑可分为中间和边缘两种情况，在混凝土结构物的垂直方向应包括表面、中间和底部三个部位。埋设测温点时测温点的布置范围以所选混凝土浇筑物平面图对称轴线的半条轴线为测温区，对长方体可取较短的对称轴线。测温区内温度测点一般呈平面布置，在基础平面半条对称轴线上测温点的数量不少于 4 处，在沿着混凝土浇筑物厚度方向，每一个测温点的测点数量不少于 5 个。

根据现场实际情况，在筏板混凝土内部共布置 10 个测温点，每个测温点沿混凝土板厚度方向，在混凝土外表面以内 50 mm 处、底面以上 50 mm 处各设置一个点，其余测点按测点间距不大于 600 mm 布置，其中 1 号测温点布置 3 个测点；2 号、7 号、10 号测温点布置 5 个测点，6 号测温点布置 7 个测点，3 号、4 号、5 号、8 号、9 号测温点共布置 8 个测点，观察温度梯度变化。测温点平面布置如图 4.10 所示。

混凝土浇筑前，温度传感器采用绝缘胶布绑扎到固定钢筋上，固定钢筋插入筏板钢筋网内，将传感器固定到待浇混凝土内设定位置和深度（要避免传感器直接与钢筋接触）。固定钢筋高于混凝土表面 500 mm，以便操作，引线出混凝土面后，收成一束固定在固定钢筋上。固定钢筋焊接于筏板钢筋网，以避免混凝土浇筑时传感器移位。

在监测混凝土温度变化的同时，还对混凝土的出机温度、浇筑温度和气温等进行了监测。各项监测工作在混凝土浇筑后立即进行，连续不断。混凝土的温度监测，要求在升温阶段每

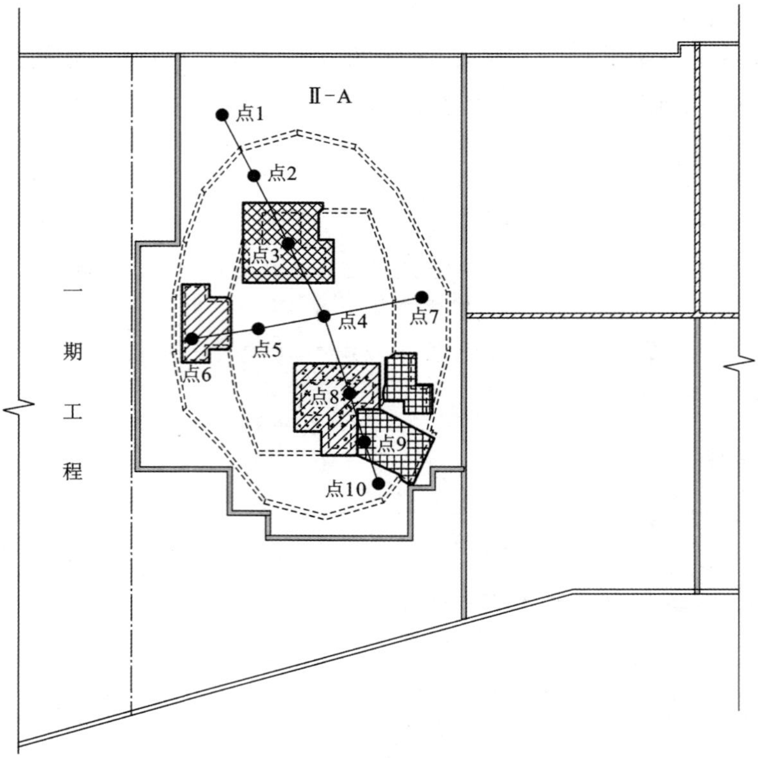

图 4.10　筏板测温点平面布置示意图

4 h巡回监测各点温度一次，持续 2 d。以后每 6 h 监测一次，持续 7 d。随着混凝土内部温度的降低，逐渐延长监测间隔时间，直到温度变化基本稳定。

4.5.4.3　**测温点布置**

测温点从 2012 年 8 月开始埋设，共埋设温度测点 63 个。筏板混凝土整体浇筑时间和现场监控时间分别为 9 月 20 日 19 时至 23 日 15 时、9 月 24 日 8 时至 10 月 8 日 24 时。

4.5.4.4　**监测结果分析**

(1) 温度监测结果与分析

根据各测温点温度监测结果，整理可以得到筏板大体积混凝土内部各项温度变化数据，如表 4.3 所示。

表 4.3　筏板混凝土内部温度监测综合表

测点	厚度(m)	最高温度(℃)	温峰持续时间(h)	最高温度出现时间(h)	最大温差(℃)	混凝土浇筑温度(℃)
1	0.7	40.8	—	—	7.0	30～32
2	2.5	79.8	—	—	33.0	30～32
3	4.5	79.4	—	—	41.3	30～32

续表 4.3

测点	厚度（m）	最高温度（℃）	温峰持续时间（h）	最高温度出现时间（h）	最大温差（℃）	混凝土浇筑温度（℃）
4	4.0	73.2	—	—	29.1	30～32
5	4.0	76.2	4	63～67	36.7	30～32
6	3.6	69.2	4	57～61	36.9	30～32
7	2.5	74.0	12	66～70	32.0	30～32
8	4.5	72.7	4	55～59	32.7	30～32
9	4.1	78.9	4	55～59	42.7	30～32
10	2.5	71.5	2	54～58	33.2	30～32

注：表中各项数据是在筏板混凝土全部浇筑入模 17 h 后监测所得。

(2) 实测温度与理论温度的比较

通过计算大体积混凝土内部厚度分别为 2.5 m 和 4 m 处在 3 d、9 d 以及 15 d 龄期时的最高理论温度，与实际监测温度进行比较，探究大体积混凝土内部实际温度与理论计算温度的大小关系，具体数据如表 4.4 所示。

表 4.4　实测最高温度与理论计算最高温度的比较

比较项	3 d 龄期	9 d 龄期	15 d 龄期
2.5 m 板理论温度(℃)	67.9	64.8	54.2
2.5 m 板实测温度(℃)	70.1	61.8	54.1
4.0 m 板理论温度(℃)	72.4	71.4	62.8
4.0 m 板实测温度(℃)	75.6	67.5	59.3

从表 4.4 可知，3 d 龄期实测温度高于理论温度，9 d 和 15 d 龄期时实测温度又都低于理论温度，说明在大体积混凝土升温阶段，实际温升速率快于理论温升速率，而到了降温阶段，实际降温速度又比理论降温速度更快。各龄期实测最高温度与理论计算最高温度的差值均不超过 4 ℃，说明理论计算温度较好地吻合实测温度，也证明了理论计算方法的准确性。此外，通过比较不同厚度处实测温度与理论温度的偏差，可以看出 2.5 m 板厚的实测温度与理论温度更为接近。

5 高层建筑施工用垂直运输机械

在高层建筑施工中，大量建筑材料和施工人员需要进行垂直运输，合理使用垂直运输机械，能够节约劳动力，减轻劳动强度，缩短工期，大大提高经济效益。垂直运输作业具有以下特点：(1) 垂直运输量大，运距大；(2) 机械费用大；(3) 对施工进度影响大。

5.1 塔式起重机

5.1.1 塔式起重机的基本形式

塔式起重机又称塔吊。在高层建筑施工中，钢筋、模板和砖砌体等材料主要利用塔吊进行垂直运输。塔吊起重臂长度大，可直接将材料运至施工地点，施工效率高。塔吊的种类很多，可按照搭设方式不同、起重变幅形式不同以及塔身结构回转方式不同进行分类。

5.1.1.1 按搭设方式分类

塔式起重机按搭设方式不同分为固定式、附着式、轨道式和内爬式。

【视频演示】

(1) 固定式塔式起重机

固定式塔式起重机是指通过连接件将塔身基础固定在地基基础或结构物上进行起重作业的起重机。不需铺设轨道，但由于不需要增设附墙支撑，因此只能用于高度不大的建筑，如图 5.1、图 5.2 所示。

图 5.1 固定式塔式起重机

图 5.2 塔式起重机标准节

(2) 附着式塔式起重机

附着式塔式起重机占地面积小，起重高度可达 100 m 以上，可以自己升高下降，安装方便；但需要增设附墙支撑，对建筑物作用有附加力，如图 5.3 所示。它的优点有：

① 建筑物只承受塔吊传递的水平载荷，即塔吊附着力。

② 附着在建筑物外部，附着和顶升过程可利用施工间隙进行，对于总的施工进度影响不大。

③ 因起重机小幅度可吊大件，因此，可以把笨重的大件放在塔吊旁边，吊装大件或组合件。由于某些小件可在地面组合成大件吊装，减少了高空的工作量，可以提高效率，对安全有利。

④ 司机可以看到吊装全过程，对吊车操作有利。

⑤ 其拆卸是安装的逆过程，比内爬式方便。

(3) 轨道式塔式起重机

图 5.3　附着式塔式起重机

轨道式塔式起重机可沿轨道两侧全幅作业范围内进行吊装，其中有的在直线轨道上行驶，有的可沿 L 形或 U 形轨道行驶，作业范围在两倍幅度的宽度和行走线长度的矩形面积内，并可负荷行驶；对施工的建筑物无附加的作用力，稳定性好、装拆方便；但是轨道所占用的路基工作量大、占用施工场地大，使用高度受一定限制，只能用于高度不大的高层建筑，如图 5.4、图 5.5 所示。

图 5.4　轨道式塔式起重机一

图 5.5　轨道式塔式起重机二

(4) 内爬式塔式起重机

【视频演示】

内爬式塔式起重机简称内爬吊，是一种安装在建筑物内部电梯井或楼梯间里的塔吊，可以随施工进度逐步向上爬升。除专用内爬塔吊外，一般附着式塔吊通过更换爬升系统以及改造、增加一些附件，也可用作内爬塔吊。图 5.6 所示为内爬式塔式起重机爬升过程示意图。

内爬式塔吊一般布置在建筑物内部，所以其塔吊的幅度可以做得小一些，即吊臂可以做短，不占用建筑物外围空间；由于是利用建筑物向上爬升，爬升高度不受限制，塔身也缩短不少。因此，整体结构轻，造价低，这是它的优点。其缺点：塔吊要全部压在建筑物上，建筑结构需要加强，增加了建筑物造价；爬升必须与施工进度互相协调，并且只能在施工间歇进行；司机不能直接看到吊装过程；更为麻烦的是，施工结束后，需要用屋面起重机或其他设备将塔吊各部件一个一个拆下来，放在竣工的建筑物顶部，然后再放到地面，屋顶为了支承这些设备又需要加强。

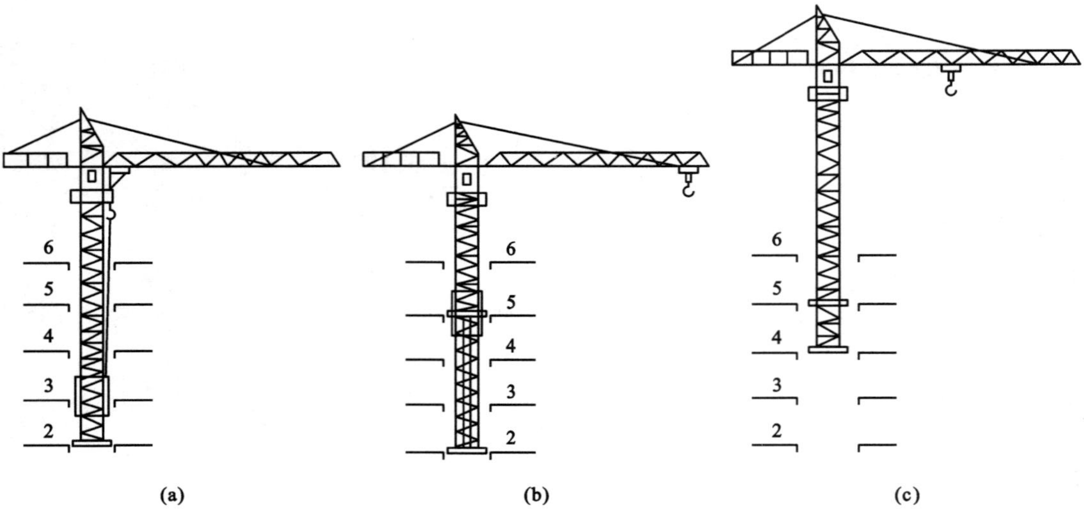

图 5.6　内爬式塔式起重机爬升过程示意图

5.1.1.2　按起重变幅形式分类

塔式起重机按起重变幅形式可分为起重臂架改变仰角变幅式塔式起重机、起重小车变幅式塔式起重机和折臂变幅式塔式起重机，如图 5.7 所示。

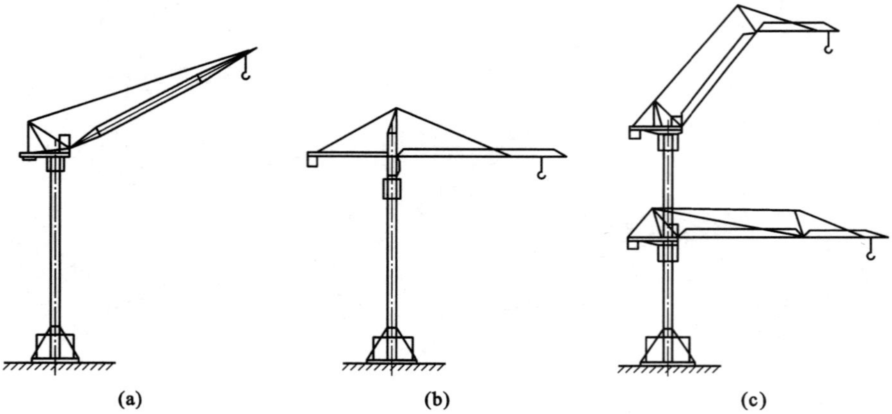

图 5.7　塔式起重机按起重变幅形式分类

(a) 臂架改变仰角变幅式；(b) 起重小车变幅式；(c) 折臂变幅式

(1) 臂架改变仰角变幅式塔式起重机

臂架改变仰角变幅式塔式起重机，是靠起重臂升降来实现变幅的。其优点：能充分发挥起重臂的有效高度，机构简单；缺点：最小幅度被限制在最大幅度的 30%左右，不能完全靠近塔身，变幅时负荷随起重臂一起升降，不能带负荷变幅。

(2) 起重小车变幅式塔式起重机

起重小车变幅式塔式起重机，是靠水平起重臂轨道上安装的小车行走实现变幅的。其优点：变幅范围大，载重小车可驶近塔身，能带负荷变幅；缺点：起重臂受力情况复杂，对结构要求高，且起重臂和小车必须处于建筑物上部，塔尖安装高度比建筑物屋面要高出 15～20 m。

(3) 折臂变幅式塔式起重机

折臂变幅式塔式起重机是近年发展起来的,它在起重高度与幅度上弥补了上述两种类型的不足,且尾部回转半径小。但这种变幅机构复杂,制造与安装麻烦,在高层建筑施工中较少应用。

5.1.1.3 按塔身结构回转方式分类

按塔身结构回转方式不同可分为下回转(塔身回转)塔式起重机和上回转(塔身不回转)塔式起重机。

下回转塔式起重机将回转支撑、平衡重等主要机构均设置在下端,其优点:塔式起重机所受弯矩较少,重心低,稳定性好,安装维修方便;缺点:对回转支撑要求较高,安装高度受到限制。

上回转塔式起重机将回转支撑、平衡重等主要机构均设置在上端,其优点:由于塔身不回转,可简化塔身下部结构,顶升加节方便;缺点:当建筑物超过塔身高度时,由于平衡臂的影响,限制起重机的回转,同时重心较高,风压增大,压重增加,使整机总重量增加。

5.1.2 塔式起重机的主要性能参数

塔式起重机的主要性能参数包括幅度、起重量、起重力矩、起升高度等。选用塔式起重机进行高层建筑施工时,首先应根据施工对象确定所要求的参数。

5.1.2.1 幅度

幅度是从塔式起重机回转中心线至吊钩中心线的水平距离,通常称为回转半径或工作半径。对于仰角变幅式的实际吊钩幅度,一般是将吊钩放至地面,然后用卷尺测量塔吊中心到吊钩的水平距离;对于小车变幅式的实际吊钩幅度,可以将其在大臂上每节的长度相加再加上塔吊中心至大臂根部的长度,即可算出实际吊钩的幅度。

5.1.2.2 起重量

起重量是吊钩能吊起的重量,其中包括吊索、吊具及容器的重量。起重量因幅度的改变而改变,因此每台起重机都有自己本身的起重量与起重幅度的对应表,俗称工作曲线表。起重量包括两个参数,即最大起重量及最大幅度起重量。

最大起重量由起重机的设计结构确定,主要包括其钢丝绳、吊钩、臂架、起重机构等,其吊点必须在幅度较小的位置。最大幅度起重量除了与起重机设计结构有关外,还与其倾翻力矩有关,是一个很重要的参数。

5.1.2.3 起重力矩

所谓起重力矩(单位为 kN·m),指的是塔式起重机的幅度与相应于此幅度下的起重量的乘积。额定起重力矩是反映塔式起重机工作能力的最重要参数,它是防止塔吊工作时重心偏移而发生倾翻的关键参数。由于不同幅度的起重力矩不均衡,幅度渐大,力矩渐小,因此常以各点幅度的平均力矩作为塔吊的额定力矩。

5.1.2.4 起升高度

起升高度也称吊钩高度,是从塔吊的混凝土基础表面(或行走轨道顶面)到吊钩的垂直距离。对于小车变幅的塔式起重机,其最大起升高度是不可变的;而对于仰角变幅式的塔式起重机,其起升高度随不同幅度而变化,最小幅度时起升高度可比塔尖高几十米,因此仰角变幅式的塔吊在起升高度上有优势。

塔吊起升高度包括两个参数:一是塔吊安装自由高度时的起升高度;二是塔吊附着时的最

大起升高度。塔吊在安装自由高度时不需附着，一般塔式起重机能达到 40 m，能满足小高层以下建筑的需要。

5.1.3 塔式起重机的布置

塔式起重机安设位置应满足下列要求：(1) 要有临时道路和充足的空间，为塔式起重机的运输和安装提供便利；(2) 塔式起重机的幅度与起重量均能很好地适应主体结构（包括基础阶段）施工需要，并留有余量；(3) 应靠近工地电源变电站；(4) 工程竣工后，留有足够的空间，便于拆卸塔式起重机并将部件运出现场；(5) 如果一个栋号布置两台塔式起重机时，应划分好工作面并注意相互之间的配合，同时还要采取妥善措施防止相互干扰。

5.1.4 塔式起重机基础

塔式起重机基础是塔式起重机的根本，实践证明有不少重大安全事故都是由于塔式起重机基础存在问题而引起的，它是影响塔式起重机整体稳定性的一个重要因素。有的事故是由于工地为了抢工期，在混凝土强度不够的情况下而草率安装；有的事故是由于地基承载力不够；有的是由于在基础附近开挖而导致土体产生位移甚至滑坡；或是由于积水而产生不均匀的沉降等。诸如此类，都会造成严重的安全事故，所以必须引起我们的高度重视。塔式起重机的稳定性就是塔式起重机抗倾覆的能力，塔式起重机最大的事故就是倾翻倒塌。

做塔式起重机基础的时候，一定要确保地基承载力符合设计要求，钢筋混凝土的强度至少达到设计值的 80%。有地下室工程的塔式起重机基础，要采取特别的处理措施：有的要在基础下打桩，并将桩端的钢筋与基础地脚螺栓牢固地焊接在一起。混凝土基础底面要平整夯实，基础底部不能做成锅底状。基础的地脚螺栓尺寸误差必须严格按照基础图的要求控制，地脚螺栓要保持足够的露出地面的长度，每个地脚螺栓要用双螺帽预紧。在安装前要对基础表面进行处理，保证基础的水平度不能超过 1/1000。同时塔式起重机基础不得积水，因为积水会造成塔式起重机基础的不均匀沉降。在塔式起重机基础附近不得随意挖坑或开沟。

5.1.5 附着式塔式起重机的爬升与拆除

附着式塔式起重机的自升系统包括顶升套架、液压千斤顶、承座、顶升横梁及定位销等。液压千斤顶的缸体安装在塔顶底端的承座上。其顶升过程可分为五个步骤，如图 5.8 所示。

(1) 将标准节起吊到摆渡小车上，并将过渡节与塔身标准节相连接的螺栓松开，准备顶升。

(2) 开动液压千斤顶，将塔式起重机上部结构包括顶升套架向上升起到超过一个标准节的高度，然后用定位销将套架固定。这样，塔式起重机上部结构的重量便通过定位销传递到塔身上。

(3) 千斤顶回缩，形成引进空间，站在套架上的工作人员将装有标准节的摆渡小车推入引进空间。

(4) 用液压千斤顶顶起待接高的标准节，退出摆渡小车，然后将待接的标准节平稳地落到下面的塔身上，工作人员用螺栓加以连接。

(5) 拔出定位销，下降过渡节，使之与已接高的塔身连成整体。

附着式塔式起重机的拆除，其过程与安装过程正好相反。

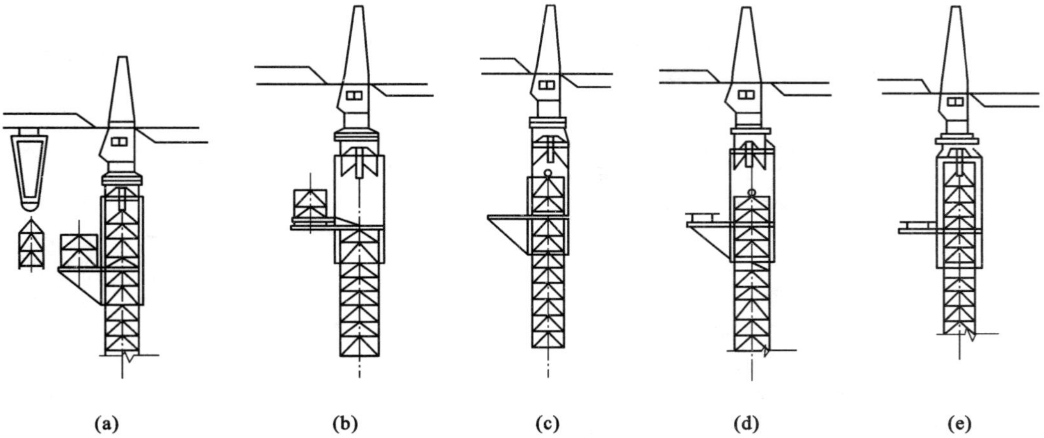

图 5.8　附着式塔式起重机的自升示意图

(a) 准备状态；(b) 顶升塔顶；(c) 推入标准节；(d) 安装标准节；(e) 塔顶与塔身连成整体

5.2　迴转式多吊机集成运行平台

当今超高层建筑多设计为外框钢结构＋核心筒＋伸臂桁架的结构形式，在施工中，外框钢结构中各构件分节后的数量、质量及平面位置已成为塔式起重机配备的主要依据。虽然外框钢结构在分节后大量为水平钢梁等轻型构件，但是为数不多的巨型钢柱作为最大构件，分布于主体结构最外围，决定了塔式起重机的选型和布置数量，因此通常需配置多台价值昂贵的大型动臂式塔式起重机安装在核心筒内或周边墙体上，以满足外框钢结构各构件的吊装。

中建三局集团有限公司提出并研发了一种整体自动顶升迴转式多吊机集成运行平台，如图 5.9 所示。在一个 360°迴转平台上布置多台大小型号组合的动臂式塔式起重机，实现了吊机在超高层建筑平面上的移位，实现吊装全覆盖，从而增大了吊机在施工场地内的运载半径，提高了吊机的运载能力并最大限度发挥吊机的运载功能。根据实际吊装需求，对塔机配备选择不同型号的机型，可大大节省施工费用，同时可减少各塔机爬升工艺，施工进度能够提高 20%以上。目前该平台已成功应用于成都绿地中心超高层项目，如图 5.10 所示。

应用于成都绿地中心超高层项目的多吊机迴转平台最多支持负载 4 台不同型号组合的吊机，并且至少有 1 台为 M1280D 或 ZSL2700 这类吊重能力百吨级的吊机。各吊机基座中心相对于迴转中心半径均在 16 m 以上，同时超高层施工风荷载影响显著，因此迴转驱动系统所承受的平台载荷巨大。表 5.1 为平台载荷与 M1280D 和 ZSL2700 的结构反力对比结果(风速 20 m/s，独立 64 m)，结果表明，多吊机迴转平台所承受各项载荷已大大超出目前房屋建筑领域最大吊重规格吊机。同时，迴转驱动系统的稳定可靠运行决定了多台吊机的协作高效性以及大型吊机是否能准确、及时地覆盖有需求的吊装区域，一旦发生迴转故障，将会对多吊机群组的吊重能力和效率产生影响。

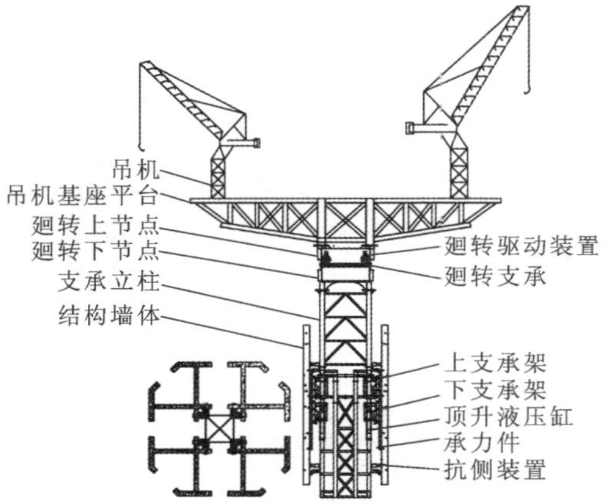

图 5.9　迴转平台组成及支承平面布置

图 5.10　成都绿地中心超高层项目迴转平台

表 5.1　多吊机迴转平台设计参数与吊机对比

参数指标	多吊机迴转平台	M1280D	ZSL2700
倾覆力矩(kN・m)	90000	26300	31130
竖向力(kN)	20000	5480	5300
水平力(kN)	500	120	120
转速($r \cdot min^{-1}$)	0～0.067	0～0.75	0～0.7
启动时间(s)	2	—	—
扭矩(kN・m)	5621	550	900
角度误差(°)	±1.4	—	—

5.3　施工电梯

施工电梯又称施工升降机，是一种安装于建筑物外部，施工期间用于运送施工人员、建筑材料及建筑设备的垂直提升机械。它是高层建筑施工中垂直运输最繁忙的一种机械，为高层建筑施工不可缺少的关键设备之一。

5.3.1　施工电梯的分类

【视频演示】

5.3.1.1　按驱动形式分类

施工电梯按驱动形式可分为齿轮齿条式、钢丝绳式和混合式三种。目前使用较多的是齿轮齿条传动的 SC 系列外用电梯，如图 5.11 至图 5.14 所示。

5.3.1.2　按用途不同分类

施工电梯按用途可分为载货电梯、载人电梯和人货两用电梯。载货电梯一般起重能力较大，起升速度快，而载人电梯或人货两用电梯对安全装置要求高一些。目前，在实际工程中用得比较多的是人货两用电梯。

图 5.11　施工电梯

图 5.12　施工电梯入口

图 5.13　开启式天轮

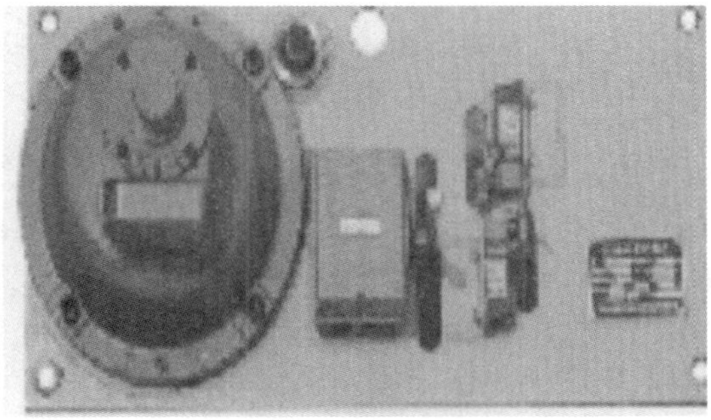

图 5.14　防坠安全装置

5.3.1.3　按承载能力不同分类

施工电梯按承载能力,可分为两级:一级能载重物 1 t 或人员 11～12 人,另一级载重量为 2 t 或载乘人员 24 名。我国施工电梯用得比较多的是前者。

5.3.2　齿轮齿条驱动施工电梯的构成

齿轮齿条驱动施工电梯主要由钢结构、驱动装置、安全装置、电气设备四部分组成。

5.3.2.1　钢结构

钢结构主要包括导轨架、吊笼、底笼、天轮架、附着架等部件。

(1) 导轨架

导轨架是指具有互换性的标准节,经螺栓连接成需要的高度。

(2) 吊笼

吊笼又称为吊厢,其不仅是乘人载物的装置,而且是安装驱动装置和架设或拆卸支柱的场所。吊笼内的尺寸一般为长×宽×高＝3 m×1.3 m×2.7 m 左右。国产电梯,在吊笼的外沿一般都装有司机专用的驾驶室,内有电气操纵开关和控制仪表盘,或在吊笼一侧设有电梯司机专座,负责操纵电梯。

(3) 底笼

在底笼的底架上装有导轨的基础节，吊笼不工作时停在其上，底笼四周用角钢焊成围栏，并装有钢丝网。

(4) 天轮架

天轮架由导向滑轮和天轮架钢结构组成，用来支承和导向配重的钢丝绳。

(5) 附着架

附着架用来使导轨架能可靠地支承在所施工的建筑物上。为了便于装卸和调整导轨架和建筑物之间的距离，附着架制造成前附着架和后附着架的形式。

5.3.2.2 驱动装置

驱动装置包括电动机、蜗轮减速箱、齿轮、齿条、钢丝绳及配重等部件。升降机采用两套各自独立的驱动装置。

5.3.2.3 安全装置

施工电梯的安全装置主要由限速器、上下限位器、安全钩、吊笼门及底笼门连锁装置等组成。

5.3.2.4 电气设备

施工电梯的电气设备主要由电源箱、电控箱、操作台及电缆导向装置等组成。

5.3.3 施工电梯的选择和使用

5.3.3.1 施工电梯的选择

高层建筑施工电梯的机型选择，应根据建筑体型、建筑面积、运输总量、工期要求以及施工电梯的造价与供货条件等综合确定。现场施工经验表明，为减少施工成本，20层以下的高层建筑应优先选用钢丝绳式驱动施工电梯，20层以上的高层建筑宜选用齿轮齿条式驱动施工电梯。

5.3.3.2 施工电梯的布置与使用

(1) 确定施工电梯位置

施工电梯的安装布置应尽可能满足：① 有利于人员和物料的集散；② 各种运输距离最短；③ 方便附墙装置的安装和设置；④ 接近电源，有良好的夜间照明，便于司机观察。

(2) 加强施工电梯的管理

施工电梯在全部运转时间中，输送物料的时间只占运送时间的30%～40%，在高峰期，特别是在上下班时刻，人流集中，施工电梯运量达到高峰。如何解决好施工电梯人货运输矛盾，是一个关键问题。

5.4 混凝土搅拌运输车与混凝土泵

高层建筑施工中，现浇钢筋混凝土结构通常采用混凝土泵浇筑商品混凝土。

【视频演示】

5.4.1 混凝土搅拌运输车

混凝土搅拌运输车是将混凝土搅拌筒斜放在汽车底盘上的专门用于搅拌、运输混凝土的车辆，是长距离运输混凝土的有效工具，它兼有载送和搅拌混凝土的双重功能，如图5.15所示。搅拌运输车在混凝土搅拌站装入混凝土后，由于搅拌筒内有两条螺旋状叶片，在运输过程中搅拌筒可慢速转动进行拌和，以防止混凝土离析；运至浇筑地点后，搅拌筒反转即可卸出混凝土。混凝土搅拌运输车既可以运送拌和好的混凝土拌合料，也可以将混凝土干料装入搅拌筒内，在运输途中加水搅拌，以减少长途运输引起的混凝土坍落度损失。

混凝土搅拌运输车主要由底盘、搅拌筒（图5.16）、发动机、装料及进料系统、卸料溜槽、卸料振动器及操作平台等组成。工程实践证明，容量为6 m^3的搅拌运输车经济效果最佳。

图 5.15　混凝土搅拌运输车

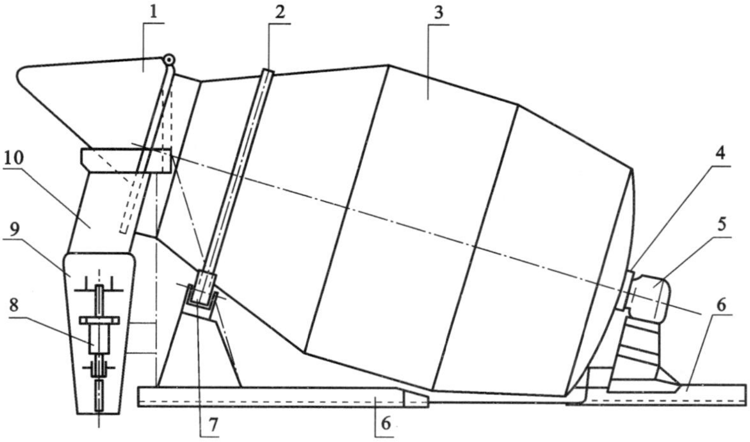

图 5.16　搅拌筒构造图

1—装料斗；2—环形滚道；3—滚筒壳体；4—连接法兰；5—减速器；6—机架；7—支承滚轮；8—调节机构；9—活动卸料溜槽；10—固定卸料溜槽

5.4.1.1　混凝土搅拌运输车技术性能

混凝土搅拌运输车的主要技术性能有：(1) 装、卸料速度快，节省时间，其装料时间一般需40～60 s，卸料时间为90～150 s；(2) 安全防护装置齐全，操作简单，性能可靠；(3) 经济运距8～12 km。

5.4.1.2　使用注意事项

(1) 混凝土搅拌运输车在装料前，应先排净筒内的积水及杂物。

(2) 混凝土搅拌运输车在运输途中，搅拌筒应进行低速搅拌，到达工地后，应使搅拌筒全速转动1～2 min，并待搅拌筒停稳后，再进行反转出料。

(3) 一般情况下，混凝土搅拌运输车运送混凝土的时间不得超过1 h，否则必须采取措施进行处理，如添加缓凝剂可适当增加混凝土的运输时间。

(4) 工作结束后，用高压水冲洗搅拌筒内外及车身表面，并高速转动搅拌筒5～10 min，然后排净搅拌筒里的水分。

5.4.2 混凝土泵

混凝土用泵运输称泵送混凝土。泵送混凝土是指当混凝土从搅拌运输车中卸入混凝土泵的料斗中后，利用泵的压力将混凝土通过管道直接输送到浇筑地点的一种运输混凝土的方法，混凝土可同时完成水平运输和垂直运输工作。这种方法具有输送能力大、速度快、效率高、节省人力、连续工作等特点。它已成为施工现场运输混凝土的一种重要方法，在高层、超高层建筑和各种大型混凝土结构工程的施工中得到了越来越广泛的应用。目前，大功率混凝土泵的最大垂直输送高度可达到620 m。在上海中心大厦施工中，三一重工超高压混凝土拖泵成功将混凝土泵送至620 m高度，创造了超高层混凝土泵送新的世界纪录，向全世界展示了“世界泵王”在超高层混凝土泵送领域的领导地位。

5.4.2.1 泵送混凝土设备的组成

泵送混凝土的设备主要由混凝土泵、输送管道和布料装置构成。混凝土泵有活塞泵、气压泵和挤压泵等几种类型，而以活塞泵应用较多；活塞泵又根据其构造原理不同分为机械式和液压式两种，常用液压式；液压式活塞泵又分为油压式和水压式两种，以油压式居多。目前常用的液压活塞泵基本上是液压双缸式。

活塞式混凝土泵主要由料斗、液压缸、活塞、混凝土缸、分配阀、Y形管、冲洗设备、液压系统和动力系统等部分组成，如图5.17所示。

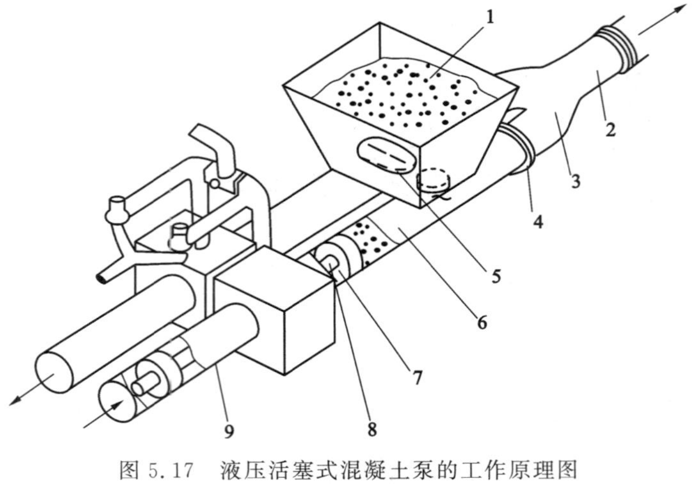

图5.17 液压活塞式混凝土泵的工作原理图

1—料斗；2—混凝土输送管；3—Y形管；4—出料分配阀；5—进料分配阀；6—混凝土缸；7—活塞；8—活塞杆；9—液压缸

【视频演示】

按泵体能否移动，混凝土泵还可分为固定式和移动式两种。固定式混凝土泵使用时需用其他车辆将其拖至现场，它具有输送能力强、输送高度大等特点，适用于高层建筑的混凝土工程施工，如图5.18、图5.19所示。移动式混凝土泵车是将混凝土泵安装在汽车底盘上，根据需要可随时开至施工地点进行作业，如图5.20、图5.21所示。此种泵车一般附带装有全回转三段折叠臂架式布料杆，它既可以利用工地配置的管道输送到较远、较高的浇筑地点，也可利用随车的布料杆在其回转的范围内进行浇筑。移动式混凝土泵车的输送能力一般为80 m^3/h，当水平输送距离为520 m和垂直输送高度为110 m时，输送能力一般为30 m^3/h。

混凝土输送管是泵送混凝土作业中的重要配套部件，有直管、弯管、锥形管和软管等。前

图 5.18　固定式混凝土泵(地泵)

图 5.19　混凝土地泵施工情况

图 5.20　混凝土泵车

图 5.21　混凝土泵车施工情况

三种输送管管径有 80 mm、100 mm、125 mm、150 mm、180 mm、200 mm 等数种,而常用的是 100 mm、125 mm、150 mm 这三种。直管的标准长度有 4.0 m、3.0 m、2.0 m、1.0 m、0.5 m 等数种,以 4.0 m 管为主管。弯管的角度有 15°、30°、45°、60°、90°五种,以适应管道改变方向的需要。

混凝土泵的供料必须是连续的,且输送量很大,因此在浇筑地点应设置布料装置,以便将输送来的混凝土进行摊铺或直接浇筑入模,从而减轻繁重的体力劳动,充分发挥混凝土泵的使用效率。布料装置由可回转、可伸缩的臂架和输送管组成,常称之为布料杆。按照支撑结构的不同,布料杆可分为独立式和汽车式两大类。

5.4.2.2　混凝土的可泵性与原材料及配合比的选择

在设计泵送混凝土配合比时,除必须满足强度和耐久性的要求外,还必须考虑原材料和配合比对混凝土可泵性的影响,满足可泵性的要求。但要使混凝土在输送管道内的摩阻力减小而又不离析,这对原材料和配合比的要求往往是矛盾的。因此,需要统筹兼顾且尽量满足以下要求:

(1) 水泥

水泥的品种和用量对混凝土的可泵性都有影响,特别是水泥用量对形成润滑层的数量及浆体的黏度有较大影响。各国对最低水泥用量都有要求,一般为 260～300 kg/m^3,我国规定为 300 kg/m^3。水泥用量也不宜太大,超过 450 kg/m^3 时水泥浆体黏度剧增,混凝土与管壁的摩阻力增加,不利于泵送。

(2) 粗细骨料及砂率

骨料的种类、形状、粒径和级配对混凝土的可泵性有很大影响。卵石与碎石相比表面光滑、粒形较好,同条件下可泵性比碎石好。粗骨料中的针片状颗粒易造成泵送困难,故其含量不宜大于10%。粗骨料的最大粒径除受结构截面最小尺寸和钢筋间的最小净距的限制外，还受混凝土输送管管径的控制。粗骨料的最大粒径与输送管内径之比至少不宜大于1∶2.5(卵石)～1∶3(碎石)。此外，骨料最大粒径的选择还与混凝土的输送距离和输送高度有关。当混凝土输送距离较长时，为克服管壁摩阻力，泵机所消耗的能量也必然要增加。若混凝土是向高处垂直输送，则输送时泵机除需克服管壁的摩阻力外，还需克服混凝土自身的重力。显然，在这些情况下，为了使混凝土能顺利地泵送，粗骨料的最大粒径应该选择较小的尺寸。

骨料级配对混凝土可泵性的影响很大。在混凝土中，由细骨料和水泥浆所组成的水泥砂浆作为粗骨料的载体，起到传递压力与润滑管壁的作用。所以，细骨料与粗骨料相比对混凝土的可泵性有更大的影响。在细骨料的级配中，细粒级(0.315 mm以下)的颗粒应有足够的数量，否则便难以泵送。我国规定：通过0.315 mm筛孔的砂不应少于15%。此外，细骨料占骨料总质量的百分率即砂率对混凝土可泵性的影响也很大。砂率低的混凝土变形困难，当混凝土通过弯管、锥形管、Y形管等管道时，不易通过，易产生堵塞。因此，泵送混凝土的砂率，应比非泵送混凝土的大些。但砂率也不可太大，否则将增加混凝土的收缩，并对混凝土耐久性能产生不利影响。

(3) 细粉料

细粉料是指包括水泥、掺合料及粒径在0.25 mm以下的细砂部分的总称。其含量对混凝土的可泵性和泵送压力有着极显著的影响。每立方米混凝土中细粉料的适宜含量，随骨料的最大粒径不同而异。如果混凝土中细粉料的含量不足，可以采用掺加掺合料的方法予以补充。最常用的掺合料是粉煤灰和超细矿渣粉。将Ⅰ、Ⅱ级粉煤灰及超细矿渣粉掺入混凝土中，不仅可补充细粉料的不足，而且用它取代部分水泥，可显著地降低混凝土的屈服值和黏性系数，提高混凝土的流动性，从而改善混凝土的可泵性。

(4) 外加剂

泵送混凝土中掺加外加剂的目的是为了提高混凝土的流动性和稳定性，以及调节混凝土的凝结时间，使混凝土具有良好的可泵性。用于泵送混凝土中的外加剂，应优先选用混凝土泵送剂。一般混凝土泵送剂由减水、缓凝、引气、保塑增黏等组分构成，其中以减水组分最为关键，好的泵送剂应具有减水增强效果好、能显著提高混凝土的流动性、缓凝作用明显、引气量适中，以及混凝土坍落度经时损失值小、压力泌水率小等特点，能明显改善混凝土的可泵性。

(5) 水灰比与坍落度

混凝土水灰比及坍落度是影响混凝土可泵性的重要因素，它们直接影响泵送阻力的大小和混凝土的稳定性。混凝土泵送阻力随水灰比降低和坍落度减小而增加，当水灰比小于某一临界值或坍落度低于某一值时，泵送阻力将急剧增加，造成泵送困难。因此，泵送混凝土的水灰比不宜过小，坍落度也不宜过低。当采用商品混凝土时，混凝土经过运输坍落度会有所损失，对搅拌后出站时的混凝土坍落度的要求，必须考虑此损失值。具体的坍落度取值，应根据泵送距离、泵送高度、外加剂品种、气温及对混凝土的性能要求而定。

5.4.2.3 泵送混凝土时的注意事项

(1) 泵送混凝土时必须要求混凝土连续供应，以保证混凝土泵连续工作。

(2) 混凝土泵送时要求管线宜直、转弯宜缓、接头严密。

(3) 泵送前应先用适量与混凝土相同组分的水泥砂浆润湿管线内壁。

(4) 如混凝土供应脱节不能连续泵送时，泵机应每隔4～5 min交替进行正转和反转两个行程，以防混凝土泌水和离析；当泵送间歇时间超过 45 min 或当混凝土出现离析时，应立即用压力水冲洗管内残留的混凝土。

(5) 泵送过程中受料斗内应具有足够的混凝土以防吸入空气产生阻塞，泵送结束后应及时把残留在缸体内及输送管道内的混凝土清洗干净。

(6) 为防止堵泵，料斗上方应设置一金属网以隔离大石块，并及时捡出。

(7) 夏季或冬季施工时，应注意对输送管采取隔热降温或保温措施。

5.4.3 混凝土泵车位置选择

施工过程中，混凝土泵或泵车的停放位置不仅影响输送管的配置，也影响到能否顺利进行泵送施工。混凝土泵车的布置应考虑下列条件：

(1) 力求泵车距离浇筑地点较近，使所浇筑的结构部位在布料杆的工作范围内，尽量不移动或少移动泵车即能完成浇筑任务。

(2) 混凝土泵或泵车的停放地点要有足够的场地，以保证商品混凝土搅拌运输车供料方便，最好能停放 2～3 台搅拌运输车。

(3) 为清洗混凝土泵或泵车，停放位置最好接近供水和排水设施。

5.5 起重运输机械的选择

对于高层建筑而言，合理和正确选择起重运输机械非常重要。根据一些工程实例统计，垂直运输机械费用占高层建筑地面以上部分总费用的 6%～10%。高层建筑结构施工速度的保证，首先也是由垂直运输的速度来决定的，施工人员沿楼梯出入作业楼层的时间也随层数的增加而急剧增加，对工作效率有较大影响，施工电梯的使用可以解放出大部分的时间。根据有关资料显示，在建建筑物为 10 层楼时，每名工人上下班所占用时间约为 30 min，往上每增加一层，平均增加 5～10 min。

5.5.1 起重运输机械的选择原则

在具体选择起重运输机械时，应根据工程特点、施工条件，按照参数合理、生产率充分满足需要和投资少、经济效益高的原则进行。

(1) 塔式起重机的选择

塔式起重机主要参数有起重幅度、起升高度、起重量和起重力矩。

塔式起重机所需要的起重幅度和起升高度可根据建筑物形体尺寸由计算或作图确定。对于钢筋混凝土高层及超高层建筑来说，确定最大起重幅度的额定起重量是至关重要的。若为全装配式大板建筑，最大起重幅度的额定起重量应以最大外墙板重量为依据；若是现浇钢筋混凝土建筑，则应按最大混凝土料斗容量确定所要求的最大起重幅度的额定起重量。对于钢结构高层及超高层建筑，塔式起重机的最大起重量是关键参数，应以最重构件的重量为准。

起重力矩的确定，对于钢筋混凝土高层建筑，重要的是最大起重幅度时的起重力矩必须满足需要；对于高层钢结构来说，则应是最大起重量时的起重力矩必须符合需要。

对塔式起重机的工作速度参数也应进行全面了解和比较。工作速度参数包括起升速度、回转速度、小车速度、大车速度和起重臂仰俯变幅速度。速度参数不仅直接关系到塔式起重机的台班生产率，还对安全生产起到极为重要的作用。

塔式起重机台班生产率可按下式计算：

$$P=8QnK_qK_t$$

式中 P——塔式起重机台班生产率（t/台班）；

Q——塔式起重机的额定起重量（t）；

n——一小时内的起吊次数，$n=60/T_{吊}$，$T_{吊}$为1吊次的延续时间（min）；

K_q——塔式起重机额定起重量利用系数；

K_t——工作时间利用系数。

根据施工流水段及吊装进度的要求，对塔式起重机台班生产率进行校核，以保证施工进度计划不会因其生产率而受到拖延。

(2) 总结近年来国内钢筋混凝土高层建筑的施工经验，选用塔式起重机的参考意见如下：对于一般9～13层高层建筑，宜选用轨道式上回转塔式起重机（如TQ60/80）和轨道式下回转快速安装塔式起重机（QTG60），以后者效益较好；对于13～15层的高层建筑，可选用轨道式上回转塔式起重机（如TQ60/80）或QT80、QT80A等800 kN·m级上回转自升塔式起重机，以前者费用较少；对于15～18层高层建筑，可优选TQ90、TQ60/80ZG或QTZ200等塔式起重机，以前两种费用较少；对于18～25层高层建筑，应根据建筑构造设计特点和使用条件，选择QTZ200、QTZ120、QT80、QT80A式或80等型号附着式自升塔式起重机或内爬式塔式起重机；对于25～30层高层建筑，可选用参数合适的附着式自升塔式起重机或内爬式塔式起重机；30层以上的高层建筑，应优先选用内爬式塔式起重机（如QTP60或QT5-20/4）。内爬式塔式起重机与同等起重能力的轨道式塔式起重机相比，造价便宜25%～40%，楼层越高，节约效果越明显。

(3) 对于施工电梯，从节约施工机械费用的角度出发，对20层以下的高层建筑工程，宜使用钢丝绳驱动式施工电梯，对于20层以上的高层建筑，应选用齿轮齿条驱动式施工电梯。

5.5.2 起重运输机械使用的组合方式

起重运输机械使用的组合方式应首先确定，然后再进一步确定各种起重运输机械的具体型号、规格和数量。由于不同的起重运输机械的用途和特点不同，在选择起重运输机械时，首先应根据工程特点和施工条件确定采用不同种类的起重运输机械的组合。在确定组合方式时，首先应满足施工需要，同时也要考虑费用和经济效益。常用的一般组合方式有：塔式起重机＋混凝土泵＋施工电梯；塔式起重机＋施工电梯；塔式起重机＋快速提升机（或井架起重机）＋施工电梯；井架起重机＋施工电梯。

6　高层建筑施工用脚手架

6.1　概　　述

高层建筑施工中，为了满足结构施工和外装修作业，必须搭设临时性的设施。这种临时性的设施被称为脚手架或架子。由于高层建筑本身的特点，对于脚手架的使用往往所需用量比较大，搭设高度比较高，脚手架稳定性要求高，技术要求、安全性要求都比较高。所以，在搭设脚手架前，必须进行专门的设计和计算，必须绘制脚手架施工图。

6.1.1　脚手架的作用和要求

脚手架作为施工中的一项临时设施，其主要作用是提供施工人员进行施工的一个施工平台，可以在上面进行混凝土的浇筑和外装修施工等工作；可以临时性堆放材料；提供作业通道等。

脚手架的基本要求：① 构造简单，搭设方便，能因地制宜、就地取材，能多次周转使用；② 满足对脚手架强度、刚度和稳定性的需要；③ 按相应脚手架的施工规范进行搭设，保证适当的宽度、步高、离墙距离等满足脚手架的功能要求。

此外，对脚手架的安全生产和使用也须满足安全性要求，即：① 对脚手架地基要保证其平整，有足够的承载能力，避免脚手架发生整体或局部沉降；② 脚手架的搭设必须满足相应规范对脚手架安全性和稳定性的构造措施要求；③ 脚手架搭设和使用过程中经常进行质量检查，验收合格后方可使用；④ 要有脚手架施工方案，并对脚手架进行安全性和稳定性验算等。

6.1.2　脚手架的类型

脚手架可以按多种形式进行分类，一般包括如下几种：

(1) 按用途分：砌筑用脚手架、装修用脚手架、混凝土工程用脚手架等；

(2) 按材料分：木脚手架、竹脚手架、金属脚手架等；

(3) 按搭设位置分：外脚手架、里脚手架等；

(4) 按构造形式分：扣件式钢管脚手架、碗扣式钢管脚手架、门式脚手架、附着升降式脚手架、悬挑式脚手架等。

在高层建筑施工中使用的脚手架一般为混凝土工程用外脚手架，高层建筑的建筑高度较高，规范规定脚手架搭设高度超过 25 m 时，必须使用金属脚手架。在高层建筑施工中常用的脚手架有扣件式钢管脚手架、碗扣式钢管脚手架、门式脚手架和附着升降式脚手架等。

6.2　多立杆式钢管脚手架

6.2.1　扣件式钢管脚手架

扣件式钢管脚手架是由以标准钢管杆件和扣件组成的脚手架骨架与脚手板、防护构件、连墙件等组成的，是目前最常用的一种脚手架。扣件式钢管脚手架的搭设可分为单排和双排。

6.2.2 搭设要求

扣件式钢管脚手架单排搭设高度限值为 20 m，双排为 50 m。对于高层建筑落地式钢管脚手架，应遵循分段搭设的原则，每段搭设悬挑脚手架高度不宜超过 25 m。为保证脚手架搭设过程中的稳定性，必须按施工组织设计中的规定进行搭设，脚手架必须配合施工进度搭设。

脚手架各杆件的搭设必须符合其构造要求，对于地面必须先平整、做好排水设施方能设置底座或垫板。在六级及六级以上大风和雾、雨、雪天，应停止脚手架搭拆作业。在临街搭设脚手架时，外侧应有防护措施谨防坠物伤人。脚手架不应在高、低压线下方搭设，脚手架外侧边缘距外电架空线路外侧边缘要符合相应的安全距离。

6.2.3 落地式扣件钢管脚手架的计算

【视频演示】

6.2.3.1 计算项目和计算要求

计算项目和计算要求见表 6.1。

表 6.1 扣件式钢管脚手架的计算项目和计算要求

序号	计 算 项 目	计 算 要 求
1	立杆整体稳定性计算	转化为验算立杆的承载力
2	纵、横向水平杆和脚手板	在“跨度界值”之内验算抗弯强度为主；在“跨度界值”之外验算挠度
3	连墙件、扣件抗滑	按相应公式验算
4	地基	按相应公式验算
5	单肢稳定性验算	按相应公式验算

6.2.3.2 荷载及荷载组合

扣件式钢管脚手架的荷载计算包括恒载（永久荷载）和活荷载（可变荷载）。恒载有：① 脚手架结构自重，包括立杆、大小横杆、剪刀撑、横向斜杆和扣件等自重；② 构、配件自重，包括脚手板、栏杆、挡脚板、安全网等防护设施自重。活荷载有：① 施工荷载，包括作业层上的人员、器具和材料自重；② 风荷载。

恒载取值，应符合规范规定的各杆件、构（配）件自重表取值，一般按《建筑结构荷载规范》（GB 50009—2012）的附录确定。如木、竹脚手板自重标准值取 0.35 kN/m^2。

活荷载取值。对于施工均布活荷载标准值，当为结构脚手架时取 3 kN/m^2，当为装修脚手架时取 2 kN/m^2。若施工中脚手架的实际施工荷载超过以上规定，按可能出现的最大值计算。

风荷载标准值取值。作用于脚手架上的水平风荷载标准值应按下式计算：

$$w_K = 0.7\mu_S\mu_Z w_0 \tag{6.1}$$

式中 μ_S——风荷载体型系数，按表 6.2 采用；

μ_Z——风压高度变化系数，按《建筑结构荷载规范》（GB 50009—2012）的规定值采用；

w_0——基本风压（kN/m^2），按《建筑结构荷载规范》（GB 50009—2012）的规定值采用；

0.7——按 5 年重现期计算的基本风压折减系数。

表 6.2　脚手架风荷载体型系数 μ_S

背靠建筑物的状况		全封闭	敞开、开洞
脚手架状况	各种封闭情况	1.0φ	1.3φ
	敞开	μ_{stw}	

注：① μ_{stw} 为按桁架确定的脚手架构造结构的风荷载体型系数，可参照《建筑结构荷载规范》(GB 50009—2012)中相关规定计算；

② φ 为按脚手架封闭情况确定的挡风系数，$\varphi=\frac{挡风面积 A_n}{迎风面积 A_W}$；

③ 各种封闭情况包括全封闭、半封闭和局部封闭。

在计算脚手架构件的强度、稳定性与连接强度时，应根据其使用过程中可能出现的荷载取其最不利的组合进行计算，永久荷载分项系数取 1.2，可变荷载分项系数取 1.4。荷载效应组合应按表 6.3 采用。

表 6.3　脚手架的荷载效应组合

计 算 项 目	荷载效应组合
纵向、横向水平杆强度与变形	永久荷载＋施工均布荷载
脚手架立杆稳定	永久荷载＋施工均布荷载
	永久荷载＋0.85(施工均布荷载＋风荷载)
连墙件承载力	单排架，风荷载＋3.0 kN
	双排架，风荷载＋5.0 kN

钢材的强度设计计算与弹性模量应按表 6.4 采用。

表 6.4　钢材的强度设计计算与弹性模量(N/mm^2)

Q235 钢抗拉、抗压和抗弯强度设计值 f	205
弹性模量 E	2.06×10^5

扣件、底座的承载力设计值应按表 6.5 采用。

表 6.5　扣件、底座的承载力设计值(kN)

项　　目	承载力设计值
对接扣件(抗滑)	3.20
直角扣件、回转扣件(抗滑)	8.00
底座(抗压)	40.00

注：扣件螺栓拧紧扭力矩值不应小于 40 N·m，且不应大于 65 N·m。

受弯构件的挠度值不应超过表 6.6 中规定的容许值。

表 6.6　受弯构件的容许挠度

构 件 类 别	容 许 挠 度 [ν]
脚手板，纵、横向水平杆	$l/150$ 与 10 mm
悬挑受弯构件	$l/400$

注：l—受弯构件的跨度。

受压、受拉构件的长细比不应超过表 6.7 中规定的容许值。

表 6.7 受压、受拉构件的容许长细比

构件类别		容许长细比[λ]
立杆	双排架	210
	单排架	230
横向斜撑、剪刀撑中的压杆		250
拉杆		350

注：计算 λ 时，立杆的计算长度按式(6.10)计算，但 k 值取 1.00；本表中其他杆件的计算长度 l_0 按 $l_0=\mu l=1.27l$ 计算。

6.2.3.3 纵、横向水平杆计算

(1) 纵、横向水平杆的抗弯强度应按下式计算：

$$\sigma = \frac{M}{W} \leqslant f \tag{6.2}$$

式中 M——弯矩设计值，应按式(6.3)计算；

W——截面模量，应按《建筑施工扣件式钢管脚手架安全技术规范》(JGJ 130—2011)附录 B 表 B 采用；

f——钢材的抗弯强度设计值，应按表 6.4 采用。

(2) 纵、横向水平杆弯矩设计值，应按下式计算：

$$M = 1.2M_{GK} + 1.4\sum M_{QK} \tag{6.3}$$

式中 M_{GK}——脚手板自重标准值产生的弯矩；

M_{QK}——施工荷载标准值产生的弯矩。

(3) 纵、横向水平杆的挠度符合下式的规定：

$$\nu \leqslant [\nu] \tag{6.4}$$

式中 ν——挠度；

$[\nu]$——容许挠度，应按表 6.6 取值。

(4) 计算纵、横向水平杆的内力与挠度时，纵向水平杆宜按三跨连续梁计算，计算跨度取纵距 l_a；横向水平杆宜按简支梁计算，计算跨度 l_0 可按图 6.1 采用；双排脚手架的横向水平杆的构造外伸长度 $a \leqslant 500$ mm 时，其计算外伸长度 a_1 可取 300 mm。

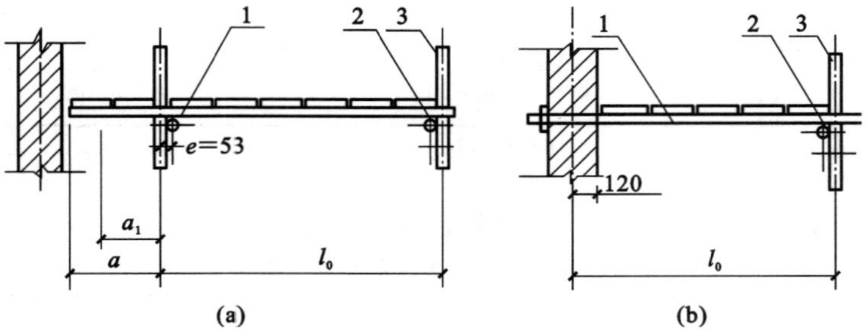

图 6.1 横向水平杆计算跨度

(a) 双排脚手架；(b) 单排脚手架

1—横向水平杆；2—纵向水平杆；3—立杆

(5) 纵、横向水平杆与立杆连接的扣件抗滑承载力计算应符合式(6.5)的规定：

$$R \leqslant R_c \tag{6.5}$$

式中 R——纵、横向水平杆传给立杆的竖向作用力设计值；

R_c——扣件抗滑承载力设计值，应按表6.5取值。

6.2.3.4 立杆计算

(1) 立杆的稳定性计算应符合下列公式：

不组合风荷载时

$$\frac{N}{\varphi A} \leqslant f \tag{6.6}$$

组合风荷载时

$$\frac{N}{\varphi A} + \frac{M_W}{W} \leqslant f \tag{6.7}$$

式中 N——计算立杆段的轴力设计值，应按式(6.8)、式(6.9)计算：

φ——轴心受压构件的稳定系数；

A——立杆的截面面积，应按《建筑施工扣件式钢管脚手架安全技术规范》(JGJ 130—2011)附录B表B取值；

M_W——计算立杆段由风荷载设计值产生的弯矩，可按公式计算；

f——钢材的抗压强度设计值，应按表6.4采用。

N 按式(6.8)、式(6.9)计算：

不组合风荷载时

$$N = 1.2(N_{G1K} + N_{G2K}) + 1.4\sum N_{QK} \tag{6.8}$$

组合风荷载时

$$N = 1.2(N_{G1K} + N_{G2K}) + 0.85 \times 1.4\sum N_{QK} \tag{6.9}$$

式中 N_{G1K}——脚手架结构自重标准值产生的轴力；

N_{G2K}——构(配)件自重标准值产生的轴力；

$\sum N_{QK}$—— 施工荷载标准值产生的轴力总和，内、外立杆按一纵距(跨)内施工荷载总和的1/2取值。

轴心受压构件的稳定系数 φ，应根据长细比 λ 由《建筑施工扣件式钢管脚手架安全技术规范》(JGJ 130—2011)附录C表C取值，当 $\lambda > 250$ 时：

$$\varphi = \frac{7320}{\lambda^2}$$

式中 λ——长细比，按下式计算：

$$\lambda = \frac{l_0}{i}$$

式中 l_0——立杆计算长度，应按式(6.10)规定计算；

i——截面回转半径，应按《建筑施工扣件式钢管脚手架安全技术规范》(JGJ 130—2011)附录B表B取值。

(2) 立杆计算长度 l_0 应按式(6.10)计算：

$$l_0 = k\mu h \tag{6.10}$$

式中 k——计算长度附加系数，其值取1.155；

μ——考虑脚手架整体稳定因素的单杆计算长度系数，应按表6.8采用；

h——立杆步距。

表6.8 脚手架立杆的计算长度系数 μ

类别	立杆横距（m）	连墙件布置	
		二步三跨	三步三跨
双排架	1.03	1.50	1.70
	1.3	1.55	1.75
	1.55	1.60	1.80
单排架	≤1.50	1.80	2.00

(3) 由风荷载设计值产生的立杆弯矩 M_W，可按式(6.11)计算：

$$M_W = 0.85 \times 1.4 M_{WK} = \frac{0.85 \times 1.4 w_k l_a h^2}{10} \tag{6.11}$$

式中 M_{WK}——风荷载标准值产生的弯矩；

w_k——风荷载标准值，应按《建筑施工扣件式钢管脚手架安全技术规范》(JGJ 130—2011)中(4.2.5)式计算；

l_a——立杆纵距。

(4) 立杆稳定性计算部位的确定

① 当脚手架搭设尺寸采用相同的步距、立杆纵距、立杆横距和连墙件间距时，应计算底层立杆段；

② 当脚手架搭设尺寸中的步距、立杆纵距、立杆横距和连墙件间距有变化时，除计算底层立杆段外，还必须对出现最大步距或最大立杆纵距、立杆横距、连墙件间距等部位的立杆段进行验算；

③ 双管立杆变截面处主立杆上部单根立杆的稳定性，应按式(6.6)或式(6.7)进行计算。

(5) 脚手架的搭设高度计算及调整应符合《建筑施工扣件式钢管脚手架安全技术规范》(JGJ 130—2011)中的相关规定。

6.2.3.5 连墙件计算

(1) 连墙件的强度、稳定性和连接强度应符合相应规范规定。

① 连墙件的轴力设计值应按式(6.12)计算：

$$N_l = N_{lw} + N_0 \tag{6.12}$$

式中 N_l——连墙件轴力设计值(kN)；

N_{lw}——风荷载产生的连墙件轴力设计值，应按规定计算；

N_0——连墙件约束脚手架平面外变形所产生的轴力，单排架取3，双排架取5。

② 扣件连墙件的连接扣件应按式(6.5)的规定验算抗滑承载力。

③ 螺栓、焊接连墙件与预埋件的设计承载力应大于扣件抗滑承载力设计值 R_c。

(2) 风荷载产生的连墙件轴力设计值，应按式(6.13)计算：

$$N_{lw} = 1.4 w_k A_w \tag{6.13}$$

式中 A_w——每个连墙件的覆盖面积内脚手架外侧面的迎风面积。

6.2.3.6 立杆地基承载力计算

(1) 立杆基础底面的平均压力应满足式(6.14)的要求：

$$p \leqslant f_g \tag{6.14}$$

式中 p——立杆基础底面的平均压力，$p=\frac{N}{A}$；

N——上部结构传至基础顶面的轴力设计值；

A——基础底面面积；

f_g——地基承载力设计值，应按式(6.15)计算。

(2) 地基承载力设计值按下式计算：

$$f_g = k_c \cdot f_{gk} \tag{6.15}$$

式中 k_c——脚手架地基承载力调整系数，对碎石土、砂土、回填土取 0.4，对黏土取 0.5，对岩石、混凝土取 1.0；

f_{gk}——地基承载力标准值，按《建筑地基基础设计规范》(GB 50007—2011)的规定采用。

6.2.4 常用扣件式钢管脚手架的搭设尺寸

常用扣件式钢管脚手架的搭设尺寸符合表 6.9、表 6.10 中的规定时，脚手架相应杆件可不再进行设计计算，直接按照表中尺寸进行搭设，但连墙件及立杆地基承载力等仍需根据实际荷载进行计算并绘制施工图。

表 6.9 常用扣件式钢管双排脚手架尺寸(m)

连墙件	架宽	大横杆步距	立杆间距				允许搭设高度
			2+4×0.35 (kN/m²)	2+2+4×0.35 (kN/m²)	3+4×0.35 (kN/m²)	3+2+4×0.35 (kN/m²)	
二步三跨	1.05	1.20～1.35	2.0	1.8	1.5	1.5	50
		1.80	2.0	1.8	1.5	1.5	50
	1.30	1.20～1.35	1.8	1.5	1.5	1.5	50
		1.80	1.8	1.5	1.5	1.2	50
	1.55	1.20～1.35	1.8	1.5	1.5	1.5	50
		1.80	1.8	1.5	1.5	1.2	43
三步三跨	1.05	1.20～1.35	2.0	1.8	1.5	1.5	50
		1.80	2.0	1.5	1.5	1.5	34
	1.30	1.20～1.35	1.8	1.5	1.5	1.5	50
		1.80	1.8	1.5	1.5	1.2	35

表 6.10 常用扣件式钢管单排脚手架尺寸(m)

<table>
<tr><th rowspan="2">连墙件</th><th rowspan="2">架宽</th><th rowspan="2">大横杆步距</th><th colspan="2">立杆间距</th><th rowspan="2">允许搭设高度</th></tr>
<tr><th>2＋2×0.35
(kN/m²)</th><th>3＋2×0.35
(kN/m²)</th></tr>
<tr><td rowspan="4">二步三跨
三步三跨</td><td rowspan="2">1.20</td><td>1.20～1.35</td><td>2.0</td><td>1.8</td><td>24</td></tr>
<tr><td>1.8</td><td>2.0</td><td>1.8</td><td>24</td></tr>
<tr><td rowspan="2">1.40</td><td>1.20～1.35</td><td>1.8</td><td>1.5</td><td>24</td></tr>
<tr><td>1.8</td><td>1.8</td><td>1.5</td><td>24</td></tr>
</table>

注:① 表 6.9 中所表示的 2＋2＋4×0.35(kN/m^2),包括下列荷载:2＋2(kN/m^2)是二层装修作业施工荷载,4×0.35(kN/m^2)包括二层作业层脚手板,另二层脚手板为规范规定的构造措施;

② 表 6.9、表 6.10 中作业层横向水平杆间距,应不大于 $l_a/2$。

6.2.5 碗扣式钢管脚手架

碗扣式钢管脚手架也是落地式脚手架的一种,是我国参考国外经验自行研制的一种多功能脚手架。与扣件式钢管脚手架比较,碗扣式钢管脚手架无扣件丢失问题,在脚手架设计计算上更符合轴心受力的简化计算。其设计计算方法与扣件式钢管脚手架相同,关键技术在于碗口接头,通过碗口接头将钢管纵横相连,形成完整独立的稳定结构。

碗扣式钢管脚手架立杆横距为 1.2 m,纵距根据脚手架荷载可有1.2 m、1.5 m、1.8 m、2.4 m,步距为 1.8 m 和 2.4 m。

落地碗扣式钢管脚手架根据规范规定:当搭设高度小于或等于 20 m 时,可按普通架子常规搭设;当搭设高度大于 20 m 及采用超高、超重、大跨度的模板支撑体系时,必须制订专项施工方案,并进行结构分析和计算。对于单排碗扣式钢管脚手架的最大搭设高度为 20 m,双排为60 m,当搭设高度大于或等于 30 m 时,立柱纵距不大于 1.5 m。

碗扣式钢管脚手架搭设时,先将上碗扣的缺口对准限位销,上碗扣沿立柱向上拉起,然后将固定于横杆上的横杆接头插入下碗扣的圆槽内,再将上碗扣沿限位销滑下,顺时针方向旋转扣紧,并用小锤轻击几下达到扣紧要求。

扣件式钢管脚手架的构造要求也适用于碗扣式钢管脚手架的搭设,同样需要设置稳定措施,如扫地杆、连墙件、剪刀撑等,如图 6.2 所示。

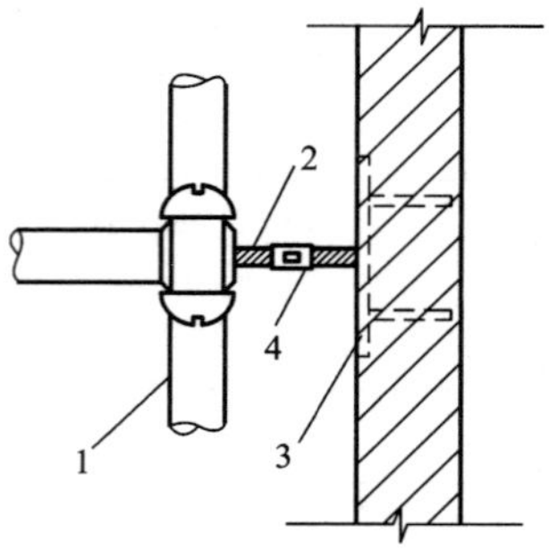

图 6.2 碗扣式钢管脚手架连墙件构造

1—脚手架;2—连墙件;3—预埋件;4—调节螺栓

碗扣式钢管脚手架的特点是结构简单、杆件全部轴向连接、力学性能好、接头构造合理、拆装方便,避免了杆件连接时的螺栓拧紧和扭矩等问题,是高层建筑外脚手架常用的一种脚手架形式。

6.2.6 门式钢管脚手架

门式钢管脚手架也称门型脚手架,由螺旋千斤顶底座、门式框架、碗臂锁扣、十字撑、脚手板、梯子、承插连接扣等组成。门式钢管脚手架搭设时,主要由门式框架、交叉支撑和水平梁架等组成基本单元，再由基本单元相互连接，逐层叠高，左右伸展，再设置水平加固件、剪刀撑及连墙件等，构成整体门式脚手架。

门式钢管脚手架的搭设要点：

(1) 落地门式钢管脚手架搭设高度见表6.11。

表6.11　落地门式钢管脚手架搭设高度

施工荷载标准值 $\sum Q_k$(kN/m²)	搭设高度(m)
3.0～5.0	≤45
≤3.0	≤60

高度在20 m以下时，可同时四层作业；高度在35 m以下时，可同时三层作业；高度在45 m以下时，可同时两层作业。当高度超过60 m时，应进行设计计算，采用分段搭设方法进行，并应进行审批。

(2) 为保证门式钢管脚手架的垂直度和水平度，架子基础必须平整坚实。千斤顶底座下要铺设垫板，地基要夯实。首层门架的间距、垂直度和水平度要准确，与垫板和基础的连接应按照施工方案的结构图设置。

(3) 连墙件的设置要求：架高45 m以下时，垂直间距≤6 m，每两层设一处，水平间距≤8 m；架高在45～60 m时，垂直间距≤4 m，每一层设一处，水平间距≤6 m，并应符合规范规定(表6.12)。

表6.12　连墙件的设置间距

<table>
<tr><th rowspan="2">脚手架搭设高度(m)</th><th rowspan="2">基本风压 w_0
(kN/m²)</th><th colspan="2">连墙件的间距(m)</th></tr>
<tr><th>竖向</th><th>横向</th></tr>
<tr><td rowspan="2">≤45</td><td>≤0.55</td><td>≤6.0</td><td>≤8.0</td></tr>
<tr><td>>0.55</td><td rowspan="2">≤4.0</td><td rowspan="2">≤6.0</td></tr>
<tr><td>>45</td><td>—</td></tr>
</table>

连墙件的设置应做到随脚手架搭设同步进行，不得漏设、滞后设置或补设。同时要设置水平架，当架高不大于45 m时，每两步门架设置一道；当架高为45～60 m时，每一步门架设置一道。

(4) 为了保证脚手架的稳定性，应根据规范要求设置构造措施，如剪刀撑、水平加固杆、封口杆、扫地杆及转角处连接杆等。

门式脚手架的特点是由主要部件组成基本单元，再由基本单元拼装成整体脚手架。这样脚手架搭设方便，施工速度快，结构受力合理。上下层脚手架便于设置爬梯，构成竖向连接通道，既能用于外脚手架施工，也方便用于里脚手架或装修用脚手架施工。

6.3　附着式升降脚手架

附着式升降脚手架是一种工具式脚手架，是利用附着装置将脚手架附着于结构边侧，并利用自身携带的提升设备按照施工的需要向上提升或向下降落。从下至上提升一层，施工一层主体，直至主体施工完毕。附着式升降脚手架是高层建筑施工中应用较多的一种脚手架形式，它在高空作业，将架体荷载传递到竖向主框架上，再由竖向主框架传递至结构上或附着支承上。附着式升降脚手架具有节约架体材料、工作效率高、人工费用少、可重复利用、一次分摊费用少、经济效果显著等优点，主要用于剪力墙和框架结构的高层、超高层建筑外墙装饰施工等。

由于附着式升降脚手架是将普通架体通过固定在结构上的附着支承悬挂于高空作业，所以安全性问题十分重要，需要配置防倾、防坠落安全装置和控制设备，必须做专项施工方案对附着式升降脚手架进行分析和设计计算并审批。另外，对于从事该专项技术的厂家和施工企业实行认证制度。

6.3.1 附着式升降脚手架工作原理

【视频演示】

6.3.1.1 附着式升降脚手架组成

附着式升降脚手架主要包括架体结构、附着支承系统、防倾防坠系统、动力升降系统、荷载同步控制检测系统和施工防护系统。图 6.3 所示为某商城附着式升降脚手架。

6.3.1.2 附着式升降脚手架类型

附着式升降脚手架根据支承方式、升降方式、提升设备的不同分为各种类型。按支承方式不同分为导轨式、导座式、套管式等，目前使用最多的为导轨式；按升降方式不同分为单片式升降、整体式升降、互升降式，目前使用最多的是整体式升降脚手架；按提升设备不同分为电动葫芦、手动葫芦、卷扬机、液压设备，目前多采用电动葫芦和液压设备提升。总体来说，目前最常用的类型是导轨式电动升降脚手架或液压整体升降脚手架。

图 6.3 某商城附着式升降脚手架

6.3.1.3 整体式附着升降脚手架原理

整体式附着升降脚手架是指有三个以上提升装置的连跨升降的附着式升降脚手架。由架体结构、附着支承结构、提升设备、安全装置和控制系统五大部分组成。其工作原理是将专门设计的升降机构附着在建筑物上，将脚手架架体结构同升降机构连接在一起，但可相对运动，通过固定于升降机构上的提升设备将脚手架提升或下降，从而实现脚手架的爬升或下降。

6.3.1.4 套管式附着升降脚手架原理

套管式附着升降脚手架的主要构件是一个套管升降架。每个升降架由外架和内架组成。均各设有两个与建筑物墙或柱连接的固定附墙支座。当进行提升时，首先将提升葫芦悬挂在外架的上横杆上，通过钢丝绳用吊钩吊住内架的下横杆，松开内架与建筑物墙(柱)的连接，操纵提升葫芦提升内架，再将内架与建筑物连接固定；然后将提升葫芦悬挂到内架的上横杆上，钢丝绳吊住外架的下横杆，松开外架与建筑物的连接，操纵提升葫芦提升外架，然后将外架与墙(柱)连接固定，即完成一个提升循环。每一提升循环，可提升半个到一个楼层高度，如图 6.4 所示。

6.3.1.5 互升降式附着升降脚手架原理

互升降式附着升降脚手架又称相邻架段交替升降脚手架，分为甲、乙两种单元，甲、乙单元沿外墙相间布置，相邻单元间设有滑轨和滑槽组成的连接装置。升降时，甲、乙单元互为支点交替升降，如图 6.5 所示。

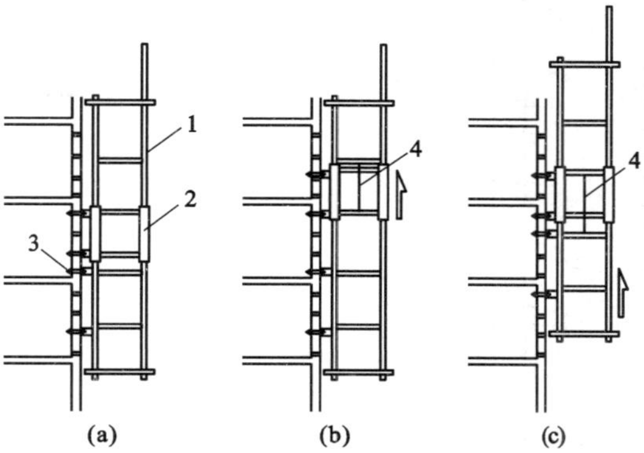

图 6.4　套管式附着升降脚手架爬升原理

(a) 爬升前的位置;(b) 活动架爬升;(c) 固定架爬升

1—固定架;2—活动架;3—附墙螺栓;4—侧链

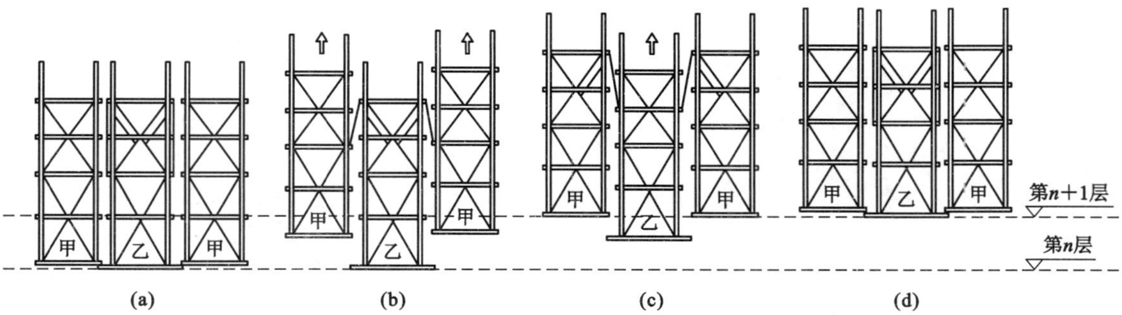

图 6.5　互升降式附着升降脚手架爬升原理

(a) 第 n 层作业;(b) 提升甲单元;(c) 提升乙单元;(d) 第 $n+1$ 层作业

6.3.2　整体式附着升降脚手架的施工

6.3.2.1　组成

整体式附着升降脚手架由架体结构、附着支承结构、提升设备、安全装置和荷载同步控制装置五大部分组成。架体结构一般由竖向主框架、水平支承桁架和架体构架三部分组成。竖向主框架是架体结构的主要组成部分,垂直于建筑物外立面,并与附着支承结构连接,是主要承受和传递竖向和水平荷载的。水平支承桁架是主要承受架体竖向荷载并将竖向荷载传递至竖向主框架的水平结构。如图 6.6、图 6.7 所示。

附着支承结构是直接附着在工程结构上,并与竖向主框架相连接,承受并传递脚手架荷载的支承结构,包括附着支座、悬臂梁和斜拉杆。

提升设备为爬架的升降提供有效的动力,由提升架体使用的电动葫芦或液压设备等组成。

安全装置是指防倾装置、防坠落装置和安全报警装置。防倾装置是防止架体在升降和使用过程中发生倾覆,采用防倾导轨及其他合适的控制架体水平位移的构造。防坠落装置是架体在升降或使用过程中发生意外坠落时的制动装置。

荷载同步控制装置是为了避免脚手架在升降工况时因荷载不均、升降不同等原因可能导致的升降设备超载,从而引发升降设备故障或附着装置破断而设置的。

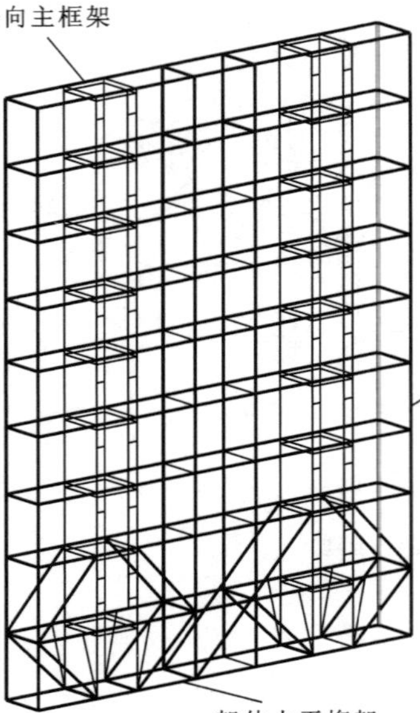

图 6.6 整体式附着升降脚手架架体示意图

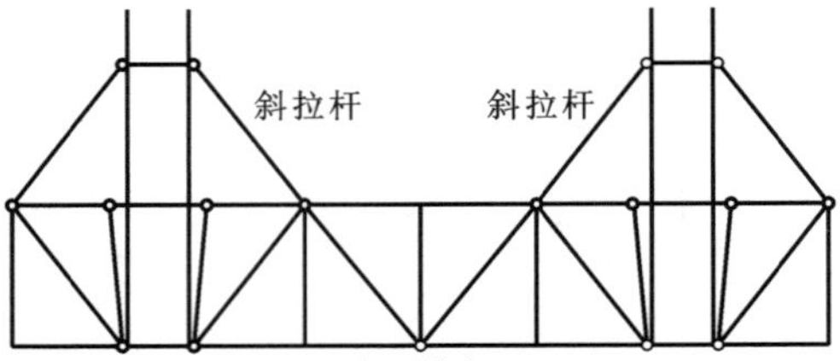

图 6.7 竖向主框架与水平桁架的连接

6.3.2.2 脚手架的安装、使用和拆除

(1) 准备工作

确定主框架和升降装置挑梁安装的位置及个数以及在相应位置上的预留孔洞和螺栓预埋情况。各层的螺栓位置要求上下一致,误差不超过±25 mm。确认主框架、挑梁、斜拉杆、升降装置、钢丝绳、脚手管、扣件、安全网、木板等材料是否配齐。首层安装应设置安装平台,并设有保障施工人员安全的防护设施。

(2) 安装

整体式附着升降脚手架必须按照专项施工方案的要求进行安装。需要强调的是,脚手架的安装质量对日后的使用安全、减少架体变形、维护保养等至关重要,所以对附着支承结构、建筑结构混凝土强度、预留预埋、架体结构、升降机构、升降动力设备、安全保险、安全控制系统等做了各项规定,安装时应认真执行。

(3) 升降

整体式附着升降脚手架提升过程如下:插上防坠销,将提升支座提升至最上一层并固定,将调节顶撑拆开,调整电动升降设备并预紧,拔下承重支座承重销,松开防坠器;提升架体,支座上部插防坠销,承重支座安装好承重销,防坠支座安装好调节顶撑,锁紧防坠器。

为保证升降系统的可靠,在脚手架提升、下降作业前应严格检查各个项目,检查合格后方可升降。

整体式附着升降脚手架的升降操作应符合下列规定:

① 应按升降作业程序和操作规程进行作业;

② 操作人员不得停留在架体上;

③ 升降过程中不得有施工荷载;

④ 所有妨碍升降的障碍物应已拆除;

⑤ 所有影响升降作业的约束已经拆开;

⑥ 各相邻提升点间的高差不得大于 30 mm,整体架最大升降差不得大于 80 mm。

在没有完成架体固定工作前，施工人员不得擅自离岗或下班；脚手架架体升降到位固定后，应按规范规定的检查项目进行检查，合格后方可使用。如遇五级及五级以上大风或大雨、大雪、浓雾等恶劣天气时，不得进行升降作业。

(4) 使用

整体式附着升降脚手架应按照设计性能要求进行使用，架体上的施工荷载必须符合设计规定，不得超载，不得放置影响局部杆件安全的集中荷载。建筑垃圾和杂物应及时清除出架体内。

使用过程中应注意如下事项：

① 不得在架体上拉结吊装缆绳；

② 不得在架体上推车；

③ 不得利用架体吊运物料；

④ 不得拆除或移动架体上的安全防护设施；

⑤ 不得任意拆除结构件或松动连接件；

⑥ 不得利用架体支承模板或作为卸料平台；

⑦ 避免脚手架停用或遇六级以上大风天气后，未经检查直接复工使用；

⑧ 脚手架停用前必须对其进行加固加强；

⑨ 螺栓连接件、升降动力设备、防坠落装置、电控设备是确保整体式附着升降脚手架安全使用的重要构件，每月应进行维护保养 1 次。

(5) 拆除

应按照专项施工方案的规定进行拆除，严格执行拆除程序。在拆除过程中还需要注意以下一些事项：

① 整个施工区域地面应设置安全警戒线，设专人看守，确保安全；

② 认真清理脚手架上的一切杂物垃圾，楼层周边应按要求设围栏，同时在升降脚手架的下方设置斜挡板，避免拆架时散料坠落；

③ 遇五级及五级以上大风或大雨、大雪、浓雾等恶劣天气时，禁止进行拆除作业；

④ 整体式附着升降脚手架应自上而下逐步拆除，在架体拆除过程中避免扣件坠落，扣件与其扣接的钢管不脱离；

⑤ 底层水平桁架采用分段拆解节点、分段吊运。

6.3.2.3　整体式附着升降脚手架的构造措施

(1) 结构尺寸构造要求

架体构架宜采用扣件式钢管脚手架，其结构构造应符合现行行业标准《建筑施工扣件式钢管脚手架安全技术规范》(JGJ 130—2011)的相关规定。

① 架体结构高度不应大于 5 倍楼层高；

② 架体宽度不应大于 1.2 m；

③ 直线布置的架体支承跨度不应大于 7 m，折线或曲线布置的架体、相邻两主框架支承点处架体外侧距离不得大于 5.4 m；

④ 架体的水平悬挑长度不得大于 2 m，且不得大于跨度的 1/2；

⑤ 架体全高与支承跨度的乘积不应大于 110 m^2；

⑥ 架体悬臂高度不得大于架体高度的 2/5，且不得大于 6 m。

架体外立面应沿全高连续设置剪刀撑，并应将竖向主框架、水平支承桁架和架体连成一体，剪刀撑的水平夹角应为 45°～60°，应与所覆盖架体构架上每个主节点的立杆或横向水平杆伸出端扣紧，悬挑端应以竖向主框架为中心成对设置对称斜拉杆，其水平夹角不应小于45°。

（2）竖向主框架结构构造要求

整体式附着升降脚手架应在附着支承结构部位设置与架体高度相等、与墙面垂直的定型竖向主框架，竖向主框架应采用桁架或刚架结构，其杆件连接的节点应采用焊接或螺栓连接，并应与水平支承桁架和架体结构构成有足够强度和刚度的空间几何不变体系的稳定结构。

① 竖向主框架可采用整体结构或分段对接式结构；

② 当架体升降采用中心吊时，在悬臂梁行程范围内竖向主框架内侧水平杆去掉部分的断面，应采取可靠的加固措施；

③ 主框架内侧应设有导轨；

④ 竖向主框架宜采用单片式主框架，也可采用空间桁架式主框架。

（3）水平支承桁架结构构造要求

水平支承桁架与主框架其宽度相同，平行于墙面，其高度不宜小于1.8 m。其结构构造要求应符合下列要求：

① 桁架各杆件的轴线应相交于节点上，并宜用节点板构造连接，节点板的厚度不得小于6 mm；

② 桁架上下弦应采用整根通长杆件或设置刚性接头，腹杆上下弦应采用焊接或螺栓连接；

③ 桁架与主框架连接处的斜腹杆宜设计成拉杆；

④ 架体构架的立杆底端应放置在上弦节点各轴线的交汇处；

⑤ 内外两片水平桁架的上弦和下弦之间应设置水平支撑杆件，各节点必须采用焊接或螺栓连接；

⑥ 水平支承桁架的两端与主框架的连接，可采用杆件轴线交汇于一点，且为能活动的铰接点，或可将水平支承桁架放在竖向主框架底端的桁架底框中。

当水平支承桁架不能连续设置时，局部可采用脚手架杆件进行连接，但其长度不得大于2 m，并且必须采取加强措施，确保其强度和刚度不得低于原有桁架。

（4）附着支承结构构造要求

附着支承结构应包括附墙支座、悬臂梁及斜拉杆，其构造要求应符合下列规定：

① 竖向主框架所覆盖的每一楼层处应设置一道附墙支座；

② 在使用工况时，应将竖向主框架固定于附墙支座上；

③ 在升降工况时，附墙支座上应设有防倾、导向的结构装置；

④ 附墙支座应采用锚固螺栓与建筑物连接；

⑤ 附墙支座支承在建筑物上连接处混凝土的强度应按设计要求确定，但不得小于C10。

（5）架体结构的加强措施

架体结构应在以下部位采取可靠的加强构造措施：

① 与附墙支座的连接处。

② 架体上提升机构的设置处。

③ 架体上防坠、防倾装置的设置处。

④ 架体吊拉点设置处。

⑤ 架体平面的转角处。

⑥ 架体因碰到塔吊、施工电梯、物料平台等设施需断开或开洞处；物料平台不得与附着式升降脚手架各部位和各结构构件相连，其荷载应直接传递给建筑结构。当架体遇到塔吊、施工电梯、物料平台需断开或开洞时，断开处应加设栏杆进行封闭，开口处应有可靠的防止人员及

物料坠落的措施。

⑦ 其他有加强要求的部位。

(6) 安全防护措施

整体式附着升降脚手架的安全防护措施应符合下列规定：

① 架体外侧必须用密目式安全网，网目不应低于 2000 目/100 cm^2，且应可靠固定；

② 作业层外侧应设置 1.2 m 高的防护栏杆和 180 mm 高的挡脚板；

③ 作业层应设置固定牢靠的脚手板，其与结构之间的间距应满足现行行业标准《建筑施工扣件式钢管脚手架安全技术规范》(JGJ 130—2011)的相关规定。

6.4 其他脚手架

脚手架的种类繁多，在高层建筑施工中所采用的脚手架除了前面所介绍的，还有其他一些类型的脚手架，如悬挑脚手架和吊篮脚手架等。

6.4.1 悬挑脚手架

悬挑脚手架一般有两种形式：一种是每层一挑，另一种为多层悬挑。多层悬挑将全高的脚手架分成若干段，每段搭设高度不超过 25 m。利用悬挑梁或悬挑架作脚手架基础分段搭设时，可以超过 50 m 以上。

不同材料悬挑的构造形式如下：

槽钢悬挑脚手架构造如图 6.8 所示。

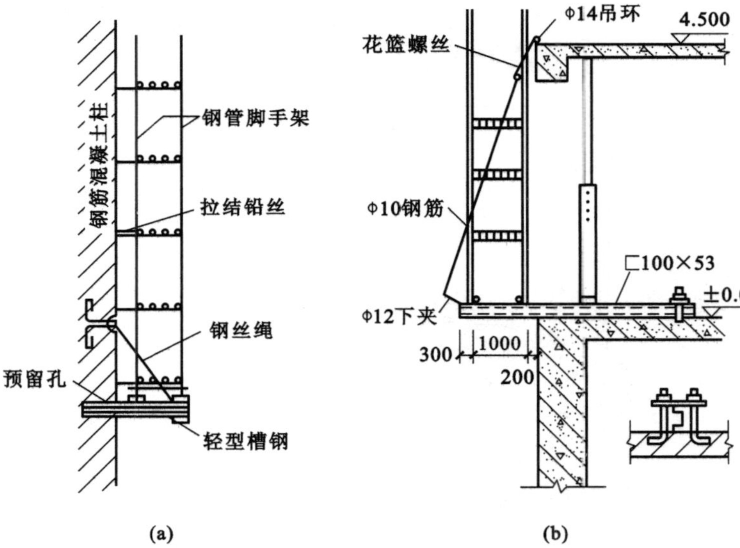

图 6.8　槽钢悬挑脚手架构造

钢管悬挑的脚手架构造(一)如图 6.9 所示。钢管悬挑的脚手架构造(二)如图 6.10 所示。

6.4.2 吊篮脚手架

吊篮脚手架是将吊篮悬挂在挑梁上，挑梁与建筑物顶部设支撑点固定，吊篮的升降可以用手动或电动葫芦和钢丝绳来带动。吊篮主要适用于高层建筑施工的外装修作业。

手动吊篮构造如图 6.11 所示。

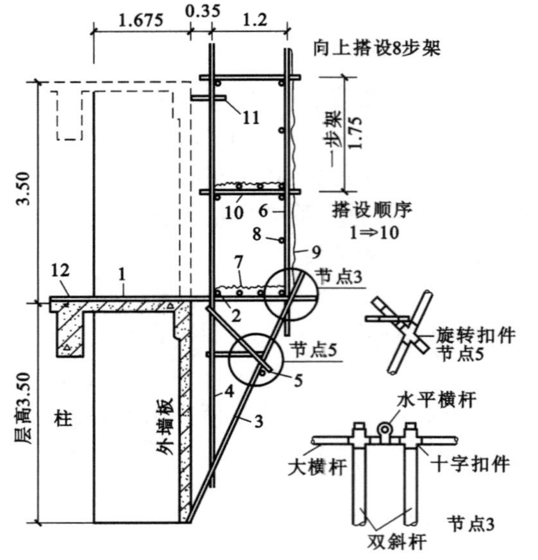

图 6.9　钢管悬挑的脚手架构造(一)(单位:m)

1—水平杆;2—大横杆;3—双斜杆;4—内立杆;5—加强短杆;6—外立杆;7—竹脚手板;8—栏杆;9—安全网;10—小横杆;11—用短钢管与结构拉结;12—水平横杆与预埋环焊接

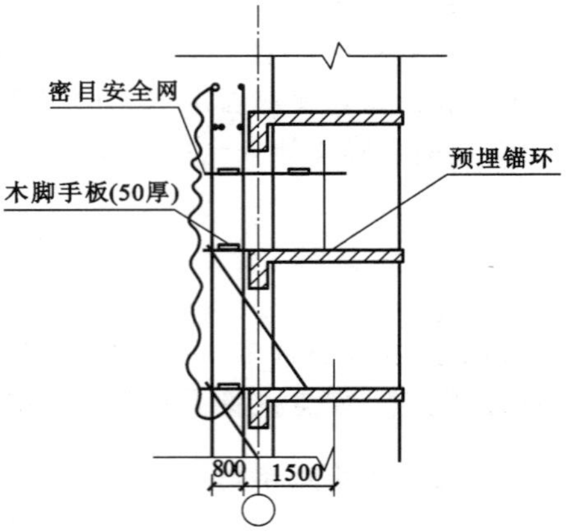

图 6.10　钢管悬挑的脚手架构造(二)

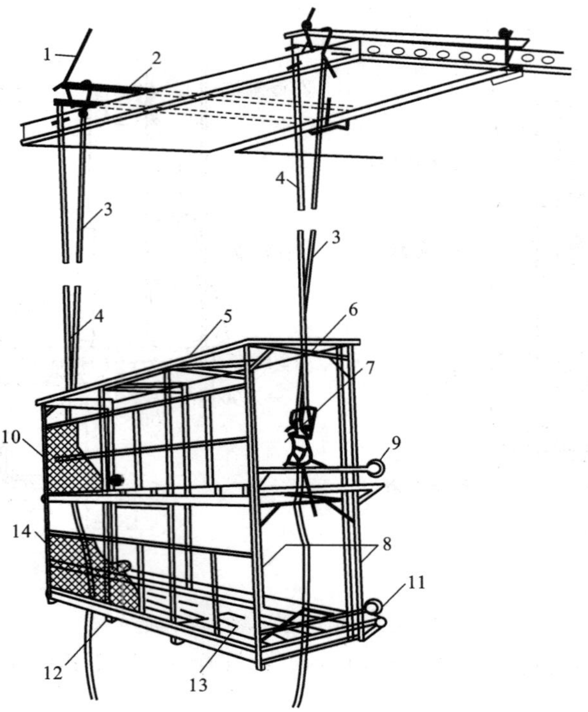

图 6.11　手动吊篮构造

1—保险绳(缚于上层梁上);2—工字钢挑梁;3—安全绳;4—吊篮绳;5—顶板;6—穿绳孔;7—手扳葫芦;8—吊架;9—护墙轮;10—吊架;11—活动翻板;12—底盘架;13—木底板;14—护身栏杆及网

挑梁构造如图 6.12 所示。

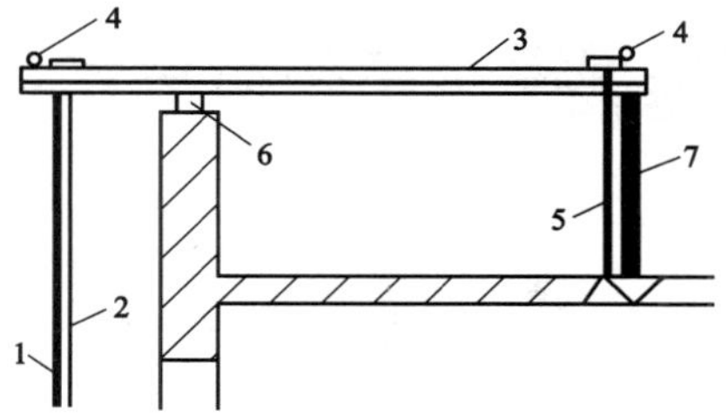

图 6.12　挑梁构造

1—钢丝绳；2—安全绳；3—挑梁；4—连接挑梁的水平杆；5—拉杆；6—垫木；7—支柱

电动吊篮脚手架构造如图 6.13 所示。

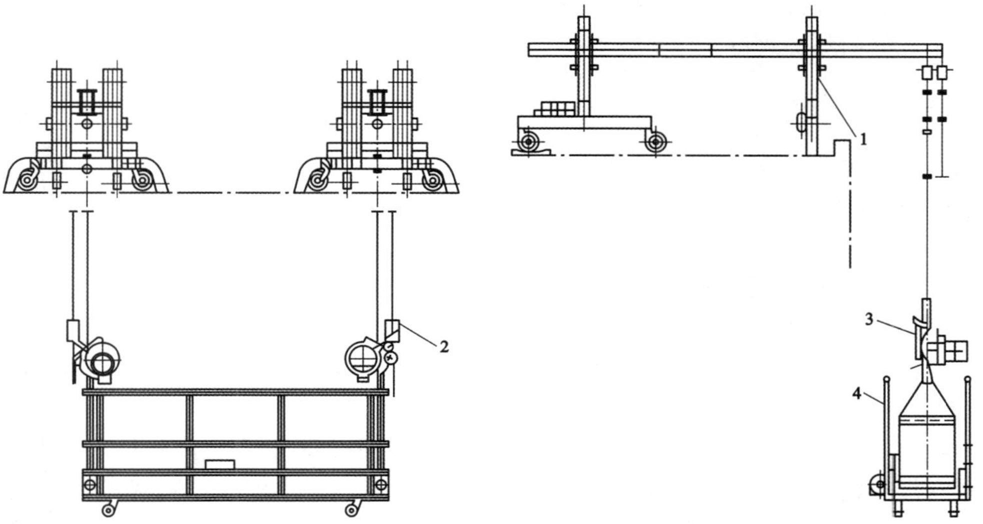

图 6.13　电动吊篮脚手架构造

1—屋面支撑系统；2—安全锁；3—提升机构；4—吊篮架体

电动吊篮屋面支撑系统构造，挑梁可通过脚轮移动，如图 6.14 所示。

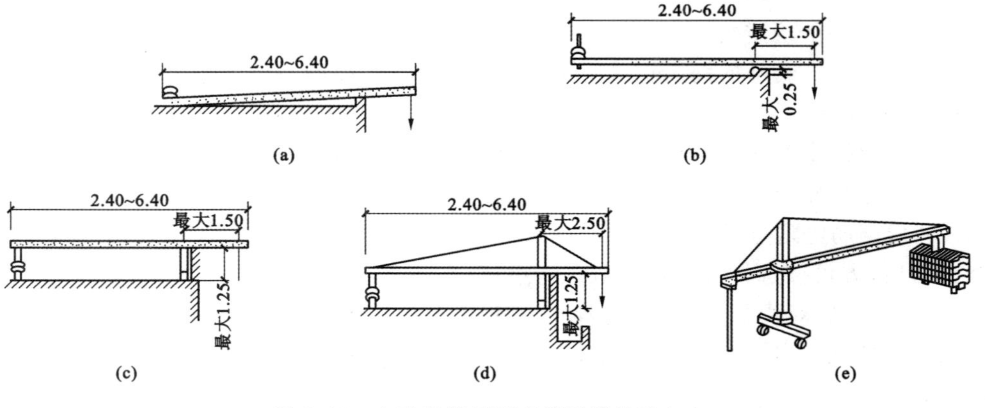

图 6.14　电动吊篮屋面支撑系统构造(m)

(a) 简单固定梁式；(b) 移动挑梁式；(c) 适用高女儿墙的挑梁；(d) 大悬臂挑梁(一)；(e) 大悬臂挑梁(二)

7 现浇混凝土结构高层建筑施工

7.1 钢筋连接技术

在高层建筑施工中，大直径粗钢筋得到了日益广泛的应用。同时由于结构设计的抗震要求，传统的钢筋连接方式，如绑扎连接由于可靠性差已限定使用，而电弧焊连接因操作不便且费工费料也已经较少使用。近年来，新的钢筋连接技术，如电渣压力焊、气压焊、机械连接等技术已广泛应用于高层建筑粗钢筋的连接施工中，大大改进了水平向和竖向大直径钢筋连接技术，取得了较好的经济效益。

7.1.1 钢筋焊接

【视频演示】

7.1.1.1 钢筋焊接的类型

钢筋焊接的类型分为熔焊和压焊两种。

(1) 熔焊

熔焊，又叫熔化焊，是一种最常见的焊接方法。熔焊过程实质上是利用热源产生的热量，把母材和填充金属熔化，形成焊接熔池，当热源离开后，由于周围冷金属的导热及其介质的散热作用，焊接熔池温度迅速下降，并凝固结晶形成焊缝。如电弧焊、电渣压力焊、热剂焊等。

(2) 压焊

压焊过程实质上是利用热源，包括外加热源和电流通过母材所产生的热量，使母材加热达到局部熔化，随即施加压力，形成焊接接头。如电阻点焊、闪光对焊、气压焊、埋弧压力焊等。

【视频演示】

根据国家行业标准《钢筋焊接及验收规程》(JGJ 18—2012)的规定，适用于粗钢筋连接的焊接方法有闪光对焊、电弧焊、电渣压力焊和气压焊四种。

7.1.1.2 钢筋焊接的一般规定

钢筋焊接的一般规定如下：

(1) 在工程开工或每批钢筋正式焊接之前，必须进行现场条件下钢筋焊接性能试验。合格后，方能正式生产。

(2) 钢筋焊接生产之前，必须清除钢筋、钢丝或钢板焊接部位的铁锈、熔渣、油污等；钢筋端部的扭曲应予以矫直或切除。

(3) 进行钢筋电阻点焊、闪光对焊、电渣压力焊或埋弧压力焊时，应试焊两个接头。经外观检查合格后，方可按选择的焊接参数进行生产。

(4) 在点焊机、对焊机、电渣压力焊机或埋弧压力焊机的电源开关箱内装设电压表，以便观察电压波动情况。电阻点焊或闪光对焊时，如电源电压降大于5%，应适当提高变压器的级数；如电源电压降达到8%时，停止焊接。电渣压力焊或埋弧压力焊时，如电源电压降大于5%，则不宜进行焊接。

(5) 焊机应经常维修保养和定期检修，确保正常使用。

7.1.1.3　钢筋电渣压力焊

电渣压力焊是利用电流通过渣池产生的电阻热将钢筋混凝土中的竖向钢筋的端部熔化，待达到一定程度后，施加压力使钢筋焊合。这种焊接方法是一种立焊方法，能避免当钢筋采用搭接或帮条电弧焊时所造成的错位大和焊接时间长的不足，比电弧焊容易掌握，工效高。电渣压力焊分为自动电渣压力焊及手工电渣压力焊两种。电渣压力焊一般适用于国产Ⅰ、Ⅱ级直径 14～40 mm 的竖向或斜向(倾斜度在 4∶1 范围)钢筋的连接。

(1) 电渣压力焊机具

① 自动电渣压力焊

自动电渣压力焊设备包括焊接电源、控制箱、操作箱、焊接机头等，如图 7.1 所示。焊接机头由电动机、减速器、凸轮、夹具、提升杆、焊剂盒等组成。焊接电源有多种型号，如 BX1-500 型、BX3-500 型、BX3-630 型、BX2-700 型、BX2-1000 型等，可根据不同钢筋直径选择。例如当钢筋直径为 25 mm 时，可采用 BX1-500 型焊接电源；钢筋直径为 32 mm 时，应采用 BX3-630 型或 BX2-700 型；钢筋直径为 36 mm 或 40 mm时，宜采用 BX2-1000 型。

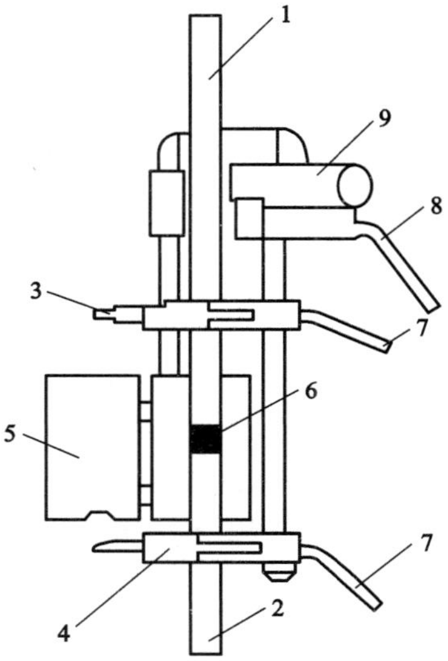

图 7.1　电渣压力焊焊接示意图

1—上钢筋；2—下钢筋；3—上夹头；4—下夹头；5—焊剂盒；6—铁丝圈；7—焊把线；8—电源线；9—电动机传动部分

使用自动焊机时，由焊工揿电钮，自动接通电源，通过电动机使上钢筋移动，引燃电弧，接着自动完成电弧、电渣及顶压过程，并切断焊接电源。使用这种焊机可以减轻焊工的劳动强度，生产效率高。

② 手工电渣压力焊

手工电渣压力焊设备由焊接电源、控制箱、焊接夹具、焊剂盒等组成。焊接电源与自动电渣压力焊相同。焊接夹具应具有一定的刚度，使用灵巧，坚固耐用，上、下钳同心。焊剂盒内径为 90～100 mm，与所焊接钢筋的直径大小相适应。

手动式焊机可分为杠杆式和摇臂式两种，焊接过程由焊工手动完成，劳动强度较大。手动式焊机比较结实耐用，易于维修。

(2) 电渣压力焊焊接工艺

竖向钢筋电渣压力焊工艺过程包括引弧、电弧、电渣和顶压过程，如图 7.2 所示。

根据渣池形成的不同，电渣压力焊工艺可分为以下三种：

① 导电焊剂法

当上钢筋较长而直径较大时，宜采用导电焊剂法。此时，要求钢筋端面预先平整，并选用粒度为 8～10 mm 的导电焊剂 1～2 块放入两钢筋端面之间。施焊时，接通焊接电路，使导电焊剂及钢筋端部相继熔化形成渣池。

② 电弧引燃法

当上钢筋直径较小而焊机功率较大时，宜采用电弧引燃法。此时，钢筋端面无须加工平整。施焊前，先将钢筋端面互相接触，装满焊剂。施焊时接通电路，立即操纵压杆使两钢筋之间形成 2～3 mm 的空隙而产生电弧，借助操纵杆使上钢筋缓缓上升，完成电弧过程(焊接直径

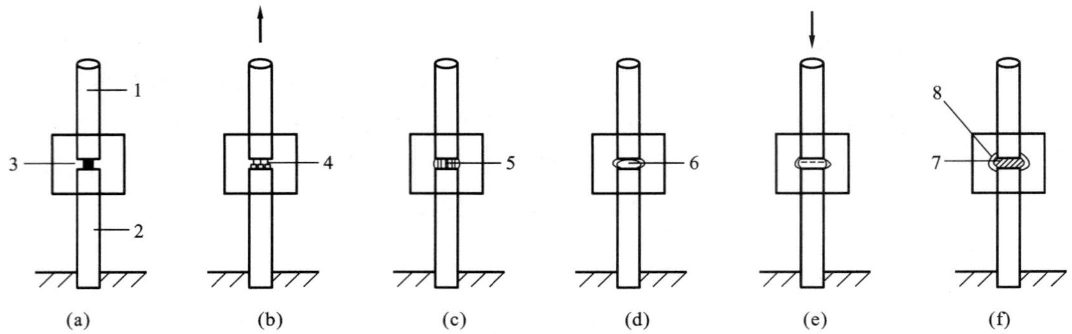

图 7.2 电渣压力焊工艺过程示意图

(a) 引弧前;(b) 引弧过程;(c) 电弧过程;(d) 电渣过程;(e) 顶压过程;(f) 凝固后

1—上钢筋;2—下钢筋;3—焊剂盒;4—电弧;5—熔池;6—熔渣;7—焊包;8—渣壳

25 mm 的钢筋时提升高度约为 8 mm)之后,再进行电渣过程和顶压过程。

③ 铅丝球引燃法

当钢筋端面较平整而焊机功率又较小时,宜采用铅丝球引燃法。此时,将铅丝球(用 22 号铅丝绕成直径为 10～15 mm 的紧密小球)放入两钢筋端面之间,而后装满焊剂,进行焊接。

【视频演示】

(3) 电渣压力焊的操作要点

在钢筋电渣压力焊中,必须采用合适的焊剂,一般采用高锰、高硅、低氟型 HJ431 焊剂。焊剂要妥善保管,防止受潮。焊剂在焊接过程中起着保护熔池,防止氧化和氮化,使焊接过程稳定,获得良好成型接头等重要作用。施焊前,应根据钢筋直径确定焊接参数。电渣压力焊的工艺参数一般主要是渣池电压、焊接电流、焊接通电时间等,见表 7.1。焊接不同直径钢筋时,应根据较小直径钢筋选择焊接工艺参数。

表 7.1 电渣压力焊工艺参数

钢筋直径(mm)	渣池电流(A)	渣池电压(V)		焊接通电时间(s)	
		电弧过程	电渣过程	电弧过程	电渣过程
16	200～250			14	4
18	250～300			15	5
20	300～350			17	5
22	350～400			18	6
25	400～450	35～45	22～27	21	6
28	500～550			24	6
32	600～650			27	7
36	700～750			30	8
40	850～900			33	9

首先,将钢筋直径端部 120 mm 范围内铁锈杂质刷净,用电极上的夹具夹紧钢筋(当上部钢筋较长时,搭设架子稳定钢筋)。钢筋端头应在焊剂盒中部,待上、下钢筋轴线对中后,在上、

下钢筋间放入一个由 22 号铅丝绕成的直径为 10～15 mm 的铅丝小球或放入导电剂(当钢筋直径较大时)。在焊剂盒底部垫好石棉垫,然后合上焊剂盒,再放满焊剂。施焊时,接通电路,使导电剂、钢筋端部及焊剂熔化,形成导电的渣池,维持数秒后,借助操纵杆将上钢筋缓缓下送,且使焊接电压稳定在 20～25 V 范围内。钢筋下送速度不能过快或过慢,以防止造成电流短路或断路,要维持好电渣形成过程。待熔化量达到一定数值时,即切断电源,并迅速用力顶锻钢筋,挤出全部熔渣和熔化金属,使其形成坚实接头。经过 1～3 min 冷却后,即可打开焊剂盒,收回焊剂,卸下夹具,敲去熔渣,焊接过程完毕。

进行钢筋电渣压力焊时,焊接夹具的上、下钳口应夹紧上、下钢筋的合适位置,严防晃动,以免上、下钢筋错位和夹具变形;引弧宜采用导电焊剂或铅丝球引弧法,也可直接引弧;接头完毕,应停歇适当时间,才可回收焊剂和卸下夹具,以免接头与空气接触氧化;当两钢筋直径不同时,应采取措施确保上、下两钢筋同轴,并按直径较小钢筋选用焊接电流,焊接通电时间稍延长。

(4) 钢筋电渣压力焊接头质量检查与验收

对钢筋电渣压力焊接头,应进行外观检查和强度检验。

① 外观检查

电渣压力焊接头应逐个进行外观检查,外观检查结果应符合下列要求:

a. 四周焊包凸出钢筋表面的高度应大于 4 mm;

b. 钢筋与电极接触处应无烧伤缺陷;

c. 接头处的弯折角不得大于 4°;

d. 接头处的轴线偏移不得大于钢筋直径的 10%,且不得大于 2 mm。

外观检查不合格的接头应切除重焊,或采取补强焊接措施。

② 力学性能试验

在进行力学性能试验时,每楼层或施工区段中,以 300 个同级别钢筋接头作为一批,不足 300 个亦为一批,每批随机切取 3 个接头进行拉伸试验。同一批中有几个不同钢筋直径时,应抽取直径较大的钢筋接头。电渣压力焊接头拉伸试验结果中,3 个试件的抗拉强度均不得小于该级别钢筋规定的抗拉强度。若试验结果中有 1 个试件的抗拉强度低于规定值,应再取 6 个试件进行复验。复验结果中,当仍有 1 个试件的抗拉强度小于规定值时,应确认该批接头为不合格品。

7.1.1.4 钢筋气压焊

钢筋气压焊是采用氧-燃料气体火焰将两钢筋对接处进行加热,使其达到一定温度然后加压完成的一种压焊方法。钢筋气压焊可以用于钢筋在垂直位置、水平位置或倾斜位置的对接焊接。当两钢筋直径不同时,两直径之差不得大于 7 mm。

(1) 气压焊机具

钢筋气压焊机主要包括多嘴环管加热器、加压器、焊接夹具三部分,另加氧气瓶、乙炔气瓶等供气装置。加压器有手动和电动两种。当采用手动式时,需要一名焊工,由一名辅助工加压,合作施工;当采用电动式时,只需一名焊工。

(2) 钢筋气压焊施工工艺

钢筋气压焊有熔化压力焊和固态气压焊两种。

熔化压力焊是将两钢筋端面稍加分开,加热到熔化温度后再加压完成的一种方法。加压前应将钢筋端面上的熔化金属吹流出来。

固态气压焊是将两钢筋端面紧密闭合,局部间隙不大于 3 mm,加热至 1200～1250 ℃加压完成的方法。施工过程宜多次加压，顺序如下：第一次加压(预压)→碳化焰对准钢筋接缝处集中加热→二次加压使接缝密合→中性焰反复宽幅加热→三次加压，镦粗成型。

(3) 钢筋气压焊接头质量检查与验收

① 外观检查

气压焊接头应逐个进行外观检查，外观检查结果应符合下列要求：偏心量不得大于钢筋直径的15%，且不得大于4 mm，超过规定值应切除重焊；两钢筋轴线的弯折角不得大于4°，超过该值应重新加热矫正；镦粗直径应不小于1.4d，小于该值应重新加热镦粗；镦粗长度应不小于1.2d，且凸起部分平缓圆滑，小于该值应重新加热镦粗；压焊面偏移不得大于钢筋直径的0.2倍。

外观检查不合格的接头应切除重焊，或采取补强焊接措施。

② 力学性能试验

在进行力学性能试验时，每楼层或施工区段中，以300个同级别钢筋接头作为一批，不足300个亦为一批，每批随机切取3个接头进行拉伸试验。同一批中有几个不同钢筋直径时，应抽取直径较大的钢筋接头。气压焊接头拉伸试验结果中，3个试件的抗拉强度均不得小于该级别钢筋规定的抗拉强度，并应断于压焊面之外，呈延性断裂。在梁、板的水平钢筋接头中，应另切取3个接头作弯曲试验，要求弯至90°，3个试件均不得在压焊面发生破断。

7.1.2 钢筋机械连接

机械连接是通过钢筋与连接件的机械咬合作用或钢筋端面的承压作用，将一根钢筋中的力传递至另一根钢筋的连接方法。

钢筋的机械连接具有工艺简单、节约钢材、改善工作环境、接头性能可靠、技术易掌握、工作效率高、不受气候条件影响、无明火和火灾隐患、节约成本等优点，适用于钢筋在任何位置与方向的连接，尤其在高空施工条件下安全可靠。虽然机械连接接头成本较高，但是其综合经济效益与技术效果明显。《高层建筑混凝土结构技术规程》(JGJ 3—2010)中明确规定，粗直径钢筋宜采用机械连接。

7.1.2.1 连接方法分类及适用范围

钢筋机械连接的分类及适用范围可参考表7.2。

表7.2 钢筋机械连接分类及适用范围表

<table>
<tr><th colspan="2" rowspan="2">机械连接方法</th><th colspan="2">适用范围</th></tr>
<tr><th>钢筋级别</th><th>钢筋直径(mm)</th></tr>
<tr><td colspan="2">钢筋套筒挤压连接</td><td>HRB335、HRB400
RRB400</td><td>16～40
16～40</td></tr>
<tr><td colspan="2">钢筋锥螺纹套筒连接</td><td>HRB335、HRB400
RRB400</td><td>16～40
16～40</td></tr>
<tr><td colspan="2">钢筋镦粗直螺纹套筒连接</td><td>HRB335、HRB400</td><td>16～40</td></tr>
<tr><td rowspan="3">钢筋滚压直螺纹套筒连接</td><td>直接滚压</td><td rowspan="3">HRB335、HRB400</td><td>16～40</td></tr>
<tr><td>挤肋滚压</td><td>16～40</td></tr>
<tr><td>剥肋滚压</td><td>16～50</td></tr>
</table>

为鼓励采用高质量接头，适应技术进步的需要，《钢筋机械连接技术规程》(JGJ 107—2016)根据极限抗拉强度、残余变形、最大力下总伸长率以及高应力和大变形条件下反复拉压性能的差异，将钢筋接头性能分为Ⅰ级、Ⅱ级、Ⅲ级三个等级。接头等级的选定可参考表 7.3。

表 7.3　钢筋机械连接的性能等级及适用情况

性能等级	性能要求	适用情况
Ⅰ级	接头抗拉强度不小于被连接钢筋实际抗拉强度或1.10倍钢筋抗拉强度标准值，并具有高延性及反复拉压性能	结构中要求充分发挥钢筋强度或对接头延性要求较高的部位
Ⅱ级	接头抗拉强度不小于被连接钢筋抗拉强度标准值，并具有高延性及反复拉压性能	结构中要求充分发挥钢筋强度或对接头延性要求较高的部位
Ⅲ级	接头抗拉强度不小于被连接钢筋屈服强度标准值的1.35倍，并具有一定的延性及反复拉压性能	结构中钢筋应力较高但对接头延性要求不高的部位

7.1.2.2　钢筋套筒挤压连接

钢筋套筒挤压连接是将两根待接钢筋插入优质钢套筒，用挤压连接设备沿径向或轴向挤压钢套筒，使之产生塑性变形，依靠变形后的钢套筒与被连钢筋纵、横肋产生的机械咬合实现钢筋的连接。挤压连接分径向挤压连接和轴向挤压连接。径向挤压连接是采用挤压机，在常温下沿套筒直径方向从套筒中间依次向两端挤压套筒，使之产生塑性变形，把插在套筒里的两根钢筋紧固成一体。轴向挤压连接是沿钢筋轴线在常温下挤压金属套筒，把插入金属套筒里的两根待连接热轧钢筋紧固成一体形成机械接头。

【视频演示】

冷压连接工艺是利用金属材料在外界压力作用下发生冷态塑性变形的原理进行连接，不存在焊接工艺中的高温熔化过程，从而避免了因焊接加热而引起的金属内部组织变化、晶粒增粗、出现氧化组织、材料变脆及接头夹渣、气孔等缺陷，故冷压连接具有工艺简单、可靠程度高、不受气候及焊工技术水平的影响、连接速度快、安全节能、对钢筋化学成分要求不如焊接时那样严格等优点。可连接 ϕ12～ϕ40 mm HRB335、HRB400 级的同径和异径钢筋(直径相差不大于5 mm)，也可连接可焊性差的钢筋。与焊接相比，其价格较贵。下面简要介绍径向挤压连接。

(1) 径向挤压设备

钢筋挤压设备由压接钳、超高压泵及超高压胶管等配件组成，如图 7.3 所示。挤压设备有多种型号，可以提供不同的挤压力，如 YJ650 型可以提供的最大挤压力为 650 kN，可根据不同的钢筋直径选用不同型号的机械。挤压接头所用套筒的材料宜选用强度适中、延性好的优质钢材，其设计屈服强度和极限强度均应比钢筋相应强度高 10%以上。其性能具体要求如下：屈服强度 σ_s = 225～230 N/mm^2，抗拉强度 σ_b = 375～500 N/mm^2，延伸率 $\delta \geq 20\%$，硬度 HB = 102～133。钢套筒的一般规格和尺寸可参考表 7.4。

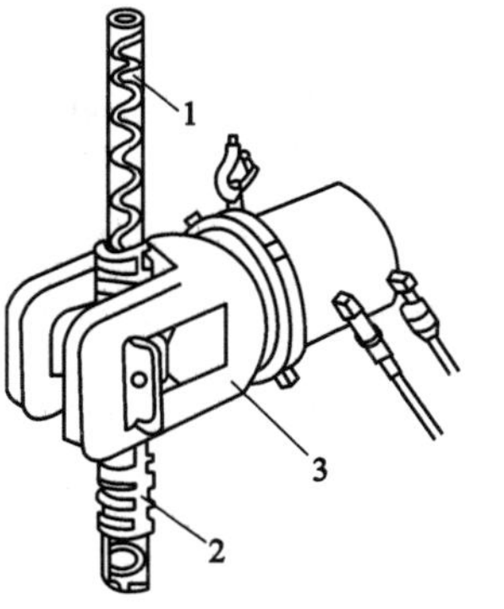

图 7.3　钢筋径向挤压示意图

1—钢筋；2—钢套筒；3—径向挤压钳

(2) 径向挤压工艺

挤压前，钢筋端头的铁锈、泥砂、油污等杂物应清理干净；钢筋与套筒应进行试套，对不同直径钢筋的套筒不得串用；钢筋端部应画出定位标记与检查标记；检查挤压设备情况，并进行试压。钢筋挤压连接通常在施工场地附近预先将套筒的一侧与钢筋的一端挤压连接，另一侧随钢筋就位后在施工区插入待接钢筋后再挤压完成。压接钳就位时，应对正钢套筒压痕位置的标记，并应与钢筋轴线保持垂直；压接钳施压由钢套筒中部向端部顺序进行。每次施压时，主要控制压痕深度。

表 7.4　钢套筒规格和尺寸

钢套筒型号	钢套筒尺寸(mm)			压接标志道数	挤压力(kN)
	外径	壁厚	长度		
G40	70	12	240	8×2	450
G36	63	11	216	7×2	450
G32	56	10	192	6×2	450
G28	50	8	168	5×2	450
G25	45	7.5	150	4×2	450
G22	40	6.5	132	3×2	450
G20	36	6	120	3×2	450

注：挤压力根据钢筋材质及尺寸公差可作适当调整。

(3) 质量检验

工程中应用带肋钢筋套筒挤压接头时，应由技术提供单位提交有效的型式检验报告与套筒出厂合格证。现场检验，一般只进行接头外观检验和单向拉伸试验。

现场验收以 500 个同规格、同制作条件的接头为一个检验批，不足此数时也作为一个验收批。对每一验收批，应随机抽取 10%的挤压接头作外观检验，抽取 3 个试件作单向拉伸试验。在现场检验合格的基础上，连续 10 个验收批单向拉伸试验合格率为 100%时，可以扩大验收所代表的接头数量一倍。

① 外观检查

挤压接头的外观检查，应符合下列要求：挤压后套筒长度应为 1.10～1.15 倍原套筒长度，或压痕处套筒的外径为 0.8～0.9 倍原套筒的外径；挤压接头的压痕道数应符合型式检验确定的道数，接头处弯折不得大于 4°，挤压后的套筒不得有肉眼可见的裂缝。

如外观质量合格数大于或等于抽检数的 90%，则该批为合格。如不合格数超过抽检数的 10%，则应逐个进行复验，在外观不合格的接头中抽取 6 个试件作单向拉伸试验后再判别。

② 单向拉伸试验

挤压接头试件的钢筋母材应进行抗拉强度试验。钢筋母材抗拉强度试件不应少于 3 根，且应取自接头试件的同一根钢筋；3 个接头试件的抗拉强度均应满足Ⅰ级或Ⅱ级抗拉强度的要求；对于Ⅰ级接头，试件抗拉强度尚应不小于钢筋抗拉强度实测值的 0.95 倍；对于Ⅱ级接头，应不小于 0.90 倍（计算实际抗拉强度时，应采用钢筋的实际横截面面积）。如有一个试件的抗拉强度不符合要求，则加倍抽样复验。

7.1.2.3　钢筋锥螺纹套筒连接

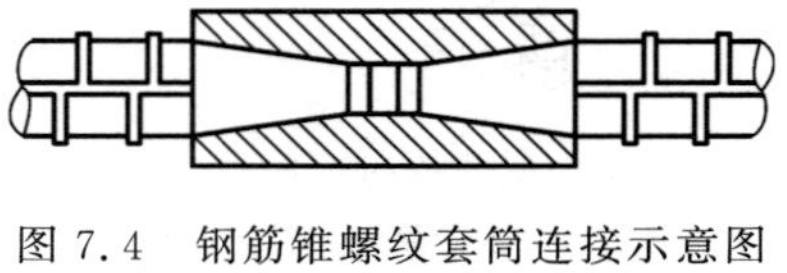

图 7.4　钢筋锥螺纹套筒连接示意图

钢筋锥螺纹套筒连接是利用钢筋端头加工成的锥形螺纹与内壁带有相同内螺纹(锥形)的连接套筒相互

【视频演示】

拧入拧紧的连接方法，如图 7.4 所示。适用于 $\phi16\sim\phi40$ mm HRB335、HRB400 级钢筋的连接，也可用于异径钢筋的连接。

一般锥螺纹接头锥坡为 1∶5，仅能满足Ⅱ级接头要求；加强锥螺纹接头锥坡为 1∶10，能满足Ⅰ级接头要求。连接套是在工厂由专用机床加工而成的定型产品，规格有 $\phi16\sim\phi40$ mm 钢筋的同径连接套、异径连接套等，施工单位根据需要订购。钢筋连接端的锥螺纹需在钢筋套丝机上加工，一般在施工现场进行。为保证连接质量，每个锥螺纹丝头都需用牙形规和卡规逐个检查，不合格者切掉重新加工，合格的丝头需拧上塑料保护帽，以避免丝头受损。一般一根钢筋只需一头拧上保护帽，另一头可直接采用扭力扳手，按规定的力矩值将锥螺纹连接套预先拧上，这样既可保护钢筋丝头，又可提高工作效率。待在施工现场连接另一端时，先回收钢筋端部的塑料保护帽和连接套上的密封盖，并再次检查丝头质量，检查合格后，即可将待接钢筋用手拧入一端已拧上钢筋的连接套内，再用扭力扳手按规定的力矩值拧紧钢筋接头，便完成钢筋的连接。

锥螺纹的加工水平和现场丝头加工水平是控制锥螺纹连接质量的重要环节，都要求锥度准确、牙形饱满、光洁度好，如果没有可靠的锥螺纹套筒生产厂家和过硬的施工队伍，极易造成锥螺纹连接质量不稳定。

7.1.2.4　钢筋镦粗直螺纹套筒连接

钢筋镦粗直螺纹套筒连接是通过对钢筋端部冷镦扩粗、切削螺纹，再用连接套筒对接钢筋的一种连接方式，如图 7.5 所示。适用于 $\phi16\sim\phi40$ mm HRB335、HRB400 级钢筋在各个方向和各个位置的连接。这种接头综合了套筒挤压接头和锥螺纹接头的优点，具有接头强度高、质量稳定、施工简便、连接速度快、应用范围广等优点，能满足Ⅰ级接头性能的要求。

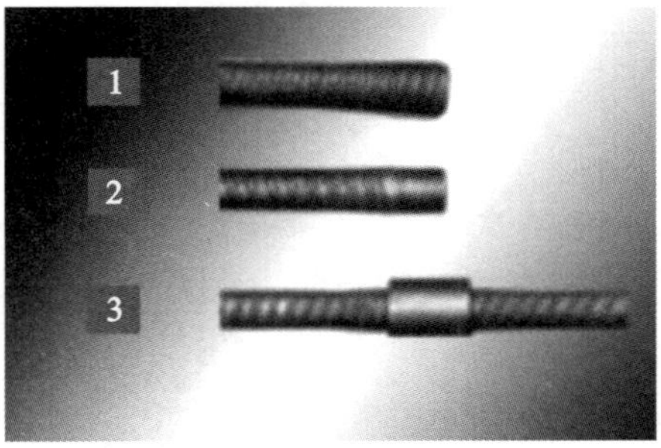

图 7.5　钢筋镦粗直螺纹套筒连接
1—钢筋端部镦粗；2—切削直螺纹；
3—用连接套筒对接钢筋

钢筋端部经局部冷镦扩粗后，不仅横截面扩大，而且强度也有所提高，再在镦粗段上切削螺纹时不会造成钢筋母材横截面的削弱，因而能保证充分发挥钢筋母材强度。其工艺分下列三个步骤：钢筋端部冷镦扩粗→在镦粗端切削直螺纹→用连接套筒对接钢筋。

为充分发挥钢筋母材强度，连接套筒的设计强度应大于或等于钢筋抗拉强度标准值的1.2倍。直螺纹标准套筒的标准型接头是最常用的，套筒长度均为 2 倍钢筋直径。以 $\phi25$ mm 钢筋为例，套筒长度 50 mm，钢筋丝头长度 25 mm。套筒拧入一端钢筋并用扳手拧紧后，丝头端面即在套筒中央，再将另一端钢筋丝头拧入并用普通扳手拧紧，利用两端丝头相互对顶力锁定套筒位置。

镦粗直螺纹钢筋接头有标准型、加长型、扩口型、异径型、正反螺纹型、加锁螺母型等，可根据不同场合选用。如扩口型接头是在连接套筒的一端增加 5～6 mm 长的 45°角的扩口段，以利钢筋对中入扣；加长型适用于转动钢筋较困难的场合；正反螺纹型、加锁螺母型适用于钢筋不能转动的场合。

镦粗直螺纹加工的质量控制主要有下料、镦粗、套丝、套筒质量等环节。镦粗直螺纹接头的现场拼接比较简单，不需用扭力扳手，仅用普通管钳扳手拧紧即可。现场钢筋接头的外观检查主要检查丝头是否全部拧入连接套筒，一般要求套筒两侧外露的钢筋丝头不超过一个完整丝扣。超出时应作适当调整使其居中，并确认丝头已拧到套筒中线位置。

接头的现场检验制度仍按《钢筋机械连接技术规程》(JGJ 107—2016)中的抽检制度，同一施工条件下采用同一批材料的同等级、同类型、同规格接头，以 500 个为一个验收批进行检查与验收，不足 500 个也作为一个验收批。对接头的每一验收批，必须在工程中随机截取 3 个试件作单向拉伸试验，按设计要求的接头性能等级进行检验与评定。当 3 个试件单向拉伸试验结果符合强度要求时，该验收批评为合格。如有 1 个试件不合格，应再取 6 个试件进行复检。复检中如仍有 1 个试件不合格，则该验收批评为不合格。在现场连续检验 10 个验收批，其全部单向拉伸试件一次抽检均合格时，验收批接头数量可扩大 1 倍。

7.1.2.5　钢筋滚压直螺纹套筒连接

钢筋滚压直螺纹套筒连接是对连接钢筋的端部强力滚压形成直螺纹，然后利用套筒进行连接的一种方法，如图 7.6 所示。由于滚压时使钢筋材料塑性变形产生冷作硬化，强度提高，因此可使接头达到与母材等强度，也是目前应用最多的钢筋连接的形式。

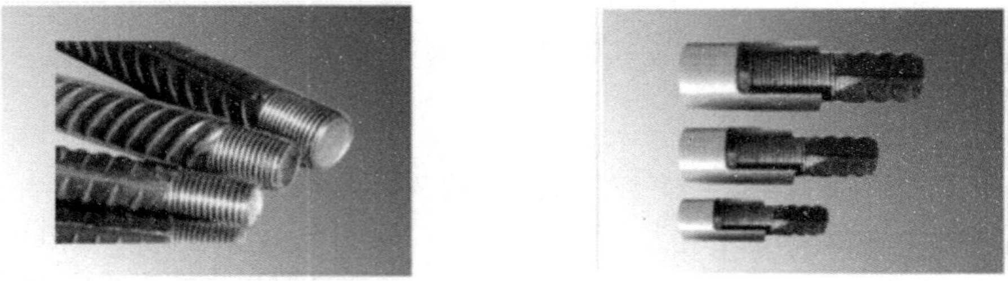

(a)　　(b)

图 7.6　钢筋滚压直螺纹套筒连接

(a) 直螺纹钢筋丝头；(b) 直螺纹套筒连接

根据直螺纹滚压方式不同，分为直接滚压直螺纹、挤肋滚压直螺纹和剥肋滚压直螺纹三种连接类型。

【视频演示】

直接滚压直螺纹，用 GZL-32、GYZL-40、GSJ-40 等型号的钢筋滚丝机直接滚压。此法加工简单，设备少，但螺纹精度差。

挤肋滚压直螺纹，即先用挤压设备将钢筋的纵、横肋进行压平，然后再滚压螺纹。此法螺纹精度有所提高，但不能根本解决钢筋直径差异对螺纹精度的影响。

剥肋滚压直螺纹，即用钢筋剥肋滚丝机对钢筋的纵、横肋进行剥切处理，使钢筋各处直径达到同一尺寸，然后再进行螺纹滚压成型。此法螺纹精度高，接头质量稳定，有较大发展前途。

7.1.2.6　套筒灌浆连接

目前，国外还采用一种新型、快捷的连接工艺，即套筒灌浆连接，尤其是在日本应用较为广泛。钢筋套筒灌浆连接技术，就是将连接钢筋插入内部带有凹凸部分的高强圆形套筒，再由灌浆机灌入高强度无收缩灌浆材料，当灌浆材料硬化后，套筒和连接钢筋便牢固地连接在一起。这种连接方法在抗拉强度、抗压强度及可靠性方面均能满足要求。采用套筒灌浆连接，对钢筋不施加外力和热量，不会发生钢筋的变形和内应力。该工艺适用范围广，可应用于不同种类、不同外形、不同直径的变形钢筋的连接。施工操作时无需特殊设备，对操作人员无特别技能要求，安全可靠、无噪音、无污染、受气候环境变化影响小。可见，套筒灌浆连接是一种值得推广和发展的连接技术。

7.2 高层建筑模板工程

模板是浇捣混凝土的模壳，是使结构或构件成型的模型，是钢筋混凝土工程的重要组成部分。现浇钢筋混凝土结构用模板的造价约占钢筋混凝土工程总造价的30%，总用工量的50%，因此采用先进的模板技术，对于提高工程质量、加快施工速度、提高劳动生产率、降低工程成本和实现文明施工都具有十分重要的意义。

模板的设计、制作和施工等应符合《高层建筑混凝土结构技术规程》(JGJ 3—2010)中关于模板工程的相关规定。其中，组合钢模板、大模板、滑升模板等的设计、制作和施工尚应符合国家现行标准《组合钢模板技术规范》(GB 50214—2013)、《液压滑动模板施工安全技术规程》(JGJ 65—2013)中的相应规定。

模板系统由模板和支撑两部分组成。模板按其形式不同可以分为整体式模板、定型模板、滑升模板、移动模板、台模、永久模板等；按材料不同可以分为木模板、钢模板、塑料模板、玻璃钢模板等。对模板系统的基本要求如下：

(1)保证结构和构件各部分的尺寸和相互位置的正确；

(2)具有足够的强度、刚度和稳定性，能可靠地承受新浇混凝土的重量和侧压力以及在施工过程中所产生的荷载；

(3)构造简单，装拆方便，并便于钢筋的绑扎与安装，符合混凝土的浇筑及养护等工艺要求；

(4)模板接缝严密，不得漏浆。

7.2.1 大模板施工

7.2.1.1 大模板施工概述

在高层建筑结构施工中，混凝土量大，模板的工程量亦大。为了提高混凝土的成型质量，加快施工速度，减轻工人的劳动强度，大模板施工方案应运而生。

大模板首先出现于法国，第二次世界大战后在欧洲得到广泛采用，以解决严重的房荒。从20世纪70年代开始，大模板建筑在我国得到发展。

大模板是一种大尺寸的工具式模板，主要适用于剪力墙或框架-剪力墙结构中的剪力墙施工，也可用于筒体结构中竖向结构的施工。一般是一道墙面采用一块大模板。因为其重量大，需配以相应的起重机进行装、拆和吊运。采用大模板能提高机械化程度，加快模板的装、拆、运的速度，减少用工量和缩短工期，是目前我国剪力墙和筒体体系的高层建筑施工用得最多的一种模板，已经形成一种工业化建筑体系。如北京昆仑饭店(剪力墙结构，地上26层，高度100 m)、上海扬子江大酒店(框剪结构，地上36层，高124 m)、天津和平商业城(筒体结构，地上45层，高159 m)、深圳报业大厦(框筒结构，地上48层，高189 m)等都采用了大模板施工工艺。

7.2.1.2 大模板的工艺特点

大模板的工艺特点是以建筑物的开间、进深、层高的标准化为基础，以大型工业化模板为主要施工手段，以现浇钢筋混凝土墙体为主导工序，组织有节奏的均衡施工。采用这种施工技术，有以下一些优点：

(1) 工艺简单、施工速度快

墙体模板的整体装拆和吊运使操作工序减少，技术简单，适应性强。

（2）机械化施工程度高

大模板工艺和组合钢模板施工相比，由于模板总是在固定地，其工效可提高40%左右。而且由起重机械整体吊运，现场机械化程度提高，能有效地降低工人的劳动强度。

（3）工程质量好

混凝土表面平整，结构整体性好，抗震性能强，装修湿作业少。

但是大模板工艺亦有其不足之处，如制作钢模的钢材一次性消耗量大；大模板的面积受到起重机械起重量的限制；大模板的迎风面较大，易受风的影响，在超高层建筑中使用受到限制；板的通用性较差等。这些缺点需要在施工中设法克服。

我国用大模板施工的工程基本上分为三类：内外墙全现浇；外墙预制内墙现浇（简称内浇外挂）；外墙砌砖内墙现浇（简称内浇外砌）。对于高层建筑，目前主要是内外墙全现浇结构体系。

内外墙全现浇，就是内外墙均采用大模板现浇钢筋混凝土墙体。外墙面的装饰，可在大模板上设置不同的衬模，利用混凝土浇筑时的塑性，形成不同质感的花饰、纹理图案，把外墙结构与装饰结合起来。这种工程的优点：不受外墙生产、运输及吊装能力的制约，工艺简单，机械化施工程度高；建筑物施工缝少，整体抗震性能好，且省去了外墙板缝防水施工，造价比外墙预制类型低。缺点：模板型号较多，支模工序复杂，湿作业多，影响施工速度；外墙外模板要在高空作业条件下安装，存在安全问题，采用外承式外模安全问题虽然可以解决，但是模板用钢量大，对下层墙体的强度要求高，模板周转较慢。

7.2.1.3　大模板的构造与类型

（1）大模板的构造

大模板的构造由于面板材料的不同亦不完全相同，主要由面板系统、支撑系统、操作平台和附件等组成，如图7.7所示。

【视频演示】

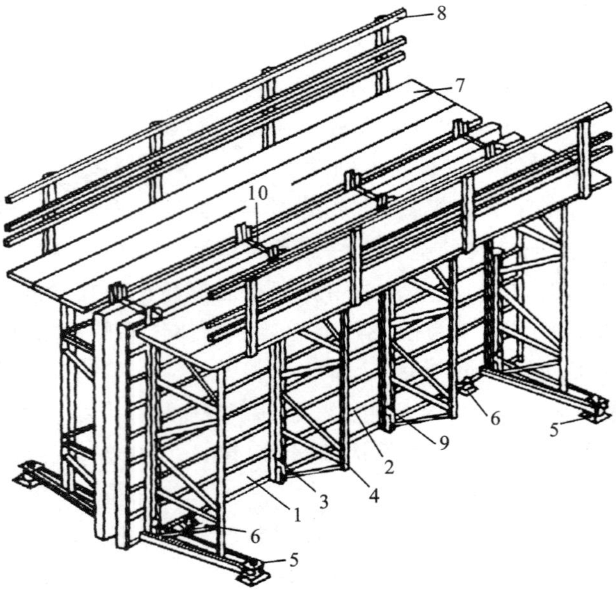

图7.7　大模板构造示意图

1—面板；2—横肋；3—竖肋；4—支撑桁架；5—水平调整千斤顶；
6—垂直调整千斤顶；7—脚手板；8—防护栏杆；9—穿墙螺栓；10—固定卡具

面板系统包括面板、横肋、竖肋等。面板的作用是使混凝土成型，要求平整、刚度好，使混凝土具有平整的外观，它可以采用钢板、玻璃钢板、胶合板、木材等制作，国内目前常用的面板材料为钢板和胶合板，均能多次重复使用。横肋和竖肋的作用是支承和固定面板，保证所需的刚度，并将荷载传递给穿墙螺栓等，通常由薄壁型钢、槽钢等做成。支撑系统包括支撑架和地脚螺栓。每块大模板采用2～4榀桁架作为支撑机构，并用螺栓或焊接将其与竖肋连接在一起，主要承受风荷载等水平力，以加强模板的刚度，防止模板倾覆，也可作为操作平台的支座，以承受施工荷载。支撑架横杆下部设有水平和垂直调节螺旋千斤顶，在施工时，它能把作用力传递给地面或楼板，以调节模板的垂直度。附件主要包括操作平台、穿墙螺栓、上口卡板、爬梯等。对于外承式大模板，还包括外承架。操作平台是施工人员操作的场所和运输的通道，平台架插放在焊于竖肋上的平台套管内，脚手板铺在平台架上。穿墙螺栓的主要作用是加强模板刚度，承受新浇混凝土的侧压力，控制墙板的厚度。穿墙螺栓一般采用ϕ30 mm的45号圆钢制作，一端制成螺纹，长100 mm，用以调节墙体厚度，另一端采用钢销和键槽固定。为了能使穿墙螺栓重复使用，螺栓应套以长度与墙厚相同的塑料套管。拆模后，将塑料套管剔出周转使用。上口卡板主要用于固定模板上部，控制墙体厚度和承受部分混凝土侧压力。每块大模板还设有铁爬梯，供操作人员上下使用。

面板的种类很多，现在常用的有以下几种：

① 整块钢面板

通常采用4～6 mm厚的钢板拼焊而成。这种面板的优点：有良好的强度和刚度，能承受较大的混凝土侧压力及其他施工荷载，重复利用率高，一般周转次数在200次以上。缺点：钢材消耗量大，易生锈，不保温，损坏后不易修复。

② 组合钢模板组拼面板

这种面板具有一定的强度和刚度，耐磨，自重较整体钢面板轻，可以做到一模多用，但拼缝较多，整体性差，浇注的混凝土表面不够光滑，周转次数不如整体钢模板。

③ 胶合板模板

胶合板模板目前主要有木胶合板和竹胶合板。木胶合板是具有耐高温、耐水性能的1类胶合板，其胶粘剂为酚醛树脂胶，通常由5层或7层单板热压固化而成，其厚度常为12 mm、15 mm、18 mm、21 mm。竹胶合板是以竹片相互垂直编织成单板，以多层放置经胶粘热压而成的芯板，表面再覆以木质单板而成，具有较高的强度和刚度，耐磨、耐腐蚀性能好，并且阻热性好、吸水率低，厚度一般有9 mm、12 mm、15 mm。

④ 覆膜胶合板面板

覆膜胶合板面板是以多层胶合板作为基材，由酚醛胶压制而成。其表面敷以三聚氰胺树脂薄膜，具有表面平整光滑、可作企口拼缝、重量轻、防水、耐磨、耐酸碱、保温性能好、易脱模、两面均可使用等优点。

⑤ 覆膜夹芯纤维板面板

此板两面采用中密度纤维板，中部用木条作芯，经热压胶合在一起，表面敷以薄膜保护层，板面四周涂刷封边剂。板材厚度有12 mm、14 mm、16 mm、18 mm，规格为1 m×2 m。这种板面价格较低，经济适用。

⑥ 钢框胶合板面板

此板采用胶合板作面板，以薄壁空腹方钢作龙骨，以热轧型钢作边框，具有自重轻、整体性好、可修补等优点。

⑦ 高分子合成材料面板

这是一种新型的材料模板，以玻璃钢或硬质塑料板做成，具有自重轻、表面平整光滑、易于脱模、不锈蚀、遇水不膨胀等优点，但是刚度小、怕撞击，容易变形。

(2) 大模板的类型

常用的大模板按形状划分有平模、小角模、大角模、筒形模等。

① 平模

平模是以一个整面墙面制作成一块模板，能较好地保证墙面的平整度，是应用最多的一种。平模有三种类型，具体见表 7.5。

表 7.5 平模类型和特点

类型	组　成	特　点
整体式平模	面板多用整块钢板，且面板、骨架、支撑系统和操作平台等都焊接成整体	模板的整体性好、周转次数多，但通用性差，仅用于大规模的标准住宅
组合式平模	以常用的开间、进深作为板面的基本尺寸，再辅以少量 20 cm、30 cm 或 60 cm 的拼接窄板，即可组合成不同尺寸的大模板，以适应不同开间和进深尺寸的需要	灵活通用，有较大的优越性，应用最广泛，且板面(包括面板和骨架)、支撑系统、操作平台三部分用螺栓连接，便于解体
装拆式平模	面板多用多层胶合板、组合钢模板或钢框胶合板模板，面板与横、竖肋用螺栓连接，且板面与支撑系统、操作平台之间亦用螺栓连接	用后可完全拆散，灵活性较大

② 小角模

小角模是为适应纵横墙一起浇筑而在纵横墙相交处附加的一种模板，通常用∟100×10 的角钢制成，与平模配套使用，作为墙角模板。小角模设置在平模转角处，可使内模形成封闭的支撑体系，模板整体性好，组拆方便，墙面平整。小角模有两种做法：第一种是在角钢内面焊上扁钢，拆模后会在墙面留有突出的棱，清理后用腻子刮平，如图 7.8(a)所示；另一种是将扁钢焊在角钢外面，拆模后会在墙面留下扁钢的凹印，如图 7.8(b)所示。

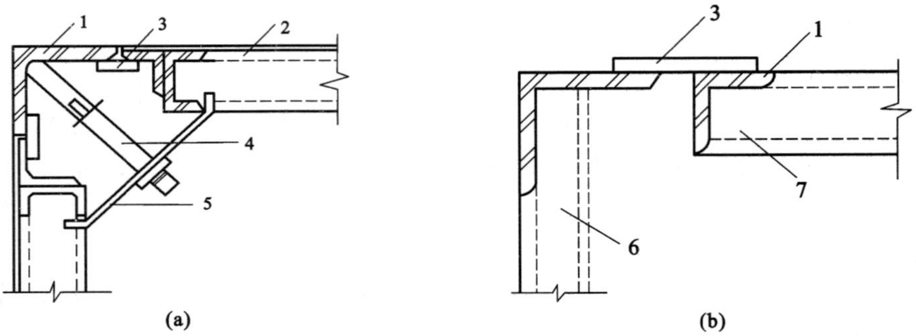

图 7.8 小角模

(a) 扁钢焊在角钢内侧；(b) 扁钢焊在角钢外侧

1—小角模；2—平模；3—扁钢；4—转动拉杆；5—压板；6—横墙平模；7—纵墙平模

③ 大角模

大角模是由上下四个大合页连接起来的两块平模，并由三道活动支撑和地脚螺栓等组成，如图 7.9 所示。采用大角模布置时，房间的纵横墙体混凝土可以同时浇筑，房屋的整体性好，且具有稳定、拆装方便、墙体阴角方整、施工质量好等特点；但是，大角模也存在加工要求精细、运转麻烦、墙面平整度差、接缝在墙的中部等缺点。

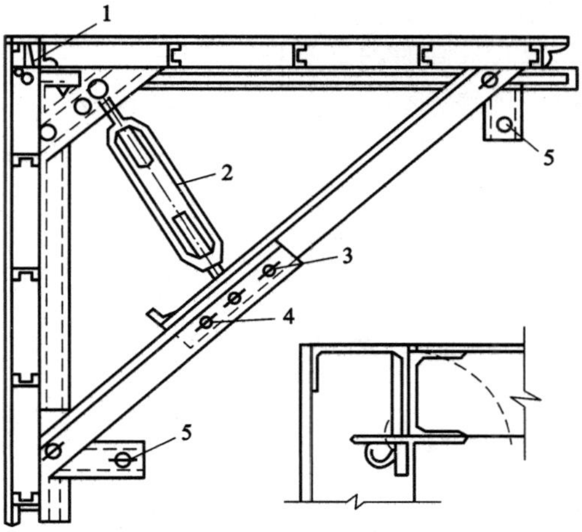

图 7.9　大角模构造示意图

1—合页；2—花篮螺栓；3—固定销子；4—活动销子；5—调整螺栓

④ 筒形模

筒形模由平模、角模和紧伸器(脱模器)等组成，是将一个房间的 3 面或 4 面现浇墙体的大模板通过挂轴悬挂在同一钢架上，墙角用小角模封闭而形成一个筒形单元体。它多用于电梯井和管道井内模的支设。其优点是，采用筒模布置时，纵横墙体混凝土能同时浇筑，故结构整体性好，施工简单快速，减少了模板的吊装次数，操作安全，劳动效率高；缺点是模板每次都要落地，且模板自重大，需要大吨位的起重设备，模板加工精度要求高，灵活性差，安装时必须按房间弹出十字中线就位。

筒形模的平模采用大型钢模板或钢框胶合板模板拼装而成。角模有固定角模和活动角模两种，固定角模即为一般的阴角钢模板，活动角模是铰链角模。紧伸器有集中操作式和分散操作式等多种形式，如图 7.10 所示。

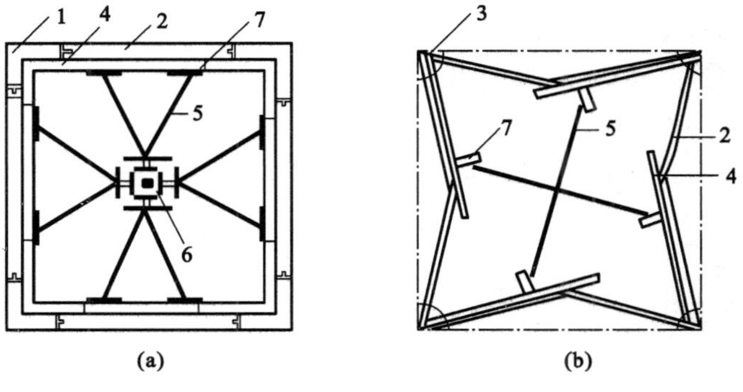

图 7.10　筒形模构造示意图

(a) 集中式紧伸器筒模；(b) 分散式紧伸器筒模

1—固定角模；2—平面模板；3—活动角模；4—肋板；5—紧伸器；6—调节螺杆；7—连接板

7.2.1.4　大模板的设计、制作加工与维修

(1) 大模板设计

① 大模板的设计原则

模板设计必须和高层建筑的建筑外形、结构设计密切配合。往往建筑外形或结构上的改动,如楼板形式、门窗位置、走道挑梁的设置等都会影响模板设计,因为这些部位往往涉及大模板的对拉螺栓位置设计、门窗框的固定、拆装模板的操作空间等。大模板的设计还要满足刚度、强度要求,确保在堆放、组装、拆除时的自身稳定,以增加其周转的次数。同时应采用合理的结构构造和恰当的钢材规格,以减少一次性投资量。大模板的规格型号要少,通用性要强,能满足不同平面组合的要求,力求构造简单合理,便于拆装。模板组合应做到尽量能同时浇筑纵、横墙的混凝土。

② 大模板的型号、数量和外形尺寸的确定

首先按照建筑平面确定模板型号。根据建筑平面和轴线尺寸,凡是外形尺寸和节点构造相同的模板都可以列为同一型号。当节点相同而外形尺寸变化不大时,则以常用开间尺寸为基准模板,另配模板条。

再根据流水施工段来确定模板数量。为了便于大模板的周转使用,常温情况下一般以一天完成一个流水施工段为宜。

模板的外形几何尺寸应根据房间的开间、进深、层高确定。

a. 模板高度按下式计算:

$$H = h - h_1 - C_1 \tag{7.1}$$

式中　H——模板高度(mm);

h——楼层高度(mm);

h_1——楼板厚度(mm);

C_1——考虑模板不平和坐浆的余量,一般取 $C_1 = 20 \sim 30$ mm。

b. 横墙模板长度

横墙模板长度与房间进深、墙厚和模板搭接方法有关,按下式计算:

$$L = L_1 - L_2 - L_3 - C_2 \tag{7.2}$$

式中　L——内横墙模板长度(mm);

L_1——进深轴线尺寸(mm);

L_2——外墙轴线至内墙面的尺寸(mm);

L_3——内墙轴线至墙面的尺寸(mm);

C_2——外端设置一角模,C_2 为考虑角模的宽度,通常取 50 mm。

c. 纵墙模板长度

纵墙模板长度与房间开间、墙体厚度和横墙模板厚度有关,按下式计算:

$$B = b_1 - b_2 - b_3 - C_3 \tag{7.3}$$

式中　B——纵墙模板长度(mm);

b_1——开间轴线尺寸(mm);

b_2——内横墙厚度(mm);

b_3——横墙模板厚度总和乘以 2(mm);

C_3——模板搭接余量,通常取为 20 mm。

③ 大模板结构计算

大模板的计算包括：验算模板在新浇混凝土侧压力作用下的强度和刚度，验算穿墙螺栓的强度，计算模板存放时在风力作用下的自稳角等。

模板是成型混凝土用的，由刚度要求控制，要限制模板的挠度，以满足墙面平整度的要求。一般模板各构件的挠度要求控制在不大于 $l/500$ 。

大模板承受的荷载主要是混凝土侧压力，其计算方法与一般模板相同。荷载求得后，大模板的面板、横肋、竖肋、穿墙螺栓等皆根据其支承情况按相应的钢结构构件进行计算。

(2) 大模板的制作加工

大模板加工的工艺流程：放样→材料整平调直→画线下料→冲孔→再次局部调直→工夹具设置→拼装、焊接→质量检验→刷防锈漆→堆放待用。

大模板的加工质量直接关系到工程质量以及模板的周转使用次数，要确保模板加工的施工质量，应该满足以下要求：

① 加工制作模板所用的各种材料和焊条要符合设计要求。面板可选用厚 4 mm 以上的冷轧钢板或厚 18 mm 以上的胶合板。使用厚 4～6 mm 的冷轧钢板作大模板的面板时，钢板表面必须平整，不允许板上有局部的凹陷，不得选用热轧卷板。选用胶合板时，要求胶合板的面上要有高分子的覆膜，这样既能有效地阻止因混凝土中水分的渗入而脱胶，又能在拆模时减少撬动造成的损坏，可以延长模板的使用寿命，增加它的周转次数。

② 各部位焊接牢固，焊缝长度符合设计要求，避免焊接缺陷。钢面板与竖肋及边框用电焊连接。钢面板与竖肋进行跳焊，每段焊缝不超过 80 mm，各段焊缝之间距离为 100～150 mm，焊缝高度 4～6 mm，且在肋的两边相间进行焊接。钢面板与边框要求满焊，目的是防止混凝土中的水泥浆从缝隙中溢出，这样既影响混凝土成型质量，也不利于模板的拆除。焊接的方法是先进行点焊，然后跳焊，再逐一补平。大模板上宜四角同时对称进行焊接，至少也得两人从对角同时进行。

③ 毛刺、焊渣要清除干净，防锈漆涂刷均匀。面板安装后，须整体进行检查，如发现局部焊点变形，要进行砂轮打磨，达到质量标准后方准清除油污、焊渣，然后正、反两面刷红丹防锈漆两遍，准备出厂。大模板的几何尺寸及加工制作偏差要符合质量允许偏差的规定，见表 7.6。

表 7.6　大模板加工质量允许偏差表(mm)

偏差名称	面板(钢、胶合板)	大模板钢框	支撑桁架	操作平台
边长误差	±2	±2	±5	±5
边长垂直度(用 2 m 拖线板检查)	±2	±2	—	—
对角线误差	±3	±2	—	—
相邻钢板拼缝处高差	±0.5	±0.5	—	—
板面平整度(用 2 m 拖线板检查)	±2	±2	—	—
焊缝高度	—	6	6	6

(3) 大模板的日常管理和维修保养

大模板一次性的消耗量比较大，用钢量较多，所以周转次数越多，越能节约成本，一般大模板周转次数在 400 次以上。因此，大模板的日常管理和维修保养很重要。

① 日常保养。大模板在使用过程中应尽量避免碰撞，拆模时不得任意撬砸，堆放时要防止倾覆。每次拆模后要及时清理，涂刷脱模剂。对模板零件要妥善保管，防止丢失和锈蚀。零件要入库保存，残缺丢件一次补齐。易损件要准备充足的备件。

② 大模板的现场临时修理。大模板在使用过程中，出现板面翘曲、凹凸不平、焊缝开焊、地脚螺栓折断以及护身栏杆弯折等情况是常有的。简单的情况可以现场进行修理。若是板面翘曲，可将两块翘曲的模板板面相对放置，四周用卡具卡紧，在不平整的部位打入钢楔，达到调平的目的。板面凹凸不平，修理时可将模板板面向上放置，用磨石机将板面打磨干净。板面凸出部分可用大锤砸平或用气焊烘烤后砸平；板面凹陷时，可在板面与纵向龙骨间放上花篮丝杠，拧转螺母，把板面顶回原来的位置。焊缝开裂后，先将焊缝中的砂浆清理干净，整平后再在横肋上多加几个焊点即可。模板角部变形是由于施工中的碰撞和撬动造成骨架变形而成的，修理时，先用气焊烘烤，边烤边砸，使其恢复原状。地脚螺栓损坏应及时更换。护身栏撞弯应及时调直，断裂部位要焊牢。胶合板面局部破损可用扁铲将破损处剔凿整齐，然后刷胶，补上一块同样大小的胶合板，再涂以覆面剂。如损坏严重，需在工厂进行大修。

7.2.1.5 大模板工程施工

以内外墙全现浇结构体系为例，介绍大模板施工的主要过程。

(1) 工程施工准备

① 施工流水段的划分

当内外墙采用不同的混凝土时，每一段要先浇内墙，再浇外墙。内、外墙施工至少要保持一个流水段的间隔。如内、外墙采用相同的混凝土时，内、外墙应同时进行施工。外墙混凝土强度要达到 7.5 MPa 以上才能挂三脚架承受上层模板荷载，常温下需要 3 d 左右养护时间。

② 施工现场的平面布置

全现浇大模板工程的现场平面布置，除满足一般平面布置的要求外，重点应对模板堆放场地进行统筹安排。模板堆放区布置原则如下：

a. 模板堆场应布置在塔式起重机的有效回转半径之内，堆场要求坚实平整，不得积水；

b. 非周转性模板应堆放在使用部位的附近，避免二次搬运；

c. 堆放时宜采用两块模板板面相对的方式，并采取临时拉结措施，以防模板倾倒，底部用方木垫高，以防生锈；

d. 两块模板间宜留出便于清理和进行隔离剂涂刷等作业的通道。

③ 测量放线

测量放线主要是轴线的控制和引测以及水平标高的控制与引测，详细内容见第一章高层施工测量的相关内容。

(2) 大模板工程施工过程

① 内外墙全现浇结构体系的施工工艺流程

全大模板现浇结构体系的施工工艺流程如下：抄平放线→墙体扎筋→组装内模→组装外模→浇筑墙体混凝土→养护拆模(拆下模板清理后周转使用)→安装预制室内分隔板→吊入门窗、卫生设备等配件→楼板施工。

② 内墙模板组装

内墙模板的支撑如图 7.11 所示。内墙组装时须注意墙厚的控制。模板之间的间距下部用混凝土导墙控制，上部用上夹具控制。中部安两套对拉螺栓，承受混凝土的侧压力。每道横墙模板上部都与另一道横墙模板用拉杆连接，使墙体形成稳定的整体。

③ 外墙外模板组装

内外墙全现浇结构体系的施工中，重点是做好外模的支模工作，它关系到工程质量与施工安全。内墙模板及外墙内模板支承在楼板上。外墙外模板根据形式不同，分为悬挑式外模和外承式外模。

悬挑式外模施工工艺如下：抄平放线→安装内墙一侧的模板→绑扎钢筋→安装内墙门窗口或假口→安装预埋件→支内墙另一侧模板→完成内墙模板的安装后，再安装外墙内模→把外模板通过内模上端的悬臂梁直接悬挂在内模板上。悬臂梁可采用一根 8 号槽钢焊在外侧模板的上口横肋上，内外墙模板之间依靠两道对拉螺栓拉紧，下部靠在下层的混凝土墙壁上。

外承式外模施工时，可以先将外墙外模板安装在下层混凝土外墙面挑出的三角形支撑架上，用 L 形螺栓通过下一层外墙预留口挂在外墙上，如图 7.12 所示。为了保证安全，要设好防护栏和安全网，安装好外墙外模板后，再装内墙模板和外墙内模板。

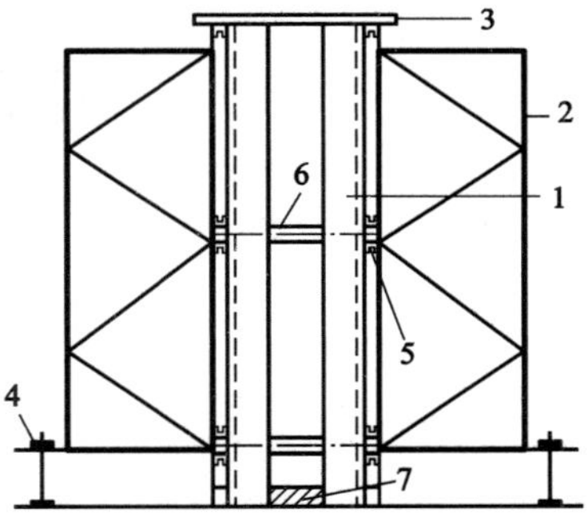

图 7.11　内墙大模板安装

1—内墙模板；2—桁架；3—上夹具；4—校正螺栓；5—穿墙螺栓；6—套管；7—混凝土导墙

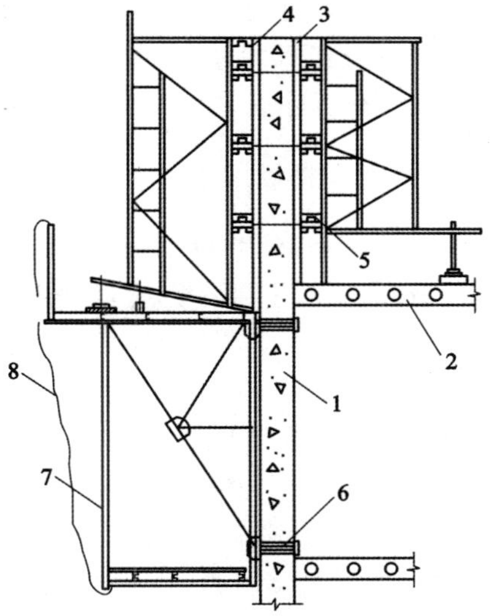

图 7.12　外承式外模

1—现浇外墙；2—楼板；3—外墙内模；4—外墙外模；5—穿墙螺栓；6—脚手架固定螺栓；7—外挂脚手架；8—安全网

7.2.1.6　大模板安装的质量要求

大模板安装必须垂直，角模方正，位置标高正确；模板之间拼缝及模板和结构之间的拼缝必须严密，不得漏浆；门窗洞口位置尺寸必须准确。大模板安装允许偏差详见表 7.7。

表 7.7　大模板安装允许偏差

项　　目	允许偏差(mm)	检查方法
位置	±5	拉钢尺检查
标高	±10	水准测量或拉线尺量
上口宽度	±2	拉钢尺检查
垂直度	±5	吊线锤检查
混凝土墙面平整度	±4	修正后用直尺检查

7.2.1.7 大模板的安全技术

(1) 大模板堆放时应满足自稳角的要求，并面对面地存放。没有支架或自稳角不足的大模板，要存放在专用的插放架上或平卧堆放。在楼层内堆放大模板时，要采取可靠的防倾倒措施。6级以上大风停止施工。

(2) 构件堆放应按品种规格分开，防止弄错。构件堆放的支架要牢固，并应经常检查。

(3) 大模板必须有操作平台、上人梯道、防护栏杆等附属设施，要保证其完好，如有损坏，马上维修。3层以上设安全网，沿房屋外满设，并配合施工上移。电梯间和楼梯洞也要设安全网。

(4) 起重机具、起吊索具、吊钩、构件支架、模板夹具等重要设备及关键部位，要认真检查。起重机必须专机专人，每班操作前要试机，特别注意刹车。

(5) 大模板安装就位后，应及时用穿墙螺栓、花篮螺栓等固定成整体，防止倾倒。

(6) 全现浇模板在安装外墙外模前，必须确保三脚挂架或支撑平台安装牢固，操作人员施工时要系安全带。

(7) 模板拆除时，要保证混凝土的强度不得小于1.2 N/mm^2。模板拆除起吊时，要确认所有穿墙螺栓已经拆除，模板和混凝土已脱离。起吊高度超过障碍物后，方准行车转弯。

(8) 大模板拆除后，要采取临时固定措施，以便清理。

7.2.2 滑升模板施工

【视频演示】

7.2.2.1 液压滑升模板概述

液压滑升模板，简称滑模，是随着混凝土的浇筑而沿结构或构件表面向上垂直移动的模板。施工时，在建筑物或构筑物的底部按照建筑物或构筑物平面，沿其结构周边安装高1.2 m左右的模板和操作平台，随着向模板内不断分层浇筑混凝土，利用液压提升设备不断使模板向上滑升，使结构连续成型，从而逐步完成建筑物或构筑物的混凝土浇筑工作。滑模的施工工艺开始时仅应用于较高的仓库和高耸的水塔、烟囱等筒壁构筑物的施工，由于其施工的工业化程度较高、施工速度快、结构整体性能好、操作条件方便，因此从20世纪70年代起，逐步向高层和超高层的民用建筑发展，成了高层建筑施工可供选择的方法之一。

采用液压滑升模板可节约大量模板，节省劳动力，减轻劳动强度，降低工程成本，加快施工进度，提高施工机械化程度，但耗钢量大，一次性投资多。

液压滑升模板施工方法的特点：

(1) 机械化程度高，劳动强度低

在施工过程中，在地面预先组装好模板系统，整套滑模采用机械提升，整个施工过程实现机械化操作，减轻了劳动强度。

(2) 施工速度快

滑模施工模板组装一次成型，减少了模板装拆工序，实现连续作业，使竖向结构的施工速度大大加快。

(3) 结构整体性好，施工简单

滑模系统的装置都是事先组装好的，在混凝土的施工过程中只进行模板的持续提升和混凝土的浇筑，施工简单，并且容易保证质量。

(4) 经济效益显著

滑模系统的施工节约模板和脚手架，减少了周转材料的大量占用，现场也不需要大量场地堆放周转材料。若有良好的施工组织作保证,可以大大缩短工期,减少施工成本。

(5) 应用范围广泛

滑模系统的组装可以根据不同的工程尺寸形状配置,外形是弧形的建筑也不例外。滑模施工几乎不受风力影响,不受建筑物高度的影响,适合超高层建筑的施工。

滑模施工是一项比较先进的工业化施工方法,为了更好地发挥它的作用,需要建筑结构设计有一定的配合。因为滑模施工模板是整体提升的,一般不宜在空中重新组装和改装模板与操作平台,同时模板的提升有一定连续性,不宜过多停歇,这就要求建筑的平面布置和立面处理,在不影响设计效果的前提下,力求简洁整齐,尽量避免影响滑升的突出结构。

7.2.2.2 液压滑升模板组成

滑模的装置由模板系统、操作平台系统和液压提升系统以及施工精度控制系统等组成,如图 7.13 所示。

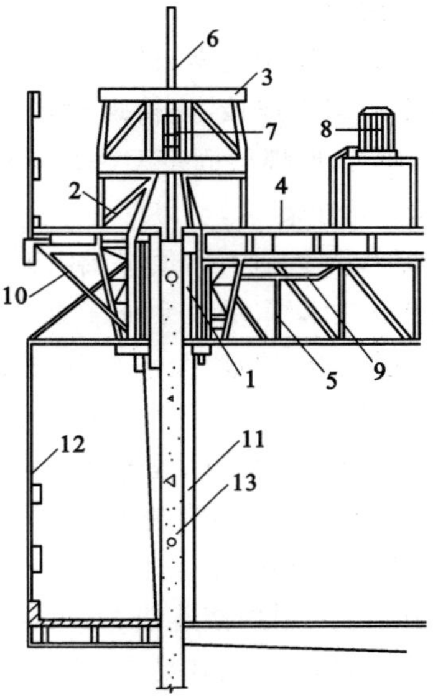

图 7.13 滑模系统示意图

1—模板;2—围圈;3—提升架;4—操作平台;5—操作平台桁架;6—支撑杆;7—液压千斤顶;8—高压油泵;9—油管;10—外挑三脚架;11—内吊脚手架;12—外吊脚手架;13—混凝土墙体

(1) 模板系统

模板系统由模板、围圈、提升架及其附属配件组成。其作用是根据滑模工程的结构特点组成成型结构,使混凝土能按照设计的几何形状及尺寸准确成型,保证表面质量符合要求。其在滑升施工过程中,主要承受浇筑混凝土时的侧压力以及滑动时的摩阻力和模板滑空、纠偏等情况下的外加荷载。

① 模板

模板又称围板,可用钢材、木材或钢木混合以及其他材料制成,目前使用的以钢模板居多。常用钢模板制作的有用薄钢板冷弯成型和用薄钢板加焊角钢、扁钢组合成型两种。如采用定型组合钢模板时,则需在边框增加与围圈固定相适应的连接孔。

为了防止混凝土在浇筑时外溅,在采取滑空方法来处理建筑物水平结构施工时,外模板上端应比内模板高出 100～200 mm,下端应比内模板长 300 mm 左右。模板的高度与混凝土达到出模强度所需的时间和模板滑升速度有关。如果模板高度不够,混凝土脱模过早,则会造成混凝土坍塌。如果模板高度过高,则会增加摩阻力,影响滑升。一般来说,模板高度当用于墙模时为 1 m,用于柱模时为1.2 m,筒壁结构为 1.2～1.6 m。模板的宽度以考虑组装及拆卸方便为宜,通常为 300～500 mm。

模板之间的连接,可采用螺栓(M8)或 U 形卡。为了减小滑动时模板与混凝土的摩阻力,便于滑升脱模,模板的上、下口应形成一定的倾斜度(锥度),其单面倾斜度宜取为模板高度的 2/1000～5/1000。锥度过大,在模板滑升过程中易造成漏浆或使混凝土出现厚薄不匀的现象;锥度过小或出现倒锥度时,会增大模板滑升时的摩擦阻力,甚至将混凝土拉裂。模板的锥度可以通过改变围圈的间距或模板厚度的方法来形成。在安装过程中,应随时用倾斜度样板检查模板的锥度是否符合要求。模板支承在围圈上的方法有挂在围圈上和搁在围圈上两种,可采用 U 形螺栓(模板背面有横楞)和钩头螺栓(模板背面无横楞)连接。

② 围圈

围圈又称围檩，用于固定模板，保证模板所构成的几何形状及尺寸，承受模板传来的水平与垂直荷载，所以要具有足够的强度和刚度。围圈横向布置在模板外侧，一般上下各布置一道，分别支承在提升架的立柱上，并把模板与提升架联系成整体。

为了减小模板的支承跨度，围圈一般不设在模板的上下两端，其合理位置应使模板受力时产生的变形最小。上下围圈的间距视模板的高度而定，若模板高 1～1.2 m，上下围圈间距宜在 600～700 mm 内；围圈距模板上口不宜大于 250 mm，以保证模板上口的刚度，距模板下口不宜大于 150 mm。围圈接头处的刚度不得小于围圈本身的刚度，上下围圈的接头不应设置在同一截面。

围圈可使用角钢、槽钢或工字钢，一般采用 8～10 号的槽钢或工字钢；围圈的连接宜采用等刚度的型钢连接，连接螺栓每边不少于 2 个，并形成刚性节点；围圈放置在提升架立柱的支托上，用 U 形螺栓固定。在高层建筑施工中，大多数情况把围圈设计成桁架形式，称桁架围圈。

③ 提升架

提升架又称千斤顶架或门架，其作用是约束固定围圈的位置，防止模板的侧向变形，并将模板系统和操作平台系统连成一体，将其全部荷载传递给千斤顶和支撑杆。提升架承受的荷载有围圈传来的垂直、水平荷载和操作平台、内外挑挂架子传来的荷载等。在使用荷载下，其立柱侧向变形不大于 2 mm。

目前常见的是钢提升架，其常用的平面构造形式有“I”、“Y”、“X”、“□”形等几种，如图 7.14所示。立面构造形式常采用单横梁的“Π”形架和双横梁的“开”形架。提升架一般用 12 号槽钢制作横梁，立柱可用 12～16 号槽钢做成单肢式、格构式或桁架式；横梁与立柱的拼装连接，可采用焊接连接，亦可采用螺栓拼装。提升架立柱的高度，应使模板上口到提升架横梁下皮间的净空能满足施工要求。

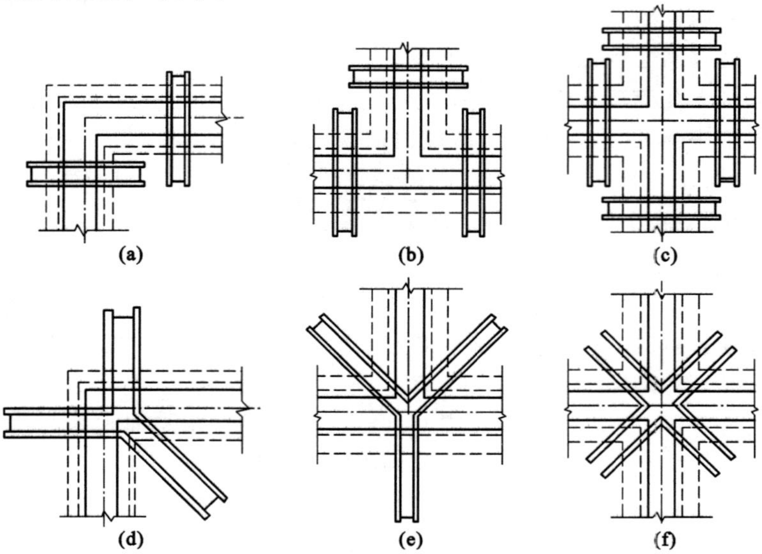

图 7.14　提升架平面构造示意图

(a) L 形墙用“I”形提升架；(b) T 形墙用“Π”形提升架；(c) 十字形墙用“□”形提升架

(d) L 形墙用“Y”形提升架；(e) T 形墙用“Y”形提升架；(f) 十字形墙用“X”形提升架

(2) 操作平台系统

操作平台系统主要包括主操作平台、外挑脚手架和内(外)吊脚手架。如果施工需要,还可设置辅助平台,以供材料、工具、设备的堆放和施工人员进行操作。

① 主操作平台

主操作平台又称工作平台,既是施工人员进行绑扎钢筋、浇注混凝土、提升模板的操作场所,也是堆放材料、工具、设备等的场所,还是油路、控制系统的安置台,有时还利用操作平台架设起重设备。对于逐层空滑楼板同时施工(也称"滑一浇一")的施工工艺,要求操作平台板采用活动式,便于反复揭开,进行楼板施工。一般将提升架立柱内侧、提升架之间的平台板采用固定式,而提升架立柱外侧的平台板采用活动式。活动式平台板宜用型钢作框架,上铺多层胶合板或木板,再铺设铁板,以增大耐磨性和减少吸水率。常用的操作平台形式有分块式、整体式和活动式。

操作平台所受的荷载比较大,必须有足够的强度和刚度。操作平台一般用钢桁架或梁及铺板构成。桁架可以支承在提升架的支柱上,也可以通过托架支承在上下围圈上。桁架之间应设水平和垂直支撑,以保证平台的强度和刚度。

② 外挑脚手架、吊脚手架

外挑脚手架一般由三脚挑架、楞木、铺板等组成,其外挑宽度为 0.8～1.0 m,外侧一般需设安全护栏。三脚挑架可支承在立柱上或挂在围圈上。

吊脚手架是供绑扎钢筋、混凝土脱模后检查墙(柱)体混凝土质量并进行修饰、拆除模板(包括洞口模板),引设轴线、高程以及支设梁底模板等操作之用。吊脚手架要求装卸灵活、安全可靠。外吊脚手架悬挂在提升架外侧立柱和三脚挑架上,内吊脚手架悬挂在提升架内侧立柱和操作平台的桁架上。

(3) 液压提升系统

液压提升系统是承担全部滑升模板装置、设备及施工荷载向上滑升的动力装置,由支撑杆、千斤顶、液压控制系统和油路等组成。提升系统的工作原理:由电动机带动高压油泵,将高压油液通过换向阀、分油器、截止阀及管路输送到各台千斤顶,在不断供油、回流的过程中,使千斤顶活塞不断地压缩、复位,将全部滑动模板装置向上提升到需要的高度。

① 千斤顶

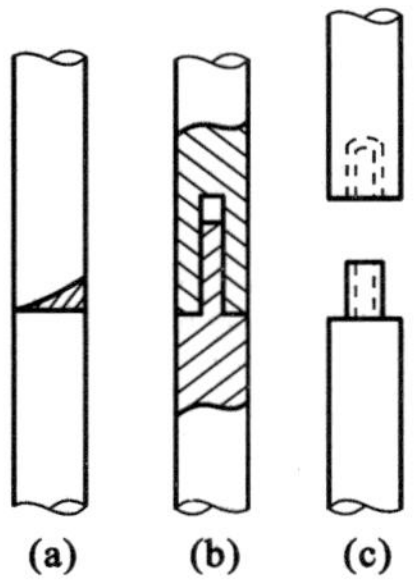

图 7.15　支撑杆连接示意图

(a) 焊接;(b) 榫接;(c) 丝扣连接

液压滑动模板施工所用的千斤顶为专用穿心式千斤顶,按其卡头形式的不同可分为钢珠式和楔块式两种,其工作载荷分别为 3 t、3.5 t 和 10 t,其中 3.5 t 应用较广。

② 支撑杆

支撑杆又称爬杆,它既是千斤顶向上爬升的轨道,又是滑动模板装置的承重支柱,承受着施工过程中的全部荷载。支撑杆一般采用直径为 25 mm 的圆钢筋,其连接方法有丝扣连接、榫接、焊接三种,如图 7.15 所示,也可以用 25～28 mm 的螺纹钢筋。用作支撑杆的钢筋在下料加工前要进行冷拉调直,冷拉时的延伸率控制在 2%～3%范围内。支撑杆的长度一般为 3～5 m,当支撑杆接长时,其相邻的接头要互相错开,使同一断面上的接头根数不超过总根数的 25%。为节约钢材和投资,应尽量采用加套管的工具式支撑杆。

③ 液压控制系统

液压控制系统是提升系统的心脏，主要由能量转换装置（电动机、高压齿轮泵等）、能量控制和调节装置（电磁换向阀、调压阀、针形阀、分油器等）以及辅助装置（压力表、油箱、滤油器、油管、管接头等）三部分组成。

齿轮泵的选择根据滑模千斤顶油缸的用油量、布置的数量及齿轮泵的送油能力确定。在滑升过程中，浇注混凝土和滑升是交替进行的。千斤顶提升一个行程所用的时间越短，滑升的速度越快，泵和油管的流量就越大，千斤顶完成一次进油、回油的时间就越短。通常千斤顶的一次循环控制在 3～5 min 内，其中进油时间控制在 1 min 以内。齿轮泵的流量可按下式计算：

$$Q \geqslant \frac{VK}{t_1} \tag{7.4}$$

式中 Q——齿轮泵最大工作流量（L/min）；

V——千斤顶油缸的总容积（L），若有多台千斤顶时则为其容积之和；

K——超容系数，取 1.1～1.3；

t_1——每个行程要求的送油时间（min）。

电动机的选用一般根据油泵所需的压力和流量确定，可以根据下式计算：

$$N = \frac{FQ}{612\eta} \tag{7.5}$$

式中 N——电动机功率（kW）；

F——油泵的工作压力（MPa）；

Q——油泵流量（L/min）；

η——总效率，齿轮泵效率取 0.6～0.8。

(4) 施工精度控制系统

滑模施工的精度控制系统由水平度、垂直度观测与控制装置以及通信联络设施组成，主要起到控制滑模施工的水平度和垂直度的作用。

① 滑模施工水平度控制

在模板滑升过程中，由于千斤顶不同步，数值的累积会使模板系统产生很大的升差，如不及时加以控制，不仅建筑物的垂直度难以保证，也会使模板结构产生变形，影响工程质量。水平度的观测，可采用水准仪、自动安平激光测量仪等设备，精度不应低于 1/10000。对千斤顶升差的控制，可以根据不同的控制方法选择不同的水平度控制系统。常用的方法有用激光控制仪控制的自动调平控制法、用限位仪控制的限位调平法、限位阀控制法、截止阀控制法等。

② 滑模施工垂直度控制

在滑模施工中，影响建筑物垂直度的因素很多，如千斤顶的升差、滑模装置变形、操作平台荷载、混凝土的浇筑方向，以及风力、日照的影响等。为了解决上述问题，除采取一些有针对性的预防措施外，在施工中还应经常加强观测，并及时采取纠偏、纠扭措施，以使建筑物的垂直度始终得到控制。垂直度的观测主要采用经纬仪、激光铅直仪和导电线锤等设备来进行。垂直度调整控制方法主要有平台倾斜法、顶轮纠偏控制法、双千斤顶法、变位纠偏器纠正法等。常用的垂直度控制系统有顶轮纠偏装置、变位纠偏器等。

7.2.2.3 液压滑升模板施工准备工作

由于滑模施工具有连续性的特点，为了充分发挥施工效率，材料、设备、劳动力等在施工前都要做好充分的准备。

（1）模板设计

① 设计原则

确定采用滑模施工的工程范围和工程对象；划分施工区段，确定施工顺序，应尽可能使每一个区段的面积相等，形状规整，区段的分界线一般设在变形缝（伸缩缝、沉降缝、抗震缝）处为宜；制订施工方案，确定材料垂直和水平运输的方法和人员上下方法，确定楼板的施工方法。

② 设计内容

绘制建筑物多层结构平面的投影叠合图；确定模板、围圈、提升架及操作平台的布置，并进行各类部件的设计与计算，提出规格和数量；确定液压千斤顶、油路及液压控制台的布置，提出规格和数量；制定施工精度控制措施，提出设备仪器的规格、数量；对特殊部位制定特殊的处理措施（如附着在操作平台上的垂直和水平运输装置等），进行设计和布置；绘制滑模装置组装图，提供材料、设备、构件一览表；确定不宜采用滑模施工部位的处理措施。

（2）施工现场准备

施工用水、用电必须接好，施工临时道路和排水系统必须畅通；所需要的钢筋、构件、预埋件以及混凝土用砂、石、水泥、外加剂（如果用商品混凝土，应联系好供应商）等，应按计划到场并保持供应；滑升模板系统需要的模板、爬杆、吊脚手架设备和安全网应准备充足；垂直运输设备在滑模系统进场前就位。

滑模施工是一项多工种协作的施工工艺，故劳动力组织宜采用各工种混合编制的专业队伍，提倡一专多能和工种间的协调配合，充分提高劳动效率。

7.2.2.4　墙体滑模的一般施工工艺

滑升模板的施工由模板的组装、钢筋绑扎和预埋件埋设、混凝土施工、模板滑升和模板设备的拆除等几个部分组成。

（1）模板的组装

滑模施工将模板一次组装好，一直到施工完毕，中途一般不再变化。模板组装工作一定要认真、细致，严格地按照设计要求及有关操作规程进行。

① 准备工作

a. 滑模的组装工作，在起滑线以下的基础或结构的混凝土达到一定强度后方可进行。基础土方应回填平整。

b. 在结构基底及其附近，设置一定数量的、可靠的观测垂直偏差的控制桩和标高控制点。

c. 按照图纸，在基底上弹出结构各部位的轴线、边线和门窗尺寸线等，并标出提升架、支撑杆、平台桁架等装置的位置线和标高。

d. 对滑模装置的各个部件，必须按有关制作标准检查其质量，进行除锈和刷漆等处理，核对好规格和数量并依次编号，然后妥善保管以备使用。

e. 进行液压设备的试车、试压检查；安装垂直运输设备和搭设临时组装平台。

② 组装顺序

滑模的组装顺序如图 7.16 所示。

滑模组装完毕后，应按规范要求的质量标准进行检查。滑模组装允许偏差见表 7.8。

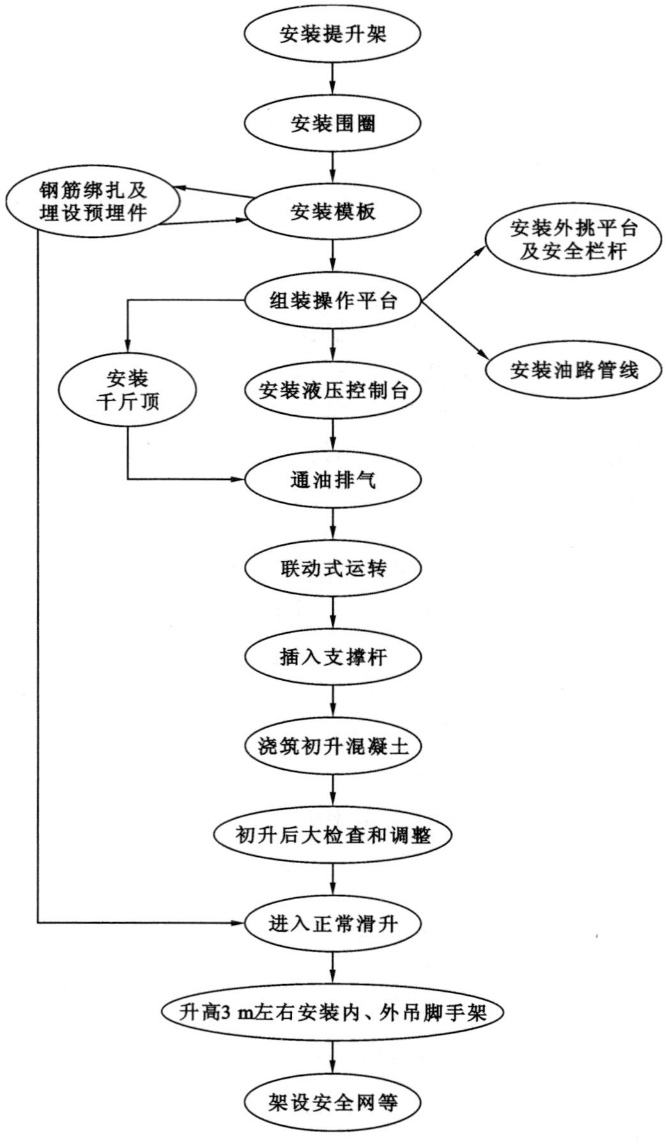

图 7.16　滑模装置的组装顺序图

表 7.8　滑模组装允许偏差

项　　目		允许偏差(mm)	检查方法
模板轴线与相应结构轴线位置		±3	钢尺检查
围圈位置	水平方向	±3	钢尺检查
	垂直方向	±3	钢尺检查
提升架垂直度	平面内	±3	2 m 拖线板检查
	平面外	±2	2 m 拖线板检查
提升架横梁相对标高		±2	水准仪或拉线、尺量

续表 7.8

项　　目		允许偏差(mm)	检查方法
模板尺寸	上口	－1	钢尺检查
	下口	－2	钢尺检查
千斤顶安装位置	平面内	±5	钢尺检查
	平面外	±5	钢尺检查
圆模直径、方模边长尺寸		±5	钢尺检查
相邻模板板面平整		±2	钢尺检查

(2) 钢筋绑扎和预埋件埋设

钢筋绑扎应与混凝土浇筑速度、模板的滑升速度相配合。根据每个浇筑层的混凝土浇筑量、浇筑时间和钢筋绑扎工程量的大小，合理安排绑扎人员，划分操作区段，保证钢筋的绑扎速度。绑扎中，应随时检查，以免发生错误。

为保证钢筋位置正确，绑扎竖向钢筋时，应在提升架上部设置钢筋定位架，可以采用木材或钢筋焊接而成。双层钢筋的墙体结构钢筋绑扎后，双层钢筋之间应有拉结筋定位。钢筋弯钩均应背向模板，以防模板滑升时被弯钩挂住。支撑杆作为结构受力筋时，其接头处的焊接质量必须满足有关钢筋焊接规范的要求。

预埋件的埋设位置与型号必须准确。滑模施工前，应有专人负责绘制预埋件平面图，详细注明预埋件的标高、位置、型号及数量，施工中要加强检查，以防遗漏。预埋件的固定，可将其直接焊接在结构钢筋上，也可采取用短钢筋将预埋件与结构主筋焊接或绑扎等方法连接固定，但不得突出模板表面。模板滑过预埋件后，应立即清除预埋件表面的混凝土，使其外露，其位置偏差不应大于 20 mm。

(3) 混凝土施工

滑模施工的混凝土，除必须满足设计强度外，还必须满足滑模施工的特殊要求，如出模强度、坍落度、初凝时间、终凝时间等。混凝土配比的设计，应该根据滑升速度、气候条件和材料品种等因素试配出不同的级配，以便施工中根据实际情况选用。

滑模混凝土的出模强度，一般宜控制在 0.2～0.4 N/mm^2 内，此时混凝土对模板的摩擦阻力小，出模的混凝土表面易于抹光，后期强度损失小，并能承受上部混凝土的自重，不坍塌、开裂或变形。

浇筑混凝土之前，要合理划分施工区段，安排操作人员，以使每个区段的浇筑数量和时间大致相等，以保证滑升速度。

混凝土必须分层均匀交圈浇筑，每一浇筑层的混凝土厚度以 200～300 mm 为宜，表面应在同一水平面上，并有计划地变换浇筑方向，以保证模板各处的摩擦阻力相近，防止模板产生扭转和结构倾斜。各层浇筑的间隔时间应不大于混凝土的凝结时间，当间隔时间超过凝结时间时，对接槎处应按施工缝的要求处理。每个浇筑区段中混凝土的布料，一般从中间部分开始，各层浇筑方向要交错进行，并经常交换方向，尽量使布料均匀。混凝土浇筑宜用人工均匀倒入，不得用料斗直接向模板倾倒，以免对模板造成过大的侧压力。预留孔洞、门窗口等两侧的混凝土，应对称均衡浇筑，以免门窗模移位。

（4）模板滑升

① 模板的滑升速度

a. 当以出模强度控制时，模板的滑升速度按下式计算：

$$V=\frac{H-h-a}{t} \tag{7.6}$$

式中 V——模板滑升速度（m/h）；

H——模板高度（m）；

h——每个浇筑层厚度（m）；

a——混凝土表面至模板上口的距离（m），一般取 0.05～0.1 m；

t——混凝土达到规定的出模强度所需时间（h）。

b. 当以支撑杆的稳定控制时，模板的滑升速度按下式计算：

$$V=\frac{10.5}{T\sqrt{KP}}+\frac{0.6}{T} \tag{7.7}$$

式中 V——模板滑升速度（m/h）；

P——单根支撑杆所受的荷载（kN）；

T——在作业班的平均气温条件下，混凝土强度达到 0.7～1.0 N/mm^2 所需的时间（h），由试验确定；

K——安全系数，一般取 2.0。

c. 当以施工过程中的工程结构整体稳定控制时，另行计算确定。

② 模板滑升工艺

模板的滑升可分为初滑、正常滑升、末滑三个主要阶段。

a. 初滑阶段是指工程开始时进行的初次提升模板阶段（包括在模板空滑后的首次继续滑升），主要对滑模装置和混凝土凝结状态进行检查。初滑操作的基本做法是混凝土分层（分层厚度为 300 mm 左右，分层间隔时间应小于混凝土初凝时间）浇筑到模板高度的 2/3，当第一层混凝土的强度达到出模强度时，进行试探性的提升，即将模板提升 1～2 个千斤顶行程（30～60 mm），观察并全面检查液压系统和模板系统的工作情况。试升后，每浇筑 200～300 mm 高度，再提升 3～5 个行程，直至浇筑到距离模板上口 50～100 mm，即可进入正常滑升阶段。

b. 正常滑升阶段可以连续一次提升一个浇筑层高度，等混凝土浇筑至模板顶面时再提升一个浇筑层高度，也可以随升随浇。模板的滑升速度，取决于混凝土的凝结时间、劳动力的配备、垂直运输的能力、浇筑混凝土的速度以及气温等因素。在正常气温条件下，滑升速度一般控制在 150～300 mm/h 范围内，两次滑升的间隔停歇时间一般不宜超过 1.5 h，在气温较高的情况下，应增加 1～2 次中间提升。中间提升的高度为 1～2 个千斤顶行程，主要是防止混凝土与模板黏结。

为保证结构的垂直度，在滑升过程中，操作平台应保持水平。各千斤顶的相对高差不得大于 40 mm，相邻两个千斤顶的升差不得大于 2 mm。在滑升过程中，应检查和记录结构垂直度、扭转及结构截面尺寸等偏差数值，同时采取调平措施及时纠正出现的水平升差，以保持操作平台的水平度。

c. 末滑阶段是指当模板升至距建筑物顶部标高 1 m 左右时。此时应放慢滑升速度，进行准确的抄平和找正工作。整个抄平找正工作应在模板滑升至距离顶部标高 20 mm 以前做好，以使最后一层混凝土能均匀交圈。混凝土末浇结束后，模板仍应继续滑升，直至与混凝土脱离为止。

d. 停滑。如因气候、施工需要或其他原因而不能连续滑升时，应采取可靠的停滑措施。停滑前，混凝土应浇筑到同一水平面上；停滑过程中，模板应每隔 0.5～1 h 提升一个千斤顶行程，确保模板与混凝土不黏结；当支撑杆的套管不带锥度时，应于次日将千斤顶顶升一个行程；对于因停滑造成的水平施工缝，应认真处理混凝土表面，保证后浇混凝土与已硬化的混凝土之间良好地黏结；继续施工前，应对液压系统进行全面检查。

e. 门、窗及孔洞的留设

门、窗洞及其他孔洞的留设，可采用以下几种方法：

框模法——事先按照设计要求的尺寸制成孔洞框模，如图 7.17(a)所示。框模可用钢材、木材或钢筋混凝土预制件制作，其尺寸宜比设计尺寸大 20～30 mm，厚度应比内外模板的上口尺寸小 5～10 mm。框模应按设计要求位置与标高留设，安装时，同墙体中的钢筋或支撑杆连接固定。也可利用门、窗框直接作为框模使用，在滑升的同时埋在设计要求的位置上。但需在两侧边框上加设挡条，如图 7.17(b)所示。挡条可以用钢材和木材制成工具式，以螺钉和门、窗框连接。加设挡条后，门、窗口的总厚度应比内外模板上口尺寸小 10～20 mm。当模板滑升后，工具式挡条可拆下周转使用。

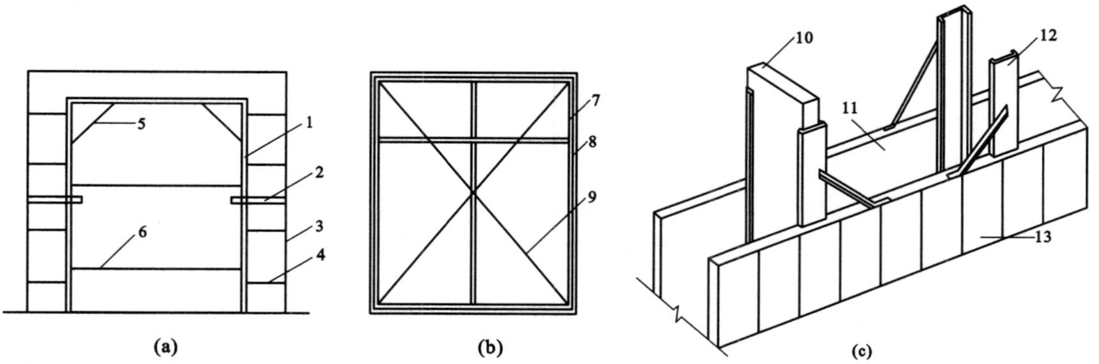

图 7.17 门、窗洞口留设方法

(a) 框模法；(b) 门窗框直埋法；(c) 堵头模板法

1—框模；2—ϕ25 螺栓；3—结构主筋；4—Φ 16 钢筋；5—角撑；6—水平撑；7—门窗框；8—挡条；9—临时支撑；10—堵头模板；11—门窗洞口；12—导轨；13—滑模模板

堵头模板法——当预留孔洞尺寸较大或孔洞处不设门框时，在孔洞两侧的内外模板之间设置堵头模板，并通过活动角钢与内外模连接，与模板一起滑升，如图 7.17(c)所示。

孔洞胎模法——对于较小的预留孔洞及接线盒等，可事先按孔洞具体形状制作空心或实心的孔洞胎模，尺寸应比设计要求大 50～100 mm，厚度应比内外模上口小 10～20 mm，四边应稍有倾斜，便于模板滑过后取出胎模。其材料可以用钢材、木材或聚苯乙烯泡沫塑料制成。

f. 模板的拆除

滑模装置拆除应制定可靠的措施，拆除前要进行技术交底，确保操作安全。提升系统的拆除可在操作平台上进行，千斤顶留待与模板系统同时拆除。滑模系统的拆除顺序为：拆除油路系统及控制台→拆除操作平台→拆除内模板→拆除安全网和脚手架→用木块垫死内圈模板桁架→拆外模板桁架系统→拆除内模板桁架的支撑→拆除内模板桁架。

高空解体过程中，必须保证模板系统的总体稳定和局部稳定，防止模板系统整体或局部倾倒坍落。拆除过程要严格按照拆除方案进行，建立可靠的指挥通信系统，配置专业安全员，注意操作安全。

滑模装置拆除后，应对各部件进行检查、维修，并妥善存放保管，以备使用。

7.2.2.5　楼板、梁的模板施工工艺

(1) 现浇楼板模板施工工艺

采用滑模施工的高层建筑物，其现浇楼板结构的施工多采用逐层空滑楼板并进法、先滑墙体楼板跟进法和先滑墙体楼板降模法进行施工。

① 逐层空滑楼板并进法

逐层空滑楼板并进法施工就是墙体用滑模施工、楼板用支模现浇，用滑模浇筑一层墙体后模板滑空，紧跟着支模现浇一层楼板混凝土的施工方法。所以，逐层空滑楼板并进又称“逐层封闭”或“滑一浇一”。

一般滑模施工，墙体由滑模连续施工，楼板采用在墙体上留孔或留槽，插筋后浇楼板(或安装预制楼板)。由于混凝土是两次浇筑，结合处不易密实，削弱了节点的整体性。而逐层空滑楼板并进法的工艺特点是每一层的墙体和楼板是连续施工，因此墙体与楼板连接可靠，结构整体性好。同时，每个楼层逐层封闭，保证了施工阶段的墙体稳定。楼板施工的完成也为立体施工创造了条件，装饰工程可以提前进入施工。该工艺是近年来高层建筑采用滑模施工时，楼板结构施工应用较多的一种方法。

逐层空滑现浇楼板施工的做法：当每层墙体模板滑升至上一层楼板底标高位置时，停止墙体混凝土浇筑，待混凝土达到脱模强度后，将模板连续提升，直至墙体混凝土脱模，再向上空滑至模板下口与墙体上皮脱空一段高度为止(脱空高度根据楼板的厚度而定)，然后将操作平台的活动平台板吊开，进行现浇楼板支模、绑扎钢筋和浇筑混凝土的施工。如此逐层进行，直至封顶。

逐层空滑现浇楼板施工工艺，将滑模连续施工改变为分层间断周期性施工。因此，每层墙体混凝土都有初滑、正常滑升和末滑三个阶段。

模板空滑进程中，提升速度应尽量缓慢、均匀地进行。开始空滑时，由于混凝土强度较低，提升高度不宜过大，使模板与墙体保持一定的间隙，不致黏结即可。待墙体混凝土达到脱模强度后，方可将模板陆续提升至要求的空滑高度。另外，支撑杆的接头应躲开模板的空滑自由高度。模板脱空后，应趁模板面上水泥浆未硬结时，立即用长把钢丝刷等工具将模板面清除干净，并涂刷隔离剂一道。在涂刷隔离剂时，应尽量避免污染钢筋，以免影响钢筋的握裹力。

模板与墙体的脱空范围，主要取决于楼板结构情况。为了防止模板全部脱空后产生平移或扭转变形，当楼板为单向板，且横墙承重时，只需将横墙模板脱空，非承重纵墙可比横墙多浇筑 50 cm 左右，使纵墙模板与纵墙不脱空，以保持模板的稳定；当楼板为双向板时，则内外墙模板全部需脱空，故应将外墙外模板适当加长。这样滑空后增长部分仍与外墙面接触，增强滑空时滑模装置的稳定性。

在内墙转角处设置与外模板长度一致的异形角模，使在模板滑空时异形角模和外模板同时夹住墙体，增强滑模装置的稳定性。

逐层空滑现浇楼板施工，是在吊开活动平台板后进行钢筋绑扎、支模、安预埋件、浇筑混凝土的，所以操作平台必须设计成活动可卸形式。与一般楼板施工相同，可采用传统的支模方法，即模板采用组合钢模板或钢框木(竹)胶合板模板等，下设桁架梁，通过钢管或木柱支承于下一层已施工的楼板上。为了加快模板的周转,也可采用早拆模板体系。

② 先滑墙体楼板跟进法

先滑墙体楼板跟进法是指当墙体连续滑动数层后,即可自下而上地进行逐层楼板的施工。即在楼板施工时,先将操作平台的活动平台板揭开,由活动平台的洞口吊入楼板的模板、钢筋和混凝土等材料或安装预制楼板。对于现浇楼板施工,也可由设置在外墙窗口处的受料挑台将所需材料吊入房间,再用手推车运至施工地点。

该工艺在墙体滑升阶段即可间隔数层进行楼板施工,墙体滑升速度快,楼板施工与墙体施工互不影响,但需要解决好墙体与楼板连接及墙体在施工阶段的稳定性问题。现浇楼板与墙体的连接方式主要有钢筋混凝土键连接和钢筋销凹槽连接两种。

钢筋混凝土键连接大多用于楼板主要受力方向的支座节点。当墙体滑升至每层楼板标高时,沿墙体间隔一定的间距(大于 500 mm)预留孔洞,孔洞的尺寸按设计要求确定。一般情况下,预留孔洞的宽度可取 200～400 mm,孔洞的高度为楼板的厚度或按板厚上下各加大50 mm,以便操作。相邻两间楼板的主筋,可由孔洞穿过,并与楼板的钢筋连成一体。在端头一间,楼板钢筋应在端墙预留孔洞处与墙板钢筋加以连接,然后同楼板一起浇筑混凝土,孔洞处即构成钢筋混凝土键,如图 7.18(a)所示。

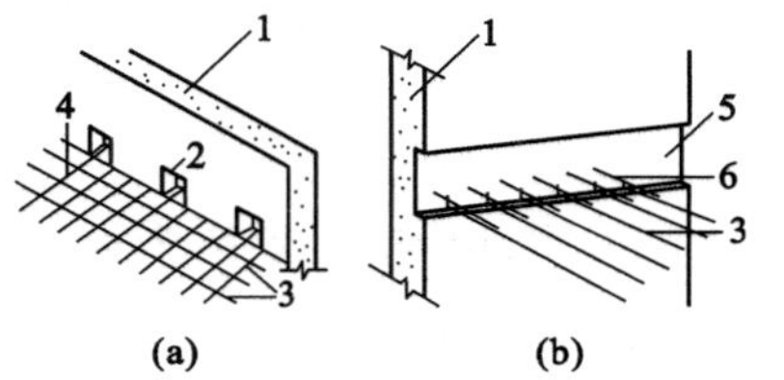

图 7.18　现浇楼板与墙体连接方式

(a) 钢筋混凝土键连接;(b) 钢筋销凹槽连接

1—混凝土墙;2—预留洞;3—楼板钢筋;

4—穿洞钢筋;5—凹槽;6—预留插筋

采用钢筋销凹槽连接时,楼板的配筋可均匀分布,整体性较好。但预留插筋及凹槽均比较麻烦,扳直钢筋时,容易损坏墙体混凝土,因此一般只用于一侧有楼板的墙体工程。当墙体滑升至每层楼板标高时,可沿墙体间隔一定的距离,预埋插筋及留设通长的水平嵌固凹槽,如图 7.18(b)所示。待预留插筋及凹槽脱模后,扳直钢筋,修整凹槽,并与楼板钢筋连成一体,再浇筑楼板混凝土。预留插筋的直径不宜过大,一般应小于10 mm,否则不易扳直。预埋钢筋的间距,取决于楼板的配筋。

现浇楼板的模板除可采用支柱定型钢模等一般支模方法外,还可以利用在梁、柱及墙体预留的孔洞或设置一些临时牛腿、插销及挂钩,作为支设模板的支承点。

③ 先滑墙体楼板降模法

先滑墙体楼板降模法施工,是针对现浇楼板结构而采用的一种施工工艺。其具体做法:当墙体连续滑升到顶或滑升至 8～10 层高度后,将事先在底层按每个房间组装好的模板,用卷扬机或其他提升机具提升到要求的高度,再用吊杆悬吊在墙体预留的孔洞中,然后进行该层楼板的施工。当该层楼板的混凝土达到拆模强度要求时(不得低于 15 MPa),可将模板降至下一层楼板的位置,进行下一层楼板的施工。此时,悬吊模板的吊杆也随之接长。这样,施工完一层楼板,模板降下一层,直到完成全部楼板的施工。

对于建筑物高度不大或层数不多(12 层左右)的工程,只需配置一套降模或以滑模本身的操作平台作降模使用。即当竖向结构的滑模滑升到顶后,将滑模的操作平台改作为楼板降模模板,自顶层依次逐层降下。为保证楼板与竖向结构的稳定性,墙体滑模施工时就在楼板高度事先预留孔(数量与尺寸通过计算确定),在降模施工楼板时,在预留孔内配置一定数量的直筋与弯筋,并与楼板钢筋连成一体,再浇筑楼板混凝土。

对于楼层较多的超高层建筑，一般应以10层高度为一个降模段，可以采用分段降模法按高度分段配置模板进行降模施工。例如一幢20层的高层建筑，可以一次性把墙体滑升到10层后暂停滑升。在滑模操作平台下另外悬吊降模平台，待降模施工向下进行后，墙体再继续向上滑升。一段时间后，楼板降模施工降到底层，墙体滑模滑升到了顶层，这时将滑模平台改装成降模平台，向下降模施工楼板至11层。此方法需两套或两套以上降模完成。

采用先滑墙体楼板降模法施工时，现浇楼板与墙体的连接方式基本与采用先滑墙体楼板跟进法的做法相同，其梁板的主要受力支座部位宜采用钢筋混凝土键连接方式，非主要受力支座部位可采用钢筋销凹槽等连接方式。如果采用井字形密肋双向板结构时，则四面支座均须采用钢筋混凝土键连接方式。

(2) 现浇梁模板施工工艺

当梁的断面高度较小时，可在墙顶留出梁窝(两侧用钢板网卡住)，待模板滑空后支梁和楼板的模板，即梁与楼板一起浇筑施工；当梁的断面高度较大时，应优先选择梁、墙、柱模板同时组装的方案。

由于梁在施工中是间断的，垂直方向不连续，因此，在梁的端头部位应设置堵头板。当只施工柱、墙时，用墙头板将梁的端头隔断，仅浇筑墙、柱混凝土，梁的模板处于空滑状态，此时梁的支撑杆需加固处理；当模板滑动到梁底标高时，将堵头板插销拔去或连接活动挂钩，并在柱、墙主筋上焊上短钢筋头，用以阻止堵头板上移；当墙、柱、梁模板继续向上滑动时，堵头板不动，逐渐从模板下脱出，这样墙、柱、梁模板互相连通，在绑扎钢筋后，即可同时浇筑混凝土。

7.2.2.6 体外滑模

滑模施工中支撑杆钢材消耗比较多，如不采取滑后抽出的措施，则施工后全部埋入混凝土，如能代替部分受力钢筋使用，尚可降低消耗，否则成本过高。另外，用钢筋作为支撑杆，承载能力有限，也不能发挥大吨位的千斤顶的作用。体外滑模打破了过去的常规做法，其方法是不把滑模支撑杆布置在墙体内，而是布置在墙体外，如图7.19所示。体外滑模施工直接降低了施工成本，也能更好地适应更大规模滑模工程的需求，是现代滑模技术发展的新趋势、新成果。

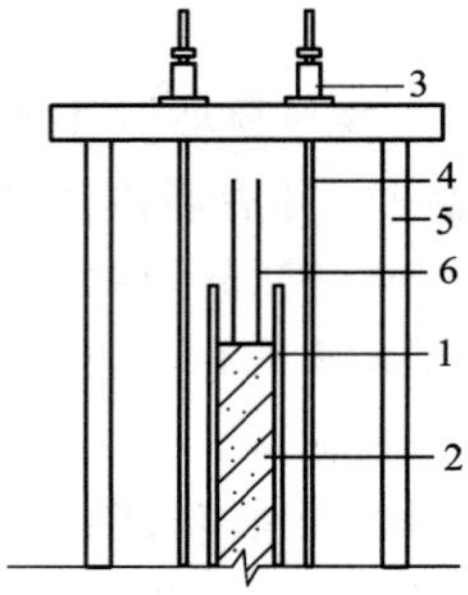

图7.19 体外滑模

1—模板；2—现浇混凝土墙体；3—千斤顶；4—大直径支撑杆；5—提升架；6—混凝土内钢筋

为适应体外滑模施工的需要，支撑杆不是采用小直径的$\phi 25$光圆钢筋，而是采用大直径$\phi 48\times 3.5$的钢管。钢管本身就具有稳定性，可以配合大吨位千斤顶使用。另外，体外滑模的支撑杆采用$\phi 48\times 3.5$的钢管，便于取材，还可以简化支撑杆加工和就位过程。施工时支撑杆几乎可以全部回收，减少了施工用钢量，具有较好的经济效益。

7.2.3 爬升模板施工

7.2.3.1 液压爬升模板概述

爬升模板简称爬模，是一种自行爬升、不需起重机吊运的模板，可以一次成型一个墙面，且可以自行升降，是综合大模板与滑模工艺特点形成的一种成套模板技术，同时具有大模板施工和滑模施工的优点，又避免了它们的不足。适用于高层建筑外墙外侧和电梯井筒内侧无楼板阻隔的现浇混凝土竖向结构施工，特别是一些外墙立面形态复杂、采用艺术混凝土或不抹灰饰面混凝土、垂直偏差控制较严的高层建筑。

爬模系统共包括 5 个工作层，由平台及脚手架系统、模板系统、退模装置、锚固系统、液压动力系统、爬升架体、自动爬升机构、悬挂平台系统组成。爬模体系各部分组成及各操作平台荷载限值如图 7.20 所示。

爬模体系的液压爬升分两步进行：首先导轨爬升就位，然后架体爬升就位。爬升前，需要注意检查混凝土强度，至少达到 10 MPa 方可爬升，爬升期间最大风速不大于 10.8 m/s。爬升原理如图 7.21 所示。

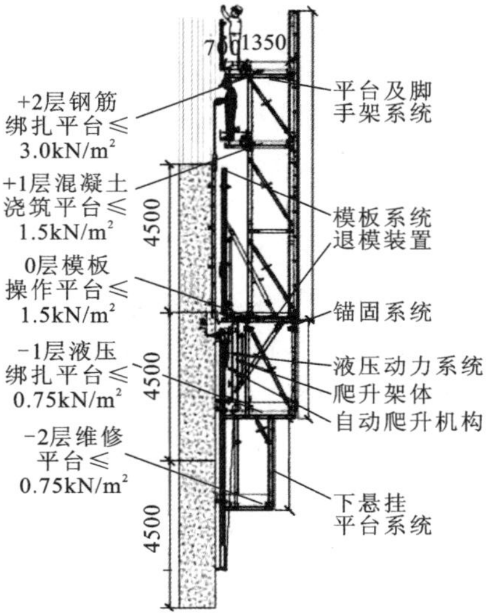

图 7.20　液压爬模体系

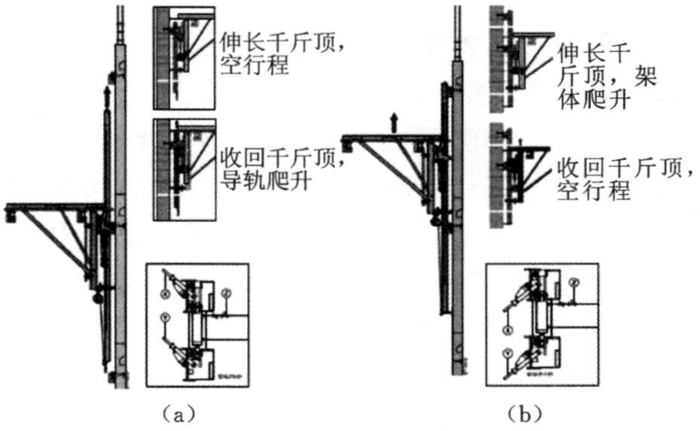

图 7.21　爬升原理

(a)第 1 步：导轨爬升就位；(b)第 2 步：架体爬升就位

爬模施工工艺具有以下特点：

(1) 施工时模板不需拆装，可整体自行爬升；

(2) 可一次浇筑一个楼层的墙体混凝土，可离开墙面一次爬升一个楼层高度；

(3) 可减少起重机的吊运工作量；

(4) 施工工期较易控制；

(5) 爬升平稳，工作安全可靠；

(6) 施工精度较高；

(7) 可有效地缩短结构施工周期。

爬模施工工艺分为模板与爬架互爬、模板与模板互爬、爬架与爬架互爬及整体爬模等类型。

7.2.3.2　模板与爬架互爬

模板与爬架互爬，是有爬架爬模，以建筑物的钢筋混凝土墙体为支承主体，通过附着于已完成的钢筋混凝土墙体上的爬升支架或大模板，利用连接爬升支架与大模板的爬升设备，使一方固定，另一方做相对运动，交替向上爬升，以完成模板的爬升、下降、就位和校正等工作。该技术是最早采用并应用广泛的一种爬模工艺。

【视频演示】

(1) 构造与组成

爬升模板由模板、爬升支架和爬升设备三部分组成。

① 模板

爬模的模板与一般大模板构造相同,由面板、横肋、竖向大肋、对销螺栓等组成。面板一般采用薄钢板,也可用木(竹)胶合板。横肋和竖向大肋常采用槽钢,其间距通常根据有关规范计算确定。新浇混凝土对墙两侧模板的侧压力由对销螺栓承受。

模板的高度一般为建筑标准层高度加 100～300 mm,所增加的高度是模板与下层已浇筑墙体的搭接高度,用于模板下端的定位和固定。模板下端需增加橡胶衬垫,使模板与已结硬的钢筋混凝土墙贴紧,以防止漏浆。模板的宽度可根据一片墙的宽度和施工段的划分确定,可以是一个开间、一片墙或一个施工段的宽度,其分块要与爬升设备能力相适应。在条件允许的情况下,模板越宽越好,可以减少各块模板间的拼接和拆卸,提高模板安装精度和混凝土墙面的平整度。

根据爬升模板的工艺要求,模板应设置两套吊点:一套吊点(一般为两个吊环,在制作时焊在横肋或竖肋上)用于分块制作和吊运;另一套吊点用于模板爬升,设在每个爬架位置,要求与爬架吊点位置相对应,一般在模板拼装时进行安装和焊接。

模板附有爬升装置和操作脚手架。

模板上的爬升装置是用于安装和固定爬升设备的。常用的爬升设备为环链手拉葫芦和单作用液压千斤顶。采用环链手拉葫芦时,模板上的爬升装置为吊环,以便挂手拉葫芦。用于模板爬升的吊环,设在模板中部的重心附近,为向上的吊环;用于爬架爬升的吊环设在模板上端,由支架挑出,位置与爬架重心相符,为向下的吊环。施工中吊环与模板重心一致,可以避免模板倾斜,减少施工难度。采用单作用液压千斤顶时,模板爬升装置分别为千斤顶座(用于模板爬升)和爬杆支座(用于爬架爬升)。模板背面安装千斤顶的装置尺寸应与千斤顶底座尺寸相对应。模板爬升装置为安装千斤顶的铁板,位置在模板的重心附近。用于爬架爬升的装置是爬杆的固定支架,安装在模板的顶端。模板的爬升装置与爬架爬升设备的装置要处在同一条竖直线上。

外挑脚手架和悬挂脚手架设在模板外侧,用于模板的拆模、爬升、安装就位、校正固定、穿墙螺栓安装与拆除、墙面清理和嵌塞穿墙螺栓等操作。脚手架的宽度为 600～900 mm,每步高度为 1800 mm。脚手架每步均需满铺脚手板,外侧设扶手并挂安全网。

大模板如采用多块模板拼接,由于在模板爬升时,模板拼接处会产生弯曲和切应力,所以在拼接节点处应比一般大模板加强,可采用规格相同的型钢跨越拼接缝,以保证竖向和水平方向传递内力的连续性。分块模板的拼接处尽可能设在两个爬架之间。

【视频演示】

② 爬升支架

爬升支架由支承架、附墙架、吊模扁担和千斤顶架等组成。爬升支架是承重结构,主要依靠支承架固定在下层已达规定强度的钢筋混凝土墙体上,并随施工层的上升而升高,其下部有水平拆模支承横梁,中部有千斤顶座,上部有挑梁和吊模扁担,主要起悬挂模板、爬升模板和固定模板的作用。因此,要求其具有一定的强度、刚度和稳定性。

支承架用做悬挂和提升模板,一般由型钢焊成格构柱。为便于运输和装拆,一般做成两个标准桁架节,使用时将标准节拼起来,并用法兰盘连接。为方便施工人员上下,支承架尺寸不应小于 650 mm×650 mm。

附墙架承受整个爬升模板荷载,通过穿墙螺栓传送给下层已达到规定强度的混凝土墙体。

底座应采用不少于 4 个连接螺栓与墙体连接，螺栓的间距和位置尽可能与模板的穿墙螺栓孔相符，以便用该孔作为底座的固定连接孔。支承架的位置如果在窗口处，亦可利用窗台作支撑。但支承架的安装位置必须准确，防止模板安装时产生偏差。

爬升支架顶端高度，一般要超出上一层楼层高度 0.8～1.0 m，以保证模板能爬升到待施工层位置的高度；爬升支架的总高度(包括附墙架)，一般应为 3～3.5 个楼层高度，其中附墙架应设置在待拆模板层的下一层；爬架间距要使每个爬架受力不太大，以 3～6 m 为宜；爬架位置在模板上要均匀对称布置；支承架应设有操作平台，周围应设置防护设施，以策安全。

吊模扁担、千斤顶架(或吊环)的位置，要与模板上的相应装置处在同一竖线上，以提高模板的安装精度，使模板或爬升支架能竖直向上爬升。

③ 爬升设备

爬升动力设备可以根据实际施工情况而定，常用的爬升设备有环链手拉葫芦、电动葫芦、单作用液压千斤顶、双作用液压千斤顶、爬模千斤顶等，其起重能力一般要求为计算值的 2 倍以上。

环链手拉葫芦是一种手动的起重机具，其起升高度取决于起重链的长度。起重能力应比设计计算值大 1 倍，起升高度比实际需要起升高度大 0.5～1 m，以便于模板或爬升支架爬升到就位高度时，尚有一定长度的起重链可以摆动，便于就位和校正固定。

单作用液压千斤顶为穿心式，可以沿爬杆单方向向上爬升，但爬升模板和爬升爬架各需一套液压千斤顶，每爬升一个楼层还要抽、拆一次爬杆，施工较为烦琐。

安装单作用液压千斤顶时，其底盘与爬升模板或爬升支架的连接底座用 4 个螺栓固定。插入千斤顶内的爬杆上端用螺钉与挑架固定，安装后的千斤顶和爬杆应呈垂直状态。爬升模板用的千斤顶连接底座，安装在模板背面的竖向大肋上，爬杆上端与爬升支架上挑架固定。当模板爬升就位时，从千斤顶顶部到爬杆上端固定位置的间距不应小于 1 m。爬升支架用的千斤顶连接底座，安装在爬升支架中部的挑架上，爬杆上端与模板上挑架固定。当爬升支架爬升就位时，从千斤顶到爬杆上端固定位置的间距不应小于 1 m。

双作用液压千斤顶既能沿爬杆向上爬升，又能将爬杆上提。在爬杆上、下端分别安装固定模板和爬架的装置，依靠油路用一套双作用千斤顶就分别可以完成爬升模板和爬升爬架两个动作。由于每爬升一个楼层无需抽、拆爬杆，因此施工较为快速。

与滑模施工一次提升整个施工段比较，爬模一次只提升一片墙的模板，所需的油泵和油箱都较小，但是爬模爬升一个楼层高度需要千斤顶连续进行多个冲程，因此对液压泵车的速度有较高的要求，选择液压油源时要注意爬升模板的特点。

由于爬升一个楼层的高度，千斤顶需进、排油 100 多次，为了使每个千斤顶(特别是负荷最大、线路最远处的千斤顶)进油时的冲程和排油的回程都充分，以减少千斤顶的升差，且使进、回油时间最短，在爬模所用电路中，需要装置一套自动控制线路。

(2) 施工工艺

模板与爬架互爬工艺流程如下：弹线找平→安装爬架→安装爬升设备→安装外模板→绑扎钢筋→安装内模板→浇筑混凝土→拆除内模板→施工楼板→爬升外模板→绑扎上一层钢筋并安装内模板→浇筑上一层墙体→爬升爬架……如此模板与爬架互爬直至完成整幢建筑的施工，如图 7.22 所示。

① 爬升模板安装

配置爬升模板时，要根据制作、运输和吊装的条件，尽量做到内、外墙均做成每间一整块大

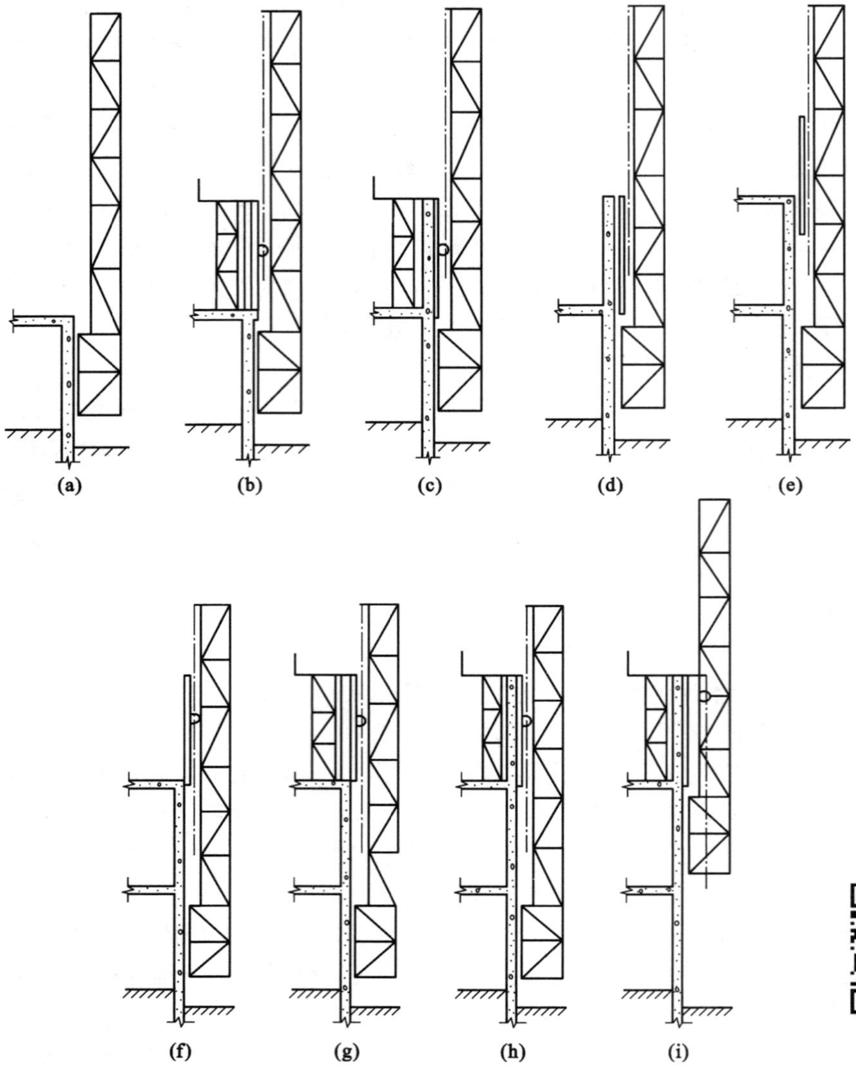

【视频演示】

图 7.22　模板与爬架互爬施工工艺流程图

(a) 首层墙完成后安装爬架；(b) 安装外模，绑扎钢筋，安装内模；(c) 浇筑二层墙体混凝土；(d) 拆除内、外模板；
(e) 三层楼板施工；(f) 爬升外模并校正固定；(g) 绑扎三层墙钢筋，安装三层墙内模；
(h) 浇筑三层墙体混凝土；(i) 以外模为支撑爬升爬架

模板，以便于一次安装、脱模、爬升。内墙大模板可按流水施工段配置一个施工段的用量，外墙内、外侧模板应配足一层的全部用量。外墙外侧模板的穿墙螺栓孔和爬升支架的附墙连接螺栓孔，应与外墙内侧模板的螺栓孔对齐。各分块模板间的拼接要牢固，以免多次施工后变形。

进入现场的爬模装置（包括大模板、爬升支架、爬升设备、脚手架及附件等），应按施工组织设计及有关图样验收，合格后方可使用。

爬升模板安装前，应检查工程结构上预埋螺栓孔的直径和位置是否符合图样要求，如有偏差，应及时纠正。

爬升模板的安装顺序：组装爬架→爬架固定在墙上→安装爬升设备→吊装模板块→拼接

分块模板并校正固定。

爬架上墙时，先临时固定部分穿墙螺栓，待校正标高后，再固定全部穿墙螺栓。立柱宜采取先在地面组装成整体，然后安装的方法。立柱安装时，先校正垂直度，再固定与底座相连接的螺栓。模板安装时，先加以临时固定，待就位校正后，再正式固定。所有穿墙螺栓均应由外向内穿入，在内侧紧固。

模板安装完毕后，应对所有连接螺栓和穿墙螺栓进行紧固检查，并经试爬升验收合格后，方可投入使用。

② 爬架爬升

当墙体的混凝土已经浇筑并具有一定强度后，方可进行爬升。爬架爬升时，爬架的支承点是模板，此时模板需与现浇的钢筋混凝土墙保证良好的连接。爬升前，首先要仔细检查爬升设备的位置、牢固程度、吊钩及连接杆件等，在确认符合要求后方可正式爬升。

正式爬升时，应先安装好爬升爬架的爬升设备，拆除爬架上爬升模板用的爬升设备，拆除校正和固定模板的支撑，然后收紧千斤顶钢丝绳，拆卸穿墙螺栓。同时检查卡环和安全钩，调整好爬升支架重心，使其保持垂直，防止晃动与扭转。

每只爬架用两套爬升设备爬升，爬升过程中两套爬升设备要同步。应先试爬 50～100 mm，确认正常后再快速爬升。爬升时要稳起、稳落，平稳就位，防止大幅度摆动和碰撞。要注意不要使爬升模板被其他构件卡住，若发现此现象，应立即停止爬升，待故障排除后方可继续爬升。爬升过程中有关人员不得站在爬架内，应站在模板外附脚手架上操作。

爬升接近就位标高时，应切断自动线路，改用手动方式将爬架升到规定标高。完毕应逐个插进附墙螺栓，先插好相对的墙孔和附墙架孔，其余的逐步调节爬架，对齐插入螺栓。检查爬架的垂直度并用千斤顶调整，然后及时固定。遇六级以上大风，一般应停止作业。

③ 模板爬升

当混凝土强度达到脱模强度（1.2～3.0 N/mm^2），爬架已经爬升并安装在上层墙上，爬升爬架的爬升设备已经拆除，爬架附墙处的混凝土强度已经达到 10 N/mm^2 时，就可以进行模板爬升。

模板爬升的施工顺序：在楼面上进行弹线找平→安装模板爬升设备→拆除模板对拉螺栓、固定支撑、与其他相邻模板的连接件→起模→开始爬升。先试爬升 50～100 mm，检查爬升情况，确认正常后再快速爬升。爬升过程中随时检查，如有异常应停下来检查，解决问题后再继续爬升。爬升接近就位标高时，应暂停爬升，以便先完成进入就位的准备。

④ 爬架拆除

拆除爬升模板的设备，可利用施工用的起重机，也可在屋面上装设人字形拔杆或台灵架进行拆除。拆除前要先清除脚手架上的垃圾杂物，拆除连接杆件，经检查安全可靠后，方可大面积拆除。

拆除爬架的施工顺序：拆除悬挂脚手架、大模板→拆除爬升设备→拆除附墙螺栓→拆除爬升支架。

⑤ 模板拆除

拆除模板的施工顺序：自下而上拆除悬挂脚手架、安全设施→拆除分块模板间的连接件→起重机吊住模板并收紧绳索→拆除模板爬升设备，脱开模板和爬架→将模板吊至地面。

（3）爬架计算

爬架是模板爬升设备的支撑结构，用以悬挂和爬升模板，同时依靠它并借助校正螺栓精确地校正和固定模板。爬架为一悬臂柱，其承受的荷载有侧向荷载和竖向荷载。

① 荷载

a. 侧向荷载：是作用于模板和爬架上的风荷载。由于爬架的受风面比模板小得多，所以侧向荷载主要是作用于模板和爬架上的风荷载。

b. 竖向荷载：主要是作用在吊点上的模板重量、悬挂脚手架重量及作用在脚手架上的施工荷载（只在非工作状态有）和爬架自重。

爬架应按偏心受压的格构式构件计算。计算时，应对支承架、附墙架和其他部件分别进行计算。

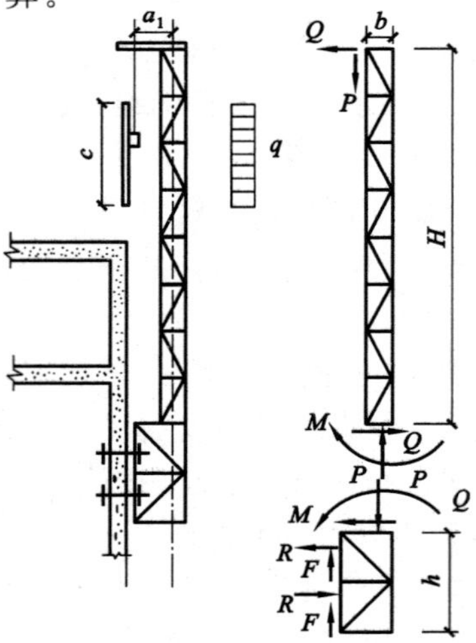

图 7.23　爬架的荷载与计算简图

② 计算内容

a. 支承架

两种工作状态：第一种，当支承架处于工作状态（即模板在爬升）时，有两种荷载组合，即“竖向荷载＋向墙面风荷载”和“竖向荷载＋背墙面风荷载”；第二种，支承架处于非工作状态，此时只有“竖向荷载”。图 7.23 所示为爬架的荷载与计算简图。

支承架的轴力及支承架底端产生的弯矩计算公式如下：

$$P = P_1 + P_2 + P_3 \tag{7.8}$$

$$M = Q \cdot H + P_1 \cdot a_1 + P_3 \cdot a_3 \tag{7.9}$$

$$Q = q \cdot c \cdot d \tag{7.10}$$

$$q = \beta_z \cdot \mu_s \cdot \mu_z \cdot w_0 \tag{7.11}$$

式中　P——支承架的轴力（kN）；

P_1——大模板自重（kN）；

P_2——支承架自重（kN）；

P_3——悬挂脚手架、安全网等荷载（kN）；

Q——作用于模板上的风力产生的剪力（kN）；

q——风荷载（kN/mm^2）；

c、d——模板的高度、宽度（m）；

β_z——风振系数；

μ_z——风压高度变化系数；

μ_s——风载体型系数；

w_0——基本风压（kN/mm^2），按 8 级考虑，8 级风以上停工；

M——于支承架底端产生的弯矩（kN·m）；

H——支承架的高度（m）；

a_1——模板吊点至支承架轴线间的距离（m）；

a_3——悬挂脚手架等荷载至支承架轴线间的距离（m）。

按偏心受压的格构式构件，验算支承架的整体强度、允许长细比、整体稳定、单肢的稳定和缀条。

b. 附墙架

与支承架一样，附墙架也有两种工作状态。当模板爬升时，荷载组合为“竖向荷载＋背墙面风荷载”，为最不利荷载状态荷载。此时荷载对附墙架产生的弯矩方向不同，为最不利内力。

此时穿墙螺栓承受拉剪（或压剪）复合应力为

$$\left.\begin{aligned} F &= \frac{1}{2}P \\ R &= \frac{M}{b} + Q \end{aligned}\right\} \tag{7.12}$$

式中 F——附墙螺栓承受的剪力(kN)；

R——附墙螺栓承受的拉(压)力(kN)。

如果每排设置两个螺栓，则每个螺栓承受的剪力、拉(压)力分别为：

$$N_v = \frac{1}{2}F \tag{7.13}$$

$$N_t = \frac{1}{2}R \tag{7.14}$$

$$\left(\frac{N_v}{[N_v^b]}\right)^2 + \left(\frac{N_t}{[N_t^b]}\right)^2 < 1 \tag{7.15}$$

式中 N_v、N_t——每个螺栓承受的剪力、拉(压)力(kN)；

$[N_v^b]$、$[N_t^b]$——某一直径粗制螺栓的允许剪力和拉(压)力(kN)。

7.2.3.3 模板与模板互爬

模板与模板互爬，是一种无架液压爬模工艺，是将外墙外侧模板分成甲、乙两种类型，甲型与乙型模板交替布置，互为支承，由爬升设备和爬杆使相邻模板互相爬升。

(1) 构造与组成

① 模板

无爬架爬模分为两种：甲型模板为窄板，高度要大于两个层高；乙型模板要按建筑物外墙尺寸配制，高度均略大于层高，与下层外墙稍有搭接，避免漏浆。两种模板交替布置，甲型模板布置在外墙与内墙交接处或大开间外墙的中部，乙型模板布置在甲型模板中间。

每块甲型模板的左右两侧均拼接有调节板缝钢板，以调整板缝，并使模板端部形成轨槽，以利于模板的爬升。模板爬升时，要依靠其相邻的模板与墙体的拉结来抵抗爬升时的外张力。模板背面设有竖向背楞，作为模板爬升的依托，并能加强模板的整体刚度。

在乙型模板的下面用竖向背楞做生根处理。背楞紧贴于墙面，并用螺栓固定在下层墙体上。背楞上端设连接板，用以支撑上面的模板。连接是一种简单的过渡装置，可解决模板和生根背楞的连接，同时也用以调节生根背楞的水平标高，使背楞螺孔与混凝土墙上预留的螺孔位置能相吻合。连接板与模板和生根背楞均用螺栓连接，以便于调整模板的垂直度。甲型模板下端则不放生根背楞，如图 7.24 所示。

② 爬升装置

爬升装置由三角爬架、爬杆、卡座和液压千斤顶组成。

三角爬架插在模板上口两端，插入双层套筒内，套筒用 U 形螺栓与竖向背楞连接。三角爬架的作用是支承卡座和爬杆，可以自由回转。爬杆用 ϕ25 mm 的圆钢制成，上端用卡座固定，支承在三角爬架上，爬升时处于受拉状态。

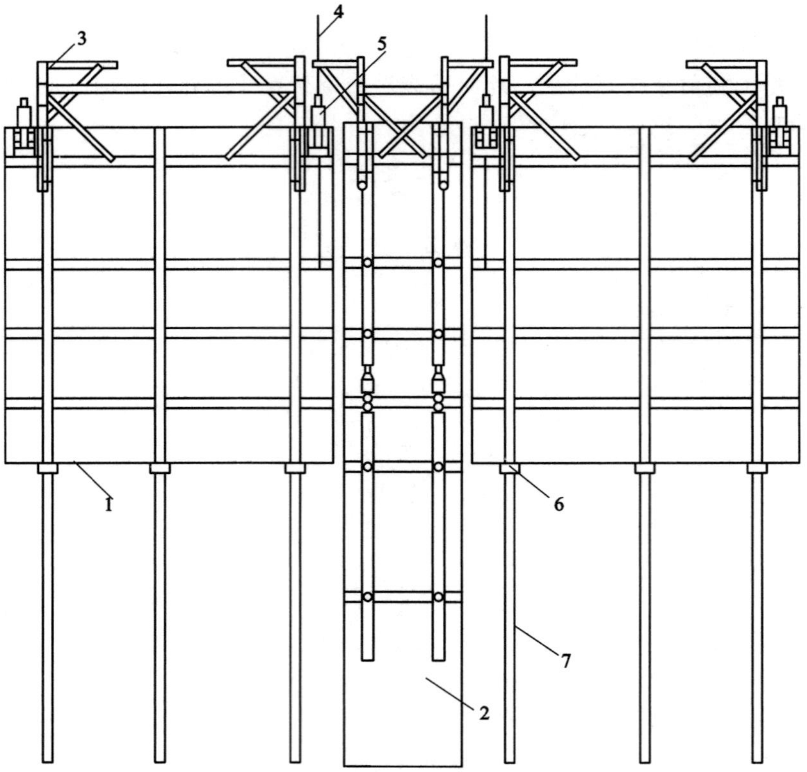

图 7.24　无爬架爬模示意图

1—乙型模板；2—甲型模板；3—三角爬架；4—爬杆；5—液压千斤顶；6—连接板；7—生根背楞

③ 操作平台挑架

操作平台用三角挑架做支撑，安装在乙型模板竖向背楞和它下面的生根背楞上，上下放置三道。上面铺脚手板，外侧设护身栏和安全网。上、中层平台供安装、拆除模板时使用，并在中层平台上加设模板支撑一道，使模板、挑架和支撑形成稳固的整体，并用来调整模板的角度，也便于拆模时松动模板；下层平台供修理墙面用。

(2) 施工工艺

模板与模板互爬工艺流程如图 7.25 所示。

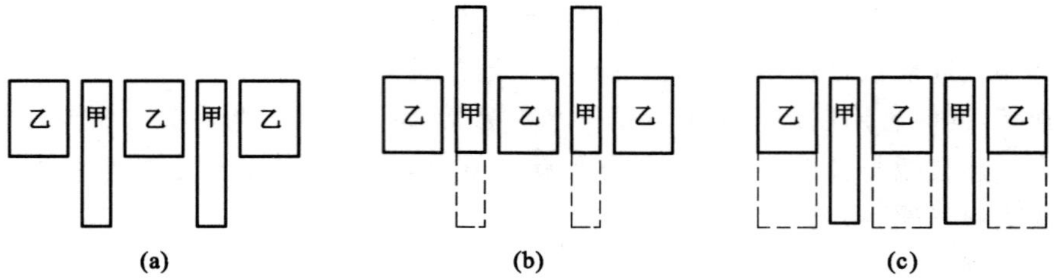

图 7.25　模板与模板互爬示意图

(a) 模板就位，浇筑混凝土；(b) 甲型模板爬升；(c) 乙型模板爬升，就位，浇筑混凝土

在地面将模板、三角爬架、千斤顶等组装好，组装好的模板用 2 m 靠尺检查，其板面平整度不得超过 2 mm，对角线偏差不得超过 3 mm，要求各部位的螺栓连接紧固。采用大模板常

规施工方法完成首层结构后再安装爬升模板，便于乙型模板支设在生根背楞和连接板上。

甲、乙型模板按要求交替布置。先安设乙型模板下部的生根背楞和连接板。生根背楞用 ϕ22 mm 穿墙螺栓与首层已浇筑墙体拉结，再安装中间一道平台挑架，加设支撑，铺好平台板，然后吊运乙型模板，置于连接板上，并用螺栓连接。同时利用中间一道平台挑梁设临时支撑，校正稳固模板。

首次安装甲型模板时，由于模板下端无生根背楞和连接板，可用临时支撑校正稳固，随即涂刷脱模剂和绑扎钢筋，安装门、窗口模板。

外墙内侧模板吊运就位后，即用穿墙螺栓将内、外侧模板紧固，并校正其垂直度。最后安装上、下两道平台挑架，铺放平台板，挂好安全网。

模板安装就位校正后，装设穿墙螺栓，浇筑混凝土。待混凝土达到拆模强度，即可开始准备爬升甲型模板。爬升前，先松开穿墙螺栓，拆除内模板，并使外墙外侧甲、乙型模板与混凝土墙体脱离。然后将乙型模板上口的穿墙螺栓重新装入并紧固。调整乙型模板三角爬架的角度，装上爬杆，用卡座卡紧。爬杆的下端穿入甲型模板中部的千斤顶中。拆除甲型模板底部的穿墙螺栓，利用乙型模板作支承，将甲型模板爬升至预定高度，随即用穿墙螺栓与墙体固定。甲型模板爬升后，再将甲型模板作为支承爬升乙型模板至预定高度并加以固定。校正甲、乙型两种模板，安装内模板，装好穿墙螺栓并紧固，即可浇筑混凝土。如此反复，交替爬升，直至完成工程。

施工时，应使每个流水段内的乙型模板同时爬升，不得单块模板爬升。模板的爬升可以安排在楼板支模、绑钢筋的同时同步进行，因此这种爬升方法不占用施工工期，有利于加快工程进度。

7.2.3.4 爬架与爬架互爬

爬架与爬架互爬系统由爬架、平台、传动装置和模板等组成。该工艺以固定在混凝土外表面的爬升挂靴为支点，以摆线针轮减速机为动力，通过内外爬架的相对运动，使外墙外侧大模板随同外爬架相应爬升。当大模板达到规定高度时，借助滑轮滑动就位。爬架与爬架互爬过程中内外架互为支承，交替爬升。

7.2.3.5 整体爬模施工

整体爬模施工工艺是近几年在高层建筑施工中形成的一种爬模技术。用内、外墙整体爬模技术可以同时施工内、外墙体，外墙内模和内墙模板需与外墙外模同时爬升，所以除了外爬架外，还要设置内爬架。

整体爬模主要组成部分有内、外爬架和内、外模板。内爬架设置在纵、横墙交接处，通过楼板孔洞立在短横扁担上，并用穿墙螺栓将力传给下层的混凝土墙体。其高度略大于两个楼层高，采用格构式钢构件，截面较小。外爬架同样将力传给下层混凝土外墙体。内、外爬架与内、外模板相互依靠、交替爬升。

目前，整体爬模施工工艺分为环链手拉葫芦提升整体爬模施工、电动葫芦提升整体爬模施工、液压整体爬模施工三种类型。

7.2.3.6 爬模安全要求

不同组合和不同功能的爬升模板，其安全要求也不相同，因此应分别制定安全措施。一般应满足下列要求：

(1) 施工中所有的设备必须按照施工组织设计的要求配置。爬升设备起重量应与爬模系统相匹配，不许选用过大的爬升设备，操作中禁止在超爬模系统的爬升力下进行爬升。

(2) 施工中要统一指挥，爬升前要专职安全员签证后方允许进行爬升，要做好原始记录。

(3) 爬升时要设置警戒区，设明显标志。

(4) 爬模时操作人员站立的位置一定要安全，不准站在爬升件上，而应站在固定件上。

(5) 拆下的穿墙螺栓要及时放入专用箱，严禁随手乱放，防止物件坠落伤人。

(6) 爬升设备每次使用前要检查，液压设备要专人负责。穿墙螺栓一般每爬升一次应全数检查一次。

(7) 外部脚手架和悬挂脚手架应满铺安全网，脚手架外侧设防护栏杆。脚手架上不应堆放材料，脚手架上的垃圾要及时清除。如临时堆放少量材料或机具，必须及时取走，且不得超过设计荷载的规定。

(8) 爬升前必须拆尽相互间的连接件，使爬升时各单元能独立爬升，以免相碰。爬升完毕应及时安装好连接件，保证爬升模板固定后的整体性。

(9) 作业中要随时检查，出现障碍时应立即查清原因，在排除障碍后方可继续作业。

(10) 拆除模板和爬架要有严密的安全措施并事前交底，拆除要有人专门指挥，保持通信畅通。

7.2.4 台模施工

台模，又称桌模、飞模，是一种由平台板、支撑系统(包括梁、支撑、支架、支腿)和其他配件(包括升降、行走机构)组成的一种大型的工具式模板，适用于大柱网、大空间的现浇钢筋混凝土楼盖施工，尤其适用于无梁楼盖施工。台模一次组装，整支整拆，多次重复利用，节约支、拆用工，加快施工速度；台模在楼层或施工段之间的周转依靠起重机进行，机械化效率高；台模随拆随转随用，不需临时堆放场地，特别适合在场地狭窄的工程中使用。

台模的规格尺寸主要由建筑结构的开间和进深尺寸以及起重机的吊装能力来确定，一般按开间和进深尺寸设置一台或多台。为了便于台模脱模和在楼层上运转，通常会配备一套使用方便的辅助机械，其中包括升降、行走、吊运等机具。

台模按支承形式不同分类如下：

- 台模
  - 无支腿式台模——悬架式台模
  - 有支腿式台模
    - 立柱式
      - 双肢柱管架式台模
      - 台模立柱式钢管脚手架式台模
      - 门架式台模
    - 桁架式
      - 木、铝合金桁架式台模
      - 钢管组合桁架式台模

台模的选型要综合考虑施工项目的规模大小、是否适宜台模施工，充分利用现有的资源条件，因地制宜组装成所需的台模，以降低施工成本。

7.2.4.1 立柱式台模

立柱式台模是由传统的满堂支模形式演变而来，由面板、次梁、主梁和立柱组成，立柱上有可调支撑，立柱之间设支撑增强稳定性。

(1) 钢管组合式台模

钢管组合式台模是利用组合钢模板及其配件、钢管脚手架等按结构柱网尺寸组装而成的一种台模，如图 7.26(a)所示。其材料来源容易、结构简单，一般施工企业均具备制作、组装的能力，应用非常广泛。

① 构造

面板全部用定型钢模板制作，钢模板之间由 U 形卡和 L 形插销连接。次梁采用 60 mm×40 mm×2.5 mm 的矩形钢管，次梁和面板间用钩头螺栓和蝶形扣件连接。主梁采用 70 mm×50 mm×3.5 mm 的矩形钢管，主梁和次梁之间用紧固螺栓和蝶形扣件连接。立柱用ϕ48 mm×3.5 mm钢管制作，下面安可调式伸缩脚，伸缩脚下焊钢板。每个台模用 6～9 根支撑，最大荷载为 20 kN/m^2，立柱之间支撑也用 ϕ48 mm×3.5 mm 钢管制作。四角梁端头设 4 只吊环，以便于吊装。

② 组装

钢管组合式台模一般在现场安装，有正装法和倒装法两种。正装法是先组装支架，再组装模板；倒装法是在铺好的平台上先组装面板，然后组装支架，最后将模板翻转 180°使用。钢管组合式模板支设时，先安装楼层中部，再向四周扩展，就位后用千斤顶调整标高与整个楼层标高一致，最后用 U 形卡连接。梁侧模可以挂在台模边缘上，梁底模可以直接用可调支撑支承。

③ 拆除

模板拆除时，用千斤顶顶住台模，撤掉垫块后随即装上车轮，再撤掉千斤顶，然后将台模逐个推到楼层外搭设的临时平台上，再用起重机械吊至上层使用。台模推出也可以采用装有万向导轮的台模转运车。该车可以在平面内自由移动，并且有垂直升降部件。当脱模时，将台模转运车推入被拆台模的底部，转动该车调节丝杆，使该车上方的支撑槽钢托住台模后，把台模的 4 个支承腿收缩至规定的高度固定。然后由转运车把台模转移到临时平台上，用塔式起重机吊至上一楼层。

(2) 门架式台模

门架式台模是用多功能门架作为支承架，用组合钢模板、钢框木(竹)胶合板模板、薄钢板或多层胶合板作为面板，根据建筑结构的开间、进深尺寸以及起重机的吊装能力拼装而成，如图 7.26(b)所示。由于采用门架作为受力构件，与钢管组合式脚手架相比，具有用料少、重量轻、施工连接工程量少等特点。

拼装完成的台模利用塔式起重机吊至楼层。为保证起吊过程的安全性和稳定性，一般采用 4 点起吊。起吊时，可以通过电动环链的调整，使台模保持水平和平衡。

台模的推出，可以采用地滚轮直接将台模推出建筑物。门架式台模升层时，先拆除护栏，在每榀台模下留 4 个底托，其他底托全部松开并升起挂住。在留下的底托处装 4 个起落架，挂 4 个手拉葫芦。手拉葫芦与台模钩紧，松开 4 个底托，使台模离开楼面。在台模下放置钢管，放松葫芦使台模落在钢管上，再将台模放到地滚轮上推出至起重设备吊钩处，将台模吊至上层。

7.2.4.2 桁架式台模

桁架式台模主要由桁架、主梁、搁栅(龙骨)及辅助承力支腿构件组成，适合于大开间、大进深、无柱帽的现浇无梁楼盖结构。由于受荷面积较大，为减轻台模的质量，各部件宜用铝合金材料。

当浇筑的混凝土强度达到标准强度的 80%时，方可拆模；拆模前，先用 4 个液压千斤顶在

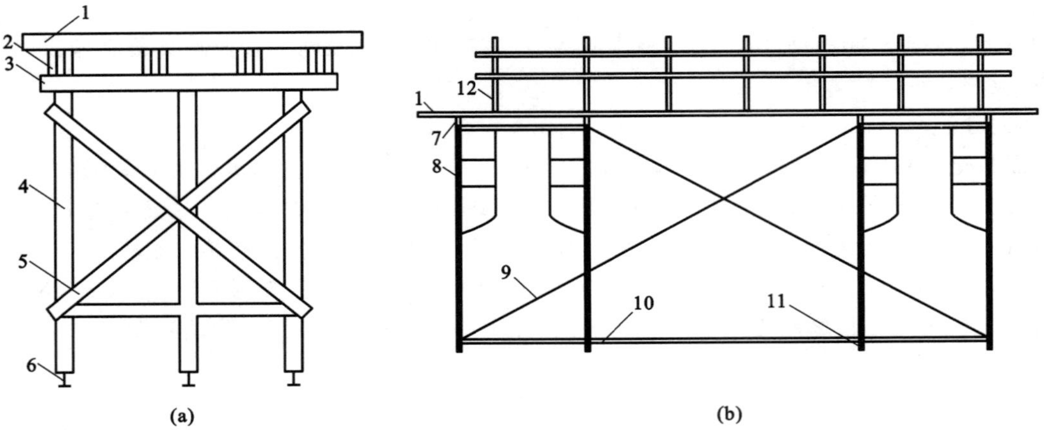

图 7.26　立柱式台模

(a) 钢管组合式；(b) 门架式

1—面板；2—次梁；3—主梁；4—立柱；5—支撑；6—可调支撑；7—顶托；

8—门式脚手架；9—人字撑；10—长角铁；11—可调底托；12—栏杆

支腿附近支托桁架下弦杆，并向上微微顶紧，然后将支腿的螺旋千斤顶旋松，使之不再承力，并将其推入外套之中。

为使台模顺利脱模和推出楼面，台模的下部应安装滚轮；台模降落设备采用液压降落千斤顶车，当滚轮与楼面接触时，才能移去液压千斤顶车；当台模整体下降到滚轮上后，即可水平外移。靠外墙的滚轮为摆动滚轮，靠内墙的滚轮为单滚轮。台模滚出时，因前后滚轮有高差，故应使桁架稍稍向后倾斜，以防止台模意外地向外滚出。

7.2.4.3　悬架式台模

悬架式台模的特点是不设立柱，台模支承在柱子或墙体托架上，由桁架（主梁）、次梁、面板、翻转翼板、支承等组成。这种台模的支设不需要考虑楼面结构的强度，也可以不受建筑层高不同的影响，只需按开间和进深设计即可。

台模的安装在柱的模板拆除后、混凝土强度达到施工的承载要求时才能进行，在台模安装前，先将钢牛腿与预埋螺栓相连接，然后在牛腿顶面安放木梁，再用起重机将台模吊装就位放在 4 个牛腿上，同时支起翻转翼板，并处理好柱、板、梁等处的节点。

台模下降前，在承接台模的楼面上放置 6 只地滚轮，通过操纵 4 台手拉葫芦将台模平稳下降至地滚轮上，随即将台模外移，待部分台模移至楼层口外时，就将 4 根吊索与台模吊耳扣牢，然后用起重机将台模全部吊出楼层，并吊至上一层楼再安装就位。

7.2.5　永久模板施工

永久性模板亦称一次性模板，其在结构构件混凝土浇筑后不拆除，并构成构件受力或非受力的组成部分，一般广泛应用于房屋建筑的现浇钢筋混凝土楼板工程。由于永久式模板无需拆出周转，大大简化了施工程序，加快了施工速度。不过，如果不能利用模板起到参与受力的作用，那么模板的投入成本就会比较高。目前，我国常用的永久性模板的材料一般有压型钢板模板和各种配筋的预制混凝土薄板。预制薄板分为预应力钢筋混凝土薄板、双钢筋混凝土薄板和冷轧扭钢筋混凝土薄板，其中较常用的是预应力钢筋混凝土薄板。

7.2.5.1　压型钢板模板

压型钢板模板是采用镀锌或经防腐处理的薄钢板，经成型机冷轧成具有梯波形截面的槽型钢板或方盒状钢壳的一种工程模板材料。根据压型钢板断面形式的不同，其可以分为开口式和闭口式两种。压型钢板模板多用于现浇密肋楼板工程中。

当压型钢板安装后，在肋底内面铺设受拉钢筋，在肋的顶面焊接横向钢筋或在其上部受压区铺设网状钢筋，待楼板混凝土浇筑后，压型钢板不再拆除，并成为密肋楼板结构的组成部分。为确保压型钢板与混凝土能共同作用，应做好叠合面的处理。

混凝土浇筑前，要对压型钢板端头进行封堵，并把压型钢板表面清理干净。浇筑混凝土时要采取措施，防止漏浆。压型钢板支承点少，混凝土浇筑时容易振动，应加设临时支撑，避免使邻近位置上已初凝的混凝土产生裂缝或分离。

当无吊顶天棚设置要求时，压型钢板下表面可直接喷、刷装饰涂层，并能获得较好的装饰效果。为了形成平整的天棚面，还可以在压型钢板下表面连接一层附加钢板，这样既可提高模板的刚度，又可以在空格内布置电气设备线路等。

7.2.5.2　预应力薄板模板

预应力钢筋混凝土薄板一般在构件预制工厂的台座上生产，制作时施加预应力配筋，使之成为预应力钢筋混凝土构件。预应力薄板作为永久性模板，特别适用于高层建筑和大开间房屋的现浇楼板施工。一般将正弯矩钢筋设置在预制薄板内，预应力筋通常采用高强度钢丝或冷拔低碳钢丝，支座负弯矩筋设置在现浇钢筋混凝土叠合层内。预制薄板与楼板的现浇混凝土叠合后，形成预应力薄板叠合楼板，构成楼板的受力结构部分。

预应力薄板叠合楼板具有较好的整体性，此种结构可以减小板的厚度，有效地提供更多的建筑空间；减轻板的自重，有利于建筑的抗震性能；板底平整，减少了现场混凝土的浇筑量；顶棚可不做抹灰，也减少了装修工程的湿作业量；不用支模，节省了大量的模板和支模的人工；预应力薄板的钢丝保护层较厚，有较好的防火性能。

预应力混凝土薄板与现浇混凝土之间的叠合面处理构造有以下三种：

(1) 在薄板混凝土振捣密实刮平后，及时在混凝土表面进行划毛处理，其划毛深度在4 mm左右，间距100 mm。

(2) 凡大于100 mm厚的预制薄板，在垂直于主筋的方向的板两端各预留3道凹槽，槽深10 mm，槽宽80 mm；对于较薄的预制薄板，待混凝土振捣密实刮平后，在混凝土表面呈梅花形分布刻小钉，钉长和宽各约40 mm，深10～20 mm，间距100 mm。

(3) 在预制薄板上预留结合钢筋。

7.2.6　无框木(竹)胶合板模板

早在20世纪30年代，欧美等国家已开始应用木胶合板模板。多年来，世界各国都很重视发展建筑用木模板，其理由是认为木材不仅在资源上是一种可再生的物质，而且在能源上是一种节能型材料。随着木胶合板模板的胶合性能和表面覆膜处理等技术的不断进步，这种模板已成为国外许多国家应用最广泛、使用量最多的模板类型。这种模板的优点是表面平整光滑，容易脱模；耐磨性强；防水性好；模板强度和刚度较好，能多次周转使用；材质轻，适宜加工大面积模板，能满足清水混凝土施工的要求，可适用于墙体、楼板等各种结构的施工。

20世纪80年代初，我国开始从国外引进胶合板模板，在上海宝钢建设工程及深圳、广州、北京等一些建筑工程中开始采用，取得较好的效果。1987 年，青岛华林胶合板有限公司引进芬兰劳特公司的生产设备和技术，生产了酚醛覆膜木胶合板模板，青岛瑞达模板公司利用这种胶合板为面板，开发了钢框胶合板模板。这种新型模板在国内许多建筑工程中得到应用，也受到有关部门的重视，当时曾大力宣传这种第三代模板将全面替代组合钢模板。但由于木材资源十分短缺，且木胶合板模板的成本较高，施工企业还难以接受，结果没有得到较好的推广应用。

20 世纪 90 年代以来，我国建筑结构体系又有了新的发展，高层建筑和超高层建筑大量兴建，大规模的基础设施建设以及城市交通、高速公路等也迅速发展，这些现代化的大型建筑体系对模板技术提出了新的要求。组合钢模板由于面积小、拼缝多，已不能满足清水混凝土施工的要求。为此，我国不断引进国外先进模板技术。自 20 世纪末以来，木胶合板模板在国内一些建筑工程中开始大量使用，发展十分迅速。

目前市面常见的木胶合板尺寸一般为 2440 mm×1220 mm×12 mm，但是有些厂家由于生产线不同，生产产品的尺寸也不限于此。较好的木胶合板应进行覆面处理，这样可以大大增加胶合板的周转次数。贴面胶合板能够多次使用，但在浇筑混凝土前，必须使用一种带化学活性的剥离剂，使剥离更方便，并增强混凝土凝固后的表面光洁度。胶合板使用前，在其边缘应用封边剂密封。这种密封有助于防止水分在混凝土凝固时进入胶合板的边缘，使其减少周转次数。施工单位经常在使用中将胶合板切割成需要的尺寸，这时需用封边涂料涂在露出的板边起保护作用。

目前，我国的木胶合板在发展中还存在一些问题。如当前国内木胶合板生产厂家很多，但是能生产覆膜木胶合板模板的厂家很少；国外木胶合板模板一般可周转使用 30～50 次，如果采用 400 g/m^2 覆膜纸，则可使用 100 次以上，而国内大部分厂家生产的是素面脲醛胶的胶合板模板，质量差，档次低，使用次数少，一般只能用 3～5 次。因此，国内厂家应从提高产品档次、实现机械化生产、扩大生产规模等方面着手，提高木胶合板质量，使无框木胶合板在工程中得到更广泛的应用。目前，已有一些人造板厂利用国内的生产条件，开发出高质量的酚醛覆面木胶合板模板，其表面平整度、厚薄均匀度和使用寿命都有较好的表现，是应该重点推广应用的一种模板。

我国以丰富的竹材资源为基础，利用其一次成林、合理砍伐、可永续利用和供应量大、成材周期短的资源优势，特别是利用竹材的强度大、刚度好的特点，加工成各种类型的竹胶合板用作混凝土模板。竹胶合板的物理力学性能也较好，它的强度、刚度和硬度都比木材高，而其收缩率、膨胀率和吸水率都低于木材，能多次周转使用。如能从产品结构、热压工艺、胶粘剂等方面改善产品厚度偏差和板面色差大的缺陷，竹胶合板将会在建筑业有更大的利用空间。目前我国推广的十大建筑新技术中的清水混凝土模板技术和早拆模板成套技术，都推荐使用竹胶合板模板。

7.3 围护结构施工

随着国民经济的不断发展和提高，提高能源利用率越来越受到重视。房屋结构散热热损失中，围护结构的传热热损失占 70%～80%。高层建筑中的外墙围护结构，是确保建筑物的隔热、保温、装饰、密闭等功能的重要组成部分，而且高层房屋的体表面积大，隔热保温、降低能耗就显得更为重要。目前，在剪力墙结构中，如大模板工程、装配式大板工程，均已采用了与其结构工艺配套的现浇或预制外墙，如何处理好已有外墙围护的保温、隔热问题，是高层建筑外墙围护结构施工中的重要问题。

在高层结构中，采用轻质隔墙作为围护结构，有助于减轻房屋自重，节约投资，并且对提高建筑的抗震性能也有帮助。

本节以介绍高层建筑外墙围护结构保温墙体与轻质板材隔墙工程为主，简要介绍填充墙砌体工程。

7.3.1 外围护和保温工程

要提高建筑外墙的保温隔热效果，就要提高墙体的热阻值(即减小外墙的传热系数)。在各类外墙材料中，加气混凝土墙板和加气混凝土砌块由于相比之下的热导率较小，作为单一材料的外墙，是唯一能达到节能标准要求的材料。而其他墙体材料，如黏土空心砖、黏土实心砖、混凝土空心小砌块、钢筋混凝土墙等，则都必须与保温材料复合才能达到节能标准要求。复合的方式有：在主体墙的内侧复合保温材料，即外墙内保温形式；在主体墙的外侧复合保温材料，即外墙外保温形式；将能承受外力作用的结构材料与具有保温隔热作用的功能材料组合在一起，形成复合墙体，即复合墙体保温技术。

7.3.1.1 外墙内保温施工

外墙内保温是把保温材料设在外墙内侧的一种施工方法。其优点：对面层无耐候性要求，施工不受外界气候影响，操作方便，造价低。其缺点：对抗震柱、楼板、隔墙等周边部位不能保温，产生热桥，降低墙体隔热性能；占用建筑面积较多；在墙上固定物件困难，尤其在进行二次装修时损坏较多，影响保温效果；温差变化易引起内保温材料开裂等。外墙的内保温形式虽然有上述一些缺点，但是仍然可以达到节能 30%的效果，如果能对抗震柱、圈梁等易产生热桥的部位进行外侧保温，则内保温形式仍是一种行之有效的节能措施。

采用外墙内保温形式的复合墙体，其典型的构造有(由外至里)：① 主体墙＋空气层(20 mm)＋保温层＋饰面层，其代表做法有饰面石膏聚苯板外墙内保温施工；② 主体墙＋空气层(20 mm)＋内保温板，常用的内保温板有 GRC(玻璃纤维增强水泥)内保温板、玻纤增强石膏内保温板。

(1) 饰面石膏聚苯板外墙内保温施工

饰面石膏聚苯板是采用聚苯板现场加工、安装，满贴一层玻纤布，石膏饰面的构造做法。

聚苯乙烯板使用可发性聚苯乙烯树脂与适量的发泡剂(如碳酸氢钠)经预发泡后，再放在模具中加压成型得到，其表皮层不含气孔，中心层含有大量微细封闭气孔。它具有质轻保温、吸音防震、吸水性小、耐低温性能好，对水、弱酸、弱碱、植物油、醇类相当稳定等优点，热导率为 0.04 W/(m·K)左右。

① 施工条件

当对屋面防水层及结构工程分别施工和验收完毕，外墙门窗口安装完毕，水暖及装饰工程分别需用的管卡、炉钩和窗帘杆耳子等埋件埋设完毕，电气工程的暗管线、接线盒等埋设完毕，并完成暗管线的穿带线工作之后，可以开始外墙内保温的施工。操作地点环境温度不低于5 ℃。

② 施工程序

饰面石膏聚苯板外墙内保温施工程序：结构墙面清理→分档弹线→冲筋→粘贴防水保温

踢脚板→安装聚苯板→抹饰面石膏并内贴一层玻纤布→抹门窗护角→满刮腻子。

③ 施工要点

a. 结构墙面清理：凡凸出墙面 20 mm 的砂浆、混凝土块，必须剔除并扫净墙面。

b. 分档弹线：门窗洞口两侧及其刀把板边各弹一竖筋线，然后依次以板宽间距向两侧分档弹竖筋线，不足一块板宽的留在阴角处。沿地面、顶棚、踢脚上口及门洞上口、窗洞口上下均弹出横筋线。

c. 冲筋：在冲筋位置，用钢丝刷刷出不少于 60 mm 宽的洁净面并浇水润湿，刷一道水泥浆。检查墙面是否平整、垂直，找规矩贴饼冲筋，并在须设置埋件处亦做出 200 mm×200 mm 的灰饼。冲筋材料为 1∶3 水泥砂浆，筋宽 60 mm，厚度以空气层厚(20 mm)为准。

d. 用聚苯胶粘贴踢脚板：在踢脚板内侧，上下各按 200～300 mm 的间距布设黏结点，同时在踢脚板底面及其相邻已粘贴上墙的踢脚板侧面满刮胶黏剂，按弹线粘贴踢脚板。粘贴时用橡皮锤轻轻敲实，并将碰头缝挤出的胶黏剂随时清理干净。

e. 安装聚苯板：按配合比调制聚苯胶胶黏剂，一次调制不宜过多，以 30 min 内用完为宜；按梅花形或矩形布设黏结点，间距 250～300 mm，直径不小于 100 mm。板与冲筋黏结面以及板的碰头缝必须满刮胶黏剂；抹完胶黏剂，立即将板立起安装；安装时应轻轻均匀挤压，碰头缝挤出的胶粘剂应及时刮平清理。黏结过程中须注意检查板的垂直度、平整度。

f. 抹饰面石膏并内贴一层玻纤布：共分三次抹完。将饰面石膏和细砂按 1∶1 的比例拌匀加水调制到所需稠度，分二次抹，共厚 5 mm，随即横向贴一层玻纤布，擀平压光；过 20 min 后再抹一遍，厚度为 3 mm。饰面石膏面层不得空鼓、起皮和有裂缝，面层应平整、光滑，总厚度不小于 8 mm。玻纤布要去掉硬边，压贴密实，不能有皱折、翘曲、外露现象，交接处搭接不小于 50 mm。

g. 抹门窗护角：用 1∶3 水泥砂浆或聚合物砂浆抹护角，其与饰面石膏面层交接处先加铺一层玻纤布条，以减少裂缝。

施工中要注意与水电专业的配合，合理安排，不得因各种管线和设备的埋件破坏保温层的施工；若有因固定埋件出现的聚苯板的孔洞，应用小块聚苯板加胶黏剂填实补平；电气接线盒预埋设深度应考虑保温层施工后的影响，凹进面层不大于 2 mm，以免影响使用。

④ 质量要求

a. 内墙常用的聚苯板通常会加阻燃剂，制成自熄型聚苯乙烯板，其物理性能指标详见表 7.9。胶黏剂配制原料的质量必须符合有关标准。

表 7.9　自熄型聚苯乙烯板的物理性能

项　　目	指标	项　　目	指标
密度(kg/m^3)	≥18	弯曲强度(MPa)	≥0.22
吸水性(kg/m^2)	≤0.08	氧指数	≥30
热导率[W/(m·K)]	≤0.041	尺寸稳定性(−40～70 ℃)	±0.5

b. 聚苯板必须与结构墙面黏结牢固，无松动现象；空气层厚度不得小于 20 mm；聚苯板与墙面黏结点的间距不得大于 300 mm；聚苯板碰头缝应用胶黏剂嵌实、刮平。聚苯板安装的允许偏差应符合表 7.10 中的规定。

表 7.10 聚苯板(内保温板)安装允许偏差及检验方法

项目	允许偏差(mm)	检查方法
表面平整	±4	用 2 m 靠尺检查
里面垂直	±5	用 2 m 托线板检查
阴阳角垂直	±4	用 2 m 托线板检查
阴阳角方正	±4	用 200 mm 方尺检查
接缝高度	±1.5	用直尺和塞尺检查

(2) GRC 内保温复合板外墙内保温施工

GRC 内保温复合板是以水泥、砂子、水(必要时可加入膨胀珍珠岩)经搅拌制成料浆,再用料浆包裹玻璃纤维网格布制成上、下层 GRC 面层,中间夹聚苯乙烯塑料板制成的内保温板。可用铺网抹浆法、喷射真空脱水法、立模浇注法生产。GRC 内保温板复合墙体的构造如图7.27所示。

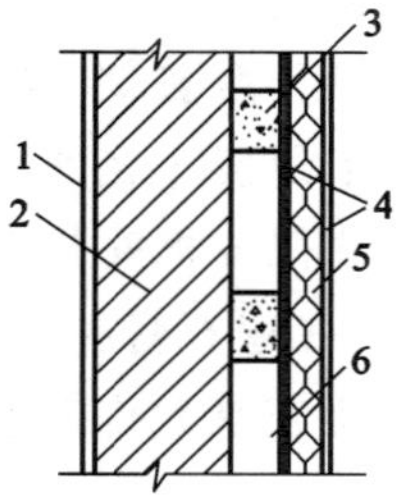

图 7.27 GRC 内保温复合板示意图
1—抹灰层;2—主体墙(结构层);
3—冲筋;4—GRC 面层;
5—聚苯板;6—空气层

① 施工用辅助材料

用于 GRC 保温板与墙体的黏结、板缝黏结、板缝玻纤网带黏结的黏结剂采用水泥类黏结剂(如 891 胶砂浆),粘贴时间大于 0.5 h,黏结强度大于 1.0 MPa;用于满刮墙面的石膏腻子抗压强度大于 2.5 MPa,抗折强度大于 1.0 MPa,终凝时间小于3 h,黏结强度大于0.2 MPa;玻纤网带采用网孔目数 8 目的耐碱玻纤网格布,经向断裂强度大于 30 kg,纬向断裂强度大于 15 kg;板缝用玻纤网带宽度为50 mm,墙面转角用玻纤网带宽度为 200 mm。

② 施工程序

首先在主体墙内侧水平方向抹 20 mm 厚、60 mm 宽的水泥砂浆冲筋带,留出 20 mm 厚的空气层,并作为保温板的找平层和黏结带,每面墙自下向上冲 3～4 道筋;然后在板侧、板上端和冲筋上满刮黏结剂;一人将保温板撬起,另一人揉压挤实使板与冲筋贴紧,检查保温板的垂直度和平整度,然后用木楔临时固定保温板,溢出表面的黏结剂要及时清理;板下部空隙内用 C10 细石混凝土填实,达到一定强度后,撤去木楔。撤木楔时应轻轻敲打,防止板缝裂开。整面墙的内保温板安装后,在两板接缝处的凹槽内刮一道黏结剂,用 50 mm 宽的玻纤网带粘贴一层,压实粘牢,再用黏结剂刮平。墙面转角处用 200 mm 宽的玻纤网带粘贴一层。在板面处理平整后,刮两道石膏腻子,最后作饰面处理。

③ 玻纤增强石膏内保温板外墙内保温施工

玻纤增强石膏内保温板以石膏为基料,掺适量的水泥、膨胀珍珠岩、外加剂加水制成浆料,用中碱玻璃纤维网格布增强,芯部加入自熄性聚苯乙烯泡沫塑料制成。该板适用于黏土砖外墙或钢筋混凝土外墙内侧的保温,因其防水性能较差,因此不能在厨房、卫生间等处使用。该板由于石膏凝结硬化快,生产周期短,且收缩小,安装后墙面不易开裂,而获得了很好的应用效果。复合板的规格为(2400～2700)mm×595 mm×50(60) mm,50 mm 厚的保温板适用于砖墙，60 mm 厚的保温板适用于混凝土墙。

a. 施工条件。当内隔墙及外墙门窗口、窗台板安装完毕，尺寸已校核；窗台以及内墙面、顶棚、外檐抹灰等湿作业施工完毕，水电安装工作已配合完成后，可以开始外墙内保温的施工。

b. 施工程序。首先将结构墙面清理干净，再根据开间或进深尺寸及保温板实际规格预排保温板。排板应从门窗口开始，不足一块板宽的留在阴角。在墙体内侧用 1：3 水泥砂浆做 20 mm 厚冲筋（点）。粘贴防水保温踢脚板，注意粘贴踢脚板必须平整和垂直，并及时将碰头缝挤出的胶黏剂清理干净。在冲筋点、相邻板侧面和上端满刮胶黏剂，并且在板中间须用大于 10％板面面积的胶黏剂作梅花状布点，且间距不大于 300 mm。将保温板粘贴上墙，揉挤安装就位，板顶留 5 mm 缝，确认其垂直度和平整度满足要求后，用木楔子临时固定。板缝挤出的胶黏剂应随时刮平；板缝以及门窗口的板侧，均应另用胶黏剂嵌填或封堵密实。清除保温板面的浮灰及残留胶黏剂，在两板拼缝处刮嵌缝腻子一道，贴 50 mm 宽玻纤布条一层，压实粘牢，表面再用嵌缝腻子刮平。墙面阴角和门窗口阳角处加贴 200 mm 宽玻纤布一层（角两侧各 100 mm）。保温板安装完毕后，用聚合物水泥砂浆抹门窗口护角。待玻纤布黏结层干燥后，墙面满刮 2～3 遍石膏腻子，总厚度 3 mm。墙面腻子应刮平整，表面无裂缝、起皮及透底现象。

保温板安装允许偏差可参考表 7.10。

7.3.1.2　外墙外保温施工

外墙外保温是指在垂直外墙的外表面上设置保温层。外保温做法克服了内保温的各种弊病，保温效果好，是目前高层建筑外墙围护结构重点推广的施工技术。

外保温体系的优点表现在：① 可消除或减少热桥，由于外墙外保温体系的主体墙位于室内一侧，因蓄热能力较强，故对室内保持热稳定有利，当外界气温波动较大时，提高了室内的舒适感；② 可减少室外气候条件变化对主体的影响，使热应力减小，延长了主体的使用寿命；③ 不降低建筑物的室内有效使用面积；④ 有利于旧房的节能改造，保温施工对室内居民干扰较小。不足之处：① 在室外安装保温板的施工难度比在室内安装保温板要大；② 外饰面要有常年承受风吹、日晒、雨淋和反复冻融的能力，同时板缝要求注意防裂、防水；③ 造价较高。

外墙外保温形式的典型构造有（由外至内）：① 饰面层＋增强材料＋保温层＋结构墙，其代表做法有保温层采用发泡型聚苯乙烯板，耐碱玻璃纤维网布增强或用岩棉半硬板作保温层，镀锌钢丝网增强；② 预制外保温板（外面层＋绝热层＋内面层）＋空气层＋结构墙，其常用的外保温板有 GRC 外保温板、钢丝网架聚苯乙烯外保温板；③ 饰面层＋保护层＋保温涂料＋结构墙，如聚苯颗粒复合硅酸盐保温浆料外保温施工法。

（1）聚苯板玻纤网格布聚合物砂浆外墙外保温施工

聚苯板玻纤网格布聚合物砂浆外墙外保温的构造由外到内分为饰面层、保护层、保温层、黏结层、结构层。饰面层可以为涂料、面砖或其他重量不超过 20 kg/m^2 的饰面材料；保护层通常采用耐碱玻纤网格布增强，抹 5～7 mm 聚合物水泥砂浆；保温层采用聚苯乙烯泡沫塑料板；黏结层是为了使结构层与保温层有更好的黏结，常使用界面处理剂；结构层为主体墙，可以为钢筋混凝土墙、砌块墙等。

① 施工工艺

当外墙和外门窗口施工及验收完毕，基面达到现行规范规定的要求后，可以开始外墙外保温的施工。

其施工程序为：清理基层→弹线定位→涂刷界面剂→粘贴聚苯板→钻孔及安装固定件→抹底层砂浆→贴玻纤网格布→抹面层砂浆→膨胀缝处理→饰面施工。

② 施工要点

a. 施工气候条件。环境温度不低于 5 ℃，风力不大于 5 级，雨天施工要采取措施，避免施工墙面淋雨。

b. 基底准备。结构墙体基面必须清理干净，墙面松动应清除，孔洞应用聚合物水泥砂浆填补密实，并检验墙面平整度和垂直度。底层墙外表面在墙体防潮以下，要做防潮处理，以防止地面水分通过毛细作用被吸到保温层中影响保温层的使用寿命。防潮处理采用涂刷氯丁型防水涂料。

c. 弹线定位。在墙面弹出膨胀缝线及膨胀缝宽度线，墙面阴角应设置膨胀缝；经分格后的墙面板块面积不宜大于 15 m^2，单向尺寸不宜大于 5 m。

d. 粘贴聚苯板。聚苯板宜用电热丝切割器切割。为保证聚苯乙烯板的尺寸稳定性，在板件切割后常温下静置 6 周以上或在高温(70 ℃)室内养护一周才能使用。

胶粘剂用专用聚苯胶与硅酸盐类水泥配制，一次配制量不宜过多，以 45 min 内用完为宜。聚苯板黏结可用点粘法或条粘法。点粘法是沿聚苯板的周边用抹子将配制好的黏结聚合物砂浆涂抹成宽为 4～5 mm、厚为 8～10 mm 的宽带，板中间按梅花形布置黏结点，间距 150～200 mm，直径 100 mm。条粘法是将聚苯板满涂黏结聚合物砂浆，然后将黏结聚合物砂浆刮出宽厚均为 10 mm 左右的平行条纹。抹完胶粘剂后，立即将板立起就位粘贴，粘贴时应用橡皮锤轻敲或揉拍，防止虚粘。每贴完一块板，应及时清除挤出的胶粘剂，板间不留间隙，并随时用托线板检查垂直度和平整度。阳角处相邻的两墙面所粘聚苯板应交错咬合连接，如图 7.28 所示。

e. 安装固定件。在贴好的聚苯板上用冲击钻钻孔，孔洞深入墙基面 25～30 mm，数量为每平方米 2～3 个，但每一单块聚苯板不少于 1 个。用胀钉套上塑料胀管塞入孔内胀紧，把聚苯板固定在墙体上。螺钉拧到与聚苯板面平齐。

f. 贴网格布。将大面网格布沿水平方向绷平，用抹子由中间向上、下两边将网格布抹平，使其紧贴底层聚合物砂浆。网格布左、右搭接宽度不小于 100 mm，上、下搭接宽度不小于80 mm，局部搭接处可用胶粘剂补充胶浆，不得使网格布皱折、空鼓、翘边。在阳角处还需局部加铺宽 400 mm的网格布一道。门、窗洞口四角如不靠膨胀缝，则沿 45°方向各加一层400 mm×200 mm 网格布进行加强。为防止首层墙面受冲击，在首层窗台以下墙面加贴一层玻纤布。

g. 抹聚合物砂浆。在底层聚合物水泥砂浆凝结前，抹面层聚合物砂浆，抹灰厚度以盖住网格布 1～2 mm 为准。如在抹面层砂浆前底层砂浆已凝结，应先用界面剂涂刷一遍，再抹面层砂浆。面层聚合物水泥砂浆厚度要掌握在 3～5 mm 内，过厚易裂。

h. 膨胀缝做法。膨胀缝做法是在膨胀缝处填塞发泡聚乙烯圆棒，其直径应为膨胀缝宽度的 1.3 倍左右，分两次勾填嵌缝膏，深度为缝宽的 50%～70%。

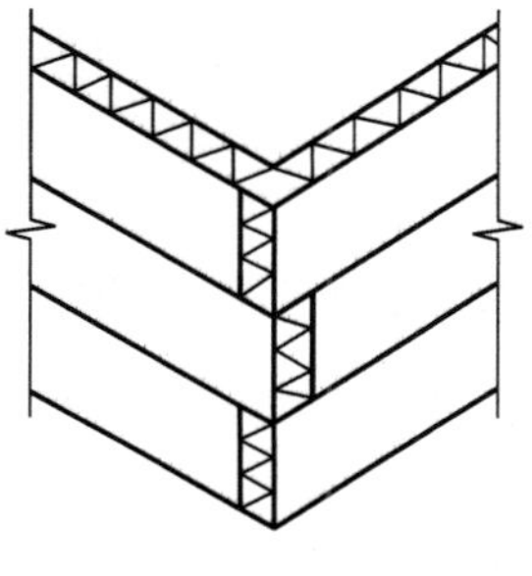

图 7.28 聚苯板垂直接缝交错排列示意图

③ 质量要求

a. 聚苯板、网格布的规格和各项技术指标，以及胶粘剂、聚合物砂浆的配制原料的质量，必须符合设计要求。

b. 聚乙烯胀塞尖全部进入结构墙体，螺钉进入胀塞长度应不小于 30 mm。

c. 聚苯板碰头缝不抹胶粘剂。

d. 网格布应横向铺设，压贴密实，不能有空鼓、皱折、翘曲、外露等现象，搭接宽度左右不得小于 100 mm，上下不得小于 80 mm。

e. 聚苯板安装的允许偏差应符合表 7.11 的规定。

表 7.11　外保温聚苯板安装允许偏差及检查方法

项　　目		允 许 偏 差(mm)	检 查 方 法
表面平整		±3	用 2 m 靠尺和塞尺检查
垂直度	每层	±5	用 2 m 托线板检查
	全高 H	H/1000 且不大于 20	用经纬仪或吊线和塞尺检查
阴、阳角垂直		±4	用 2 m 托线板检查
阴、阳角方正		±4	用 200 mm 方尺和塞尺检查
接缝高差		±1.5	用直尺和塞尺检查

(2) 预制外保温板外保温施工

GRC 外保温板是指由玻璃纤维增强水泥(GRC)面层与高效保温材料预制复合而成的外墙外保温板，有单面板与双面板两种构造形式。单面板是将保温材料嵌在 GRC 槽形板内，双面板是将保温材料置于两层 GRC 板之间。GRC 外保温板目前所用的板形为小块板，板长 550～900 mm，板宽 450～600 mm，板厚 40～50 mm，其中聚苯板的厚度为 30～40 mm，GRC 面层厚为 10 mm。用 GRC 外保温板与主体墙复合组成的外保温复合墙体的构造有紧密结合型和空气隔离型两种，如图 7.29(a)、图 7.29(b)所示。

钢丝网架聚苯乙烯外保温板是指由三维空间焊接成的钢丝网骨架和聚苯乙烯泡沫塑料板构成网架芯板，再在两面(或单面)喷抹水泥砂浆面层后形成的外保温板。该板有着质轻、高强、保温、隔声、抗震等优点。其结构可分为两部分：一是芯板部分，是由钢丝焊接成的网架，中间夹有聚苯乙烯泡沫塑料板；另一部分是两侧面(或外侧)铺抹(或喷涂)的水泥砂浆，该砂浆层可现场喷涂或工厂预制。按照网架钢丝直径的不同，板又可分为承重和非承重两种：钢丝直径全部为 2 mm 时，一般作非承重用；网架钢丝直径在 2～4 mm 之间，插筋直径在 4～6 mm之间的可作承重墙板用。用钢丝网架聚苯乙烯外保温板与主体墙复合组成的外保温复合墙体的构造如图 7.29(c)所示。

(3) 聚苯颗粒复合硅酸盐保温浆料外保温施工

聚苯颗粒复合硅酸盐保温浆料是由复合硅酸盐胶粉料、聚苯颗粒轻骨料与各种外加剂按一定比例复合而成，其中聚苯颗粒是用回收的废聚苯板粉碎而成。该施工方法适用于新建或改建的工业及民用建筑。一般在高层施工中用喷涂法。

① 结构构造

聚苯颗粒复合硅酸盐保温浆料外保温的构造由外到内分为饰面层、保护层、保温层、黏结

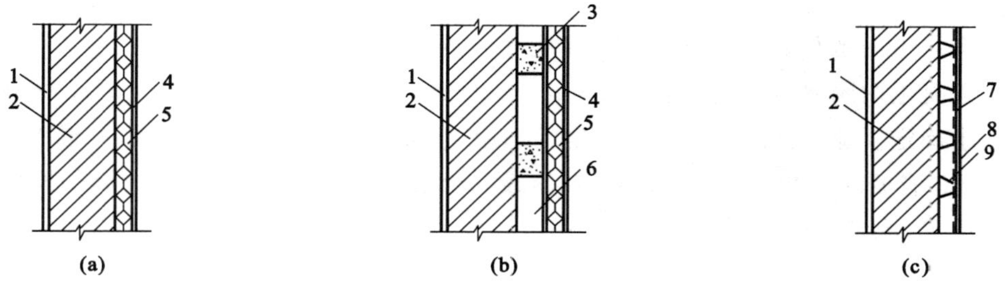

图 7.29 外墙外保温板施工构造示意图

(a) GRC 外保温板复合墙体紧密结合型;(b) GRC 外保温板复合墙体空气隔离型;

(c) 钢丝网架聚苯乙烯外保温板复合墙体

1—抹灰层;2—主体墙(结构层);3—冲筋;4—GRC 面层;5—聚苯板;

6—空气层;7—单侧方格钢丝网;8—水泥砂浆;9—斜插短钢筋

层、结构层。饰面层可以为涂料、面砖或干挂石材等;保护层通常采用抗裂砂浆、复合耐碱玻纤网格布;保温层采用聚苯颗粒复合硅酸盐保温浆料与复合镀锌钢网;黏结层为了使结构层与保温层有更好的黏结,常使用界面处理剂;结构层可以为钢筋混凝土墙、混凝土空心砌块墙、陶粒砌块墙等。

② 施工工艺

在施工前,首先对基层墙体进行清理、修补。如果墙面过干,在喷保温浆料前一天用水浇一遍,在清洁干净的墙面上薄薄涂一层界面剂砂浆。在墙面按要求做好冲筋和灰饼,安装钢网,注意钢网的平整度一定要好。按 1 : 1 : 1 的比例将界面剂、水泥、砂混合,在墙上做出拉毛。采用机械泵送喷涂保温涂料,注意将保温浆料压入钢网之中,用刮杠从上向下刮实。保温浆料终凝后,按设计要求做分格线。保温浆料干燥 7 d 固化后,可进行保护层施工。铺好复合耐碱玻纤网格布,网布之间要保证搭接宽度。抹配制好的抗裂砂浆,一定要将网布压入抗裂砂浆中,以表面不见网布只看到暗格为宜。保护面层施工 24 h 后,分格缝上、下口连接保护层处涂 50 mm 宽的高弹防水涂料。

7.3.2 隔墙工程

高层建筑分室分户的非承重隔墙主要采用轻质板材和轻质砌块墙。这里的轻质板材是指那些用于墙体的、密度较混凝土制品低的、采用不同工艺预制而成的建筑制品,可以分为轻质面板和轻质条板两大类。轻质面板是指那些厚度较薄、断面为实心的平板,由于自身的强度和刚度都较低,一般不能单独作墙体使用,常依附于其他的结构件,如龙骨、结构墙等,作面层使用。轻质条板是指那些面密度较小、厚度相对较大,可以单独作为隔墙使用的板材,按照截面不同,可以分为空心型、实心多孔型、夹心型三种。目前常用的轻质隔墙板材有蒸压加气混凝土板、石膏空心板、GRC 轻质多孔条板、金属夹芯板、钢丝网架水泥夹芯板(泰柏板)等。本节以介绍轻质条板的施工为主。

7.3.2.1 蒸压加气混凝土板隔墙工程

蒸压加气混凝土板材,是以钙质和硅质材料为基本原料,以铝粉为发气剂,经蒸压养护等工艺制成的一种多孔轻质板材。板材内一般配有单层钢筋网片。蒸压加气混凝土板内部含有大量微小的非连通气孔，孔隙率可达70%～80%，自身质量轻、隔热保温性能好，还具有较好的耐火性和一定的承载能力，可作为建筑内墙板及外墙板。

加气混凝土内隔墙板材宽度有500 mm、600 mm，厚度有75 mm、100 mm、120 mm，长度按设计要求确定。加气混凝土隔墙板厚度的选用，一般应考虑便于安装门窗，其最小厚度不应小于75 mm；墙板的厚度小于125 mm时，其最大长度不应超过3.5 m；分户墙的厚度应根据隔声要求决定，原则上应选用双层墙板。

(1) 施工工艺

先按设计要求在楼板(梁)底部和楼地面弹好墙板位置线，并架设靠放墙板的临时方木后，即可安装隔墙板。

墙板安装前，先将黏结面用钢丝刷刷去油垢并清除渣末。涂抹一层胶粘剂，厚约3 mm，然后将板立于预定位置，用撬棍将板撬起，使板顶与上部结构底面粘紧；板的一侧与主体结构或已安装好的另一块墙板粘紧，并在板下用木楔楔紧，撤出撬棍，板即固定。每块板安装后，应用靠尺检查墙面垂直和平整情况。

板与板间的拼缝，要满铺黏结砂浆(可以采用107胶水泥砂浆，注意107胶掺量要适当)，拼接时要以挤出砂浆为宜，缝宽不得大于5 mm。挤出的砂浆应及时清理干净。

墙板固定后，在板下填塞1∶2水泥砂浆或细石混凝土。如采用经防腐处理后的木楔，则板下木楔可不撤除；如采用未经防腐处理的木楔，则待填塞的砂浆或细石混凝土凝固具有一定强度后，再将木楔撤除，然后用1∶2水泥砂浆或细石混凝土堵严木楔孔。

墙板的安装顺序应从门洞口处向两端依次进行；当无门洞口时，应从一端向另一端顺序安装。若在安装墙板后进行地面施工，需对墙板进行保护。对于双层墙板的分户墙，安装时应使两面墙板的拼缝相互错开。隔墙板原则上不得横向抠槽埋设电线管，竖向走线时，抠槽深度不宜大于25 mm。

(2) 节点构造

① 上、下部位连接。加气混凝土隔墙板与楼板或梁底部黏结一般采用在板的上端抹黏结砂浆的方法，板的下端先用木楔顶紧，最后再在下端木楔空间填入细石混凝土，然后再做地面。

② 转角和丁字墙节点连接。隔墙板转角和丁字墙交接处，主要采用黏结砂浆黏结，并在一定距离(700～800 mm)斜向钉入经过防腐处理的钉子或直径为ϕ8 mm磨尖过的钢筋，钉入长度不小于200 mm。

③ 隔墙板板材间连接。加气混凝土隔墙板一般垂直安装，板与板之间用黏结砂浆黏结，并沿板缝上下各1/3处，按30°角斜钉入铁销或铁钉。

7.3.2.2 石膏空心条板隔墙工程

石膏空心条板是以天然石膏或化学石膏为主要原料，掺入适量粉煤灰或水泥、适量的膨胀珍珠岩，加入少量增强纤维，加水拌和成料浆，通过浇筑成型、抽芯、干燥等工艺制成的轻质空心条板，具有重量轻、强度高、隔热、隔声、防水等性能，施工简便。石膏空心条板按原材料不同可以分成石膏珍珠岩空心条板和石膏粉煤灰硅酸盐空心条板。石膏空心条板适用于住宅分室墙的一般隔墙、公共走道的防火墙、分户墙的隔声墙等。

石膏空心条板安装拼接的黏结材料，主要为107胶水泥砂浆，其配合比为107胶∶水泥∶

砂＝1∶1∶3或1∶2∶4，板缝处理可采用石膏腻子。

墙板安装时，应按设计弹出墙位线，并安好定位木架。安装前在板的顶面和侧面刷涂107胶水泥砂浆，先推紧侧面，再顶牢顶面。在顶面顶牢后，立即在板下两侧各1/3处揳紧两组木楔，并用靠尺检查。确定板的安装偏差在允许范围内后，在板下填塞干硬性混凝土。板缝挤出的黏结材料应及时刮净。板缝的处理，可在接缝处先刷水湿润，然后用石膏腻子抹平。墙体连接处在板面或板侧刷791胶液一道，用791石膏胶泥黏结。

7.3.2.3 GRC轻质多孔条板

GRC轻质多孔条板是以耐碱玻璃纤维为增强材料，以低碱度的硫铝酸盐水泥轻质砂浆为基材，采用一定工艺技术制成的中间有若干孔洞的条形板材。与早期的玻璃纤维水泥板相比，其降低了水泥碱性对玻璃纤维的腐蚀，因此近年来发展很快，国家也制定了相应的标准，如《玻璃纤维增强水泥轻质多孔隔墙条板》(GB/T 19631—2005)等。

7.3.2.4 金属面夹芯板

金属面夹芯板是用厚度为0.5～0.8 mm的金属板为面材，以硬质聚氨酯泡沫塑料、聚苯乙烯塑料或岩棉等绝热材料为芯材，经过黏结复合而成的夹芯板材。其主要特点：质量轻、强度高，具有高效绝热性；外形美观、施工便捷；可多次拆卸，重复安装使用，耐久性较高。

金属面夹芯板可用于冷库、仓库、车间、仓储式超市、商场、办公楼、旧楼房加层、活动房、战地医院、展览馆和候机楼等场所。

金属面夹芯板主要有三种类型，即金属面硬质聚氨酯夹芯板、金属面聚苯乙烯夹芯板和金属面岩棉、矿渣棉夹芯板。

7.3.2.5 钢丝网架水泥夹芯板隔墙工程

钢丝网架夹芯板是用高强度冷拔钢丝焊接成三维空间网架，中间填以阻燃型聚苯乙烯泡沫塑料或岩棉等绝缘材料。现场安装后，两侧喷抹水泥砂浆，可用作建筑内隔墙或外填充墙。保温板喷抹的水泥砂浆既能保护主体墙和保温层，又能在外饰面中喷刷涂料和粘贴面砖。施工时，先按设计要求在地面、顶面、侧面弹出墙的中心线和墙的厚度线，画出门窗洞口的位置。若设计无要求时，按400 mm间距画出连接件或锚筋的位置，再按设计要求配钢丝网架夹芯板及配套件。若设计无明确要求，且当隔墙宽度小于4 m时，可以整板上墙；当隔墙高度或长度超过4 m时，应按设计要求增设加劲柱。各种配套用的连接件、加固件、埋件要进行防锈处理，按放线位置安装钢丝网架夹芯板。板与板的拼缝处用箍码或22号镀锌铁丝扎牢。

要注意夹芯板与四周的连接：墙、梁、柱上已预埋锚筋的，用22号镀锌铁丝将锚筋与钢丝网架扎牢，扎扣不少于3点；用膨胀螺栓或用射钉固定U形连接件作连接的，用22号镀锌铁丝将U形连接件与钢丝网架扎牢；夹芯板与混凝土墙、柱、砖墙连接处，阴角用300 mm宽角网加固，角网一边用箍码或22号镀锌铁丝与钢丝网架连接，另一边用钢钉与混凝土墙、柱固定或用骑马钉与砖墙固定；夹芯板与混凝土墙、柱连接处的拼缝，用300 mm宽平网加固，平网一边用箍码或22号镀锌铁丝与钢丝网架连接，另一边用钢钉与混凝土墙、柱固定。

按图样要求预埋各种预埋件、铺电线管、稳接线盒等，与夹芯板的安装同步进行，固定牢固。

当确认夹芯板、门窗框、各种预埋件、管道、接线盒的安装和固定工作完成后，可以开始抹灰。抹灰前将夹芯板适当支顶，在夹芯板上均匀喷一层面层处理剂，随即抹底灰，以加强水泥砂浆与夹芯板的黏结。底灰的厚度为 12 mm 左右，底灰要基本平整，并用带齿抹子均匀拉槽，以利于与中层砂浆的黏结。抹完底灰随即均匀喷一层防裂剂。48 h 以后撤去支顶，抹另一侧底灰，在两层底灰抹完 48 h 以后才能抹中层灰。

7.3.2.6　板材隔墙工程质量要求

板材隔墙工程应符合《建筑装饰装修工程质量验收标准》（GB 50210—2018）的规定。其质量要求如下：

（1）隔墙板材安装所需预埋件、连接件的位置、数量及连接方法应符合设计要求，板材安装必须牢固；

（2）隔墙板材安装应位置正确，板材不应有裂缝或缺损；

（3）板材隔墙表面应光洁、平顺、色泽一致，接缝应均匀、顺直；

（4）隔墙上的孔洞、槽、盒应位置正确，套割方正，边缘整齐；

（5）板材隔墙安装的允许偏差和检验方法应符合表 7.12 的规定。

表 7.12　板材隔墙安装允许偏差和检验方法表

项　目	允 许 偏 差(mm)				检 验 方 法
	复合轻质墙板		石膏空心板	增强水泥板、混凝土轻质板	
	金属夹芯板	其他复合板			
立面垂直度	2	3	3	3	用 2 m 垂直检测尺检查
表面平整度	2	3	3	3	用 2 m 靠尺和塞尺检查
阴阳角方正	3	3	3	4	用 200 mm 直角检测尺检查
接缝高低差	1	2	2	3	用钢直角和塞尺检查

7.3.3　填充墙砌体工程

多层与高层房屋建筑常需设置填充墙，填充墙一般采用空心砖、蒸压加气混凝土砌块、轻骨料混凝土小型空心砌块等砌筑而成。

7.3.3.1　填充墙一般施工技术要求

（1）在填充墙块材的运输、装卸过程中，严禁抛掷和倾倒。进场后应按品种、规格分类堆放整齐，堆置高度不宜超过 2 m。加气混凝土砌块应防止雨淋。

（2）当采用蒸压加气混凝土砌块、轻骨料混凝土小型空心砌块砌筑时，其产品龄期应超过 28 d。

（3）当采用填充墙砌体砌筑时，块材应提前两天浇水湿润；当采用蒸压加气混凝土砌块砌筑时，应向砌筑面适量浇水。

（4）预埋在柱中的拉结钢筋和网片，必须准确地砌入填充墙的灰缝中。

（5）填充墙与框架柱之间的缝隙应采用砂浆填实。

（6）砌筑填充墙时应错缝搭砌，灰缝的厚度和宽度应正确。

(7) 填充墙接近梁板底时应留有一定的空隙，在抹灰前采用侧砖、立砖或砌块斜砌挤紧，倾斜度宜为60°左右，砌筑砂浆应饱满。

7.3.3.2　填充墙施工工艺

(1)空心砖砌体工程

① 空心砖的砖孔如无设计具体要求时，一般将砖孔置于水平位置；如有特殊要求，砖孔也可垂直放置。

② 砖墙应采用全顺侧砌，上下皮竖缝相互错开1/2砖长。灰缝厚度应为8～12 mm，应横平竖直，砂浆饱满。

③ 空心砖墙不够整砖部分，宜用无齿锯加工制作非整砖块，不得用砍凿方式将砖打断。

④ 留置管线槽时，弹线定位后用凿子凿出或用开槽机开槽，不得用斩砖预留槽的方法。

⑤ 空心砖墙应同时砌起，不得留斜槎。砖墙底部至少砌三皮普通砖，门窗洞口两侧也应用普通砖实砌一砖。

(2) 蒸压加气混凝土砌块砌体工程

① 加气混凝土砌块一般有200 mm、250 mm、300 mm厚几种，立面砌筑形式只有全顺一种。上下皮竖缝相互错开1/3砌块长，如不满足，应在水平灰缝中设置2Φ6钢筋或者Φ4钢筋网片，加筋长度不小于400 mm。水平、竖直灰缝厚度宜为15 mm、20 mm。

② 为了减少现场切锯砌块的工作量，砌筑前应进行砌块排列设计，并根据排列图制作皮数杆。

③ 砌筑前应检查砌块外观质量，清除砌块表面污物，并应适当洒水湿润，含水率一般不超过15%。

④ 在加气混凝土砌块墙底部应用烧结普通砖或烧结多孔砖砌筑，也可用普通混凝土小型空心砌块砌筑，其高度不宜小于200 mm。

⑤ 不同密度和强度等级的加气混凝土砌块不能混砌，灰缝要饱满均匀。

⑥ 砌块墙的转角处，应隔皮纵、横墙砌块相互搭砌；砌块墙的T字交接处，应使横墙砌块隔皮端部露头。

⑦ 墙体洞口上方应放置2根直径为6 mm的钢筋，伸过洞口两边的长度，每边不小于500 mm。

⑧ 砌块墙与柱的交界处，应依靠拉结钢筋拉结。拉结钢筋应沿柱高每500 mm左右设一道，每道为2根直径6 mm的钢筋(带弯钩)，伸出柱面长度不小于1000 mm；在砌筑砌块时，将此拉结钢筋伸出部分埋于砌块的水平灰缝内。

⑨ 穿越墙体的水管，要严防渗漏；穿墙、附墙或埋入墙内的铁件应做防腐处理。

⑩ 加气混凝土砌块如无有效措施，不得使用在以下部位：建筑物±0.000以下；长期浸水或经常受干湿交替作用的部位；受酸碱化学物质侵蚀的部位；制品表面湿度高于80%的部位。

(3) 轻骨料混凝土空心砌块砌筑工程

① 轻骨料混凝土空心砌块的主要规格是390 mm×190 mm×190 mm，采用全顺砌筑形式，墙厚等于砌块宽度。

② 上下皮竖缝相互错开1/2砌块长，并不小于120 mm。如不满足，应在水平灰缝中设置

2Φ6钢筋或者Φ4 钢筋网片。灰缝应为 8～12 mm，应横平竖直，砂浆饱满。

③ 对轻骨料混凝土空心砌块，宜提前 2 d 以上适当浇水湿润。严禁雨天施工，砌块表面有浮水时不得进行砌筑。

④ 墙体转角处及交接处应同时砌起，每天砌筑高度不得超过 1.8 m。

7.3.3.3 填充墙砌体工程施工质量验收

(1) 主要材料质量控制

砖、砌块和砌筑砂浆的强度等级应该符合设计要求，主要依靠检查砖或砌块的产品合格证书、产品性能检测报告和砂浆试块试验报告。

(2) 填充墙砌筑质量控制

填充墙砌体尺寸允许偏差详见表 7.13，砌体砂浆饱满度要求详见表 7.14。另外，有无混砌现象、拉结钢筋设置情况、搭砌长度、灰缝厚度与宽度、梁底砌法等，均在检查之列。

表 7.13 填充墙砌体尺寸允许偏差

项次	项目		允许偏差(mm)	检查方法
1	轴线位移		10	用尺检查
	垂直度	≤3 m	5	用 2 m 托线板或吊线检查
		>3 m	10	
2	表面平整度		8	用 2 m 靠尺和楔形塞尺检查
3	门窗洞口高、宽(后塞口)		5	用尺检查
4	外墙上、下窗口偏移		20	用经纬仪或吊线检查

表 7.14 砌体砂浆饱满度要求

砌体种类	灰缝	饱满度要求	检验方法
空心砖砌体	水平	≥80%	百格网法检查
	竖直	填满砂浆，不得有透明缝、瞎缝、假缝	
加气混凝土砌块和轻骨料混凝土砌块砌体	水平	≥80%	
	竖直	≥80%	

7.4 工程实例

7.4.1 工程概况

某国际中心工程位于某市世纪城公园内，总建筑面积约 261681.4 m²，其中地上 39 层，地下 2 层，地上建筑面积约 217125.4 m²，地下建筑面积约 44556 m²，建筑总高度为 205.780 m，属于超高层建筑物。建筑结构形式：主体为型钢混凝土柱框架-内筒结构；内筒为钢筋混凝土超厚剪力墙[底部为 600 mm 厚(−2～28 层)、500 mm 厚(29～39 层)、300 mm 厚(机房层)]墙板，上部逐渐减少厚度；外框架为型钢混凝土框架柱，中央筒高 205.780 m；裙房为框架结构，框架柱为钢筋混凝土柱。其结构主要构件情况如下：

(1) 地下室

柱：地下室柱一部分采用钢管混凝土柱，截面为 ϕ1250×25、ϕ600×10。一部分为钢筋混凝土方形柱，截面有 900 mm×900 mm、800 mm×800 mm、1000 mm×800 mm 等。

梁：地下负一层及地下室顶板梁为钢筋混凝土结构形式，其截面有 400 mm×800 mm、600 mm×800 mm、400 mm×900 mm、400 mm×1000 mm、400 mm×1400 mm 等形式；环梁部分为 500 mm×850 mm、600 mm×850 mm、600 mm×1300 mm、600 mm×2000 mm 等。

板：形式为钢筋混凝土结构，地下一层楼板板厚 150 mm；地下室顶板板厚 150～250 mm。

(2) 塔楼部分

柱：结构形式为钢管混凝土柱，其截面有：1400 mm×1400 mm、1200 mm×1200 mm 等。梁：结构形式为钢梁，其截面有 500 mm×700 mm、250 mm×700 mm、500 mm×200 mm 等。

板：结构形式为钢筋混凝土结构形式，板厚为 120～150 mm。

7.4.2 模板材料及支撑体系方案选择

本工程模板材料及支撑体系选择见表 7.15。

表 7.15 模板材料及支撑体系

序号	工程部位	模板	支撑及加固体系
1	核心筒墙体	镜面模板	地下室翻模，一层及以上为内外爬模
2	框架柱	钢大模	定型制作
3	框架梁	15 mm 厚竹胶板	由 50 mm×100 mm 的木方、ϕ48×3.5 mm 钢管碗扣件、ϕ12 对拉螺栓以及“3”型卡等组成
4	板	15 mm 厚九夹板	由 50 mm×100 mm 的木方、钢管碗扣脚手架组成。地下室板下支承纵横间距不大于 900 mm，塔楼部分板下支承纵横间距不大于 1000 mm

7.4.3 各部位模板体系设计

(1) 柱模板支设

柱模板支设采用钢大模，由北京某厂家专门生产。

(2) 梁板模板支设

梁板模板按照扣件式支模板架支撑体系施工，模板竖向支撑为钢管架，梁侧模板、楼板模板为 18 mm 厚木夹板。梁底模板背楞为 50 mm×100 mm 木方，间距 300 mm，梁底模板采用 15 mm 厚竹胶板。梁高在 800 mm 内，一般梁宽在 200～800 mm 之间，其顶撑立法按梁宽分：①600 mm以下采用单排顶撑，间距为 500 mm；②高度在 700～1200 mm 范围内，梁宽在 500～800 mm 之间的一般框架梁采用双排顶撑，间距为 500 mm。当梁高大于 500 mm 时，为加强梁侧模的刚度，在梁中设 ϕ12 螺杆，每 500 mm 设置一道，梁高 500～1000 mm 设两道，梁高 1000～1500 mm 设三道。

楼板钢管顶撑立法：①楼板 220 mm、200 mm、180 mm 厚时顶撑间距 800 mm×800 mm；②120 mm 厚以下板间距 1000 mm×1000 mm。详见图 7.30、图 7.31。

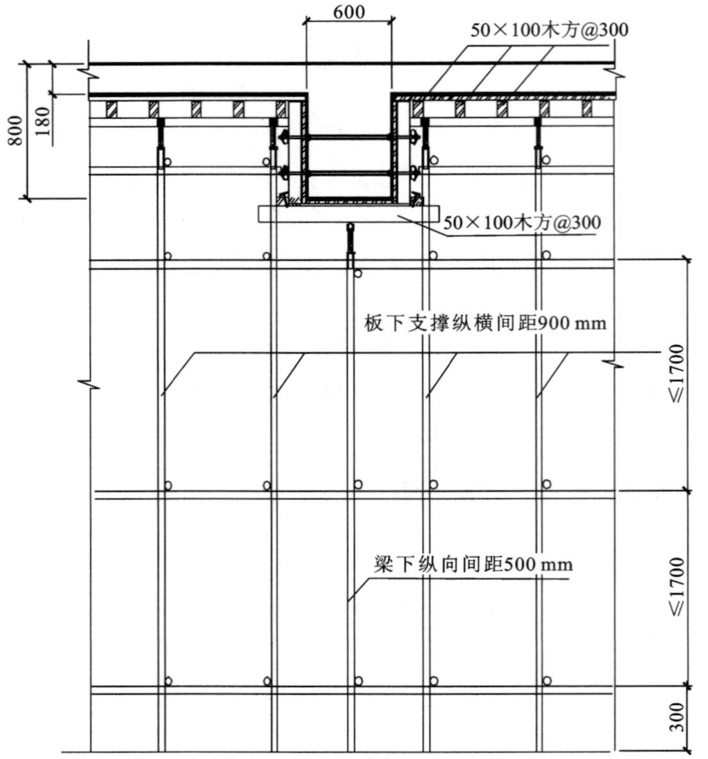

图 7.30 地下室梁板模板支撑体系示意图

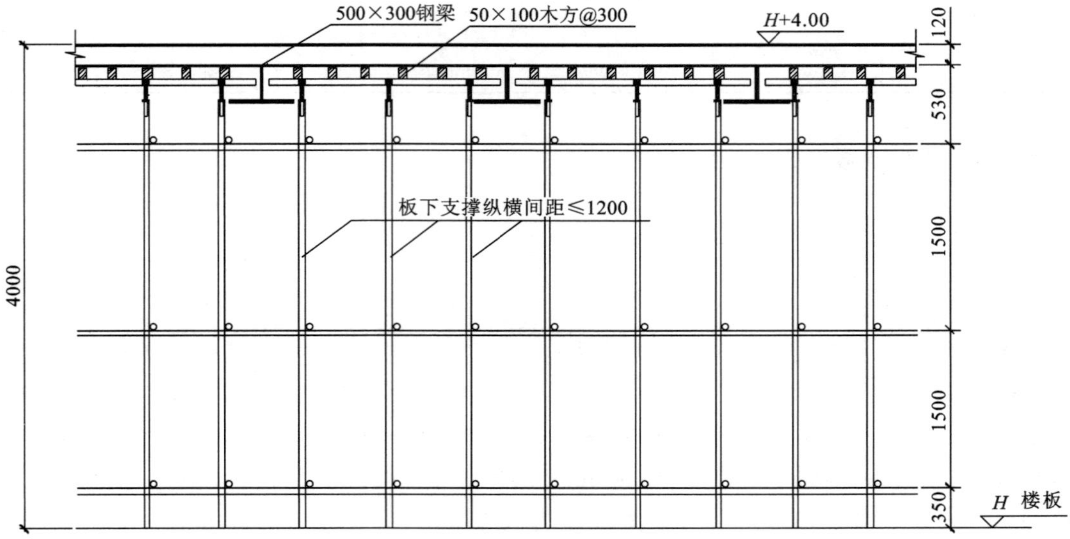

图 7.31 标准层梁板模板支撑体系示意图

(3) 墙体模板支设

本工程核心筒墙体模板在地下室采用散拼模板支设，塔楼部分核心筒模板地上部分采用内外爬模方式。

墙体模板面板采用木夹板(竖向)，竖楞采用 50 mm×100 mm 木方，外侧横向支撑采用双排 ϕ48 mm×3.5 mm 钢管。木方间距、钢管间距、对拉螺栓间距根据不同的墙体厚度、墙体高度经计算后确定，地下室外墙螺杆须采用止水螺杆。

(4) 楼梯模板设计

为综合降低工程的成本，提高施工速度，保证工程的施工质量，标准层部分的楼梯考虑用定型钢模板，而非标准层部分的楼梯则考虑用散支散拆的木模板系统，将楼梯底模 2 钉于倾斜的木楞 1 上，楼梯的踏步钉在侧板上，并用木楞和顶木进行加强定位，钢管支撑 3 与木楞 1 呈 90°支撑。散支散拆楼梯木模板系统如图 7.32 所示，定型楼梯钢模板示意如图 7.33 所示。

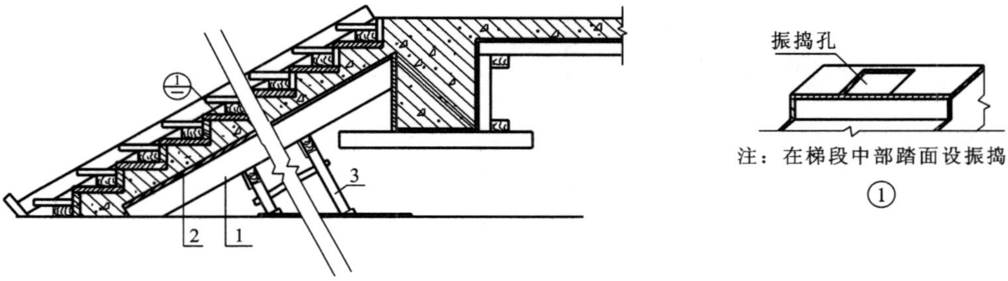

图 7.32　散支散拆楼梯木模板系统示意图

1—50 mm×100 mm 木方小楞，间距 600 mm；2—九夹板底模；3—钢管支撑

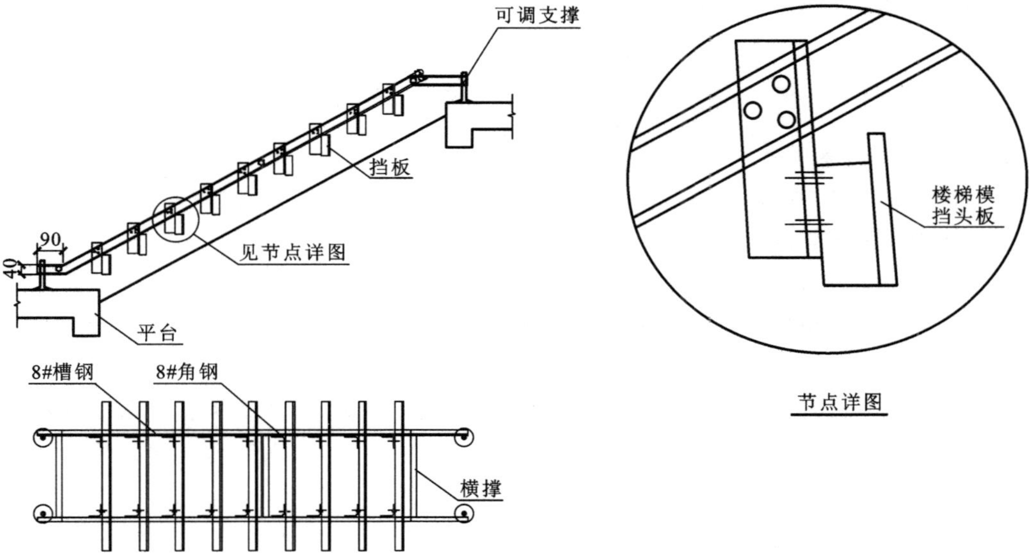

图 7.33　定型楼梯钢模板示意图

施工要点：在梯段中间开振捣孔，作为加强楼梯混凝土振捣用。在支设踢步面板时，可先将踢面面板钉在木楞上，呈“L”形，然后再钉侧板。

(5) 节点模板设计

① 地下室高低差处模板支设

地下一层结构在Ⓕ轴处有 300 mm 高差，在Ⓝ轴处有 2000 mm 高差，墙厚 700 mm、300 mm，此处的模板须支设吊模。另一侧在边坡支护时已做了护坡，为了保证模板支设质量，还须另做四排锚杆，与墙体的穿墙螺杆焊接，如图 7.34 所示。

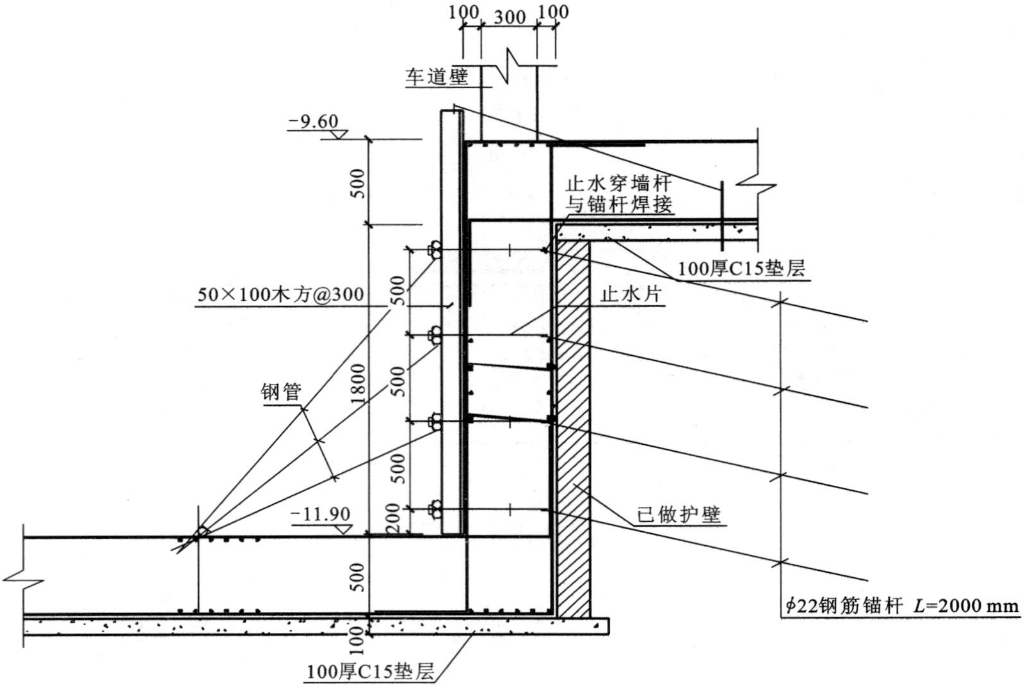

图 7.34　底板不同标高处模板支设示意图

② 地下室外侧墙吊模支设

本工程外墙墙厚 700 mm、600 mm、300 mm，根据防水及设计要求，须与底板混凝土一起一次性浇筑 500 mm 高，如图 7.35 所示。

③ 地下室墙体模板支设

本工程地下室外墙要考虑做防水处理，所以支设外墙模板时，采用止水螺栓，如图 7.36 所示。地下室内墙直接采用通丝型穿墙螺栓。

二层以下内墙核心筒部分使用 T20 穿墙螺栓，带 PVC 套管，套管两头带伞形塑料堵头，既用于模板限位，同时也用于穿墙孔眼限位和防止面板孔眼漏浆，立面的视觉效果也较理想，如图 7.37 所示。此处理办法已被欧美多个国家广泛采用。

本工程地下室内有很多不同类型的梁柱节点，均需根据不同梁柱节点的情况加工定型梁柱节点模板，同类规格的梁柱节点模板在同一施工区域内可流水使用。现以方柱的梁柱节点支模示意图说明不同类型的梁柱节点支模情况，详见图 7.38。

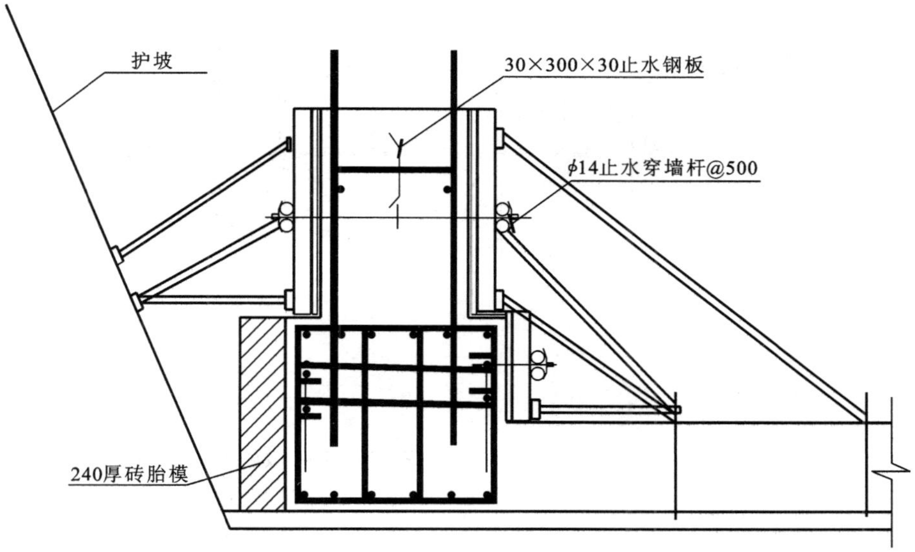

图 7.35　外侧墙施工缝留设示意图

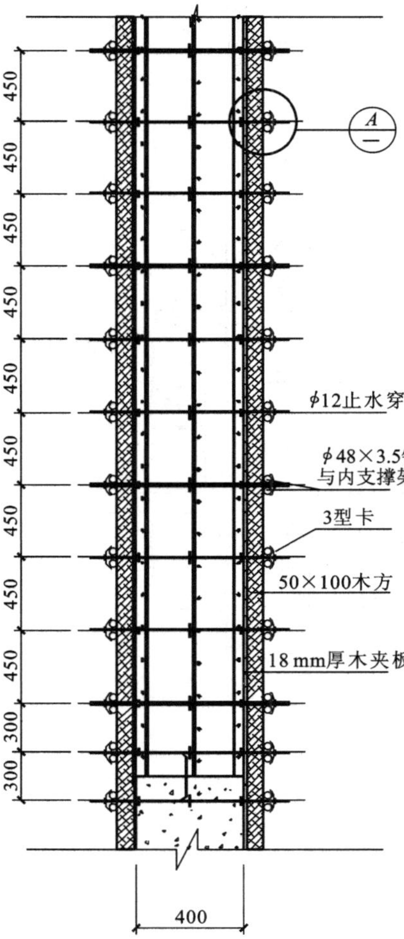

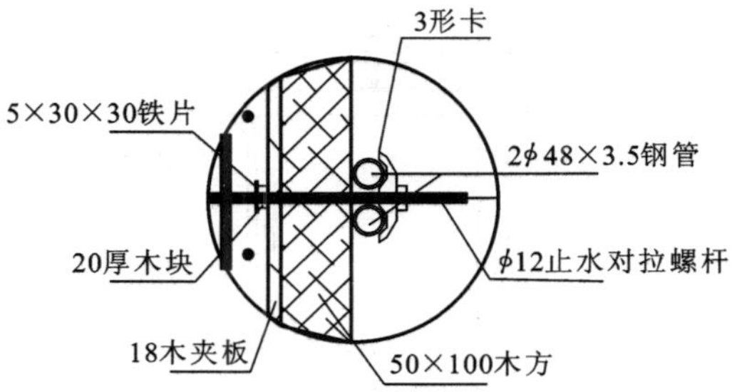

A

图 7.36　地下室外侧墙支模示意图

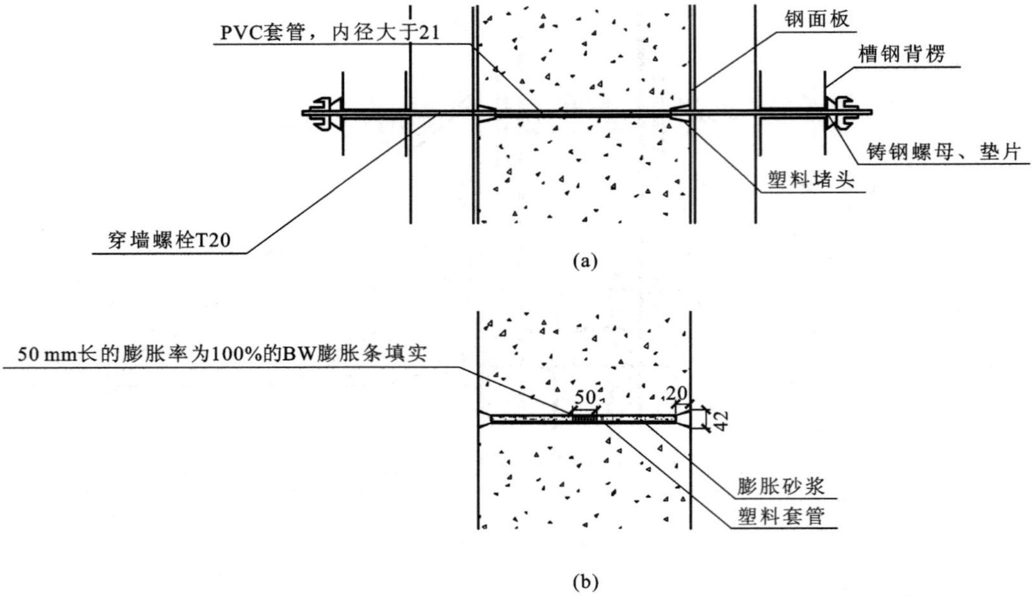

图 7.37　核心筒墙体采用塑料套管施工方案

(a)支模状态；(b)拆模状态

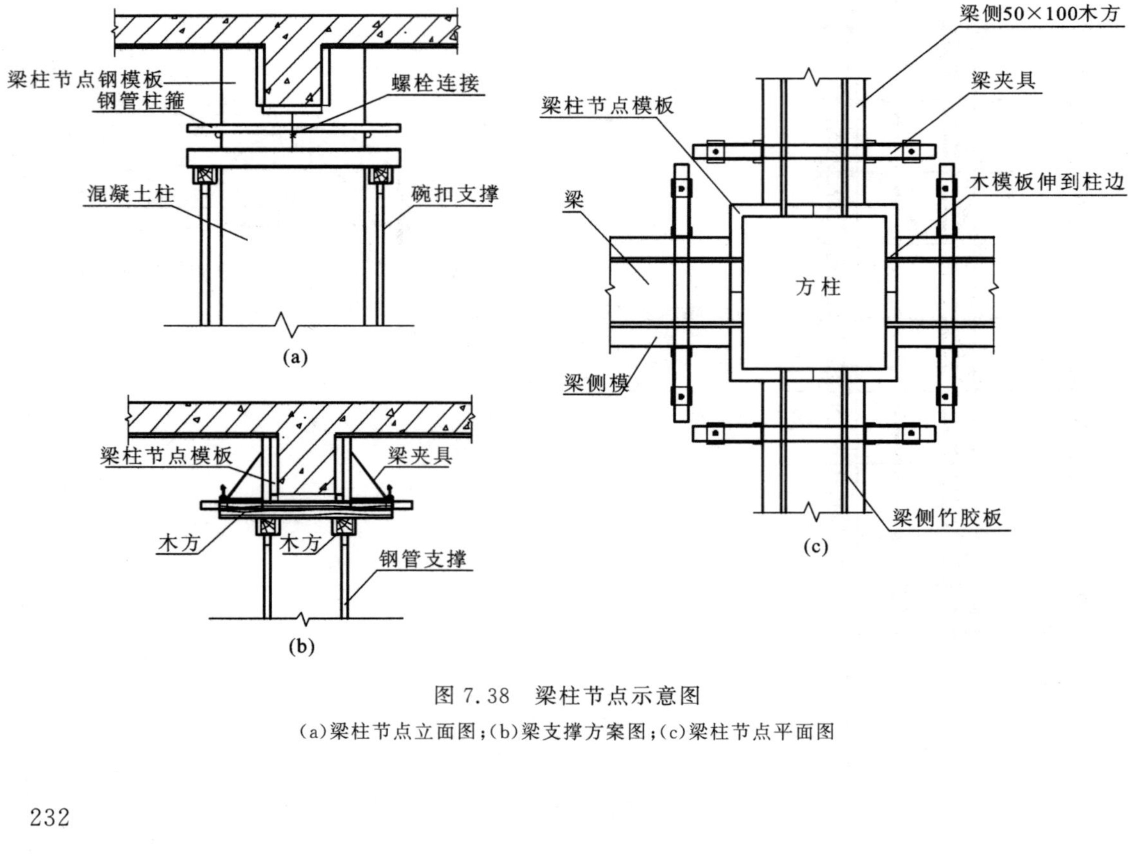

图 7.38　梁柱节点示意图

(a)梁柱节点立面图；(b)梁支撑方案图；(c)梁柱节点平面图

7.4.4 模板工程施工要点

7.4.4.1 施工工艺

地下室核心筒墙模板安装工艺流程图如图7.39所示；地下室梁板模板安装工艺流程图如图7.40所示；柱模板施工工艺流程图如图7.41所示。

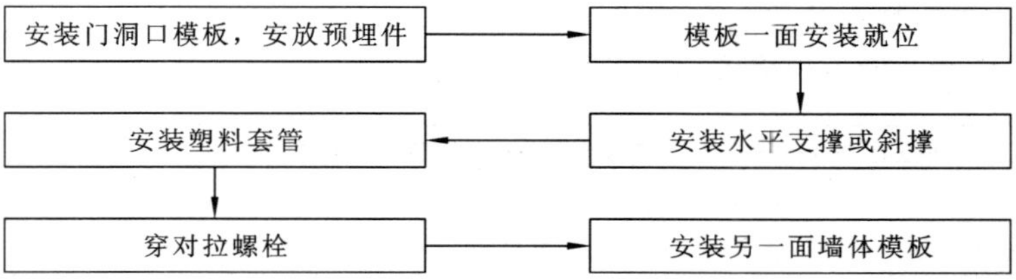

图7.39 地下室核心筒墙模板安装工艺流程图

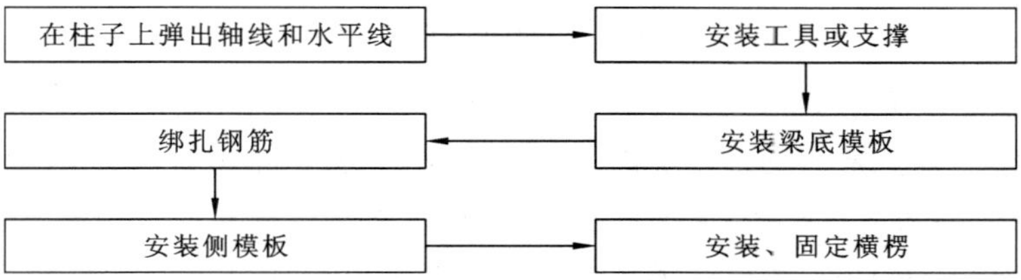

图7.40 地下室梁板模板安装工艺流程图

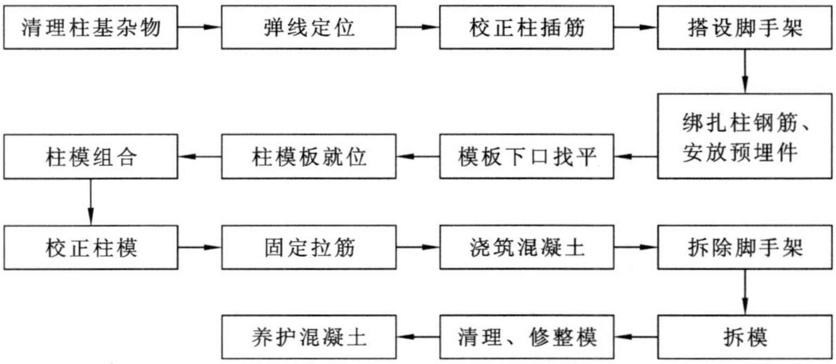

图7.41 柱模板施工工艺流程图

7.4.4.2 各部分施工要点

(1) 柱模板施工方法

① 施工准备

柱模施工放线完毕→柱筋绑扎完毕，办完隐检记录，柱模内杂物清理干净→将本柱模中用不到的穿墙孔堵住，并涂刷脱模剂→柱模定位钢筋焊好、做好预埋。

② 柱模安装

调整柱模的截面尺寸，用对拉螺栓将四片柱模锁紧→调整柱模的垂直度→将柱模的支架固定好，如柱子较高时需加一些斜向支撑和加强楞。

③ 拆模方法

当柱混凝土达到一定强度之后，开始拆模→先将柱模连接用的螺栓和对拉螺栓松开，使柱模间分离→调节柱模支架的可调丝杆和侧向斜支撑，使柱模与混凝土墙面分离→对柱模进行清灰，涂刷脱模剂，以备再次周转使用。

(2) 水平模板施工

① 水平模板安装施工程序

水平模板安装施工流程如图7.42所示。

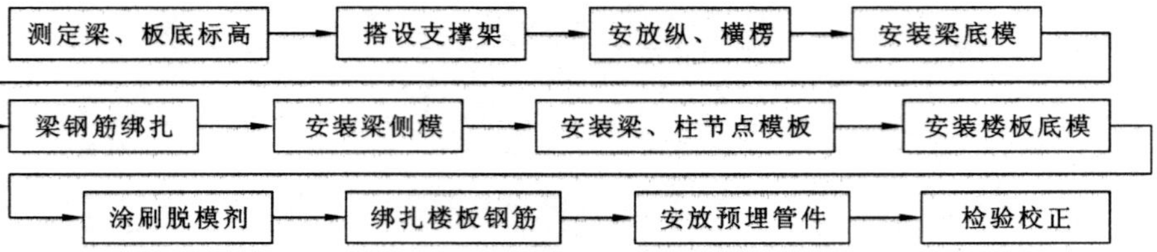

图7.42 水平模板安装施工程序

② 水平模板安装质量要求

次梁轴线位置、截面尺寸及水平标高应准确无误；板面应平整洁净、拼缝严密，不漏浆；模板安装后应具有足够的承载能力、刚度和稳定性，能承受新浇混凝土的自重和侧压力以及在施工过程中所产生的施工荷载；模板安装偏差应控制在规范允许范围内。梁板支撑系统底部设可调底座，顶部设可调支撑头，以调节模板的标高、水平度及按规定要求的起拱。

8 钢结构高层建筑施工

8.1 概　　述

我国钢结构有着悠久的历史，在古代就有铁链悬桥、铁塔等建筑物。建筑钢结构是一个新兴产业，由于采用“工厂化制造，现场安装”的施工方式，大大缩短了建设周期，而且具有可循环利用、无污染、抗震性能好等特点，被誉为21世纪的绿色工程。目前，钢结构高层建筑已成为我国高层建筑的主要结构类型。

8.1.1 钢结构高层建筑的结构体系

目前，钢结构高层建筑的结构体系主要有纯框架结构体系、框架-支撑(剪力墙)结构体系、错层桁架结构体系、外筒式结构体系、筒体结构体系等几种，如图8.1所示。

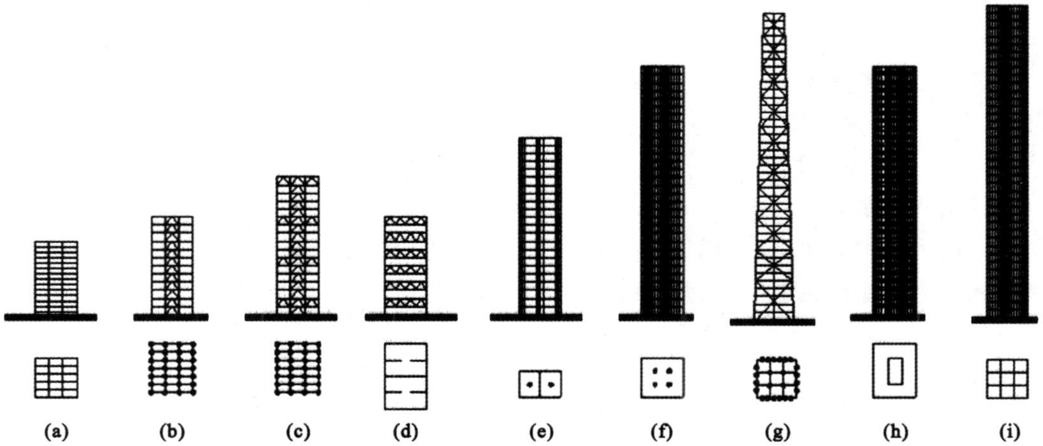

图8.1　钢结构高层建筑结构体系

(a) 框架；(b) 框架-支撑；(c) 框架-支撑-腰(帽)桁架；
(d) 错列；(e) 开口筒；(f) 框架筒；(g) 桁架筒；(h) 筒中筒；(i) 筒束

8.1.1.1　纯框架结构体系

纯框架结构体系是由水平梁和垂直柱通过节点的刚性构造连接而成的，由多个平面刚接框架结构组成的空间杆系结构，承受作用于各个平面的荷载。框架结构在垂直平面上不设支撑，可以形成较大的空间，为平面布置提供了最大的灵活性。框架结构可以有多种结构平面。

该体系主要适用于30层以下的建筑，如25层的北京长富宫饭店，即为钢框架结构体系。

8.1.1.2　框架-支撑(剪力墙)结构体系

纯框架结构体系达到一定高度后，难以承受水平荷载作用下的水平剪力，通过在框架结构某些节间的竖向平面内增设起剪力墙作用、由钢支撑构成的竖向抗剪支撑桁架，来承受水平剪力，这样既能有效地提高结构体系的抗剪刚度，又能大大减少水平位移，这种结构类型一般称之为框架-支撑结构，其类型如图 8.2(a)、图 8.2(b)所示。

8.1.1.3　错列桁架结构体系

错列桁架结构体系由框架-支撑结构派生演变而成，其特点是下一楼层的桁架位于上一楼层两榀桁架间距的中线上，使相邻两个楼层桁架呈“品”字形交错排列，如图 8.3 所示。此结构的楼板架设在下层桁架的上弦杆和上层桁架的下弦杆上，楼板参与桁架传递水平力，起刚性隔板作用。水平力作用于每层桁架上弦，经腹杆传至下弦，又由楼板传至相邻桁架的上弦。这种结构主要适用于公寓、旅馆等狭长建筑物。

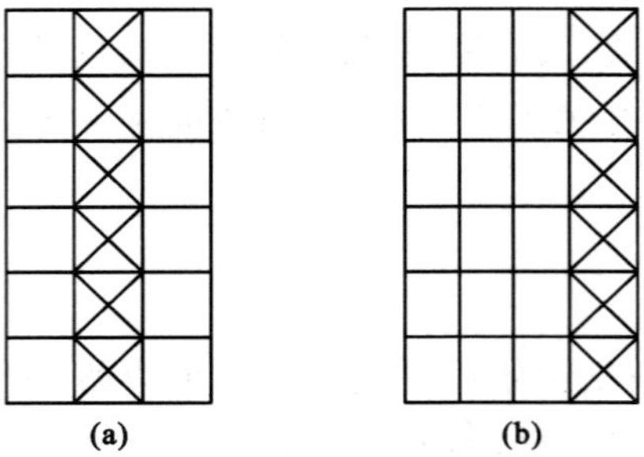

图 8.2　框架-支撑结构体系(交叉支撑)

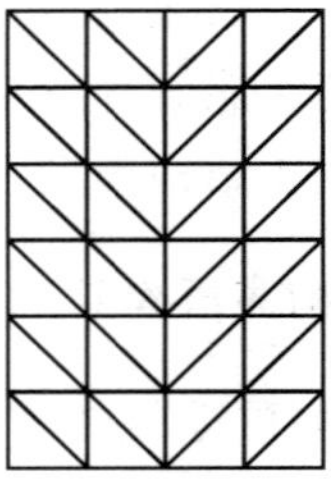

图 8.3　空间错列桁架

8.1.1.4　外筒式结构体系

外筒式结构体系如图 8.1(e)、图 8.1(f)、图 8.1(g)所示，有开口筒、框架筒、桁架筒等几种。

8.1.1.5　筒体结构体系

筒体结构体系如图 8.1(h)、图 8.1(i)所示，主要有筒中筒、筒束等几种。加强框架外筒式结构体系的另一种方法是在内部设置强劲的钢结构或钢筋混凝土结构剪力墙式的核心内筒，外围结构为密柱深梁钢框筒，从而发展形成筒中筒结构体系。筒式结构的发展，从单筒到筒中筒，进而又把许多个筒体排列而成筒束结构体系。

8.1.2　高层钢结构用钢材

8.1.2.1　结构用钢材的种类

钢材按用途可分为结构钢、工具钢和特殊钢(如不锈钢等)。结构钢又分建筑用钢和机械用钢。按冶炼方法，钢材可分为转炉钢、平炉钢和电炉钢等。按脱氧方法，钢可分为沸腾钢(代号为 F)、镇静钢(代号为 Z)和特殊镇静钢(代号为 TZ)，镇静钢和特殊镇静钢的代号可以省去。镇静钢脱氧充分，沸腾钢脱氧较差。一般采用镇静钢，尤其是轧制钢材的钢坯，推广采用连续铸锭法生产，钢材必须采用镇静钢。按成型方法分类，钢可分为轧制钢(热轧、冷轧)、锻钢和铸钢。按化学成分分类，钢可分为碳素钢和合金钢。

(1) 碳素结构钢(GB/T 700—2006)

碳素结构钢的牌号由代表屈服强度的汉语拼音字母(Q)、屈服强度数值、质量等级符号(A、B、C、D)、脱氧方法符号(F、Z、TZ)四个部分按顺序组成，如 Q235AZ 等。

碳素结构钢的部分力学性能如表 8.1 所示。需要指出，此前我国相关标准以钢材下屈服点值作为其屈服强度的统计代表值，并以符号 σ_s 表示；新标准则以钢材上屈服点值作为屈服强度的统计代表值，并以符号 R_{eH} 表示。

表 8.1　碳素结构钢力学性能

牌号	等级	屈服强度 R_{eH}(N/mm²)，不小于						抗拉强度	断后伸长率 A(%)，不小于					冲击试验(V 型缺口)	
		厚度(或直径)(mm)							厚度(或直径)(mm)					温度(℃)	冲击吸收功(纵向)(J)，不小于
		≤16	>16~40	>40~60	>60~100	>100~150	>150~200	R_m(N/mm²)	≤40	>40~60	>60~100	>100~150	>150~200		
Q195	—	195	185	—	—	—	—	315~430	33	—	—	—	—	—	—
Q215	A	215	205	195	185	175	165	335~450	31	30	29	27	26	—	—
	B													+20	27
Q235	A	235	225	215	215	195	185	370~500	26	25	24	22	21	—	—
	B													+20	27
	C													0	
	D													−20	
Q275	A	275	265	255	245	225	215	410~540	22	21	20	18	17	—	—
	B													+20	27
	C													0	
	D													−20	

(2) 低合金高强度结构钢(GB/T 1591—2018)

《低合金高强度结构钢》(GB/T 1591—2018)替代 2008 版的 GB/T 1591—2008 规范，并于 2019 年 2 月 1 日起正式实施。低合金高强度结构钢采用与碳素结构钢类似的表示方法，按照钢材厚度(或直径)不大于 16 mm 时的上屈服强度值，低合金高强度结构钢牌号表述为：

"热轧"四大类，即：Q355、Q390、Q420、Q460；

"正火及正火轧制"四大类，即：Q355N、Q390N、Q420N、Q460N；

"热机械轧制"八大类，即：Q355M、Q390M、Q420M、Q460M、Q500M、Q550M、Q620M、Q690M。

低合金高强度结构钢均为镇静钢，因此，在其牌号中不需要标注脱氧方法。

新国家标准《低合金高强度结构钢》(GB/T 1591—2018)中，在 R_{eH}≤460 MPa 范围内，基本上同时对标于国际标准《结构钢》(ISO 630-2、ISO 630-3)和欧盟标准《结构钢热轧产品》(EN 10025-2、EN 10025-3、EN 10025-4)。这就为在全球范围内规划、设计、建造钢结构时，国内外结构钢材料同等代换做好了准备。

(3) 耐候结构钢(GB/T 4171—2008)

在钢的冶炼过程中，加入少量的 Cu、P、Cr、Ni 等特定合金元素，可以在金属基体表面上形成保护层，以提高钢材耐大气腐蚀性能，这类钢材称为耐候钢或耐大气腐蚀钢，按照现行国家标准《耐候结构钢》(GB/T 4171—2008)的规定，耐候钢适用于耐大气腐蚀的建筑结构，产品通常在交货状态下使用。我国目前生产的耐候钢分为高耐候结构钢和焊接结构用耐候钢两种。

(4) 其他钢材

①桥梁用结构钢(GB/T 714—2015)

桥梁用结构钢比一般的建筑用结构钢的技术要严格得多，所以，如果钢结构建筑中使用了桥梁用结构钢，属于以优代劣。

② 耐火钢

普通建筑用钢在 350℃以上高温时屈服强度迅速下降到室温时的 2/3 以下，不能满足结构设计要求。日本研究者通过在钢中添加微量的 Cr、Mo、Nb 等合金元素，开发出在 600℃的高温时屈服强度相当于室温下屈服强度的 2/3 以上的耐火钢，其用途广泛，可用于办公楼、商场、宾馆等高层钢结构建筑中。

8.1.2.2　结构钢材的品种

目前随着钢结构的大力发展，建筑形式多种多样，应用的钢材品种也有了很大变化。钢材的主要品种有以下几种：

(1) 钢板、钢带

钢板和钢带的主要区别在于钢板是平板状矩形的钢材，而钢带是指成卷交货的钢材。

钢板按轧制方法可以分为冷轧钢板和热轧钢板，在建筑钢结构中主要用热轧钢板。根据厚度、长度与宽度的变化，钢板分为薄板、厚板、特厚板和扁钢等。

(2) 普通型材

工字钢、槽钢、角钢这三种类型是工程结构中使用最早的型钢。

① 工字钢

工字钢有普通热轧工字钢和轻型工字钢两种。翼缘内表面有着 1∶6 的倾斜度，使翼缘外薄而内厚，就造成工字钢在两个主平面内的截面特性相差极大，不宜单独用作轴心受压构件或承受斜弯曲和双向弯曲的构件，在应用中难以发挥钢材的强度特性，已逐渐被 H 型钢所取代。

② 槽钢

槽钢有普通热轧槽钢和轻型槽钢两种，其伸出肢较大，可用于屋盖檩条，承受斜弯曲或双向弯曲。另外槽钢翼缘内表面斜度为 1∶10，比工字钢平缓，安装螺栓较容易，但其腹板较厚，使槽钢组成的构件用钢量较大。相比而言，型号相同的轻型槽钢比普通槽钢的翼缘宽而薄，腹板厚度更小，截面特性更好。

③ 角钢

角钢是传统钢结构工程中应用非常广泛的型材，有等边角钢和不等边角钢两大类，可以组成独立的受力构件，或作为受力构件之间的连接零件。

(3) H 型钢

H 型钢有热轧 H 型钢和焊接 H 型钢两种。其中热轧 H 型钢又分为宽翼缘 H 型钢(HW)、中翼缘 H 型钢(HM)、窄翼缘 H 型钢(HN)和 H 型钢柱等。焊接 H 型钢由平钢板用高频焊接组合而成。H 型钢的截面特性要明显优于传统的普通型钢，受力更加合理，故已广泛用于钢结构高层建筑中。H 型钢经过剖分又可成为 T 型钢。

(4) 冷弯型钢

冷弯型钢是由薄钢板或钢带经冷轧(弯)或压模而成,其截面类型有等边角钢、卷边等边角钢、Z 型钢、卷边 Z 型钢、槽钢、卷边槽钢等开口截面,以及方形和矩形闭口截面等。

(5) 厚度方向性能钢板

国家标准《厚度方向性能钢板》(GB/T 5313—2010)是对有关标准的钢材要求做厚度方向性能试验时的专用规定,适用于板厚为 15～400 mm、屈服点不大于 500 N/mm^2 的镇静钢板。要求内容有两方面,即含硫量的限制和厚度方向断面收缩率的要求值,并据此分为 Z15、Z25、Z35 三个级别。

8.1.2.3 钢材的选用

钢材的选用原则是既能使结构安全可靠和满足要求,又要尽可能节约钢材和降低造价,不同的使用条件应有不同的质量要求。一般情况下应考虑:结构的重要性、荷载情况、连接方法、结构所处的温度和工作环境等几方面的情况。

(1) 选用钢结构高层建筑钢材的有关规定

根据《高层民用建筑钢结构技术规程》(JGJ 99—2015)规定,在高层建筑钢结构中,主要承重构件所用钢材的牌号宜选用 Q345、Q390 钢,一般构件宜选用 Q235 钢,其材质和材料性能应分别符合现行国家标准《低合金高强度钢结构》(GB/T 1591—2018)或《碳素结构钢》(GB/T 700—2006)的规定。如有依据,也可选用更高强度级别的钢材。

对于主要承重构件所用较厚的板材,宜选用高性能建筑用钢板,其材质和材料性能应符合现行国家标准《建筑结构用钢板》(GB/T 19879—2015)的规定。

外露承重钢结构可选用 Q235NH、Q355NH 或 Q415NH 等牌号的焊接耐候钢,其材质和材料性能要求应符合现行国家标准《耐候结构钢》(GB/T 4171—2008)的规定。

焊接节点区 T 形或十字形焊接接头中的钢板,当板厚≥40 mm,且沿板厚方向承受较大拉力作用时,该部位钢板应具有厚度方向抗撕裂性能(Z 向性能)的合格保证。其沿板厚方向的断面收缩率不应小于现行国家标准《厚度方向性能钢板》(GB/T 5313—2010)的规定,以防止发生层状撕裂破坏,如图 8.4 所示。

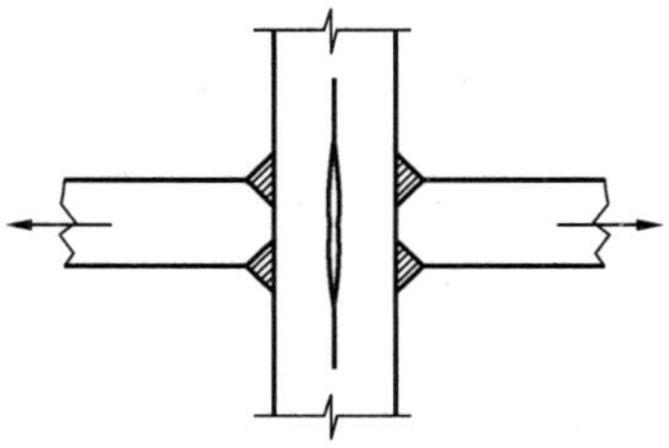

图 8.4 钢板层状撕裂破坏示意图

对于抗震设防区的钢结构高层建筑钢材应符合下列规定:

钢材抗拉性能应有明显的屈服台阶,其断后伸长率不应小于 20%;钢材屈服强度波动范围不应大于 120 N/mm^2,钢材实物的实测屈强比不应大于 0.85。

对要求屈服耗能的构件,其钢材的实际屈服强度不应大于标准屈服强度太多,目前国内尚无明确规定。对于外露、非保温建筑中的钢结构宜采用耐大气腐蚀和抗冷脆的钢材。

(2) 钢结构高层建筑选用的钢材

根据上述有关规定,钢结构高层建筑选用的钢材种类和品种分别有以下一些:

① 钢材的种类

有三大类：a. 低碳钢（普通碳素钢）；b. 普通低合金钢；c. 热处理低合金钢（淬火回火合金钢）。

我国低碳钢应用最普遍的是Q235，类似于美国的A36、日本的SM41、德国的ST37、俄罗斯的CT3等。这些钢材已使用了半个多世纪，加工和使用性能都好，成本较低。但因其强度较低，在现代钢结构高层建筑中一般只用于次要构件，如次梁、梯段、工字梁腹板等。国内外钢材牌号对应关系见表8.2。

表8.2 国内外钢材牌号对应关系表

国别	中国	日本	美　国	欧盟	俄罗斯	英国	澳大利亚
钢材牌号	Q235	SS400 SM400 SN400	A36	Fe360	C235	40	250 C250
	Q345	SM490 SN490	A242，A441， A572-50，A588	FeE353	C345	50B，50C， 50D	350 C350
	Q390				C390	50F	400 Hd400
	Q420	SA400B SA400C	A572-60		C440		

国产的普通低合金钢有16Mn，与美国的A440、A242，日本的SS50、SM51，德国的ST52、ST62等相似。我国新建的钢结构高层建筑中，已有多幢建筑采用外国进口的低合金钢材建造。

热处理低合金钢，是对低合金钢进行热处理，进一步提高强度而又不显著降低其塑性和韧性。目前这种钢材的屈服点已可达700 N/mm^2，如美国的T-1、日本的HT70、俄罗斯的70/80级钢以及我国的14锰钼铌钢。虽然其强度高，但是伸长率小、脆性大、塑性差、应力重分布能力低、可焊性不好，在钢结构高层建筑中采用很少，而且仅用于受拉或受弯构件。

② 钢材的品种

在现代钢结构高层建筑中，广泛采用H型钢、厚度方向性能钢板、压型钢板、薄壁钢管等。

a. 型钢

有热轧H型钢和焊接H型钢。热轧H型钢，欧美国家称宽翼缘工字钢、日本称H型钢；焊接H型钢，是将钢板裁剪、组合后再用自动埋弧焊或手工焊、二氧化碳气体保护焊、高频电焊工艺焊接而成。H型钢因为力学性能好（沿两轴方向惯性矩比较接近），翼缘板内外侧相互平行，连接施工方便，故用这种型钢做钢结构高层建筑的框架非常适合。钢结构高层建筑中的柱子，当结构高度不十分高时，一般选用轧制H型钢；当荷载较大时可用焊接的H型钢。钢结构高层建筑的梁，多为轧制或焊接的H型钢。

当然还有一些其他的组合截面，如箱形截面、十字形截面在钢结构高层建筑中的框架中使用。箱形截面一般由 H 型钢加焊钢板或由四块钢板焊接而成，钢板厚度由计算确定，用于荷载很大或存在双向弯矩的高度很大的钢结构高层建筑的柱子截面(如我国的金茂大厦、美国纽约原 110 层世贸中心等建筑的柱)，或钢结构高层建筑的大梁、悬臂梁及悬挂构件的悬臂梁截面；十字形截面由两个轧制工字钢或钢板组成，用于承受双向弯矩的柱子截面(如上海 27 层的瑞金大厦的柱)。

但钢结构高层建筑的柱、梁仍多为 H 型截面，所以轧制和焊接的 H 型钢在国外发展很快。我国近年来在 H 型钢的生产方面取得很大进展，如马钢、莱钢和鞍山一轧等钢厂生产的 H 型钢的规格有 70 余种。它的规格标记采用高度 H(mm)×宽度 B(mm)×腹板厚度 t_1(mm)×翼缘厚度 t_2(mm)表示。对于焊接 H 型钢，中华人民共和国国家发展和改革委员会发布了《焊接 H 型钢》(YB 3301—2005)新标准。

b. 厚度方向性能钢板

厚度方向性能钢板，也称 Z 向钢，是在某一级结构钢(母级钢)的基础上，经过特殊冶炼、处理的钢材。其含硫量控制更严，为一般钢材的 1/5 以下，截面收缩率 ψ 在 15%以上。钢结构高层建筑是首先提出有厚度方向性能要求的建筑结构，为防止发生层状撕裂，国家制定和颁布了相关的行业标准，包括以下几项：

ⓐ 适用于制作钢结构高层建筑厚度为 6～100 mm 的钢板，分为 2 个强度等级、4 个牌号，分别为 Q235GJ、Q235GJZ、Q345GJ、Q345GJZ。各牌号钢力学性能应符合有关规定。

ⓑ 由转炉和电炉冶炼。

ⓒ 交货状态为热轧、正火或温度-变形控制轧制(TMCP)。控轧是使合金元素最佳化和对从加热到轧制及其后冷却所包括的整个工艺过程进行控制的综合热加工技术。交货状态应在合同中注明，否则由供应方选择。

c. 压型钢板、薄壁钢管

这几种钢材应用在钢和混凝土组合构件中，是一种各取所长的结合。钢的强度高，宜受拉，混凝土则宜受压，两种材料结合，都能充分发挥各自的优势，是一种合理的结构。

采用压型钢板作钢筋混凝土楼板翼缘板的底模，钢筋混凝土板受压，压型钢板受拉，各得其所，是非常经济的结构形式。

采用薄壁钢管(圆管或方管)，内灌素混凝土的钢管混凝土结构，在压力作用下，钢管和混凝土之间产生相互作用的紧箍力，使混凝土处于三向受压的应力状态下工作，大大提高了混凝土的抗压强度，改善了塑性，提高了抗震性能；而薄壁钢管在混凝土的挤压下不易屈曲，提高了钢管的局部稳定性，使钢材强度得到充分发挥。试验研究表明，钢管混凝土强度比单钢管或同样截面的混凝土强度提高了好几倍，特别适用于轴心受压构件。

以上两种组合构件在高层建筑中已有很多应用，是很有发展前景，且承载力高，塑性、韧性好，节省材料，方便施工，有较好经济效益等特点的新型组合结构。

8.1.2.4　钢材的验收

对钢结构的钢材进行验收，是保证钢结构工程质量的重要环节，应该遵照《钢结构工程施工质量验收标准》(GB 50205—2020) 对钢材的有关规定执行。其主要内容包括以下几项：

(1) 钢结构的主要材料、零(部)件、成品件、标准件等产品应进行进场验收。

(2) 钢板、型材及管材等材料的品种、规格、性能应符合国家现行标准的规定并满足设计要求。材料进场时,应按国家现行标准的规定抽取试件且应进行屈服强度、抗拉强度、伸长率和厚度偏差检验,检验结果应符合国家现行标准的规定。

(3) 钢板的表面外观质量除应符合国家现行标准的规定外,尚应符合下列规定:

① 当钢板的表面有锈蚀、麻点或划痕等缺陷时,其深度不得大于该钢材厚度允许负偏差值的 1/2,且不应大于 0.5 mm;

② 钢板表面的锈蚀等级应符合现行国家标准《涂覆涂料前钢材表面处理 表面清洁度的目视评定 第 1 部分:未涂覆过的钢材表面和全面清除原有涂层后的钢材表面的锈蚀等级和处理等级》(GB/T 8923.1—2011)规定的 C 级及 C 级以上等级;

③ 钢板端边或断口处不应有分层、夹渣等缺陷。

(4) 焊接 H 型钢组装尺寸的允许偏差应符合表 8.3 的规定。

(5) 钢构件外形尺寸主控项目的允许偏差应符合表 8.4 的规定。

表 8.3 焊接 H 型钢组装尺寸的允许偏差(mm)

项目		允许偏差	图例
截面高度 h	$h<500$	±2.0	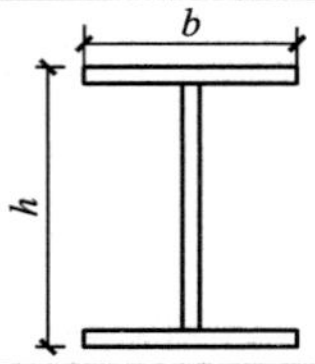
	$500\leqslant h\leqslant 1000$	±3.0	
	$h>1000$	±4.0	
截面宽度 b		±3.0	
腹板中心偏移 e		2.0	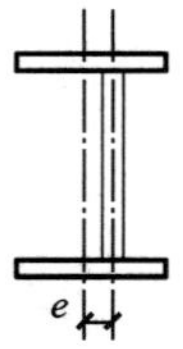
翼缘板垂直度 Δ		$b/100$,且不大于 3.0	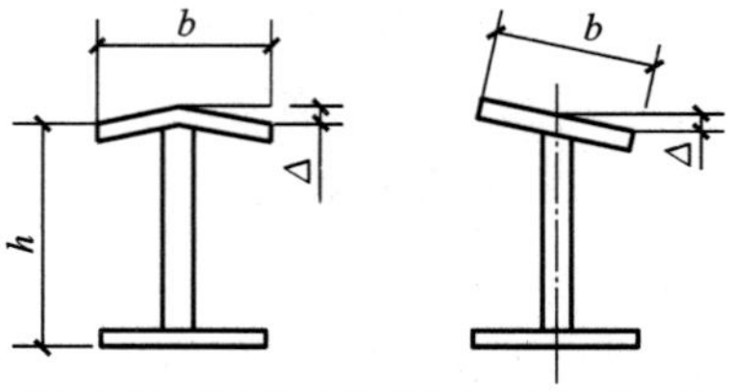
弯曲矢高		$l/1000$,且不大于 10.0	—
扭曲		$h/250$,且不大于 5.0	—
腹板局部平面度 f	$t\leqslant 6$	4.0	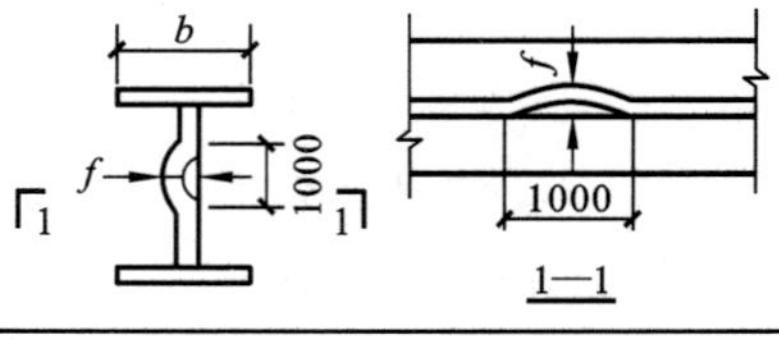
	$6<t<14$	3.0	
	$t\geqslant 14$	2.0	

注:l 为 H 型钢长度。

表 8.4　钢构件外形尺寸主控项目的允许偏差(mm)

项目	允许偏差
单层柱、梁、桁架受力支托(支承面)表面至第一安装孔距离	±1.0
多节柱铣平面至第一安装孔距离	±1.0
实腹梁两端最外侧安装孔距离	±3.0
构件连接处的截面几何尺寸	±3.0
柱、梁连接处的腹板中心线偏移	2.0
受压构件(杆件)弯曲矢高	$l/1000$,且不大于 10.0

注:l 为构件(杆件)长度。

8.2　钢结构高层建筑构件的制作与安装

8.2.1　钢结构构件的制作

钢结构构件的制作有施工现场制作和专业工厂加工。由于钢结构高层建筑工程规模大、构件种类多、技术复杂、制作工艺要求严格,故一般采用专业工厂来加工制作,制作完成后再运到施工现场进行安装。钢结构在加工厂制作的主要工艺流程如图 8.5 所示。

8.2.1.1　详图设计和审查图纸

设计院提供的设计图一般不能直接用来加工制作钢结构,而是要考虑加工工艺,如公差配合、加工余量、焊接控制等因素后,在原设计图的基础上绘制加工制作图(又称施工详图)。详图设计一般由加工单位负责进行,应根据建设单位的技术设计图纸以及发包文件中所规定的规范、标准和要求进行。加工制作图是最后沟通设计人员及施工人员意图的详图,是实际尺寸、画线、剪切、坡口加工、制孔、弯制、拼装、焊接、涂装、产品检查、堆放、发送等各项作业的指示书。

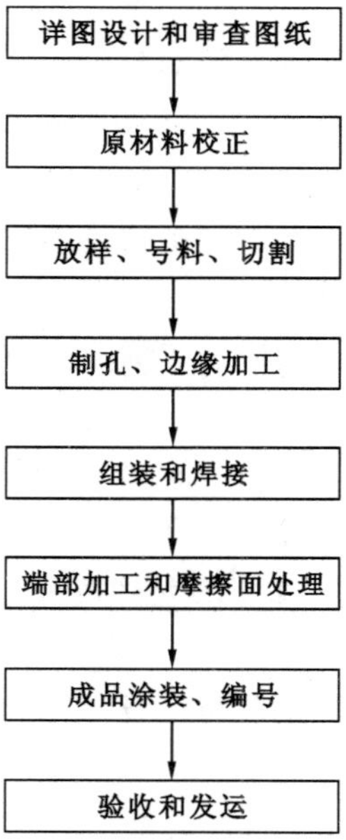

图 8.5　钢结构构件制作工艺流程

图纸审核的主要内容包括以下项目:① 设计文件是否齐全;② 构件的几何尺寸是否标注齐全;③ 相关构件的尺寸是否正确;④ 节点是否清楚,是否符合国家标准;⑤ 标题栏内构件的数量是否符合工程总数量;⑥ 构件之间的连接形式是否合理;⑦ 加工符号、焊接符号是否齐全;⑧ 结合本单位的设备和技术条件考虑,能否满足图纸上的技术要求;⑨ 图纸的标准化是否符合国家规定等。

图纸审查后要做技术交底准备,其内容主要有:① 根据构件尺寸考虑原材料对接方案和接头在构件中的位置;② 考虑总体的加工工艺方案及重要的工装方案;③ 对构件的结构不合理处或施工有困难的地方,要与需方或者设计单位办好变更签证的手续;④ 列出图纸中的关键部位或者有特殊要求的地方,并加以重点说明。

8.2.1.2 原材料校正

钢材在运输、装卸、堆放过程中，有时会产生不同的弯曲波浪变形，如变形值超过规范规定的允许值时，必须在下料以前进行变形矫正。钢结构的矫正主要是通过外力和加热作用，迫使已发生变形的钢材反变形。常用的平直矫正方法有人工矫正、机械矫正、火焰矫正和混合矫正等。钢材校正后的允许偏差应符合相应规定。

8.2.1.3 放样、号料、切割

(1) 为了保证尺寸的准确，钢结构构件及节点应经实际放样、号料后方能下料制作（下料时应预留焊接的收缩量和加工余量），框架上设备支座孔应与设备实体核对后方能制作，安装螺栓孔其相对尺寸经放样后决定。

放样根据加工工艺图，以 1∶1 的要求放出整个结构的大样，制作出样板和样杆以作为下料、铣边、剪制、制孔等加工的依据。放样应在专门的钢平台或平板上进行，样板和样杆是构件加工的标准，应使用质轻、坚固、不易变形的材料（如铁皮、扁铁、塑料板等）制成并精心使用，妥善保管。

(2) 号料以放样为依据，在钢材上画出切割、铣、刨边、弯曲、钻孔等加工位置。号料前，应根据图纸用料要求和材料尺寸合理配料，尺寸大、数量多的零件应统筹安排、长短搭配、先大后小或套材号料；根据工艺图的要求尽量利用标准接头节点，使材料得到充分的利用而耗损率降到最低值；大型构件的板材宜使用定尺料，使定尺的宽度或长度为零件宽度或长度的倍数。另外，根据材料厚度的切割方法适当地增加切割余量，切割余量、号料的允许偏差应符合有关规定。

(3) 钢材的切割包括气割、等离子切割类高温热源的方法，也有使用剪切、切削、摩擦热等机械力的方法。切割时要考虑切割能力、切割精度、切剖面的质量及经济性等因素。

8.2.1.4 制孔、边缘加工

(1) 孔的加工视具体情况可采用钻孔和冲孔两类，各级螺栓孔、孔距等的允许偏差应符合相关规定。

(2) 边缘加工的方法有铲边、刨边、铣边、碳弧气刨、气割坡口等。铲边可以用手工或风铲，加工精度较差；刨边使用刨床，可刨直边，也可刨斜边；铣边为端面加工，光洁度比刨边差一些，用铣床加工；碳弧气刨是利用碳棒与被刨削的金属产生的电弧将工件熔化，压缩空气随即将熔化的金属吹掉；气割坡口是将割炬嘴偏斜成所需要的角度，然后对准开坡口的位置进行割炬。边缘加工的允许偏差应符合相应的规定。

8.2.1.5 组装和焊接

(1) 组装是将设备完成的零件或半成品按要求的运输单元，通过焊接或螺栓连接等工序装配成部件或构件。钢构件组装的方法包括地样法、仿形复制装配法、立装法、卧装法、胎模装配法等，详见表 8.5。

钢构件组装的允许偏差见《钢结构工程施工质量验收标准》(GB 50205—2020) 中的有关规定。

(2) 焊接是钢结构加工制作中的关键步骤，此处不再赘述。

表 8.5 钢构件组装方法及适用条件

组装方法	装配方法	适用范围
地样法	用 1∶1 的比例在装配平台上放出构件实样，然后根据零件在实样上的位置，分别组装起来成为构件	桁架、构架等小批量结构的组装
仿形复制装配法	先用地样法组装成单面（单片）的结构，然后定位点焊牢固，将其翻身，作为复制胎模，在其上面装配另一单面结构，往返两次组装	横断面互为对称的桁架结构
立装法	根据构件的特点及其零件的稳定位置，选择自上而下或自下而上的顺序装配	放置平稳，高度不大的结构或者大直径的圆筒
卧装法	将构件放置于平卧的位置进行装配	适用于断面不大，但长度较大的细长构件
胎模装配法	将构件的零件用胎模定位在其装配位置上的组装方法	制造构件批量大、精度高的产品

8.2.1.6 端部加工和摩擦面处理

高强度螺栓摩擦面处理后的抗滑移系数值应符合设计的要求（一般为 0.45～0.55）。摩擦面的处理可采用喷砂、抛丸、酸洗、砂轮打磨等方法，一般应按设计要求进行，设计无要求时施工单位可采用适当的方法进行施工。采用砂轮打磨处理摩擦面时，打磨范围不应小于螺栓孔径的 4 倍，打磨方向宜与构件受力方向垂直。高强度螺栓的摩擦连接面不得涂装，高强度螺栓安装完后，应将连接板周围封闭，再进行涂装。

8.2.1.7 成品涂装、编号

（1）涂装

钢结构高层建筑构件一般只作防锈蚀处理，不刷面漆。通常是在加工验收合格后，对焊缝处、高强螺栓摩擦面处刷两遍防锈油漆，待现场安装完后，再对焊缝和高强螺栓接头处补刷防锈漆。

涂刷前必须将构件表面的毛刺、铁锈、油污以及附着物清除干净，使钢材露出铁灰色，以增加油漆与表面的黏结力，其方法、质量等级见表 8.6。

表 8.6 除锈方法及等级

除锈方法	喷砂或抛丸除锈			手工和动力工具除锈	
除锈等级	Sa2	Sa2.5	Sa3	St2	St3

（2）编号

涂装完毕后，应在构件上标记构件的原编号，大型构件应标明重量、重心位置和定位标记。

8.2.1.8 验收和发运

钢构件制作完成后，应按照施工图和《钢结构工程施工质量验收标准》（GB 50205—2020）、《高层民用建筑钢结构技术规程》（JGJ 99—2015）中的规定进行成品验收。构件外形尺寸的允许偏差应符合相应规范的规定。

构件出厂时，制造单位应提交下列资料：

（1）产品合格证；

（2）钢结构施工图和设计更改文件，设计变更的内容在施工图中相应部位注明；

(3) 钢构件制作过程中的技术协商文件；

(4) 钢材、连接材料和涂装材料的质量证明书和试验报告；

(5) 焊接工艺评定报告；

(6) 高强度螺栓接头处的摩擦系数试验报告及涂层的检测资料；

(7) 焊缝质量无损检验报告；

(8) 主要构件验收记录和预拼装记录；

(9) 构件的发运和包装清单。

8.2.2 钢结构的安装

【视频演示】

8.2.2.1 结构安装前的准备工作

(1) 钢结构构件的预检和配套

钢结构构件在出厂前，制造厂应根据制造规范、规定和设计图纸的要求进行产品检验，填写质量报告和实际偏差值。在钢结构构件交付结构吊装单位后，结构吊装单位再在制造厂质量报告的基础上，根据构件种类分类，并进行复检或抽检。

(2) 钢柱基础检查

第一节钢柱直接安装在钢筋混凝土柱基底板上。钢结构的安装质量和工效同柱基的定位轴线、基准标高直接有关。安装单位对柱基的预检重点是定位轴线间距、柱基面标高和地脚螺栓预埋位置，其偏差要满足规范要求。检查内容包括：① 检查定位轴线；② 检查柱间距；③ 检查单独柱基中心线；④ 检查柱基地脚螺栓。

柱基地脚螺栓检查内容为：① 检查螺栓长度；② 检查螺栓垂直度；③ 检查螺栓间距；④ 实测基准标高。

规范的允许偏差：建筑物定位轴线 $L/2000$（L 为建筑长度或宽度），且不大于 3 mm；基础上柱的定位轴线 1 mm；基础上柱底标高 ± 2 mm；地脚螺栓（锚栓）位移 2 mm。

(3) 标高块设置及柱底灌浆

为了精确控制钢结构上部结构的标高，在钢柱吊装之前，要根据钢柱预检（实际长度、牛腿间距离、钢柱底板平整度等）结果在柱子基础表面浇筑标高块。标高块用无收缩砂浆立模浇筑，其强度不宜小于 30 N/mm^2，标高块面需埋设厚度为 16～20 mm 的钢面板。浇筑标高块之前应凿毛基础表面，以增强黏结。待第一节钢柱吊装、校正及锚固螺栓固定后，要进行底层钢柱的柱底灌浆。灌浆前应在钢柱底板四周立模板，用水清洗基础表面，排除多余积水后灌浆。灌浆用砂浆基本上保持自由流动，灌浆从一边进行，连续灌注，灌浆后用湿草包或麻袋等遮盖养护。

(4) 钢构件现场堆放

按照安装流水顺序，由中转堆场配套运进现场的钢构件，利用现场的装卸机械尽量将其就位到安装机械的回转半径内。由运输造成的构件变形，在施工现场要加以矫正。现场用地虽然紧张，但是做结构安装阶段必要的用地还是必须安排的，如构件运输道路、地面起重机行走路线，辅助材料堆放地，工作棚，部分构件堆放地等。一般情况下，结构安装用地面积宜为结构上地面积的 1.5 倍，否则要顺利进行安装有困难。

(5) 安装机械的选择

高层钢结构安装皆用塔式起重机，要求塔式起重机的臂杆长度具有足够的覆盖面；要有足够的起重能力，以满足不同部位构件起吊的要求；钢丝绳容量要满足起吊高度要求；起吊速度要有足够档次，以满足安装需要；多机作业时，臂杆要有足够的高差，以保证各起重机安全运转。各塔式起重机之间应有足够的安全距离，确保臂杆不与塔身相碰。

如用附着式塔式起重机，锚固点应选择钢结构便于加固、有利于形成框架整体结构和有利于玻璃幕墙安装的部位。对锚固点应进行计算。

如用内爬式塔式起重机，爬升位置应满足塔身自由高度和每节柱单元安装高度的要求。塔式起重机所在位置的钢结构，在爬升前应焊接完毕，形成整体。

塔式起重机的具体选择和使用可参考有关施工手册。

(6) 安装流水段的划分

高层钢结构安装需要按照建筑物平面形状、结构类型、安装机械数量和位置等划分流水段。

① 平面流水段划分应考虑钢结构安装过程中的整体稳定性和对称性，安装顺序一般由中央向四周扩展，以减少焊接误差。图 8.6(a)、图 8.6(b)所示分别为北京长富宫钢结构柱子和主梁的安装顺序。从图中可以看出，北京长富宫钢结构结构柱和梁安装在平面上，被划分成了两个流水段，其安装顺序符合从中央向四周扩展的安装原则。

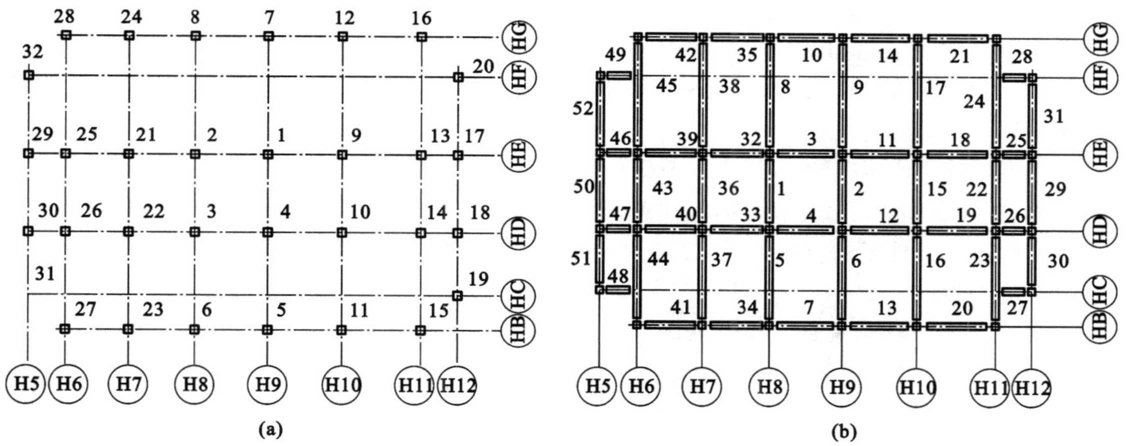

图 8.6 北京长富宫钢结构安装平面流水段划分

(a) 柱子安装顺序图；(b) 主梁安装顺序图

② 立面流水段划分。以一节钢柱(各节所含层数不一)高度内所有构件作为一个流水段。每个流水段先满足以主梁或钢支撑带状桁架安装成框架的原则，再进行次梁、楼板及非结构构件的安装。塔式起重机的提升、顶升与锚固均应满足组成框架的需要。

8.2.2.2 钢结构构件安装与校正

(1) 安装顺序

安装多采用综合法，其顺序一般是，平面内从中间的一个节间(标准节框架)开始，以一个节间的柱网为一个安装单元，先安装柱，后安装梁，然后往四周扩展。垂直方向自下而上组成稳定结构后，分层安装次要构件，一节间一节间钢构件、一层楼一层楼安装完成，采取对称安装、对称固定工艺，以便消除安装误差累积和焊接变形，使误差降低到最小限度。

(2) 安装要点

① 钢结构高层建筑的柱子，多为 3～4 层一节，节与节之间用坡口焊连接。在吊装第一节钢柱时，应在预埋的地脚螺栓上加设保护套，以免钢柱就位时碰坏地脚螺栓的丝牙。钢柱吊装前，应预先在地面上把操作挂篮、爬梯等固定在施工需要的柱子部位上。

② 钢柱的吊点在吊耳处(柱子在制作时于吊点部位焊有吊耳,吊装完毕再割去),根据钢柱的重量和起重机的起重量,钢柱的吊装可用双机抬吊或单机吊装。单机吊装时需在柱子根部垫以垫木,以回转法起吊,严禁柱根拖地。双机抬吊时,钢柱吊离地面后在空中进行回直。

③ 钢柱就位后,先调整标高,再调整位移,最后调整垂直度。柱子要按规范规定的数值进行校正,标准柱子的垂直偏差应校正到零。当上柱与下杆发生扭转错位时,可在连接上下柱的耳板处加垫板进行调整。

④ 柱子安装的允许误差为:底层柱柱底轴线与定位轴线偏移不大于 3 mm;柱子轴线与定位轴线偏移不大于 1 mm;单节柱的垂直度不大于 $h/100$(h 为柱高),且不大于 10 mm。

⑤ 为了控制安装误差,对高层钢结构应先确定标准柱。所谓标准柱,即能控制框架平面轮廓的少数柱子,一般是选择平面转角柱为标准柱。正方形框架取 4 根转角柱;长方形框架,当长边与短边之比大于 2 时取 6 根柱;多边形框架则取全部转角柱作为标准柱。

⑥ 钢柱标高的调整。每安装一节钢柱后,对柱顶进行一次标高实测,标高误差超过 6 mm时,需要进行调整,一般用低碳钢板垫到规定要求。如误差过大,不宜一次调整,可先调整一部分,待下一次再调整,否则一次调整过大会影响支撑的安装和钢梁表面的标高。中间框架柱的标高宜稍高些,因为框架安装工期长,结构自重不断增大,中间柱承受的荷载较大,基础沉降也大。

⑦ 钢柱轴线位移的校正,以下一节钢柱顶部的实际柱中心线为准,安装钢柱的底部对准下节钢柱的中心线即可。校正位移时应注意钢柱的扭转,因为钢柱扭转对框架安装不利。

⑧ 在每一节柱子的全部构件安装、焊接、栓接完成并验收合格后,才能从地面引测上一节柱子的定位轴线。

8.2.2.3 钢结构构件的连接施工

钢构件的现场连接是钢结构施工中的重要问题,对连接的基本要求:提供设计要求的约束条件;应有足够的强度和规定的延性;制作和施工简便。

图 8.7 混合连接图

目前钢结构的现场连接,主要是用高强度螺栓和焊接连接。焊接连接,用于柱-柱连接,钢柱之间常用坡口焊连接;螺栓-焊接混合连接,用于柱-梁连接、梁-梁连接,一般上、下翼缘用坡口焊连接,而腹板用高强螺栓连接,次梁与主梁的连接基本上是在腹板处用高强螺栓连接,少量在上、下翼缘处用坡口焊连接,混合连接如图 8.7 所示;螺栓连接,用于支撑连接。

(1) 钢结构构件焊接连接

① 高层钢结构焊接顺序

正确确定焊接顺序,能减小焊接变形、保证焊接质量。对于平面,一般情况下应从中心向四周扩展,采用结构对称、节点对称的焊接顺序。图 8.8 所示为北京京城大厦和长富宫的焊接顺序,即遵守了上述焊接原则。对于立面一个流水段(一节柱高度内的所有构件)的焊接顺序,一般是:a. 上层主梁→压型钢板;b. 下层主梁→压型钢板;c. 中层主梁→压型钢板;d. 上、下柱焊接。

柱与梁的焊接顺序是先焊接顶部柱、梁的节点,再焊接底部柱、梁的节点,最后焊接中间部

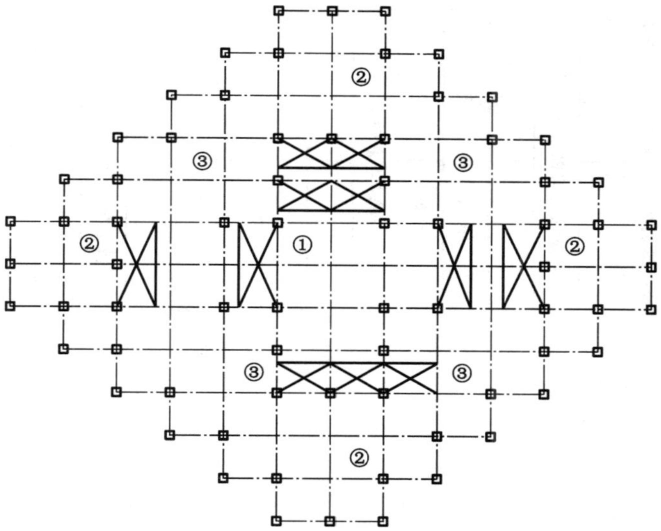

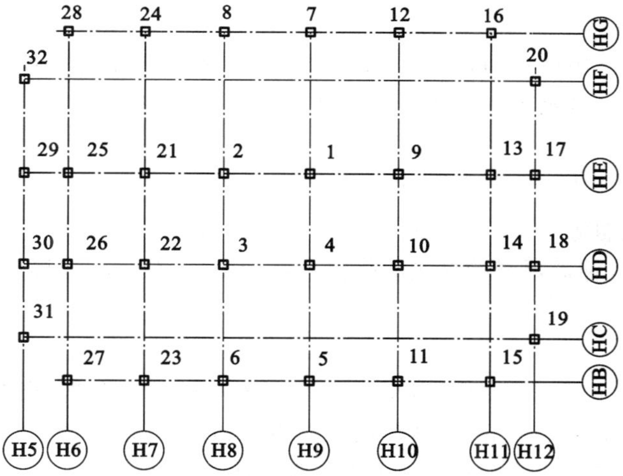

图 8.8　高层钢结构焊接顺序

(a) 京城大厦平面焊接顺序；(b) 长富宫平面焊接顺序

分的柱、梁节点。

② 焊接连接的工艺流程

柱与柱、梁与柱之间的焊接多采用坡口焊，其一般工艺流程如图 8.9 所示。

③ 焊接的准备工作

a. 焊条、焊丝、焊剂规格和型号等的选择

先根据焊接工艺试验确定焊接方法，再由不同的焊接方法的操作工艺来进行选择。

b. 检查焊接操作条件及工具、设备和电源

防风措施等操作条件检查，焊工操作平台、脚手架都要安装到位；焊机型号应正确、完好；事先放好设备平台，必要的工具应配备齐全，且放在操作平台上的设备排列应符合安全规定；电源线路要合理和安全可靠，要安装稳压器。

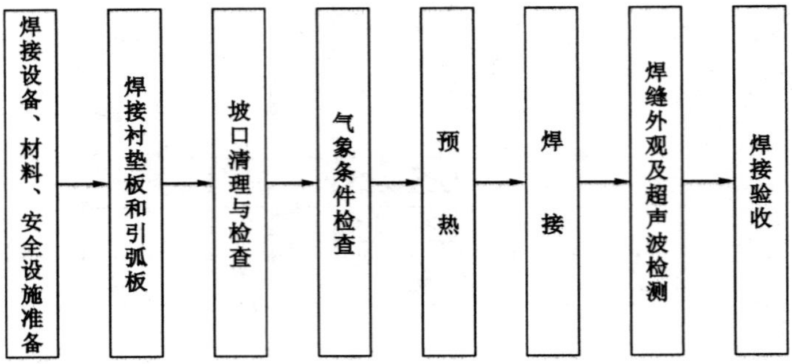

图 8.9　坡口焊接工艺流程

c. 焊条(丝)、焊剂的烘烤

焊条和粉芯焊丝使用前必须按质量要求进行烘烤，严禁使用湿焊条。焊剂不应受潮结块，焊剂在使用前必须烘干，烘干温度一般为：中锰型焊剂(如 HJ430、HJ431)250～300 ℃，烘烤时间 2 h；无锰或低锰型焊剂(如 HJ230)300～400 ℃，烘烤 2 h 后使用。使用中回收的焊剂经过筛除，去杂物后烘干，再与新焊剂配比使用。车间要定期回收焊剂，以免浪费。

d. 热板和引弧板

坡口焊均用热板和引弧板，目的是保证底层焊接质量。引弧板可保证正式焊缝的质量，避免起弧和收弧时对焊接件增加初应力和产生缺陷。热板和引弧板均用低碳钢制作，间隙过大的焊缝宜用紫铜板。

e. 点焊定位

焊接结构在拼接组装、安装时，要确定零件、构件的准确位置，要先进行定位点焊，如果定位点焊的质量不好，这种短焊缝的焊接缺陷留在焊缝中，将会影响焊接结构的质量。

④ 焊接工艺

a. 预热

厚度大于 50 mm 的碳素结构钢和厚度大于 36 mm 的低合金钢，施焊前应进行预热，焊后应进行后热。这样做的主要目的：减缓焊接区的激热和速冷，避免产生裂纹；减小收缩应力；排除焊接区的水分。不同材质的钢材需要预热的温度可参考表 8.7。

表 8.7　不同材质钢材需要预热的温度

钢材品种	含碳量(%)	预热温度(℃)
碳素钢	＜0.20	不预热
	0.20～0.30	＜100
	0.30～0.45	100～200
	0.45～0.80	200～400
低合金钢	—	100～150

b. 焊接

柱与柱的对接焊，应由两名焊工在两相对面等温、等速对称焊接。

梁和柱接头的焊缝，一般先焊 H 型钢的下翼缘板，再焊上翼缘板，梁的两端先焊一端，待其冷却至常温后再焊另一端。

焊缝中不同焊层的焊条直径对工效和质量均有影响，而且焊条直径与电流大小有关，可参考表 8.8 中参数进行选用。

表 8.8　不同焊接部位焊条直径和电流大小选择

焊缝形式	焊接部位	焊条直径(mm)	焊机选用电流范围(A)
坡口焊	柱柱接点	底部 4 中间 4～5 面层 5	150(110～180) 190(150～240) 185(150～230)
平口焊	梁柱节点	底部 4 中间 5～6 面层 5	150(110～180) 210(150～240) 210(150～240)
斜坡焊	支撑节点	底部 3.2 中间 4 面层 4	130(80～130) 160(110～180) 160(110～180)
立角焊	剪力墙板	4	140(110～180)
仰角焊	剪力墙板	底部 5 中间 5 面层 4	180(110～180) 170(152～240) 140(110～180)

柱与柱、梁与柱的焊缝接头，应试验测出焊缝收缩值，反馈到钢结构制作单位，作为加工的参考。

⑤ 焊接质量检验

全部焊接工作结束，焊缝清理干净后进行成品检验。检验的方法有很多种，通常可分为无损检验和破坏性检验两大类。下面仅介绍无损检验的几种方法。

无损检验包括外观检查、致密性检验和无损探伤。

a. 外观检查：是一种简单而应用广泛的检查方法，焊缝的外观用肉眼或低倍放大镜进行检查，主要检查表面气孔、夹渣、裂纹、弧坑、焊瘤等，并用测量工具检查焊缝尺寸是否符合要求。根据结构构件承受荷载的特点，以及产生脆断倾向的大小及危害性，将对接焊缝分为三级，不同质量等级的焊缝，质量要求不一样，规定采用的检验比例、验收标准也不一样。一级焊缝：重级工作制和起重量大于 50 t 的中级工作制的吊车梁，其腹板、翼缘板、吊车桁架的上下弦杆的拼接焊缝；母材板厚 Q235 钢 $t>38$ mm，16Mn 钢 $t>30$ mm，16Mnq、15Mnq 钢 $t>25$ mm，且要求熔敷金属在－20 ℃的冲击功 $A_{kv}\geqslant27$ J，承受动载或静载结构的全焊透对接焊缝。二级焊缝：除上述之外的其他全焊透对接焊缝及吊车梁腹板和翼缘板间组合焊缝为二级焊缝。三级焊缝：非承载的不要求焊透或部分焊透的对接焊缝、组合焊缝以及角焊缝为三级焊缝。

b. 致密性检验：主要用水(气)压试验、煤油渗漏、渗氨试验、真空试验、氦气探漏等方法，这些方法对于管道工程、压力容器等是很重要的方法。

c. 无损探伤：主要有磁粉探伤、涡流探伤、渗透探伤、射线探伤、超声波探伤等。所谓无损探伤，就是利用放射线、超声波、电磁辐射、磁性、涡流、渗透性等物理现象，在不损伤被检产品的情况下，发现和检查内部或表面缺陷的方法。

磁粉探伤(MT)：是利用焊件在磁化后，在缺陷的上部会产生不规则的磁力线这一现象来判断焊缝中缺陷的位置，可分为干粉法、湿粉法、荧光法等几种。

涡流探伤(ET):将焊件置于交流磁场的作用下,由于电磁感应的结果会在焊件中产生涡流,涡流产生的磁场将削弱主磁场,形成叠加磁场。焊件中的缺陷会使涡流发生变化,也会使叠加磁场发生变化,探伤仪将通过测量线圈发现缺陷。

渗透探伤(PT):是依靠液体的渗透性能来检查和发现焊件表面的开口缺陷,一般有着色法和荧光法。

射线探伤(RT):是检验焊缝内部缺陷的准确而可靠的方法。当射线透过焊件时,焊缝内的缺陷对射线的衰减和吸收能力因密实材料不同而不同,使射线作用在胶片上,由于射线强度不同,胶片冲洗后深浅影像不同,而判断出内部缺陷。

超声波探伤(UT):是利用频率超过 20 kHz 的超声波在渗入金属材料内部遇到异质界面时会产生反射的原理来发现缺陷。

三个质量等级焊缝检验的要求:

一级:对全部焊缝进行外观检查和超声波检查,对焊缝长度的 2%进行 X 射线检查,并至少应有一张底片;

二级:对全部焊缝进行外观检查,并对 50%的焊缝长度进行超声波检查;

三级:对全部焊缝进行外观检查。

(2) 钢结构构件高强度螺栓连接

高强度螺栓连接已经发展成为与焊接并举的钢结构主要连接形式之一,它具有受力性能好、耐疲劳、抗震性能好、连接刚度高、施工简便等优点,被广泛应用在建筑钢结构和桥梁钢结构的工地连接中,成为钢结构安装的主要手段之一。

目前我国有《钢结构高强度螺栓连接技术规程》(JGJ 82—2011)作为高强度螺栓连接施工的行业标准。

高强度螺栓连接按其受力状况,可分为摩擦型连接、摩擦-承压型连接、承压型连接和张拉型连接等几种类型,其中摩擦型连接是目前广泛采用的基本连接形式。

① 高强度螺栓种类

高强度螺栓从外形上可分为大六角头和扭剪型两种;按性能等级可分为 8.8 级、10.9 级、12.9 级等。目前我国使用的大六角头高强度螺栓有 8.8 级和 10.9 级两种,扭剪型高强度螺栓只有 10.9 级一种。

扭剪型高强度螺栓连接副含一个螺栓、一个螺母、一个垫圈,见图 8.10(a)。螺栓、螺母、垫圈在组成一个连接副时,其性能等级要匹配。

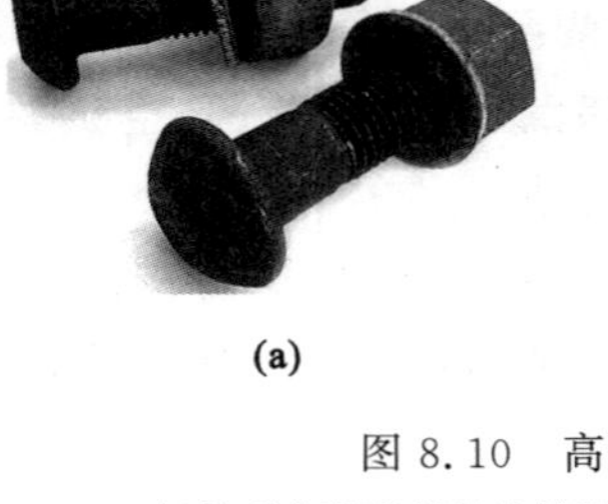
(a)

(b)

图 8.10 高强度螺栓连接副

(a) 扭剪型高强度螺栓连接副;(b) 大六角头高强度螺栓连接副

大六角头高强度螺栓连接副含一个螺栓、一个螺母、两个垫圈(螺头和螺母两侧各一个垫圈)，见图 8.10(b)。螺栓、螺母、垫圈在组成一个连接副时，其性能等级要匹配。

高强度螺栓连接副实物的机械性能主要包括螺栓的抗拉荷载、螺母的保证荷载及实物硬度等。对于高强度螺栓连接副，不论是 10.9 级还是 8.8 级螺栓，所采用的垫圈是一致的，其硬度要求都是 HV30 329～436(HRC35～45)。

② 高强度螺栓连接施工一般规定

a. 高强度螺栓连接在施工前应对连接副实物和摩擦面进行检验和复验，合格后才能进入安装施工。

b. 对每一个连接接头，应先用临时螺栓或冲钉定位，为防止损伤螺纹引起扭矩系数的变化，严禁把高强度螺栓作为临时螺栓使用。对一个接头来说，临时螺栓和冲钉的数量原则上应根据该接头可能承担的荷载计算确定，并应符合下列规定：不得少于安装螺栓总数的 1/3；不得少于两个临时螺栓；冲钉穿入数量不宜多于临时螺栓的 30%。

c. 高强度螺栓的穿入，应在结构中心位置调整后进行，其穿入方向应以施工方便为准，力求一致。安装时要注意垫圈的正反面，即：螺母带圆台面的一侧应朝向垫圈有倒角的一侧；对于大六角头高强度螺栓连接副靠近螺头一侧的垫圈，其有倒角的一侧朝向螺栓头。

d. 高强度螺栓的安装应能自由穿入孔，严禁强行穿入，如不能自由穿入时，该孔应用铰刀进行修整，修整后孔的最大直径应小于 1.2 倍螺栓直径。修孔时，为了防止铁屑落入板叠缝中，铰孔前应将四周螺栓全部拧紧，使板叠密贴后再进行，严禁气割扩孔。

e. 高强度螺栓连接中连接钢板的孔径略大于螺栓直径，并必须采取钻孔成型方法；钻孔后的钢板表面应平整、孔边无飞边和毛刺，连接板表面应无焊接飞溅物、油污等；螺栓孔径及允许偏差应符合有关规定。

f. 高强度螺栓连接板螺栓孔的孔距及边距除应符合规范要求外，还应考虑专用施工机具的可操作空间。

g. 高强度螺栓在终拧以后，螺栓丝扣外露应为 2～3 扣，其中允许有 10%的螺栓丝扣外露 1 扣或 4 扣。

③ 高强度螺栓施工

a. 大六角头高强度螺栓连接施工

扭矩法施工：对大六角头高强度螺栓连接副来说，当扭矩系数 k 确定之后，由于螺栓的轴力(预拉力)P_c 是由设计规定的，则螺栓应施加的扭矩值 T_c 就可以根据式(8.1)很容易地计算确定。根据计算确定的施工扭矩值，使用扭矩扳手(手支、电动、风动)按施工扭矩值进行终拧，这就是扭矩法施工的原理。

扭矩值 T_c 与轴力(预拉力)P_c 之间的对应关系为：

$$T_c = k \cdot d \cdot P_c \tag{8.1}$$

式中 d——螺栓公称直径(mm)；

P_c——螺栓轴力(kN)；

T_c——施加于螺母上的扭矩值(kN · m)；

k——高强度螺栓连接副的扭矩系数。

在确定螺栓的轴力 P_c 时，应根据设计预拉力值，一般考虑螺栓的施工预拉力损失 10%，即螺栓施工轴力(预拉力)P_c 按 1.1 倍的设计预拉力取值，P_c 取值可参考表 8.9。

表 8.9 大六角头高强度螺栓施工预拉力(kN)

螺栓性能等级	螺栓公称直径					
	M16	M20	M22	M24	M27	M30
8.8S	75	120	150	170	225	275
10.9S	110	170	210	250	320	390

螺栓在储存和使用过程中扭矩系数易发生变化,所以在工地安装前一般都要进行扭矩系数复检,复检合格后根据复验结果确定施工扭矩,并以此安排施工。

扭矩系数试验用螺栓、螺母、垫圈试样,应从同批螺栓副中随机抽取,按批量大小一般取5～10套,试验状态应与螺栓使用状态相同,试样不允许重复使用。扭矩系数复检应由国家认可的有资质的检测单位进行,试验所用的轴力计和扭矩扳手应经计量认证。

高强度螺栓宜经过初拧、复拧和终拧。首先进行初拧,对螺栓多的大接头,还需进行复拧。初拧的目的就是使连接接触面密贴,螺栓"吃上劲",一般常用规格螺栓(M20、M22、M24)的初拧扭矩在 200～300 kN · m 之间,螺栓轴力达到 10～50 kN 即可,在实际操作中,让一个操作工用普通扳手以自己的手力拧紧即可。

初拧、复拧及终拧的次序,一般地讲都是从中间向两边或四周对称进行,初拧和终拧的螺栓都应做不同的标记,避免漏拧、超拧等安全隐患,同时也便于检查人员检查紧固质量。

因扭矩系数的离散性,特别是螺栓制造质量或施工管理不善,扭矩系数超过标准值(平均值和变异系数),在这种情况下采用扭矩法施工,即用扭矩值控制螺栓轴力的方法就会出现较大的误差,欠拧或超拧问题突出。为解决这一问题,引入转角法施工,即利用螺母旋转角度以控制螺杆弹性伸长量来控制螺栓轴向力的方法。试验结果表明,螺栓在初拧以后,螺母的旋转角度与螺栓轴向力成对应关系,当螺栓受拉处于弹性范围内时,两者呈线性关系,因此根据这一线性关系,在确定了螺栓的施工预拉力(一般为 1.1 倍设计预拉力)后,就很容易得到螺母的旋转角度,施工操作人员按照此旋转角度紧固施工,就可以满足设计上对螺栓预拉力的要求,这就是转角法施工的基本原理。

高强度螺栓转角法施工分初拧和终拧两步进行(必要时需增加复拧),初拧的要求比扭矩法施工要严。因为起初连接板间隙的影响,螺母的转角大都消耗于板缝,转角与螺栓轴力的关系极不稳定,初拧的目的就是为了消除板缝影响,给终拧创造一个大体一致的基础。转角法施工在我国已有 30 多年的历史,但对初拧扭矩的大小没有标准,各个工程根据具体情况确定,一般地讲,对于常用螺栓(M20、M22、M24),初拧扭矩定在 200～300 kN · m 之间比较合适,原则上应该使连接板缝密贴为准。终拧是在初拧的基础上,再将螺母拧转一定的角度,使螺栓轴向力达到施工预拉力。

转角法施工顺序如下:初拧→初拧检查→画线→终拧→终拧检查→作标记。

b. 扭剪型高强度螺栓连接施工

扭剪型高强度螺栓连接副紧固施工相对于大六角头高强度螺栓连接副紧固施工要简便得多,正常的情况采用专用的电动扳手进行终拧,梅花头拧掉标志着终拧的结束,对检查人员来说也很直观明了,只要检查梅花头掉没掉就可以了。

为了减少接头中螺栓群间相互影响及消除连接板面间的缝隙,紧固要分初拧和终拧两个步骤进行，对于超大型的接头还要进行复拧。扭剪型高强度螺栓连接副的初拧扭矩可适当加大，一般初拧螺栓轴力可以控制在螺栓终拧轴力值的50%～80%，对常用规格的高强度螺栓(M20、M22、M24)，初拧扭矩可以控制在400～600 kN·m内，若用转角法初拧，初拧转角控制在45°～75°内，一般以60°为宜。

由于扭剪型高强度螺栓是利用螺尾梅花头切口的扭断力矩来控制紧固扭矩的，所以用专用扳手进行终拧时，螺母一定要处于转动状态，即在螺母转动一定角度后扭断切口，才能起到控制终拧扭矩的作用。否则，由于初拧扭矩达到可超过切口扭断扭矩或出现其他一些不正常情况，终拧时螺母不再转动切口即被拧断，失去了控制作用，螺栓紧固状态成为未知，造成工程安全隐患。

扭剪型高强度螺栓终拧过程如下：

a. 先将扳手内套筒套入梅花头上，轻压扳手，再将外套筒套在螺母上。完成本项操作后最好晃动一下扳手，确认内、外套筒均已套好，且调整套筒与连接板面垂直。

b. 按下扳手开关，外套筒旋转，直至切口拧断。

c. 切口断裂，扳手开关关闭，将外套筒从螺母上卸下，此时注意拿稳扳手，特别是高空作业时。

d. 启动顶杆开关，将内套筒中已拧掉的梅花头顶出，梅花头应收集在专用容器内，禁止随便丢弃，特别是高空时防止坠落伤人。

8.2.2.4 *安全施工措施*

钢结构高层和超高层建筑施工，安全问题十分突出，应该采取有力措施保证安全施工：

(1) 在柱、梁安装后而未设置浇筑楼板用的压型钢板时，为便于柱子、螺栓等施工的方便，需在钢梁上铺设适当数量的走道板。

(2) 钢结构吊装时，为防止人员、物料和工具坠落或飞出造成安全事故，需铺设安全网。安全网分为平网和竖网。安全平网设置在梁面以上2 m处，当楼层高小于4.5 m时，安全平网可隔层设置。安全平网要求在建筑平面内铺满。

安全竖网铺设在建筑物外围，防止人和物飞出造成安全事故。竖网铺设的高度一般为两节柱的高度。

(3) 为便于接柱施工，在接柱处要设操作平台，平台固定在下节柱的顶部。

(4) 钢结构施工需要许多设备，如电焊机、空压机、氧气瓶、乙炔瓶等，这些设备随着结构安装而逐渐升高。为此，需在刚安装的钢梁上设置存放设备用的平台。设置平台的钢梁，不能只投入少量临时螺栓，而需将紧固螺栓全部投入并加以拧紧。

(5) 为便于施工登高，吊装柱子前要先将登高钢梯固定在钢柱上。为便于进行柱梁节点紧固高强度螺栓和焊接，需在柱梁节点下方安装挂篮脚手架。

(6) 施工用的电动机械和设备均须接地，绝对不允许使用破损的电线和电缆，严防设备漏电。施工用电器和机械的电缆，须集中在一起，并随楼层的施工而逐节升高，每层楼面须分别设置配电箱，供每层楼面施工用电需要。

(7) 高空施工，当风速为10 m/s时，如未采取措施，吊装工作应该停止，当风速达到15 m/s时，所有工作必须停止。

(8) 由于现场焊接为明火作业，因此，施工时还应该注意防火，提供必要的灭火设备和消防人员。

8.3 钢结构的防腐与防火

8.3.1 钢结构的防腐

钢结构工程所处的工作环境不同，自然界中酸雨介质或温度、湿度的作用可能使钢结构产生不同的物理和化学作用而受到腐蚀破坏，严重的将影响其强度、安全性和使用年限。为了减轻并防止钢结构腐蚀，目前国内外主要采用涂装方法进行防腐。

8.3.1.1 钢结构的大气腐蚀

钢结构的腐蚀环境主要为大气腐蚀。大气腐蚀是指金属处于表面水膜层下的电化学腐蚀过程(电化学腐蚀是钢铁和介质发生电气化学反应而引起的腐蚀，在金属表面形成原电池是电气化学腐蚀最主要的条件。原电池放电产生电化学反应，在阳极进行的是氧化反应，在阴极进行的是还原反应)。这种水膜实质上是电解质水膜，它是由于空气中相对湿度大于一定数值时，空气中水汽在金属表面吸附凝聚及溶有空气中的污染物而形成的。空气中的污染源、空气的相对湿度和温度是影响大气腐蚀的主要因素。钢结构受大气腐蚀的破坏形式主要有两类，即全面腐蚀和局部腐蚀。全面腐蚀又称均匀腐蚀，局部腐蚀则又可以分为点蚀、缝隙腐蚀、电偶腐蚀、晶间腐蚀、选择性腐蚀、应力腐蚀和腐蚀疲劳等。

8.3.1.2 建筑钢结构防腐蚀施工

(1) 钢结构防腐蚀设计的构造要求

① 中等腐蚀环境中的承重结构：尽量采用管形封闭截面或实腹式(工字型、H 型和 T 型)截面。

② 主梁、柱等重要构件的受力焊缝，应采用连续焊缝。

③ 钢结构所在室内环境的湿度不宜过高，一般控制长期环境湿度在 75%以下。当在高湿度环境下作业时，应采取有效的通风排湿措施。

室内外湿度较大的侵蚀环境中，构件的螺栓连接处应增设防水垫圈、防水帽或以防水油膏封闭连接处缝隙。

④ 钢结构节点及连接构造应避免易于积灰和积湿的角、槽等，连接零件之间应有可供检查与维修的空间(净空不宜小于 120 mm)。

⑤ 钢柱脚埋入地下部分，应以 C10 混凝土包覆(厚度不小于 50 mm)，并包出地面 120～150 mm。所埋入部分表面应做除锈处理，但不用做涂装处理。当地下有侵蚀作用时，柱脚不应埋入地下。

⑥ 钢结构构件直接与铝合金金属制品接触时，会引起接触电偶腐蚀，应在构件接触表面涂 1～2 道铬酸锌底漆及配套面漆阻隔，或设置绝缘层隔离，相互间的连接紧固件应采用热镀锌的紧固件。

(2) 防腐蚀方法

① 热浸锌。将拼装后的钢结构构件除锈后，浸入 600 ℃高温熔化的锌液中，使钢构件表面附着锌层。锌层厚度对 5 mm 以下薄板不得小于 65 μm，从而起到防腐蚀的目的。热浸锌防腐蚀的优点是耐久年限长，生产工业化程度高，质量稳定，因而被大量用于受大气腐蚀较严重且不宜维修的室外钢结构中，近年来大量出现的轻钢结构体系中的压型钢板等，也较多采用热浸锌防腐蚀。

② 热喷铝(锌)复合涂层。此工艺与热浸锌防腐蚀效果相当，具体做法：首先对构件表面做喷砂除锈，使其表面露出金属光泽并打毛；其次用乙炔氧焰将不断送出的铝(锌)丝熔化，并

用压缩空气将熔化的铝(锌)附到钢构件表面,以形成蜂窝状的铝(锌)喷涂层;最后用环氧树脂或氯丁橡胶等涂料填充毛细孔,以形成复合涂层。

③ 涂料防护。涂料防护是一种价格适中、施工方便、效果显著及适用性强的防腐蚀方法,在钢结构的防腐蚀应用中最为广泛。由于建筑钢结构多为室内结构,除了处在特殊的海滨或工业环境中之外,当腐蚀环境一般不太恶劣时,用涂料进行防腐蚀处理,可以保持20～30年的防护效果。施涂方法主要根据涂料的性质和结构形状等特点确定,一般采用刷涂法和喷涂法。刷涂法:适用于油性基料的涂料;喷涂法:适用于快干性和挥发性强的涂料。施涂顺序一般是先上后下、先难后易、先左后右、先内后外,以保持涂层的厚度均匀一致,以不漏涂、不流坠为准。在第一道防锈涂料涂膜干燥后应进行打磨、刮腻子、再打磨并除去表面浮粉,然后施涂第一道防腐底涂料。施涂饰面涂料,应按设计要求的品种、颜色施涂,面层涂层的施涂方法与防锈涂料施涂方法相同。施涂时的环境湿度与温度应符合相关规定。施涂遍数、涂层厚度均应符合设计要求。当设计对涂层厚度无要求时,对于涂层干漆膜总厚度,室外应为150 μm,室内应为125 μm,其允许偏差为−25 μm。

8.3.2 钢结构的防火

8.3.2.1 钢结构在燃烧中的特点

钢结构在火的作用下是不会燃烧的,但是钢材在高温火焰的直接灼烧下,强度会随着温度的上升而下降,当达到一个临界温度(大多数标准定为538 ℃)时,就会显著地降低强度而失去承载力。而且钢材的热导率高,在大火中,热量会在钢材内部迅速传递,由火焰直烧处很快地影响到邻近区域。所以,钢结构建筑受到大火的作用,很快就会变形坍塌,根本没有灭火的时间,最多只能扑灭余火。震惊世界的美国“9·11”事件中纽约的世界贸易大厦双子楼被飞机撞毁,事后专家分析,飞机其实并没有将大厦撞倒,而是由于飞机在撞到大楼的同时破坏了大楼钢结构上的防火涂层,并爆炸起火,高温作用下钢材软化,强度丧失,最终发生坍塌的惨剧。

据此,只有15 min耐火极限的钢结构,远远达不到国家规定的防火规范要求,会很快失去其承载能力。一旦发生这种情况,将对整个建筑物造成灾难性的后果。正因为如此,对钢结构采取有效的保护,使其避免受高温火焰的直接灼烧,从而延缓其坍塌时间,为消防救火提供宝贵的时间就显得十分重要。

8.3.2.2 钢结构防火施工

(1) 防火保护原理

对钢结构采取的保护措施,从原理上来讲,主要可分为两种,即截流法和疏导法。

① 截流法

阻滞火灾产生的热量向构件传输,从而使构件在规定的时间内温升不超过其临界温度,分为喷涂法、包封法、屏蔽法和水喷淋法。这些方法的共同特点是设法减少传到构件的热量,因而称之为截流法。

② 疏导法

与截流法不同,疏导法允许热量传到构件上,然后设法把热量导走或消耗掉,同样可使构件温度不至升高到临界温度,从而起到保护作用。

其中防火涂料进行阻燃是有效的措施之一,钢结构防火涂料在90%钢结构防火工程中发挥着重要的保护作用。

（2）防火涂料

① 防火原理

钢结构防火涂料的防火原理有三个：一是涂层对钢基材起屏蔽作用，使钢结构不至于直接暴露在火焰高温中；二是涂层吸热后部分物质分解放出的水蒸气或其他不燃气体，起到消耗热量、降低火焰温度和燃烧速度、稀释氧气的作用；三是涂层本身多孔轻质和受热后形成炭化泡沫层，阻止了热量迅速向钢基材传递，推迟了钢基材强度的降低，从而提高了钢结构的耐火极限。

【视频演示】

② 防火涂料的分类

防火涂料的种类繁多，按防火原理分为膨胀型和非膨胀型两大类；按溶剂类型分为溶剂型和水溶型两大类；按涂层厚度来分，可分为厚型、薄型、超薄型钢结构防火涂料（其中超薄型用量最大，约占钢结构防火涂料的70%；其次是厚型，约占20%；薄型钢结构防火涂料目前用量较少）；按应用环境来分，可以简单地分为室内和室外两大类钢结构防火涂料。

③ 防火涂料的选用

民用建筑及大型公共建筑的承重钢结构要采用防火涂料进行防火，一般由建筑师与结构工程师按建筑物耐火等级及构件耐火时限要求，根据《钢结构防火涂料应用技术规程》（T/CECS 24—2020）的规定要求选用。钢结构防火涂料可根据使用场所、分散介质、防火机理及成膜物质按表8.10进行分类。钢结构构件的耐火极限要求，应符合现行国家标准《建筑设计防火规范》（GB 50016—2014）（2018年版）、《建筑钢结构防火技术规范》（GB 51249—2017）的有关规定。钢结构防火保护设计应根据建筑物或构筑物的用途、场所、火灾类型，选用相应类别的钢结构防火涂料。构件的耐火极限可通过耐火验算或耐火试验确定，当耐火验算得出的防火涂料厚度数据与耐火试验数据不一致时，应以两者中数据最大值为准。

表8.10　钢结构防火涂料类别

分类方法	类别	备注
使用场所	室内钢结构防火涂料	适用于室内或隐蔽工程建(构)筑物
	室外钢结构防火涂料	适用于室外或露天工程建(构)筑物
分散介质	水基性钢结构防火涂料	以水作为分散介质
	溶剂性钢结构防火涂料	以有机溶剂作为分散介质
防火机理	非膨胀型钢结构防火涂料	涂层在高温时不膨胀发泡，其自身成为耐火隔热保护层
	膨胀型钢结构防火涂料	涂层在高温时膨胀发泡，形成耐火隔热保护层
成膜物质	环氧类膨胀型钢结构防火涂料	以环氧树脂为成膜物质
	非环氧类膨胀型钢结构防火涂料	以非环氧类材料为成膜物质

（3）钢结构防火涂装工艺

① 一般规定

a. 钢结构防火涂料保护应经过培训合格的专业施工队伍施工，施工中的安全技术和劳动保护等要求应按国家现行有关规定执行。

b. 施工前，钢结构表面应除锈，应符合《钢结构工程施工质量验收标准》（GB 50205—

2020)中的有关规定。

c. 钢结构表面的杂物应清除干净，其连接处的缝隙应用防火涂料或其他防火材料填补堵平后方可施工。

d. 施工防火涂料应在室内装修之前和不被后继工序所损坏的条件下进行，施工时，对不需作防火保护的部位和其他物件应进行遮蔽保护，刚施工的涂层，应防止脏液污染和机械撞击。

e. 施工过程中和涂层干燥固化前，环境温度宜保持在 5～38 ℃之间，相对湿度不宜大于90%，空气应流通。当风速大于 5 m/s，或雨天和构件表面有结露时，不宜作业。

② 操作工艺

a. 涂漆前应对基层进行彻底清理，并保持干燥。在不超过 8 h 内，尽快涂头道底漆。

b. 涂刷底漆时，应根据面积大小来选用适宜的涂刷方法。不论采用喷涂法还是手工涂刷法，其涂刷顺序均为先上后下、先难后易、先左后右、先内后外。保持厚度均匀一致，做到不漏涂、不流坠为好。待第一遍底漆充分干燥后(干燥时间一般不少于 48 h)，用砂布、水砂纸打磨，除去表面浮粉后再刷第二道底漆。

c. 涂刷面漆时，应按设计要求的颜色和品种的规定来进行涂刷，涂刷方法与底漆涂刷方法相同。对于前一遍漆，若面上留有砂粒、漆皮等应用铲刀刮去。对于前一遍漆，若表面过分光滑或干燥后停留时间过长(如两遍漆之间超过 7 d)，为了防止离层，应将漆面打磨清理后再涂漆。

d. 应正确配套使用稀释剂。当油漆黏度过大需用稀释剂稀释时，应正确控制用量，以防用量过多导致涂料内固体含量下降，使得漆膜厚度和密实性不足，影响涂层质量。同时，应注意稀释剂与油漆之间的配套问题，油基漆、酚醛漆、长油度醇酸磁漆、防锈漆等用松香水(即200# 溶剂油)、松节油调配；中油度醇酸漆用松香水与二甲苯 1∶1(质量比)的混合溶剂；短油度醇酸漆用二甲苯调配；过氯乙烯采用溶剂性强的甲苯、丙酮来调配。如果错用就会发生沉淀离析、咬底或渗色等病害。

③ 薄涂型钢结构防火涂料的施工要点

薄涂型钢结构防火涂料的底涂层(或主涂层)宜采用重力式喷枪喷涂，其压力约为0.4 MPa。局部修补和小面积施工，可用手工抹涂，面层装饰涂料可刷涂、喷涂或滚涂。双组分装的涂料，应按说明书规定在现场调配；单组分装的涂料也应充分搅拌，喷涂后不应发生流淌和下坠。

a. 底涂层施工应满足下列要求：

ⓐ 当钢材表面除锈和防锈处理符合要求，尘土等杂物清除干净后方可施工。

ⓑ 底层一般喷涂 2～3 遍，每遍喷涂厚度不得超过 2.5 mm，必须在前一遍干燥后，再进行后一遍喷涂。

ⓒ 喷涂时应确保涂层完全闭合，轮廓清晰。

ⓓ 操作者要携带测厚针检测涂层厚度，并确保喷涂达到设计规定的厚度。

ⓔ 当设计要求涂层表面要平整光滑时，应对最后一遍涂层作抹平处理，确保外表面均匀平整。

b. 面涂层施工应满足下列条件：

ⓐ 当底层厚度符合设计规定，并基本干燥后，方可进行面层施工。

ⓑ 面层一般涂饰 1～2 次，并应全部覆盖底层，涂料用量为 0.5～1 kg/m^2。

ⓒ 面层应颜色均匀，接槎平整。

④ 厚涂型钢结构防火涂料施工要点

a. 厚涂型钢结构防火涂料宜采用压送式喷涂机喷涂，空气压力为 0.4～0.6 MPa。喷枪口直径为 6～10 mm。

b. 配料时，应严格按照配比加料或加稀释剂，并使稠度适宜，边配边用。

c. 喷涂施工应分遍完成，每遍喷涂厚度应为 5～10 mm，必须在前一遍基本干燥或固化后，再喷涂一遍。喷涂保护方式、喷涂遍数与涂层厚度应根据施工设计要求确定。

d. 施工过程中，操作者应采用测厚仪检测涂层厚度，直到符合设计规定的厚度，方可停止喷涂。

e. 喷涂后的涂层，应剔除乳突，确保均匀平整。

f. 当防火涂层出现下列情况时，应重喷：

ⓐ 涂层干化不好，黏结不牢或粉化、空鼓、脱落时；

ⓑ 钢结构的接头、转角处的涂层有明显凹陷时；

ⓒ 涂层表面有浮浆或裂缝宽度大于 1.0 mm 时；

ⓓ 涂层厚度小于设计规定厚度的 85%，或涂层厚度大于规定厚度的 85%，但未达到规定厚度的涂层之连续面积的长度超过 1 m 时。

⑤ 质量验收要点

a. 钢结构防火涂料的品种和技术性能符合设计要求，并经检测符合规定。

b. 防火涂料涂装前钢材表面除锈及防锈底漆涂装符合设计要求和有关标准的规定。表面除锈用铲刀检查和用《涂覆涂料前钢材表面处理　表面清洁度的目视评定》(GB/T 8923)规定的图片对照观察检查。防火涂料涂装基层不应有油污、灰尘和泥砂等污垢。

c. 钢结构防火涂料的黏结强度、抗压强度应符合《钢结构防火涂料应用技术规程》(T/CECS 24—2020)的规定。检验方法应符合《建筑构件耐火试验方法》(GB/T 9978)的规定。

d. 薄涂型防火涂料的涂层厚度应符合有关耐火极限的设计要求。厚涂型防火涂料涂层厚度的80%及以上面积应符合有关耐火极限的设计要求，且最薄处厚度不应低于设计要求的 85%。

e. 薄涂型防火涂料涂层表面裂纹宽度不应大于 0.5 mm；厚涂型防火涂料涂层表面裂纹宽度不应大于 1 mm。

f. 防火涂料的型号、名称、颜色及有效期与质量证明文件相符。开启后不存在结皮、结块、凝胶等现象。

g. 防火涂料不应有误涂、漏涂，涂层应闭合，无脱层、空鼓、明显凹陷、粉化松散和浮浆等外观缺陷，乳凸已剔除。

8.4 工 程 实 例

8.4.1 工程概况

某广场项目集大型 IT 展售商场、高档写字楼、住宅、餐饮、娱乐于一体，项目建设用地面积 35337 m²，总建筑面积约 280640 m²，其中地上建筑面积 222623 m²，地下建筑面积 58017 m²。项目包括一栋 42 层的写字楼，该写字楼由 2 幢地面 42 层、总高 185 m 的超高层塔楼（双塔）和商业裙房（5 层）组成，设两层地下室用作停车库、设备房，地下二层兼作战时六级人防。

两幢写字楼（塔楼）结构为钢框架-支撑结构体系，两幢塔楼中间的五层裙房为钢框架结构，其余裙房为钢筋混凝土框架结构。塔楼中间裙房采用矩形钢管混凝土柱、钢梁，裙房钢结构施工仅为钢框架部分的施工。6 层以上采用小钢筋桁架楼板，核心筒采用钢结构柱加支撑。

8.4.2 钢结构构件的制作加工

本工程的工程量大，构件的结构形式主要有 H 型、T 型和箱型，焊接工作量大，对焊缝的质量要求高，熔透焊部位多，焊接变形大；箱型构件内隔板少，焊接易扭曲变形。因此，采取合理的焊接工艺参数和工艺措施来保证焊接质量以及控制焊接的变形，保证构件尺寸精度，防止厚板出现层状撕裂，是本工程加工制作的难点。

8.4.2.1 加工制作工艺流程

本工程各种主要构件均在工厂加工制作，其加工制作的基本流程如图 8.11 所示。

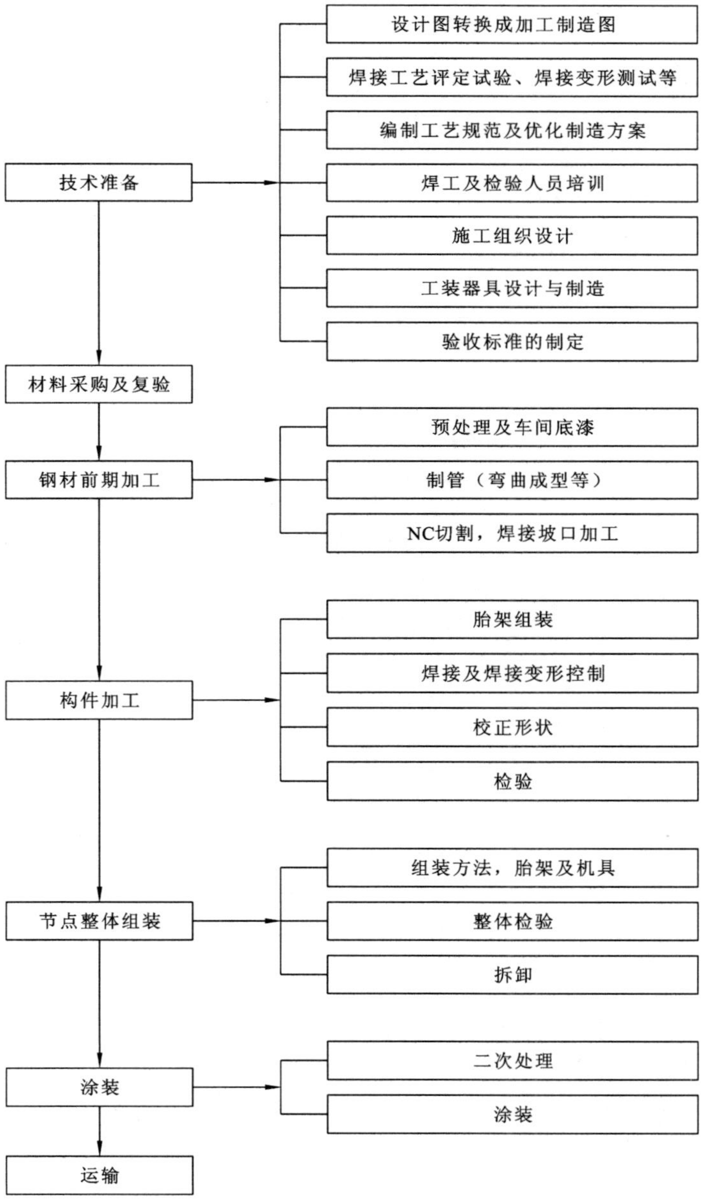

图 8.11 主要构件制作工艺流程图

8.4.2.2 工程焊接H型钢梁制作工艺

(1) 工程焊接H型钢构件制作工艺流程如图8.12所示。

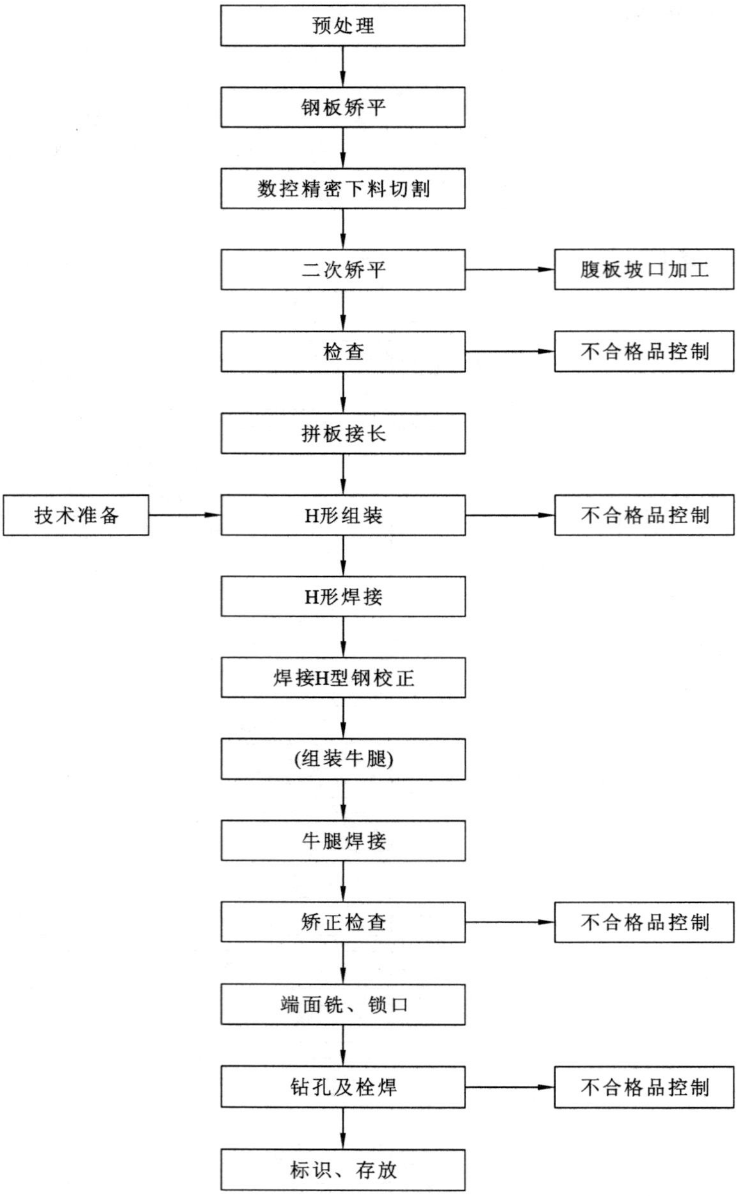

图8.12 焊接H型钢构件制作工艺流程图

(2) 钢板校正

① 钢板加工前需要对其进行校正平整;

② 矫平在钢板矫平机上完成;

③ 该工序不仅能够消除钢板轧制应力,同时还能够增强表面致密性。

(3) 放样

① 根据现行国家规范，钢梁翼腹板拼接焊缝应错开 200 mm 以上，同时拼接焊缝不应在梁的 1/3 处。

② 同时钢梁翼缘的拼接焊缝加劲板距离 200 mm 以上，腹板与翼缘拼接焊缝还应距离 200 mm 以上，如图 8.13 所示。

③放样时应根据零件加工焊接预放一定的收缩余量。

(4) 钢板下料

① 工程焊接型钢均为直条式，下料采用 NC 直条切割机；

② 下料时需要考虑工艺切割余量。

(5) 坡口制作

① 腹板坡口采取自动或半自动切割；

② 坡口制作后进行边缘打磨平整，如图 8.14 所示。

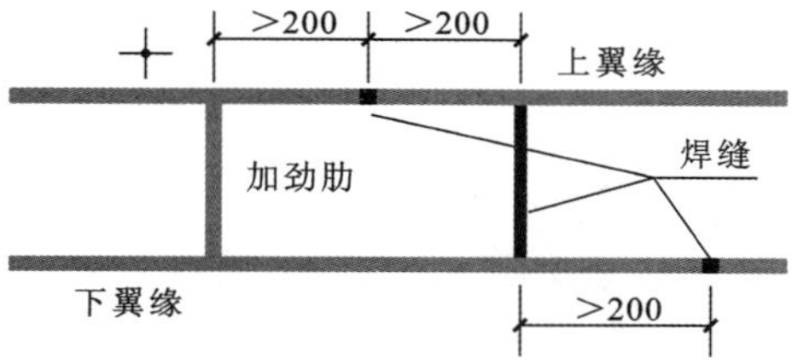

图 8.13 焊缝位置示意图

图 8.14 半自动坡口

(6) T 型钢组立

① 组立前操作人员必须熟悉图纸，并复核要组立钢板的型号和规格是否正确；

② 组立在自动组立机上进行，为确保组立的准确，组立时每隔 3 m 设置一道临时支撑，如图 8.15 所示。

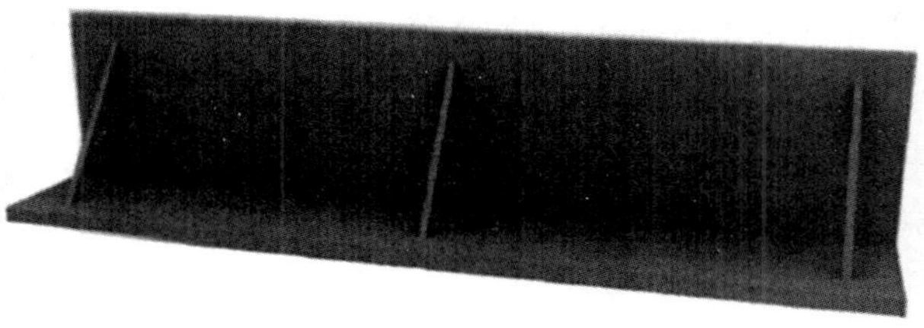

图 8.15 临时支撑示意图

(7) H 型钢组立

① 工程焊接 H 型钢梁最大截面 H800×400×12×28，组立全部在自动组立机上完成；

② H 型钢组立后立即进行定位固定焊。

(8) H 型钢焊接

① H 型钢焊接全部采用 CO_2 气体保护焊打底 1～2 道，埋弧自动焊填充和盖面；

② 焊接顺序采取对角焊的方法施焊，①→②→③→④，如图 8.16 所示；

③ 焊接从中间向两边或由一端向另一端进行，要求对称同时施焊。

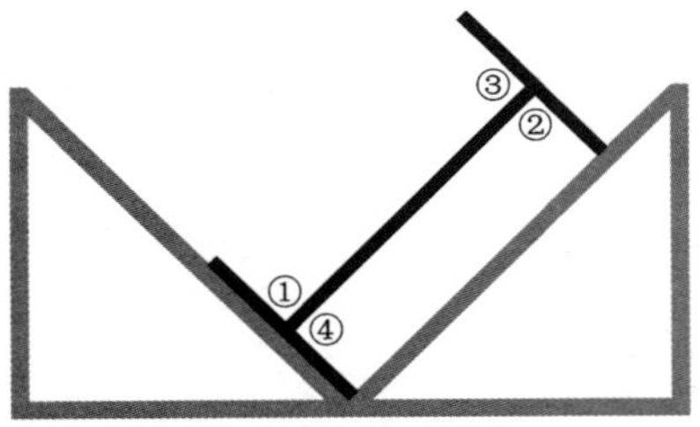

图 8.16　H 型钢焊接顺序(对角焊)

(9) H 型钢校正

① 钢梁翼缘板焊接变形校正采用矫平机直接校正,如图 8.17 所示;

② 校正分多次进行,每次矫平量不得大于 3 mm;

③ 焊接 H 型钢外形尺寸允许偏差详见表8.3。

图 8.17　焊接 H 型钢校正示意图

8.4.2.3　**箱型构件加工制作工艺**

箱型柱(梁)由四块板(即两块盖板、两块腹板)组成,根据强度的需要,四条角焊缝设计成全熔透焊的坡口形式。箱型柱(梁)内设有横隔板和加劲板,横隔板和盖板采用熔化嘴电渣焊进行焊接,其他三面采用 CO_2 气体保护熔透焊,隔板开坡口。腹板和盖板采用全熔透埋弧焊焊接。

(1) 箱型柱(梁)制作工艺流程

箱型柱(梁)制作工艺流程如图 8.18 所示。

(2) 箱型柱(梁)制造准备

① 材料要求

本工程中用于加工制作钢柱(梁)的高层建筑钢材的相关要求如表 8.11 所示。

表 8.11　钢材材料要求

序号	板厚(mm)	材质	材料说明	材料验收标准
1	小于 44	Q345GJC	低合金钢	高层钢结构用钢板
2	大于 44	Q390GJC	低合金钢	

② 钢柱焊接方法的确定

根据钢柱结构情况,结合工艺流程和优先配置先进焊接设备和方法的原则,钢柱板件拼板采用埋弧焊焊接,内部隔板、加劲板等的组焊采用 CO_2 气体保护焊施焊。埋弧焊焊丝选用

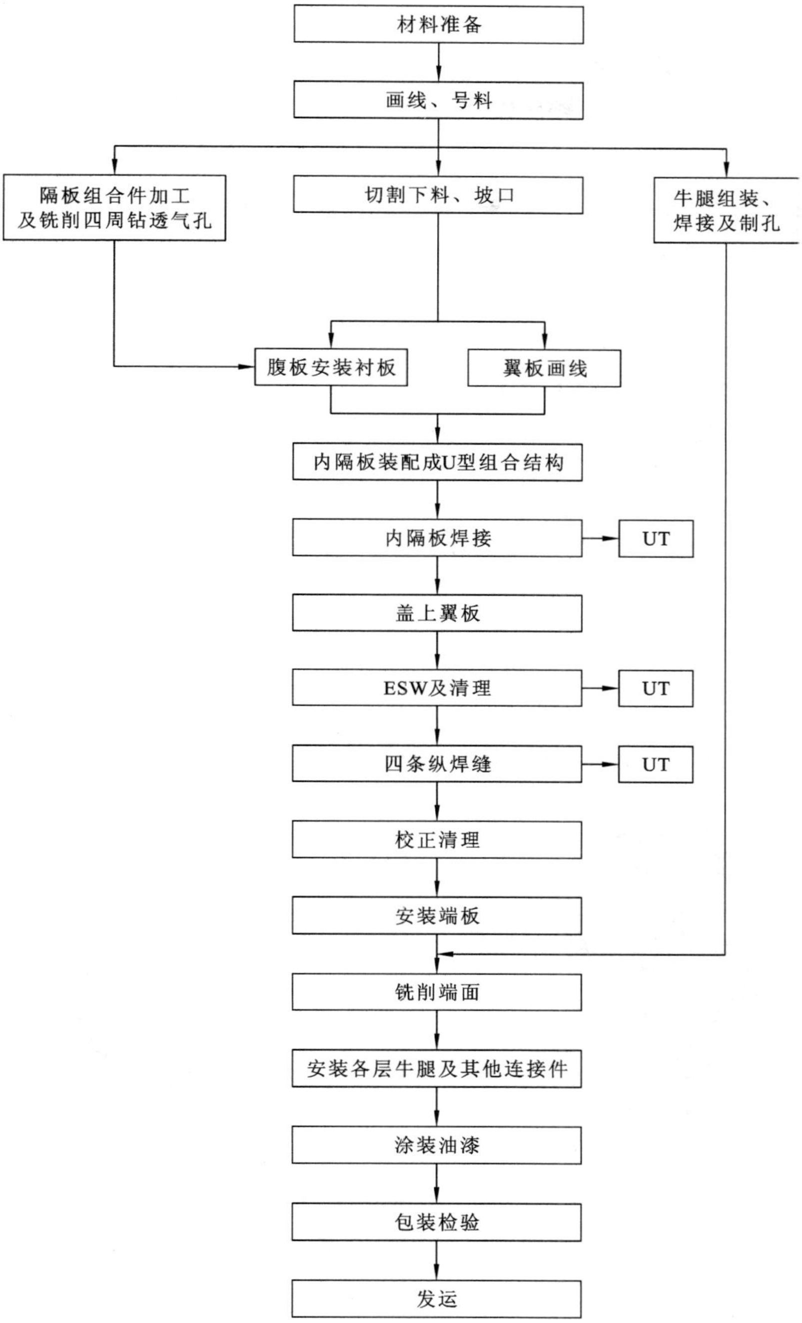

图 8.18　箱型柱(梁)制作工艺流程图

H10Mn2,$\phi 4.8$,焊剂选用 F5011;焊丝和焊剂均符合《埋弧焊用热强钢实心焊丝、药芯焊丝和焊丝-焊剂组合分类要求》(GB/T 12470—2018)的规定。CO_2 气体保护焊焊丝选用 ER50-3,$\phi 1.2/\phi 1.6$,焊丝应符合《熔化焊用钢丝》(GB/T 14957—1994)、《熔化极气体保护电弧焊用非合金钢及细晶粒钢实心焊丝》(GB/T 8110—2020)的规定,气体选用 CO_2,CO_2 气体纯度不得低于 99.5%（体积法），其含水量不得大于 0.005%（重量法）。

8.4.3 现场焊接施工技术

8.4.3.1 现场焊接施工概述

本工程钢结构杆件多、接头多，且大部分为高空焊接，所以焊接施工控制是工程质量安全控制的重点和难点。高空焊接主要集中在焊接箱型截面钢管混凝土柱的对接焊接、楼层钢梁与钢柱节点板连接时翼缘板的对接焊接等焊接工作。楼层钢梁翼缘板最大厚度为 30 mm，焊接箱型截面钢柱构件最大壁厚达到 50 mm，所以钢结构现场高空焊接还涉及较多的厚板焊接。

现场焊接焊缝形式主要为：水平横焊、立焊、水平梁对接横焊、支撑对接斜立焊等。安装焊接工程量较大，钢板厚度大，焊接难度比较大，针对此特点，运用 CO_2 气体保护半自动焊成套技术，解决对厚板焊接变形、厚板方向应力破坏的处理等难题。

8.4.3.2 焊接节点形式

(1) 本工程钢结构以焊接形式连接的构件

① 钢柱的连接：上、下楼层钢柱通过连接耳板进行临时固定，连接后进行焊接连接，钢柱连接节点开坡口位置即为现场高空焊接位置。

② 楼层钢梁的连接：楼层梁与节点板连接时，腹板通过高强螺栓节点板连接，翼缘板则通过对接焊接连接。

③ 四边主梁翼缘与钢管柱的外环刚接的焊接连接：主梁翼缘与钢管柱节点板的连接为现场高空对接焊接，腹板则通过高强螺栓由连接板连接，如图 8.19 和图 8.20 所示。

图 8.19 楼层主梁翼缘与节点板焊接连接

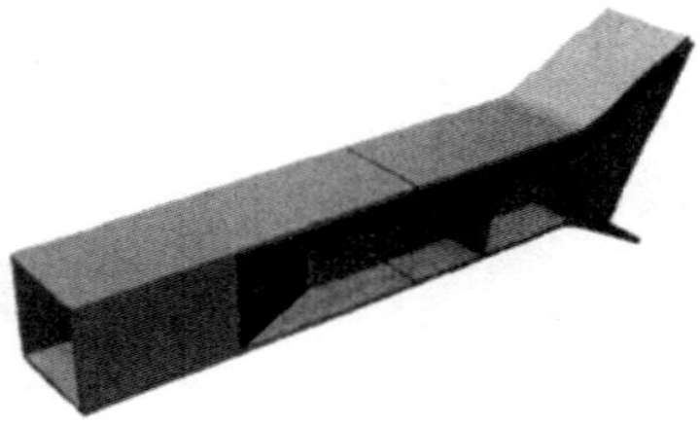

图 8.20 核心筒支撑与节点板焊接连接

一般采用 CO_2 气体保护焊，小区域采用手工焊；焊接方法一般为向下横焊和立焊，以保证焊接的质量，特殊区域也可采用仰焊。焊接按标准或工艺评定要求完成。

(2) 构件对接的焊接形式

① H 型钢翼板水平横焊缝

采用单面全熔透焊，内侧加衬垫板，两个翼板由两名焊工同时对称施焊，分多道焊接完成。

② 桁架上下弦水平对接焊缝

采用钢板水平对接的全熔透单面焊形式，焊缝下部衬垫板，有 K 型和 V 型坡口焊两种，大部分为平焊。为了防止或减少焊接对钢板产生的弯曲变形，装配时，将先焊面适当凸高一些，或者在焊缝两侧板上装焊加固板后再焊接。

③ 柱梁刚性连接接头

采用钢梁上下翼板与钢柱水平对接的全熔透单面焊形式，焊缝下部衬垫板。安装时先将腹板进行栓接，再施焊翼板。翼板的焊接顺序采用先下后上的顺序，翼板大于 30 mm 厚度时，宜上下翼板轮换施焊。

8.4.3.3 **焊接施工工艺**

(1) 焊前检查

选用的焊材和焊机种类、极性应与母材相符。检查焊接部位的组装精度和表面清洁情况，如不符合要求，应磨平补焊合格后方能施焊。焊接坡口组装的允许偏差值应符合《钢结构焊接规范》(GB 50661—2011)的有关规定。

(2) 焊前清理

认真清除坡口内和焊接衬板表面的油污、浮锈、灰渣等杂物。

(3)引弧板、垫板、引出板的装配

① 引弧板、垫板、引出板其材质应与母材相同，坡口类型应与被焊焊缝相同，严禁使用不同材质的材料充当垫板、引弧板和引出板。

② 气体保护焊焊缝的引出长度应不小于 50 mm。其引出板和引弧板的长度应大于 50 mm，宽度应不小于 50 mm，厚度应不小于 8 mm。

③ 焊接完成后，引弧板和引出板应用火焰切割的方式去除，并修磨平整，不得采用锤击敲落。

(4)焊接环境

在焊接作业区域设置防风、防雨及防火花坠落的措施。四边主梁翼缘与钢柱的外环刚接处，专门设置可供 2～4 名焊工同时作业的操作平台。

平台上密铺脚手板，脚手板上铺垫石棉布，以防止火花溅落烫伤施工人员，并在平台四周和顶部架设防风帆布，防止环境风力对平台内焊接环境的干扰。在焊接柱与梁、主梁与次梁的节点连接处，设置防风、防高温熔滴飞溅的箱笼式防护棚，严密防护。

(5) 焊接顺序

就整个钢结构框架而言，箱型柱、H 型柱、H 型钢梁刚性接头焊接，应从整个结构的中部施焊，形成整体框架后向四周扩展续施。施工中对柱、梁的施焊，应遵循下述原则：

① 箱型柱焊接

箱型柱中对称的两个柱面板要求由两名焊工同时对称施焊。首先在无连接板的一侧焊至 1/3 板厚，割去柱间连接板，并同时换侧对称施焊，接着两人分别继续在另一侧施焊，如此轮换直至焊完整个接头，焊接顺序如图 8.21 所示。这种两人对称的同步施焊顺序，既便于操作，又便于控制钢柱的偏斜。

如遇焊缝间隙差过大，应先焊大间隙焊缝，把另外相对边点焊牢固，然后依前顺序施焊。

② H 型钢梁焊接

对于 H 型钢梁焊接而言，应先焊下翼板，后焊上翼板。先焊连接在同一钢柱的钢梁的一端，待直焊缝冷却至常温下，再焊钢梁另一端。不得在同一根钢梁两端同时开焊，钢梁两个端

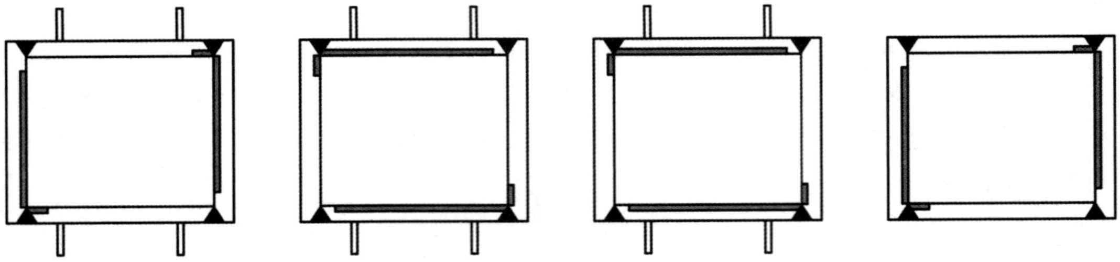

图 8.21　箱型柱焊接顺序

(a)在无连接板的一侧焊至 1/3 板厚；(b)换方向对称施焊，至 1/3 板厚；

(c)换方向对称施焊，直至焊完整个接头；(d)割去连接板

头的焊接顺序应相同。

③ 焊接防变形措施

采用线能量输出小的焊接方式焊接，除仰焊不能使用 CO_2 气体保护焊外，其他焊接位置均优先考虑使用 CO_2 气体保护焊。

H 型钢柱在地面焊接拼装时，应先焊翼缘板，后焊腹板，且两翼缘板应对称焊接。

(6) 焊接工艺参数

① 预热

当板厚小于 25 mm、被焊件温度低于 0 ℃时，母材需要进行预热，最低要达到 21 ℃，并在焊接期间始终保持不低于 21 ℃；当板厚大于 25 mm 时，应根据表 8.12 所列规定进行预热。

表 8.12　不同钢种的推荐预热温度(℃)

钢种	焊接方式	预热温度			
		$t\leqslant30$ mm	30 mm$<t\leqslant$60 mm	60 mm$<t\leqslant$80 mm	80 mm$<t\leqslant$120 mm
Q235	手工电弧焊	>100	>100	>140	180
	CO_2 气体保护焊	>100	>100	>140	180
Q345	手工电弧焊	150	150	160～180	200～220
	CO_2 气体保护焊	150	150	160～180	200～220

注：t 为板厚。

预热范围应为沿焊缝中心至两侧各至少 100 mm 以上，且不小于最大板厚 3 倍以上的范围，加热过程力求均匀。对于约束应力较大、刚性较大的焊接接头，预热范围必须大于 3 倍的板厚值。可采用氧-乙炔中性火焰进行预热。当预热的范围均匀达到要求后，恒温 20～30 min。预热温度采用表面温度计来测定，预热温度测定的位置，须在离坡口边沿距 3 倍板厚且不小于 100 mm 的地方。

② 层间温度

焊接时，焊缝间的层间温度应始终控制在 120～150℃的范围内，每个接头应一次性焊完。焊接前，应注意气象情况。预计有恶劣气候来临又无确切有效的预防措施时，应放弃施焊。若

焊缝已开焊，要抢在恶劣气候到来前，至少将板厚的 1/3 焊完方可停焊，且严格做好后热处理，记录下层间温度。各种不同钢种、不同厚度钢材的焊接层间温度见表 8.13。

表 8.13　不同钢种、不同厚度钢材的焊接层间温度

钢种	板厚(mm)	焊接层间温度(℃)
Q235	30～60	160～180
Q345	60～100	180～250

③ 后热与保温

本工程为保证焊缝中扩散氧有足够的时间得以逸出，从而避免产生延迟裂纹，焊后需进行后热处理，后热温度为 200～250 ℃，测温点选在直接加温处的相对部位，严禁在直接施焊部位测试。达此温度后用多层石棉布紧裹，保温的时间以接头区域、焊缝表面、背部均达环境温度为止。

(7) 焊接过程中应注意事项

① 控制焊接的变形。

② 采取合适的预热温度和道间温度控制措施。

③ 实施多道多层焊时，每焊完一道焊后应及时清理焊渣及熔滴，发现焊缝质量存在缺陷时，应清除后再焊，在连续施焊过程中应控制焊接区域的母材温度，使道间温度的上、下限值符合工艺条件的要求；遇有中断焊接的特殊情况，应采取后热和保温措施，再次焊接前，重新预热，且预热温度应高于初始预热的温度。

④ 采取防止层状撕裂的工艺措施。

⑤ 焊接时严禁在焊缝以外的母材上打火引弧。

⑥ 消除焊后残余应力。

(8) 焊后清理及外观检查

仔细清除焊缝表面的熔滴、焊渣。焊缝不得有咬边、气孔、裂纹、焊瘤等缺陷，焊缝的尺寸应符合要求。切割连接板、引入板、垫板时应仔细操作，不可伤及母材。焊缝外观检查合格后，才能签上焊工钢印号，并做到工完清场。

(9) 焊缝检验

焊缝的检查应在焊接后自然冷却到工作环境温度时进行，采取眼睛观察、放大镜和量具检查，焊缝金属表面应平缓过渡，焊波均匀，焊缝表面缺陷应符合建筑钢结构焊接的相关规定。

焊接完毕后，清理焊缝表面熔渣及两侧飞溅物；检查合格后应在每个焊工施焊的焊缝附近用油漆写上焊工的钢印号或者进行其他有效标识，并做好外观质量记录。

(10) 焊缝的内部缺陷检查

焊完 24 h 后，检查外观是否有裂纹，然后进行规定比例的超声波无损检测。无损检测探伤依据《焊缝无损检测　超声检测　技术、检测等级和评定》(GB/T 11345—2013)的相关规定进行。

对于存在内部缺陷的部位，须用磨光机或碳弧气刨清除后进行重焊，重焊采用与正式焊相同的焊接工艺进行焊接，返修后应进行复探。同一部位的返修次数不得多于两次，如果多于两次，应制定专门的返修方案。

9 高层建筑装饰工程施工

9.1 概　　述

9.1.1 外装饰的功能及其发展

外装饰主要是对建筑物起保护作用,同时也是对建筑物表面进行艺术处理的一种手段。随着国家综合实力和人民生活水平的不断提高,外墙装饰已经不再是简单的外墙抹灰,而更趋向注重装饰的艺术效果。

我国在20世纪50—60年代的建筑外装饰,大都停留于一般水平,除国家的重点公共建筑和纪念性建筑物以外,大部分建筑物多采用清水外墙,以红砖青瓦衬托和协调环境色彩。20世纪60年代末,随着混凝土构件和砌块的发展与应用,以及黏土砖外表质量的退步,清水外墙大幅度减少,外装饰逐步趋向普通抹灰饰面,因而在20世纪70年代形成了外装饰"灰面孔"的统一格局。后来随着各类建筑涂料的开发,才逐渐丰富了外装饰的色彩。近年来在装饰工程中新材料和新工艺不断涌现,改善了装饰面的质感,提高了装饰效果。水刷石、斩假石、泰山面砖等传统施工工艺的推陈出新,在外装饰中起到了画龙点睛的作用。

随着高层建筑的兴起,对建筑外装饰的要求越来越高。为了减少大气污染对外墙面的影响,要求外装饰表面不易积灰,并能保持持久的光泽,因此在20世纪80年代,马赛克和面砖外饰面得到应用,一般的高层住宅已较普遍地采用了马赛克饰面。高级宾馆和酒楼等除采用装饰面砖以外,还开发应用了玻璃幕墙和铝合金幕墙,把装饰材料推向更高的层次。

建筑物外装饰除达到装饰效果以外,还须具备以下功能:

(1) 防水和防潮。为了防止室外雨水或潮气渗入室内,要求装饰材料本身具有一定的密实性,对接缝要进行防水处理。

(2) 保温和隔热。对于严寒和炎热地区,外装饰的保温和隔热要求更为突出。除了对结构材料和其厚度正确选择以外,装饰材料对建筑物的保温、隔热亦可起到辅助的作用。

(3) 隔声和吸声。对于有较大噪声的环境,可利用装饰材料作隔声处理,以防止噪声传播。

9.1.2 高层建筑室内装饰工程的发展

随着我国高层建筑的发展,高层建筑室内装饰工程亦不断发展。20世纪70年代以前,我国高层建筑室内装饰基本上都是采用传统的材料和做法。平顶装饰常用的是,在黄砂石灰底纸筋灰面上刷石灰浆、大白浆与可赛银浆;在木龙骨纤维板面上刷无光调和漆;在木龙骨胶合板面上刷清水油漆;石膏粉刷等。内墙面装饰常用的是,在黄砂石灰底纸筋灰面上刷无光调和漆、石灰浆、大白浆、可赛银浆,或贴锦缎、胶合板清水腊克护壁,大理石、瓷砖装饰,石膏粉刷等。地面装饰常用的是细石混凝土地面、油漆地面、硬木地板、羊毛地毯、大理石地面、磨光花岗石地面、现磨水磨石地面、马赛克地面和红缸砖地面等。施工工艺多为湿作业，手工操作，工具亦较简单。

20 世纪 70 年代开发应用了一些高层建筑室内装饰的新材料、新工艺和新机具。如在黄砂石灰底纸筋灰面上刷各色乳胶漆、聚乙烯醇涂料(106)、聚乙烯醇缩甲醛涂料(SJp803)，贴纸基塑料纸、玻璃纤维墙布的平顶和墙面，以及预制水磨石和涂料地面等。施工工艺和机具，除研制应用了涂料滚涂的涂料滚筒、油漆喷斗等小机具以外，主要仍为湿作业、手工操作和传统工具。

从 20 世纪 80 年代初开始，广泛地开发应用了高层建筑室内装饰的新型建材、干作业工艺和先进的小型机具。在平顶装饰方面，有轻钢龙骨石膏板衬底的矿棉板平顶、喷涂点状涂料平顶、贴纸基塑料纸和玻璃纤维墙布平顶、无衬底板的硅酸钙板平顶、有孔石膏板平顶、水泥石棉板平顶、轻钢龙骨或木龙骨的胶合板衬底的镜面平顶、T 型轻钢龙骨轻质石膏板平顶等。在内墙面装饰方面，有在轻钢龙骨石膏板面上喷涂点状涂料、贴纸基塑料纸和玻璃纤维墙布的墙面、镜面和彩色铝合金板的墙面、胶粘瓷砖墙面等。在地面装饰方面，有化纤地毯、塑料地板、塑料石棉板地面、胶粘薄型硬木地板、印刷仿木纹地面、釉面地砖地面等。同时，胶体黏结剂得到广泛使用，胶质材料成了增强涂料附着力的重要成分。另外，干作业施工工艺的采用越来越普遍。在机具方面，出现了锯断、刨平、刨线条、钻孔、凿眼等多功能木工机具、自攻螺丝钉枪、冲击电钻、射钉枪、瓷硅切割机、墙布涂胶机、角向磨光机、型钉射钉枪和点状涂料喷枪等，从而使我国高层建筑室内装饰的现代化水平日益提高，经济效益和社会效益也有了明显改善。

9.1.3 高层建筑室内装饰技术开发的重要性

高层建筑室内装饰的目的是保护基体，美化建筑，给人们创造一个幽雅舒适的工作、生活和娱乐的环境。它所用的材料、施工工艺和机具的先进与落后，直接影响到建筑装饰效果和经济效益。过去，由于长期采用传统的材料和手工操作的湿作业工艺，以及落后而简单的工具，因而劳动强度大、工效低、耗工多和工期长，施工麻烦，质量不易保证，装饰标准不高，装饰效果不能满足现代化使用要求，经济效益也较低。在我国大、中城市为改善居民居住、工作和娱乐环境而雨后春笋般地建造高层建筑的今天，若不进行高层建筑室内装饰技术开发，必定会严重影响城市建设的效果和速度。因此，近些年来上海、北京、广州、天津、深圳等地，在高层建筑室内装饰工程中，广泛开发应用了轻质新型建筑装饰材料和干作业施工工艺，并采用一部分装饰施工小机具代替繁重的手工操作，不仅使房屋装饰效果和等级有了明显提高，而且劳动强度大大降低，施工工效成倍提高，工期明显缩短，有效地加快了高层建筑的施工速度，收到了良好的经济效果。

今后，还必须努力进一步开发高层建筑室内装饰技术。新型建筑装饰材料要进一步提高质量，由单一品种向多品种发展，由进口向国产化方向发展；要制定已有新型室内装饰材料的生产质量标准、施工操作规程和验收规范；要进一步开发应用彩色装饰玻璃、彩色铝合金装饰板、防水石膏板、塑料地板、保色耐久的内装饰涂料和喷涂机具；要使塑料墙纸、化纤地毯、矿棉板、石膏板、轻钢龙骨等材料和铝合金门窗在国产化的基础上进一步提高质量、增加品种和降低成本。要发展以塑代木、以塑代钢的制品，争取获得更好的装饰效果和经济效益，为使我国高层建筑室内装饰技术赶上世界先进水平，为加快城市建设的施工速度做出新的贡献。

9.2 幕墙工程

建筑幕墙是由金属构件与玻璃、铝板、石材等面板材料组成的建筑外围护结构。它大片连续，不承受主体结构的荷载，装饰效果好、自重小、安装速度快，在现代建筑中广泛应用。其结构的主要部分如图 9.1 所示，面板连接在横梁上，横梁连接在立柱上，立柱悬挂在主体结构上。立柱上下由活动接头连接，使立柱各段可以上下相对移动，以保证立柱在温度变化和主体结构侧移时有变形的余地。

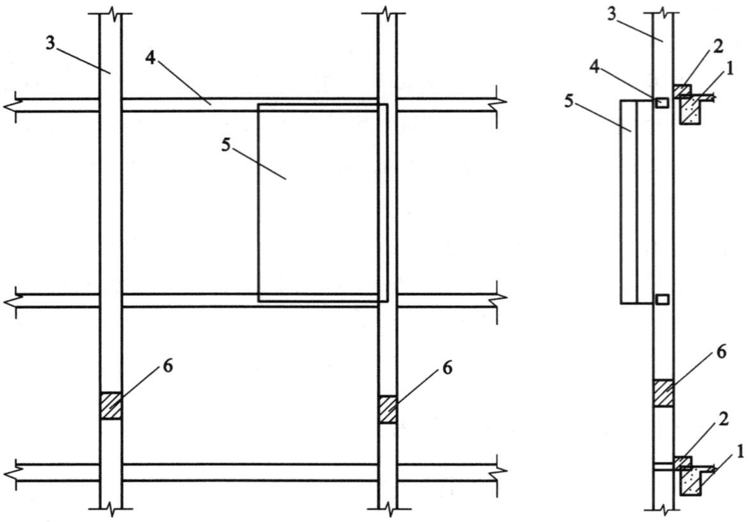

【视频演示】

图 9.1 建筑幕墙组成示意图

1—主体结构；2—立柱悬挂点；3—立柱；4—横梁；5—幕墙构件；6—立柱接头

建筑幕墙按面板材料的不同可分为玻璃幕墙、铝板幕墙、石材幕墙、预制彩色混凝土板幕墙、塑料幕墙和铜质面板幕墙。目前，在高层建筑中常用的幕墙有铝合金幕墙和玻璃幕墙。铝合金幕墙又可分为单层铝板、复合铝板和蜂窝铝板等；玻璃幕墙又分为单层玻璃、中空玻璃和夹层(夹胶、夹丝)玻璃等形式。

9.2.1 铝合金幕墙

铝合金幕墙具有以下一些优点：强度高、质量轻，易于加工成型，质量精度高，生产周期长，防腐、防火性能好，装饰效果庄重典雅、质感丰富。但节点构造复杂，施工精度要求高，要求工人有丰富的经验和较高的技术水平。铝合金幕墙主要由铝合金板和骨架组成，骨架的立柱、横梁通过连接件与主体结构固定。根据建筑物结构的不同做法，铝合金幕墙一般有下述两种形式。

9.2.1.1 混凝土剪力墙面的铝板饰面

因为墙面上不设窗孔，铝板内不做保温层处理，所以这种饰面构造比较简单，铝板饰面为一整片，节点构造和规格比较统一，同时由混凝土墙身作为依靠，固定较方便。下面以某工程为例介绍混凝土剪力墙表面满贴铝合金幕墙的节点处理和饰面构造。该工程采用铝挂板的规格为 1000 mm×1500 mm×3 mm，幕墙以角钢为骨架，通过角钢扣件用膨胀螺栓将角钢骨架固定在混凝土墙面上，然后将铝板固定在骨架上，形成了整片铝合金墙面，其具体构造如图 9.2 所示。

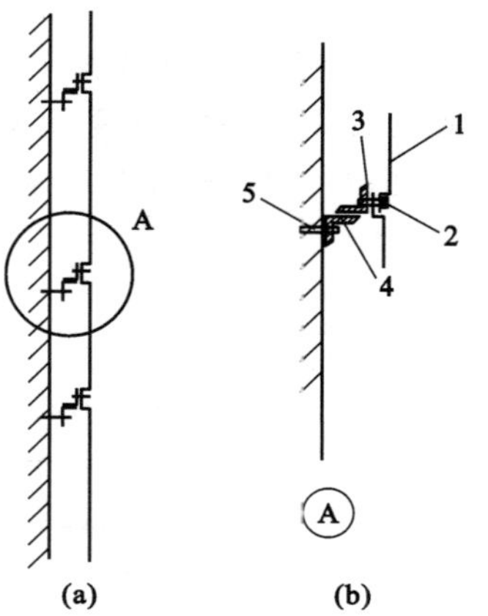

图 9.2　铝板饰面节点构造示意图
(a) 铝板构造图；(b) 节点详图
1—铝板；2—膨胀螺栓；
3—角钢骨架；4—角钢扣件；5—铆钉

铝板饰面的主要施工工序为：定位放线→连接件安装→骨架安装→铝板安装→收口构造处理。

(1) 定位放线：就是将骨架的位置弹到基层上，以保证骨架施工的准确性。放线最好一次放完，如有差错，可随时进行调整。

(2) 固定骨架的连接件：骨架的横竖杆件是通过连接件与基层固定的，而连接件可与基层结构的预埋件焊接，亦可打设膨胀螺栓。要求连接件固定牢固、位置准确、不易锈蚀。

(3) 固定骨架：骨架应预先进行防腐处理，安装位置要准确，结合要牢固，横杆标高一致，骨架表面要平整。

(4) 铝合金饰面板安装：板的安装要牢固、平整，无翘起、卷边等现象；板与板之间的间隙一般为 10～20 mm，用橡胶条或密封胶等弹性材料处理；安装完毕后，在易于被污染的部位要用塑料薄膜覆盖保护，易被碰撞的部位应设安全栏杆保护。

(5) 收口构造处理：饰面板安装后对水平部位的压顶，端部的收口，伸缩缝、沉降缝的处理，以及两种不同材料交接处的处理等应严格监督。因这些部位往往是饰面施工的重点，直接影响美观和功能，所以必须用特制的铝合金成型板进行妥善处理。

9.2.1.2　框架结构墙面的铝合金幕墙

框架结构铝合金幕墙，多采用铝板和铝合金窗的组合幕墙形式。在框架结构上固定幕墙，是利用楼层结构的预埋件用扣件连接固定。由于墙身需设置保温层，因此构造比较复杂，施工难度相对较高。现以某工程铝合金窗和铝板组合幕墙为例介绍其构造和节点处理。该工程标准层每个房间的幕墙由一樘铝合金窗、一块窗肚墙铝板和两块窗间墙铝板组合而成。每个单件均以金属骨架为框，表面覆盖铝合金板，内侧粘贴厚度为 50 mm 的矿棉墙体保温层。每块铝板由金属框通过钢扣件和结构楼面上的预埋件连接固定，如图 9.3 所示。而铝窗则用螺栓安装固定在四周铝板金属框上，形成整块铝合金组合面。在板面安装结束后，再在室内安装石膏板，外贴墙纸。

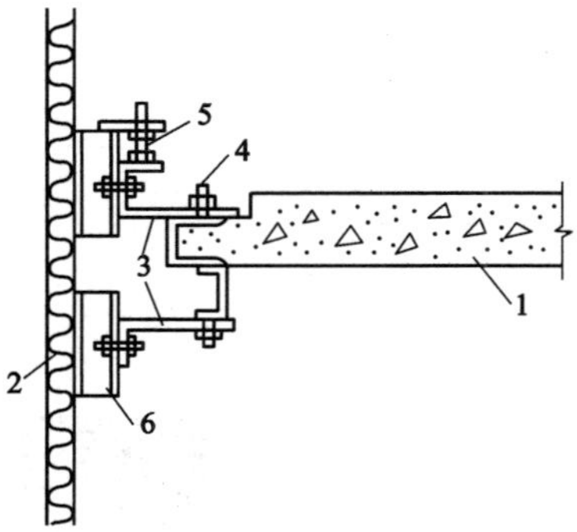

图 9.3　安装钢扣件示意图
1—楼层结构；2—金属板；3—钢扣件；
4—前后调节螺栓；5—水平调节螺栓；
6—连接槽钢

(1) 铝板和铝窗组合墙面的主要施工工序为：整理预埋件→定位弹线→钢扣件安装→铝板安装→安装铝窗框→安装玻璃→嵌缝和防水处理→幕墙表面清洗。

(2) 铝合金组合墙面安装的质量控制

墙面的安装要严格控制以下三个要点：

① 严格控制铝板的安装高度。以基准标高线为准，用水准仪测量水平度，来调节和控制铝板的安装高度。安装高度直接关系到铝板水平分格缝能否在同一水平线上，直接关系到外

观质量，故要求较高。

② 严格控制铝板表面平整度。用悬挂线锤于基准轴线上来控制铝板面的平整度，如有误差，则前后移动钢扣件槽口来进行调整。对于钢扣件的位置确定，可在横轴基准线的外侧50 cm处拉一根钢丝作为控制线，如图 9.4 所示，钢扣件则利用长圆形螺孔前后调节到需要的位置。

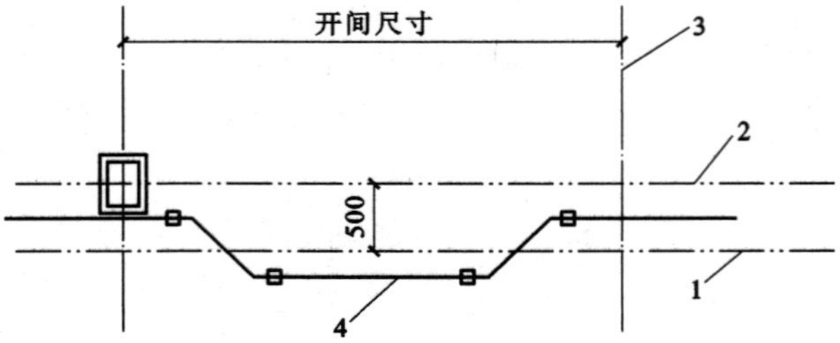

图 9.4　安装控制线示意图

1—控制线(钢丝)；2—横轴基准线；3—纵轴基准线；4—楼面边线

③ 严格控制铝板表面垂直度。从结构外侧用钢弦线引下一垂线作为基准垂线，以每层横轴基准线到垂线之间的水平距离相等为标准并连续校正三层控制垂直度。对于铝板表面的垂直度，可用测垂器来校准。

当铝板安装满足上述三个标准时，将钢扣件和预埋件焊接固定即可达到质量要求。图 9.5所示为铝板安装位置测定示意图。

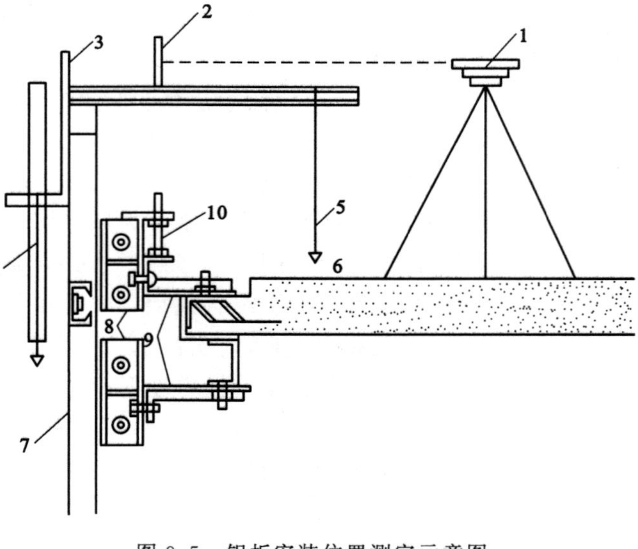

图 9.5　铝板安装位置测定示意图

1—水平仪；2—直尺；3—曲尺；4—测垂器；5—线锤；

6—基准轴线；7—铝板；8—连接片；9—钢扣件；10—水平调节螺丝

【视频演示】

(3) 施工脚手架

幕墙安装可不搭设脚手架，以采用吊篮为主，如图 9.6 所示。根据所安装墙面形状，把吊篮加工成矩形、弧形，以适应操作的需要。吊篮根据动力来源不同，可以分为手动吊篮和电动吊篮。

图 9.6 矩形吊篮

9.2.2 玻璃幕墙

9.2.2.1 玻璃幕墙分类

(1) 按构造方式不同可分为有框玻璃幕墙和无框玻璃幕墙。在有框玻璃幕墙中,又有明框和隐框两种。金属边框可用铝合金、铜合金、不锈钢等型材制作。铝型材又有实腹和空腹两种。空腹型材节约材料,对抗风有利。近年来又出现了一种点支承玻璃幕墙,即玻璃面板通过点支承装置与其支承结构组成的幕墙。

(2) 按施工方法不同可分为现场组装(构件式幕墙)和预制装配(单元式幕墙)两种。有框玻璃幕墙可现场组装,也可预制装配,而无框玻璃幕墙和点支承玻璃幕墙则只能现场组装。

9.2.2.2 铝框玻璃幕墙

一般用于办公用建筑的外墙,它以铝合金为框,中间镶嵌玻璃,形成以固定玻璃为主体的玻璃幕墙立面,如图 9.7 所示。

【视频演示】

图 9.7 铝框玻璃幕墙

(1) 节点构造

以通长幕墙竖筋为支承骨架,竖筋和结构楼板混凝土上的预埋件用角钢扣件焊接固定,在竖筋上连接横筋，竖筋和横筋形成安装骨架，玻璃分块镶嵌在骨架的竖横筋之间，最后用硅胶做防水嵌缝处理，其构造如图 9.8 所示。

(a) (b) (c) (d)

图 9.8　铝框玻璃幕墙节点构造示意图

(a) 幕墙骨架与主体连接；(b) 竖向骨架与梁的连接；(c) 竖向骨架与柱的连接；(d) 横向骨架连接件

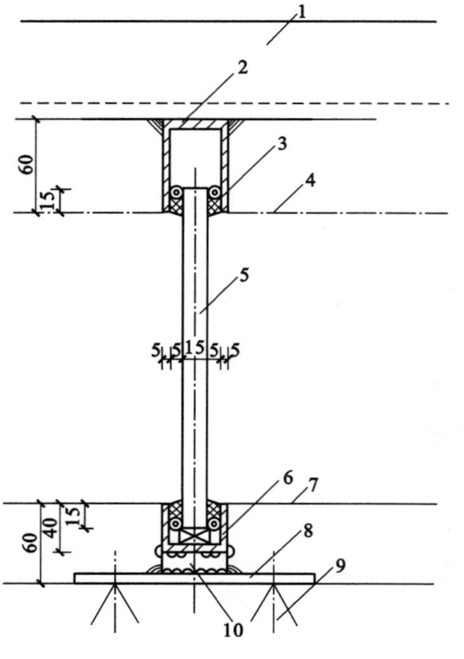

图 9.9　大块玻璃幕墙节点示意图

1—顶部角铁吊架；2—5 mm 厚钢顶框；3—硅胶嵌缝；4—平顶面；5—15 mm 厚玻璃；6—5 mm 厚钢底框；7—地平面；8—3 mm 厚铁板；9—M12 锚栓；10—垫铁

(2) 安装工艺：预埋铁件表面清理→定位放线→安装幕墙骨架竖筋→安装幕墙骨架横筋→镶嵌玻璃→防水嵌缝处理及幕墙清洗。

9.2.2.3　大块玻璃幕墙

高层建筑裙房外围常采用大块玻璃幕墙，玻璃高度一般接近建筑物层高，玻璃支承自身的重量，端头固定，节点构造如图 9.9 所示。玻璃厚度一般为 10～19 mm。整块玻璃高度在 5 m 以内，一般由玻璃本身支承自重，两端嵌入金属框内，用硅胶嵌缝固定。当高度过高时，除底部支承以外，需在玻璃顶部增设吊钩悬吊玻璃，以减少底部支承压力，如图 9.9 所示。

对于大块玻璃幕墙，由于整块玻璃高度大、自重重，又容易碎裂，安装有一定难度，起重时不宜用吊索，操作者也无法用手扶托，因此要采用吸盘机，如图 9.10 所示。大块玻璃幕墙的安装顺序和安装方法如下：

(1) 顶框和底框固定。按设计要求先固定好玻璃的顶框和底框。

(2) 玻璃就位。一般成品玻璃运到工地是装箱立放，长边着地，在拆除包装箱后，在玻璃两侧用手工吸盘，由人工将其搬运至安装地点。

(3) 玻璃安装。在玻璃一侧用吸盘机将玻璃吸牢，利用提升设备(常采用单轨电动葫芦)将吸盘机连同玻璃一起提升到一定高度，然后转动吸盘，将横卧的玻璃转动至竖直，将玻璃上口先插入顶框，继续往上提升，使玻璃下口对准底框槽口，然后将玻璃放入底框并安装支承在设计标高位置，如图 9.10 所示。

(4) 硅胶嵌缝。在玻璃与玻璃之间、玻璃与顶框和玻璃与底框的凹槽内用硅胶嵌缝固定。

【视频演示】

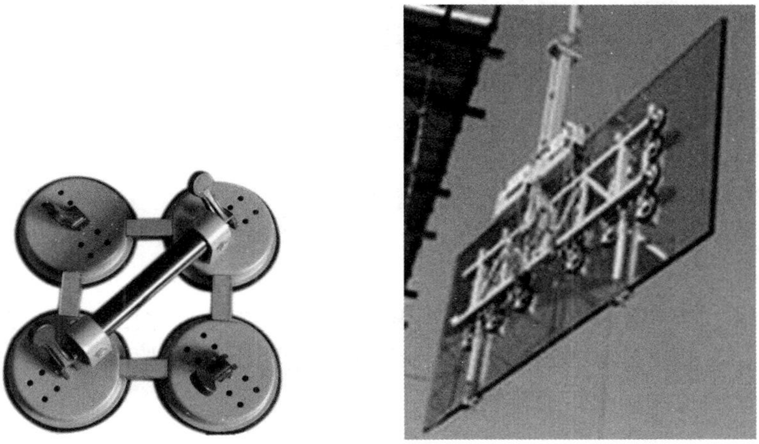

图 9.10　玻璃幕墙安装机具——吸盘机

9.3 饰面工程

饰面工程，就是将预制的饰面材料铺贴或安装在基层上的一种装饰方法。饰面材料的种类繁多，常用的有天然石饰面板、人造石饰面板、金属饰面板、塑料饰面板、有色有机玻璃面板、饰面混凝土墙板和饰面砖(如瓷砖、面砖、陶瓷锦砖)等。随着科学技术的不断发展，以及新型装饰材料的不断出现，更进一步丰富了装饰工程的内容。

9.3.1 小规格饰面砖施工

9.3.1.1 面砖品种与规格

面砖有釉面和毛面之分，颜色有米黄、深黄、乳白、淡蓝等多种，广泛用于外墙、柱、窗间墙和门窗套等的饰面。形状有正方形、长方形和六角形等多种不同规格，其边长一般在 400 mm 以内，厚度在 15 mm 左右。

饰面砖可采用胶粘法施工和常规法施工，胶粘法施工是今后的发展方向。常规法施工时，水泥应选用不低于 42.5 级的普遍硅酸盐水泥，有彩色和特殊要求的应该用白水泥。砂宜选用中粗砂，粒径为 0.35～0.5 mm，颗粒坚硬，含泥量不大于 3%，用时须过筛。胶粘法施工，即利用胶黏剂将饰面砖直接粘贴于基层上。此种施工方法具有工艺简单、操作方便、黏结力强、耐久性好、施工速度快等优点，是实现装饰工程干法施工的有效措施。施工中常用的胶黏剂主要有 AH-03 大理石胶黏剂、TAM 型通用瓷砖胶黏剂、TAS 型高强度耐水瓷砖胶黏剂和 YJ-2 型建筑胶黏剂等。

9.3.1.2 面砖施工

对于边长小于 400 mm 的小规格饰面砖，一般采用镶贴法施工，即先用 1∶3 水泥砂浆打底划毛，待底子灰凝固后，找规矩，厚约 12 mm，弹出分格线，按镶贴顺序将已湿润的板材背面抹上厚度为 2～3 mm 的素水泥浆进行粘贴，然后用木锤轻敲，并随时用靠尺找平找直。根据墙面造型及面砖颜色要求，可以采用逐块铺贴法和托板模具铺贴法。

(1) 逐块铺贴法施工要点

施工时底层亦为 1∶3 水泥砂浆，抹后找平划毛，养护 1～2 d 后才镶贴。镶贴前按设计要求弹线分格，按分格排砖，尽量避免切砖。黏结层用厚 6～10 mm 的聚合物水泥浆，将水泥浆涂布于面砖背面，将面砖贴于底层上并用小铲轻敲，使其位置正确并黏结牢固。贴后用 1∶1 原色水泥砂浆填缝，用稀盐酸洗去表面黏结的水泥浆，最后用清水清洗。

(2) 托板模具铺贴法

对于墙面造型特殊、要求多种颜色面砖交叉镶贴的墙面，可用托板模具铺贴小规格面砖。它比单块镶贴简便，工效一般可提高 3 倍以上，又可节约大量的嵌线条木料，并能确保镶贴质量。铺贴步骤如下：

① 定线划块。自屋面向下根据建筑物轴线尺寸用线锤挂正，做出塌饼控制垂直度。然后依据窗盘、天盘标高弹出水平线控制水平尺寸。托板的大小根据建筑物的轴线尺寸和层高，以能整除为好，以减少模具铺贴后的镶补工作。

② 拼花组合。按照设计的要求对不同颜色面砖进行花纹排列。先将面砖按编号反铺在模具内，黏结面朝上，并在砖缝中撒上细砂，随后在砖面上满抹水泥砂浆(1∶1.5～1∶2.0)2～3 mm。同时墙面糙胚层上抹上相同的水泥黏结砂浆，随即将托板模具对准基线上墙粘贴，用木榔头轻轻击平，然后取下模具，刷清砖缝间细砂，最后进行托板之间镶补工作，在铺贴 1 d 后用纯水泥浆勾缝。根据建筑物的外形，托板模具可设计为平面、凹弧形等各种形式的模具。

9.3.2 大规格饰面板施工

9.3.2.1 饰面板的品种

饰面块材边长大于 400 mm 时，通常称作饰面板或大规格饰面板。大规格饰面板主要有天然石饰面板、人造石饰面板、金属饰面板、塑料饰面板、有色有机玻璃面板、饰面混凝土墙板等。用于高层建筑外装饰的大规格饰面板一般选用天然石料，常用的天然石饰面板有大理石和花岗石饰面板。根据表面加工处理的不同，有光面、镜面、粗磨面、麻面、条纹面及天然石面等。要求棱角方正、表面平整、石质细密、光泽度好，不得有裂纹、色斑、风化等隐伤。选材时应使饰面色调和谐，纹理自然、对称、均匀，做到浑然一体，且要把纹理、色彩最好的饰面板用于主要的部位，以提高装饰效果。

9.3.2.2 饰面板施工

大规格的饰面板，多采用安装法施工。安装的工艺有湿法工艺、干法工艺和 G·P·C 工艺。

(1) 湿法施工工艺

施工要点：按设计要求在饰面板的四周侧面钻好绑扎钢丝或铅丝用的圆孔，以便将板材与基层表面的钢筋骨架绑扎固定。安装前墙面应先抄水平，进行预排。安装时从中间开始往左右两边进行，或从一边依次拼贴，离墙面留 20～50 mm 的空隙，上下口的四角用石膏临时固定，确定板面平整，然后用 1∶2 的水泥砂浆(稠度 80～120 mm)分层灌缝，每层为 100～

200 mm，待下层终凝后再灌上层，直到离板材水平接缝以下 5.0～100 mm 为止；待安装好一行板材后，再继续灌缝处理，依次逐行往上操作。安装后的饰面板，其接缝处应用与饰面相同颜色的水泥浆或油腻子填抹，并将饰面清理干净，如饰面层光泽度受到影响，可以重新打蜡出光。

(2) 干挂法施工工艺

干挂法施工改变了传统的饰面板固定用灌浆的湿作业法，而是直接在板上打孔，然后用不锈钢连接器与埋在混凝土墙体内的膨胀螺栓相连，板与墙体间形成一定厚度(一般为 80～90 mm)的空气层，如图 9.11 所示，无须用砂浆填充，因此对结构面的平整度要求较低。衬板与结构连接的部位其厚度需加大。这种柔性节点受热胀冷缩和抗震的影响较小，目前应用广泛。主要操作工艺为：板材切割、磨边、钻孔、开槽→涂防水剂→墙面修整→弹线→涂墙面防水剂→板材安装→外饰面接缝的防水处理。

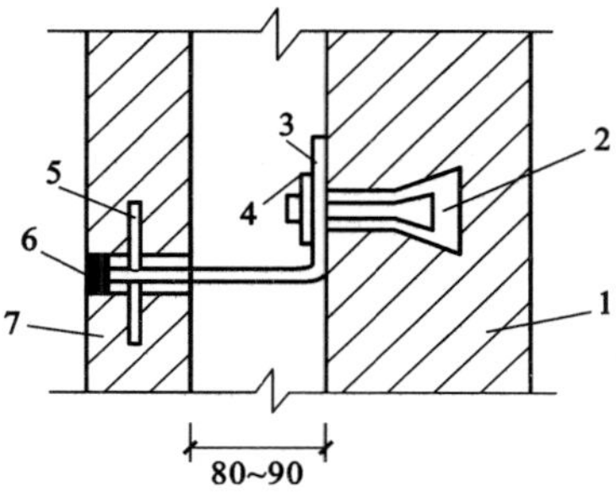

图 9.11　石材饰面板干法施工

1—混凝土墙；2—不锈钢膨胀螺栓；3—不锈钢连接件；4—缓冲垫；
5—不锈钢缝销；6—嵌缝油膏；7—饰面石材

(3) G·P·C 工艺

G·P·C 工艺是干法工艺的发展，它是以钢筋混凝土作衬板，用不锈钢连接环与饰面板连接后而浇筑成整体的复合板，再通过连接器悬挂到钢筋混凝土结构或钢结构上的做法。衬板与结构连接的部位，其厚度需加大。

参考文献

[1] 周云.高层建筑结构设计[M].3版.武汉:武汉理工大学出版社,2021.

[2] 赵志缙,赵帆.高层建筑施工[M].2版.北京:中国建筑工业出版社,2005.

[3] 毛鹤琴.土木工程施工[M].5版.武汉:武汉理工大学出版社,2018.

[4] 张厚先.建筑施工技术[M].3版.北京:机械工业出版社,2017.

[5] 建筑施工手册[M].5版.北京:中国建筑工业出版社,2013.

[6] 杨跃.现代高层建筑施工[M].武汉:华中科技大学出版社,2020.

[7] 徐伟,胡晓依,刘匀.高层建筑施工[M].武汉:武汉理工大学出版社,2003.

[8] 赵志缙.高层建筑施工手册[M].上海:同济大学出版社,1997.

[9] 李书全.土木工程施工[M].2版.上海:同济大学出版社,2013.

[10] 杨嗣信.高层建筑施工手册[M].3版.北京:中国建筑工业出版社,2017.

[11] 张厚先,陈德方.高层建筑施工[M].北京:北京大学出版社,2006.

[12] 张乾青,张忠苗.桩基工程[M].2版.北京:中国建筑工业出版社,2023.

[13] 陈卫林.SMW工法中型钢、水泥土组合体系的模拟与分析[D].天津:天津城市建设学院,2005.

[14] 单宝学.凯莱大酒店深基坑工程设计与施工关键技术研究[D].徐州:中国矿业大学,2015.

[15] 王旭军.上海中心大厦裙房深大基坑变形特性及盆式开挖技术研究[D].上海:同济大学,2014.

[16] 张忠苗,张乾青.浙江某高层预应力管桩偏位和上浮处理实例分析[J].岩土力学,2010,31(9):2019-2024.

[17] 中华人民共和国住房和城乡建设部,中华人民共和国国家质量监督检验检疫总局.建筑地基基础工程施工规范:GB51004—2015[S].北京:中国计划出版社,2015.

[18] 中华人民共和国住房和城乡建设部,中华人民共和国国家质量监督检验检疫总局.建筑地基处理技术规范:GB 79—2012[S].北京:中国建筑工业出版社,2012.

[19] 中华人民共和国国家质量监督检验检疫总局,中国国家标准化管理委员会.建筑基坑支护技术规程:JGJ 120—2012[S].北京:中国建筑工业出版社,2012.

[20] 中华人民共和国国家质量监督检验检疫总局,中国国家标准化管理委员会.建筑桩基技术规范:JGJ 94—2008[S].北京:中国建筑工业出版社,2008.

[21] 朱伯芳.大体积混凝土温度应力与温度控制[M].北京:中国电力出版社,1999.

[22] 中华人民共和国住房和城乡建设部,中华人民共和国国家质量监督检验检疫总局.混凝土结构设计规范:GB50010－2010(2015年版)[S].北京:中国建筑工业出版社,2015.

[23] 中华人民共和国住房和城乡建设部,国家市场监督管理.大体积混凝土施工标准:GB 50496－2018[S].北京:中国建筑工业出版社,2018.

[24] 杨翔.瑞安天地大厦二期筏板大体积混凝土的质量检测与控制[D].重庆:重庆大学,2013.

[25] 郝临山,陈晋中.高层与大跨建筑施工技术[M].北京:机械工业出版社,2004.

[26] 中国建筑工程总公司建筑装饰装修工程施工工艺标准[M].北京:中国建筑工业出版社,2003.

[27] 丁洁民.建筑装饰工程施工[M].上海:同济大学出版社,2004.

[28] 中华人民共和国住房和城乡建设部,中华人民共和国国家质量监督检验检疫总局.工程测量规范:GB 50026—2020[S].北京:中国计划出版社,2008.

[29] 中华人民共和国住房和城乡建设部.建筑变形测量规范:JGJ8－2016[S].北京:中国建筑工业出版社,2016.

[30] 中华人民共和国住房和城乡建设部.高层建筑混凝土结构技术规程:JGJ 3—2010[S].北京:中国建筑工业出版社,2011.

[31] 中华人民共和国住房和城乡建设部.钢筋焊接及验收规程:JGJ 18—2012[S].北京:中国建筑工业出版社,2012.

[32] 中华人民共和国住房和城乡建设部.钢筋机械连接技术规程:JGJ 107—2016[S].北京:中国建筑工业出版社,2016.

[33] 中华人民共和国住房和城乡建设部,中华人民共和国国家质量监督检验检疫总局.钢结构工程施工规范:GB50755—2012[S].北京:中国建筑工业出版社,2012.

[34] 中华人民共和国住房和城乡建设部,中华人民共和国国家质量监督检验检疫总局.组合钢模板技术规范:GB 50214—2013[S].北京:中国计划出版社,2014.

[35] 中华人民共和国住房和城乡建设部.液压滑动模板施工安全技术规程:JGJ 65—2013[S].北京:中国建筑工业出版社,2013.

[36] 中华人民共和国住房和城乡建设部.钢结构高强度螺栓连接技术规程:JGJ 82—2011[S].北京:中国建筑工业出版社,2011.

[37] 中华人民共和国国家质量监督检验检疫总局,中国国家标准化管理委员会.碳素结构钢:GB/T 700—2006[S].北京:中国标准出版社,2007.

[38] 国家市场监督管理总局,中国国家标准化管理委员会.低合金高强度结构钢:GB/T 1591—2018[S].北京:中国标准出版社,2018.

[39] 李坤宅.建筑施工安全检查标准实施手册[M].2版.北京:中国建筑工业出版社,2010.

[40] 中华人民共和国住房和城乡建设部.建筑施工安全检查标准:JGJ 59—2011[S].北京:中国建筑工业出版社,2011.

[41] 中华人民共和国住房和城乡建设部.建筑施工扣件式钢管脚手架安全技术规范:JGJ 130—2011[S].北京:中国建筑工业出版社,2011.

[42] 刘俊岩.高层建筑施工[M].2版.上海:同济大学出版社,2014.

[43] 宋登武.基于层次分析法的高层建筑垂直运输机械优化配置方法研究[D].湘潭:湘潭大学,2014.

[44] 赵飞.超高层建筑附着升降脚手架施工技术性能研究[D].上海:同济大学,2008.

[45] 陈军.超高层建筑钢结构加工与安装技术研究[D].杭州:浙江工业大学,2013.

[46] 胡玉银. 超高层建筑施工[M].2版.北京:中国建筑工业出版社,2013.

[47] 张希黔,华建民,黄乐鹏,等.引领我国超高层建筑高质量发展的创新施工技术[J].施工技术(中英文),2021,50(13):6－19.

[48] 樊钊甫,刘东,张元植,等.SKE50自动爬升模板体系在西安环球贸易中心塔楼核心筒施工中的应用[J].施工技术,2019,48(8):13-15.

[49] 中华人民共和国住房和城乡建设部,国家市场监督管理.工程测量通用规范:GB 55018－2021[S].北京:中国建筑工业出版社,2022.